Bernhard Sigmund Schultze

Lehrbuch der Hebammenkunst

Bernhard Sigmund Schultze
Lehrbuch der Hebammenkunst
ISBN/EAN: 9783743675414

Hergestellt in Europa, USA, Kanada, Australien, Japan

Cover: Foto ©berggeist007 / pixelio.de

Weitere Bücher finden Sie auf **www.hansebooks.com**

Lehrbuch
der
Hebammenkunst

von

Dr. Bernhard Sigmund Schultze,

Geheim. Hofrath, öff. ord. Prof. der Geburtshülfe, Director der Entbindungsanstalt
und der Hebammenschule zu Jena, Mitglied der Medicinalcommission des Großherzogth. Sachsen.

Mit 87 Holzschnitten.

Sechste Auflage.

Leipzig,
Verlag von Wilhelm Engelmann.
1880.

Vorrede zur dritten Auflage.

An meine Collegen.

Die Beurtheilung, welche dem vorliegenden Lehrbuch bei seinem ersten und zweiten Erscheinen zu Theil geworden, und die Nothwendigkeit dieser neuen Auflage sind mir Beweis für den Beifall, den dasselbe gefunden. Wie werthvoll mir die öffentlich sowohl wie privatim ausgesprochenen Kritiken gewesen sind, werden die Beurtheiler aus dem Buche selbst ersehen. Theils eben diese Kritik, theils die inzwischen erfolgten Fortschritte unserer Wissenschaft haben einige Aenderungen nothwendig erscheinen lassen. Dann hat der Umstand, daß das Lehrbuch, zunächst für den Bereich meiner persönlichen Wirksamkeit berechnet, jetzt außerhalb derselben seine hauptsächliche Wirksamkeit gefunden hat und namentlich zum Selbststudium gebraucht zu werden scheint, mich zu mehreren Erweiterungen des Textes und zur Vermehrung der Abbildungen veranlaßt, welche die Demonstrationen, die den mündlichen Unterricht begleiten, ersetzen sollen. Auch waren Erweiterungen des Textes dadurch motivirt, daß ich im Laufe meiner Lehrthätigkeit wahrnahm, wie der wenig geschulte Verstand der Hebamme, mehr als ich ihm früher zugetraut hatte, selbst complicirtere Causalverhältnisse versteht, wenn nur der Lehrer streng logisch zu Werke geht. Bei diesen nothwendigen Erweiterungen verlor ich nicht aus dem Auge, daß die Kürze des Lehrbuchs einer seiner Vorzüge ist.

Meine geburtshülflichen Grundsätze, soweit sie die Hebammen betreffen, bieten sich im Buche selbst der Kritik dar, ich hoffe mit der Mehrzahl der Collegen mich in Uebereinstimmung zu befinden. Ueber die Auswahl der Dinge, die die Hebamme wissen soll, der Dinge, die sie überhaupt verstehen kann, über die Ordnung, in der ihr diese Materien vorgetragen werden, und über die Methode, in der sie zum Verständniß des Nöthigen am besten geführt wird, glaube ich Ihnen eine kurze Darlegung meiner Ansichten um so mehr schuldig zu sein, als ich im Lehrbuch selbst, den Hebammen gegenüber, jede Motivirung des Lehrplanes, wie sie wohl üblich ist, als nicht zweckmäßig ausschloß. Ich gebe diese Motivirung im Folgenden mit fast den gleichen Worten wie in den früheren Auflagen, da in meinen bezüglichen Ansichten keine Aenderung eingetreten ist.

Was die **Auswahl des Stoffes** betrifft, so könnte es zunächst auffallen, daß ich in der Einleitung die übliche Aufzählung der von vornherein erforderlichen Hebammeneigenschaften weggelassen habe. Da die Auswahl passender Personen und die Zulassung zum Hebammenunterricht überall von den Behörden und vom Hebammenlehrer abhängt, hielt ich es für überflüssig, der Hebamme zu erörtern, daß sie nicht zu alt, nicht zu dumm und nicht verkrüppelt sein dürfe.

Womit nun der eigentliche Unterricht beginnen soll, ist eine Frage von höchster Wichtigkeit. Ich halte es mit Vielen für zweckmäßig, mit einer allgemeinen Betrachtung des Körpers zu beginnen. Das, was die Hebamme am Körper von Außen sehen und fühlen kann, muß sie sich zu einem zusammenhängenden Bilde gestalten können. Das Becken, die in demselben beim Weibe gelegenen Organe und deren Veränderungen durch die Schwangerschaft, vom kindlichen Körper namentlich den Schädel, muß sie genauer kennen. Tiefere anatomische und physiologische Bildung, deren Nützlichkeit für Jeden, der sie erwerben kann, ich weit entfernt bin zu bestreiten, kann der Hebamme in der gegebenen Zeit nicht beigebracht werden. Erforderlich zur Ausübung ihres Berufes ist dieselbe nicht. Von Dingen, deren wirkliche Kenntniß der Hebamme nothwendig abgeht, hält man ihr am besten auch jede, zu leicht mißverstandene Andeutung fern. Wer darüber anders denkt, oder wer gebildetere Schülerinnen zu unterrichten, oder wer längere Zeit als 3 bis 4 Monate auf jeden Unterrichtskursus zu verwenden hat, wird im mündlichen Vortrag leicht ergänzen, was er im Lehrbuch vermißt, und für das Selbststudium der Hebamme fehlt es nicht an populären Darstellungen der Anatomie und Physiologie.

Mich hat der oben ausgesprochene Grundsatz auch im Weiteren geleitet. Deßhalb habe ich die mechanischen Verhältnisse der Schwangerschaft und Geburt, von denen nothwendig die Rede sein muß und die die Hebamme sehr wohl verstehen kann, eingehender besprochen, als vor den Hebammen gebräuchlich ist. Bei Besprechung aller derjenigen pathologischen Verhältnisse dagegen, wo die Hebamme vor allen Dingen den Geburtshelfer zu rufen hat, bin ich bestrebt gewesen, mich auf das zu beschränken, was die Hebamme in den Stand setzt, eben diese äußerst wichtige Indication zu stellen.

Was die in gegenwärtiger Auflage erheblich vermehrten Holzschnitte betrifft, so habe ich zunächst zu bemerken, daß ich dieselben alle selbst und zwar gleich auf das Holz gezeichnet habe. Was ihnen dadurch an künstlerischer Ausführung nothwendig abgeht, hoffe ich werden sie an anatomischer Richtigkeit ersetzen. Die Mehrzahl der Zeichnungen ist halb schematisch, zahlreichen Anschauungen und Messungen am lebenden und todten Körper entsprechend. Die Zeichnungen sind zum großen Theil gleichzeitig und auf Grund desselben Materials entstanden, wie meine „Wandtafeln der Schwangerschafts- und Geburtskunde." (Leipzig 1865.)

Fig. 1 ist nach der bekannten Zeichnung Köck's entworfen, mit welcher Froriep seine geburtshülflichen Demonstrationen (Weimar 1824) eröffnete. Fig. 48 ist die mittlere Biegsamkeit der Lendenwirbelsäule, wie ich sie aus 33 Messungen frischer weiblicher Leichen fand. (Jenaische Zeitschrift Bd. III. 1867.) Fig. 73 stellt einen Fall dar, den ich beobachtete und in der Monatsschrift für Geburtskunde Bd. XI. 1858 mittheilte. Fig. 76 ist das bekannte von Robert 1853 beschriebene pariser querverengte Becken. Fig. 77 das von Olshausen in der Monatsschrift f. Gebk. 1862 Bd. XIX. bekannt gemachte schräge Becken, Fig. 78 das Prag-Würzburger spondylolisthetische Becken, welches Lambl in Scanzoni's Beiträgen III. 1858 beschrieb; Fig. 79 und 80 sind Becken aus der hiesigen Sammlung. Die meisten Zeichnungen sind in $^1/_3$, demnächst die meisten in $^1/_5$ der natürlichen Größe ausgeführt. Ich habe in dieser Auflage das Verhältniß zur natürlichen Größe überall den Figuren beigesetzt.

Ueber die Grenzen der Wirksamkeit der Hebamme herrschen Meinungsverschiedenheiten. Auch sind offenbar für verschiedene Länder verschiedene Grenzen gerechtfertigt. Wo die Aerzte häufiger und geburtshülfliche Ausbildung derselben zur Regel geworden sind, würde es nach meiner Ansicht ein großes Unrecht gegen die kreissenden Frauen sein, wollte man der Hebamme gestatten, behufs Wendung des Kindes oder Lösung der Nachgeburt jemals die Hand in den Uterus zu führen; nicht weil die Hebamme die dazu erforderliche Geschicklichkeit nicht erlangen könnte, sondern weil ihr bei der kurzen Dauer des Unterrichts, wie sie wenigstens an den meisten Lehranstalten besteht, diejenige wissenschaftliche Vorbildung fehlt, welche die Indication zu den genannten Eingriffen richtig stellen läßt, und weil durch unzeitiges Operiren sehr viel mehr Schaden erwachsen würde als dadurch, daß in seltenen Fällen die nöthige Hülfe hinausgeschoben wird, bis der Geburtshelfer da ist. Die Lösung der Arme und des nachfolgenden Kopfes dagegen muß der Hebamme gelehrt werden. Das Verständniß der Indication dazu hat für die Hebamme keine Schwierigkeit, und überaus häufig ist es der Fall, daß der meiner Ansicht nach bei jeder Beckengeburt zu rufende Arzt noch nicht anwesend ist zu einer Zeit, wo allein die ungesäumte Ausführung der genannten Operationen das Kind am Leben zu erhalten im Stande ist. Ich habe diese Operationen in gegenwärtiger Auflage durch einige neue Zeichnungen erläutert, welche gewiß willkommen sind.

Die Verabreichung und Verordnung innerer Arzeneien von Seiten der Hebamme halte ich für durchaus unstatthaft, nicht als ob ich meinte, es könne durch ein wenig Kinderpulver oder Rhabarbersäftchen großes Unheil angerichtet werden, sondern weil ich weiß, daß, wenn die Leute einmal im Besitz eines wenn auch nur von der Hebamme verordneten Mittels sind, sie natürlich im Beginn schwerer Erkrankungen Stunden, Tage verstreichen lassen, bevor sie nach ärztlichem Rath sich umsehen. Auch die vielfach noch als obligat angesehene Zimmttinctur habe ich der Hebamme nicht freigegeben; ich sah von diesem Mittel nie eine andere Wirkung als die einfach analeptische, und in den ganz seltenen Fällen, wo die Hebamme diese herbeiführen soll, thut ein Glas Wein, ein Löffel Branntwein bessere Dienste. Daß ich die sehr gebräuchliche Verabreichung von „Wehenpulvern" der Hebamme nicht ausdrücklich verboten habe, könnte auf den ersten Blick auffallen. Ich glaube, die Hebamme kann Secale cornutum nur durch die Aerzte bekommen und ich wollte der Hebamme die Ansicht nicht von vorn herein erschüttern, daß sie vom Arzt nur Gutes lernt. Aeußere Mittel habe ich der Hebamme mehrere angegeben, so zum Beispiel den Aether, der als Kälte erregend im Sommer, wo Eis und Schnee nicht zu haben sind, bei Behandlung des Scheintodes sehr werthvoll ist.

Im Anhang habe ich die Pflichten der Hebamme für das allgemeine Wohl aufgeführt, die auch im Buche selbst da und dort schon berührt wurden. Es ist dabei keine bestimmte Medicinalgesetzgebung ausschließlich zu Grunde gelegt worden. Jeder Beruf legt dem Berufenen an sich Pflichten auf; von secundärer Bedeutung ist es erst, ob der Staat, in dem er lebt, deren Versäumniß mit Strafe bedroht.

Forensische Beziehungen brauchten nur selten berührt zu werden. Wo es sich in foro um Diagnose vorliegender Thatsachen handelt, wird heutzutage meist sogleich der Geburtshelfer mit derselben beauftragt. Uebrigens leitet mich überhaupt und auch beim Unterricht der Hebammen der Grundsatz, für eine Diagnose nur das gelten zu lassen, was auf so festen Füßen steht, daß es auch in foro Boden behalten würde.

Die Anordnung des Stoffes ist für den Unterricht von hoher Bedeutung. Ich konnte mich nicht bequemen, der sonst bei Betrachtung natürlicher Vorgänge üblichen Eintheilung in regelmäßige und von der Regel abweichende die bei Betrachtung der Fortpflanzungsvorgänge, namentlich der Geburt, vielfach gebräuchliche Eintheilung in gesundheitsgemäße und gesundheitswidrige (Eutokie, Dystokie) zu substituiren, wo man dann die gesundheitsgemäße Geburt als diejenige definirt, welche durch die Naturkräfte allein ohne Schaden für Mutter und Kind vollendet wird. Will man diese Eintheilung, die nur nach dem Ausgang die Geburten abtheilt, consequent durchführen, so muß man überall Zusammengehöriges auseinanderreißen. Viele abnorme Geburten sind dann gesundheitsgemäß, während dieselbe Abnormität in anderen Fällen zu einem gesundheitswidrigen Resultate führt. Ich will die consequente Durchführung ein und desselben Eintheilungsprincips überhaupt nicht als Nothwendigkeit für ein Lehrbuch hinstellen; die Rücksicht, daß das Nachfolgende aus dem Vorhergehenden verständlich sein muß, motivirt Abweichungen; aber bei Aufstellung eines Eintheilungsprincips, das von vornherein der praktischen

Anforderung nicht genügt, geht leicht mehr Logik verloren, als gerade minder gebildeten Schülern gegenüber, von denen eine kritische Auffassung nicht zu erwarten ist, vermißt werden darf.

Es scheint die Eintheilung in Normales und von der Norm Abweichendes die einzige natürliche Eintheilung, die bei möglichst consequenter Durchführung zweckmäßig bleibt. Natürlich mußten in den Capiteln, welche die Regeln für Beobachtung und Behandlung des Normalen betreffen, manche Regelwidrigkeiten bereits berührt werden. Die Behandlung des Normalen hat ja weiter keinen Zweck, als eben Regelwidrigkeiten zu verhüten, und die Beobachtung von Seiten der Hebamme haupsächlich den, Abweichungen von der Regel frühzeitig zu erkennen. Auch weiß ich die Schwierigkeiten sehr wohl zu würdigen, die überall da mit Nothwendigkeit sich aufdrängen, wo es gilt, eine Grenze zwischen Normalem und Abnormem zu ziehen. Ich bin an dieser Grenze vom üblichem Gebrauch hier und da abgewichen; ich hoffe es vertreten zu können, daß ich zum Beispiel die Steiß- und Gesichtslagen, daß ich die Zwillingsgeburt als Abnormitäten, daß ich das Ammenhalten und die künstliche Ernährung des Säuglings als die Behandlung eines abnormen Zustandes abgehandelt habe. Betrachten wir die Steißgeburt in dieser Beziehung, und nur vom Standpunkt der Hebamme. Die Hebamme erfährt gewöhnlich, daß die Steißgeburt eine regelmäßige und eine gesundheitsgemäße Geburt sei; dabei erfährt sie, oder kann es wenigstens erfahren, daß von 1000 Geburten nur etwa 32 Steißgeburten sind: die Umschlingung der Nabelschnur, die bei 1000 Geburten etwa 200mal vorkommt, soll sie als eine Regelwidrigkeit betrachten. Wo bleibt für sie da der Begriff der Regel? Es wird ihr auch die durchaus richtige Anweisung ertheilt, bei jeder Steißgeburt ohne Weiteres, wegen der für das Kind durch die Steißgeburt selbst gegebenen Gefahren, auf Hinzuziehung des Geburtshelfers zu bringen. Wo bleibt da der Begriff des Gesundheitsgemäßen?

Ich habe mich aller dogmatischen Eintheilung möglichst enthalten und mich bemüht, hauptsächlich das diagnostisch Verwandte neben einander zu stellen. Der Hebamme gegenüber scheint es mir nothwendig, die Lehre von irgend welchem Vorgang, die Anweisung zur Beobachtung desselben und die darauf etwa bezüglichen Regeln über das Handeln der Hebamme auch dem Raume nach möglichst nahe bei einander zu lassen.

In der ersten Auflage waren die abnormen Vorgänge der Schwangerschaft, der Geburt und des Wochenbetts den normalen Vorgängen jedesmal unmittelbar angereiht worden. Erfahrung hat mich gelehrt, daß die am häufigsten befolgte Anordnung, zuerst in continuo den ganzen normalen Fortpflanzungsvorgang und erst hinterher die Abweichungen von der Regel abzuhandeln, namentlich bei kurzen Unterrichtskursen, in denen die klinische Unterweisung von Anfang an nebenhergeht, die zweckmäßigere ist. Dieselbe ist daher in der vorigen wie in dieser Auflage befolgt worden.

Auf der Grenze zwischen Geburt und Wochenbett habe ich mir eine förmliche Defraudation erlaubt. Ich muß voraus bemerken, daß ich nicht etwa das Wochenbett für die „sechste Geburtsperiode" halte, vielmehr bei wissenschaftlicher Betrachtung der Geburt es vollkommen gerechtfertigt finde, mit der Abnabelung das Kind und mit der Ausscheidung der Nachgeburt die Mutter zu verlassen. **Die Hebamme darf das aber in praxi nicht.** Es scheint mir daher angemessen, wie im Vortrag so auch im Lehrbuch, die Verrichtungen der Hebamme in ihrer chronologischen Reihenfolge zu lassen, ich meine, das erste Baden und Kleiden des Kindes und die Behandlung des Scheintodes, welche oft in die Nachgeburtsperiode der Mutter fallen, und überhaupt Alles, was die Hebamme zu thun hat, ehe sie von der

Geburt nach Hause gehen darf, unter der Ueberschrift „Ge=
burt" abzuhandeln.

Nun noch ein paar Worte über die **Methode**. Wissenschaft=
lich richtig und dabei für einen niedrigen Standpunkt verständlich
und praktisch brauchbar zu schreiben, ist eine Aufgabe, die für
gewisse Gegenstände äußerst schwierig zu lösen ist. Es gibt meh=
rere Wege, dieser Lösung — auszuweichen. Die wohlfeilste Art,
populär zu schreiben, ist die, Ausdrücke und Begriffe, die für die
Collegen zu schlecht sind, den Hebammen anzubieten, die wissen=
schaftlichen Thatsachen an irgend welche populären Begriffe anzu=
knüpfen und nun ihrem Schicksal zu überlassen.

Etwas besser, wenn auch nahe verwandt, ist die teleologische
Methode. Ueber die Berechtigung der Teleologie in der Wissen=
schaft rede ich nicht, es handelt sich hier nur darum, ob die teleo=
logische Methode der Darstellung gerade für Hebammen die
geeignete sei. Es hat allerdings für ein ungebildetes Gefühl etwas
sehr Beruhigendes, den nothwendigen Erfolg natürlicher Vor=
gänge, wenn er erwünscht ist, als deren Zweck zu betrachten.
Ein guter Zweck kann recht gern als zureichender Grund an=
gesehen werden, und so wird durch solche Anschauungsweise frei=
lich viel Kopfbrechens über die Ursache irgend einer Erscheinung
erspart. Die Hebamme soll ja auch nicht zu wissenschaftlichen
Forschungen erzogen werden.

Wo alle Bedingungen ganz normal sind, ist diese teleolo=
gische Anschauung ganz vortrefflich, sie beruhigt das Gemüth der
Hebamme und durch sie das der Kreißenden; sie mehrt die in
vielen Fällen so werthvolle passive Geduld. Wie verhält es sich
aber mit diesem teleologischen Narkotikum bei Beurtheilung eines
concreten von der Norm abweichenden Falles? Wenn der
Zweck einmal überhaupt die Naturerscheinungen regulirt, wird
dann nicht diese seine Wirksamkeit sich da vor Allem zu entfalten
haben, wo seine Realisirung Hindernisse findet, wo es gilt, ihn

gegen feindliche Einflüsse geltend zu machen? „Wo die Noth am größten, ist Gottes Hülfe am nächsten", ist ein populäres Sprichwort, ganz dieser Anschauungsweise entsprungen — unter Umständen vortrefflich, aber bietet es für die Berufsthätigkeit der Hebamme einen empfehlenswerthen Standpunkt? Die Hebamme soll nur zwei abnorme Geburten in diesem Glauben mit ansehen und all ihr Glaube wird ihr entschwunden sein; doch ist es gewiß in jeder Beziehung wünschenswerth, daß sie eine recht fromme Frau sei — und bleibe. Wohl soll dem Handeln der Hebamme eine gesunde Moral, aber es kann nicht ihrem medicinischen Wissen der Religionsunterricht als Basis dienen.

Soweit die Hebamme die Ursachen der natürlichen Vorgänge begreifen kann, fehlt jeder Grund, ihr dieselben zu verschweigen oder zu verhüllen. Jede Art gemeinverständlich klingender Phrasen aber über Dinge, zu deren Begriff wissenschaftliche Vorbildung gehört, ist weit schädlicher, als es Vielen bedünkte. Das Bewußtsein, Nichts zu wissen, wo man in der That Nichts weiß, ist nicht allein für den Forscher, es ist ebenso für den rein praktisch Ausübenden eine der Hauptbedingungen für die Möglichkeit klar bewußten Handelns. Wenn die Hebamme das, was sie wissen kann und wissen muß, ganz weiß; wenn sie die Grenze genau kennt, jenseit welcher ihr Wissen und ihr Können aufhört: dann wird sie nicht nur in ihrem Thun und Lassen zweckmäßiger verfahren, sie wird auch jede Abweichung richtiger beurtheilen und zur rechten Zeit an höhere Hülfe beim Geburtshelfer appelliren — nicht erst, wie leider noch oft geschieht, weil sie einsieht, daß sie den schon unabwendbaren Ausgang der Sache selbst zu verantworten, nicht im Stande sein wird.

Jena, 31. Mai 1870.

B. Schultze.

Vorwort zur vierten Auflage.

Die gute Aufnahme, die das Lehrbuch in seiner bisherigen Gestalt gefunden, veranlaßte mich, möglichst wenig Aenderungen für die gegenwärtige Auflage vorzunehmen. Wer sich die Mühe nimmt, diesen wenigen Aenderungen nachzugehen, wird finden, daß ich bestrebt war, die Fortschritte der Wissenschaft auch für den Unterricht der Hebammen zu verwerthen, und daß mir in der Kritik der Tadel nicht minder werthvoll war als das Lob.

Jena, den 1. Juli 1874.

B. Schultze.

Vorwort zur sechsten Auflage.

Auch für die vorige und für diese Auflage sind nur wenige Correcturen und Zusätze nöthig erschienen. Als berechtigt durfte der mehrfach ausgesprochene Wunsch gelten, genaue Anweisung zur Uebung meiner Methode der künstlichen Athmung durch Schwingen des scheintodten Kindes, welche seit nun 20 Jahren in immer weiteren Kreisen sich bewährt, jetzt auch in das Lehrbuch aufgenommen zu sehen. Mag man über etwaige Vorzüge dieser und jener instrumentellen Methode künstlicher Athmung verschiedener Meinung sein; für die Hebamme ist ohne Zweifel diejenige Methode die am meisten empfehlenswerthe, welche ohne Apparate die besten Erfolge liefert. Fig. 82 und 83 erläutern die Anleitung zur Uebung der Methode. Sie sind meiner Monographie „der Scheintod Neugeborener", Jena 1871, entnommen. Neu hinzu kamen ferner in dieser Auflage die Figuren 85. 86. 87, die mancher jungen Hebamme willkommen sein werden.

Jena, den 20. April 1880.

B. Schultze.

Inhaltsverzeichniß.

	Seite
Vorwort zur dritten Auflage	III—XII
Vorwort zur vierten Auflage	XIII
Vorwort zu sechsten Auflage	XIV
Inhaltsverzeichniß	XV
Verzeichniß der Holzschnitte	XIX
Einleitung. (§. 1—10.)	1

Erster Theil.
Vorkenntnisse. (§. 11—64.)

Erstes Kapitel. Vom menschlichen Körper überhaupt. (§. 11—24.) … 7
Zweites Kapitel. Vom Körper des Kindes. (§. 25—28.) … 13
Drittes Kapitel. Vom weiblichen Becken. (§. 29—44.) … 16
Viertes Kapitel. Von dem Bau und der Lage der weiblichen Geschlechtstheile. (§. 45—55.) … 27
Fünftes Kapitel. Von den Verrichtungen der weiblichen Geschlechtstheile. (§. 56—64.) … 35

Zweiter Theil.
Von der regelmäßigen Schwangerschaft. (§. 65—144.)

Erstes Kapitel. Entstehung und Dauer der Schwangerschaft. (§. 65—68.) … 41
Zweites Kapitel. Entwicklung des Eies, der Frucht und der Gebärmutter in den ersten zwölf Wochen der Schwangerschaft. (§. 69—73.) … 42
Drittes Kapitel. Weitere Entwicklung der Frucht bis zur Reife. (§. 74—76.) … 47
Viertes Kapitel. Das reife Ei. (§. 77—82.) … 50
Fünftes Kapitel. Die schwangere Gebärmutter. (§. 83—88.) … 52
Sechstes Kapitel. Die Lage der Frucht in der Gebärmutter. (§. 89—96.) … 55
Siebentes Kapitel. Die geburtshülfliche Untersuchung. (§. 97—109.) … 60

	Seite
Achtes Kapitel. Die Erkennung der Schwangerschaft, die Schwangerschaftszeichen. (§. 110—116.)	67
Neuntes Kapitel. Die Zeichen der ersten und der wiederholten Schwangerschaft. (§. 117—123.)	71
Zehntes Kapitel. Die Zeitrechnung der Schwangerschaft. (§. 124—137.)	76
Elftes Kapitel. Wie Schwangere leben sollen. (§. 138—144.)	84

Dritter Theil.
Von der regelmäßigen Geburt. (§. 145—230.)

Erstes Kapitel. Von den austreibenden Kräften, von den Geburtszeiten und von der Dauer der Geburt. (§. 145—166.)	92
Zweites Kapitel. Von der Art und Weise, wie das Kind durch das Becken geht, vom Geburtsmechanismus. (§. 167—178.)	101
Drittes Kapitel. Wie Gebärende sich verhalten sollen und was die Hebamme bei der regelmäßigen Geburt zu thun hat. (§. 179—230.)	110

Vierter Theil.
Von der regelmäßigen Wochenzeit und Säugezeit. (§. 231—272.)

Erstes Kapitel. Die regelmäßigen Vorgänge bei der Mutter. (§. 233—247.)	146
Zweites Kapitel. Die regelmäßigen Vorgänge beim Kinde. (§. 248—251.)	152
Drittes Kapitel. Die Pflege der Mutter und des Kindes. (§. 252—272.)	153

Fünfter Theil.
Abweichungen von der Regel im Verlauf der Schwangerschaft. (§. 273—333.)

Erstes Kapitel. Regelwidrige Lage des Kindes. (§. 273—280.)	167
Zweites Kapitel. Von der mehrfachen Schwangerschaft. (§. 281—285.)	172
Drittes Kapitel. Von der Schwangerschaft außerhalb der Gebärmutter. (§. 286—287.)	174
Viertes Kapitel. Vom Erbrechen, dem Durchfall und der Stuhlverstopfung und von den Brüchen bei Schwangeren. (§. 288—291.)	176
Fünftes Kapitel. Von den Beschwerden beim Harnlassen und von den Lageabweichungen der Gebärmutter bei Schwangeren. (§. 292—300.)	178
Sechstes Kapitel. Von den Blutaderknoten und anderen krankhaften Anschwellungen bei Schwangeren. (§. 301—303.)	185

Inhaltsverzeichniß.

Seite

Siebentes Kapitel. Schleim- und Wasserausfluß aus den Geschlechtstheilen Schwangerer. (§. 305—307.) 187
Achtes Kapitel. Von den Blutungen, insbesondere von den Gebärmutterblutungen Schwangerer und von der vorzeitigen Unterbrechung der Schwangerschaft (Fehlgeburt, Frühgeburt). (§. 308—324.) . 188
Neuntes Kapitel. Vom Tod der Frucht während der Schwangerschaft. (§. 325—330.) 199
Zehntes Kapitel. Ohnmacht, Scheintod und Tod der Schwangeren. (§. 331—333.) 202

Sechster Theil.
Abweichungen von der Regel im Verlauf der Geburt.
(§. 334—490.)

Erstes Kapitel. Die Geburt bei regelwidriger Stellung des mit dem Kopf vorliegenden Kindes. (§. 334—335.) 207
  1. Zweite Unterart der Schädelgeburt, die kleine Fontanelle hinten . 207
  2. Tiefer Querstand des Kopfes 210
Zweites Kapitel. Die Geburt bei regelwidriger Haltung des mit dem Kopf vorliegenden Kindes. (§. 336—346.) 211
  1. Scheitellage 211
  2. Stirnlage 212
  3. Gesichtslage und Gesichtsgeburt 212
  4. Schiefstehen des Kopfes 217
  5. Vorfall eines Armes oder Fußes neben dem Kopf 218
Drittes Kapitel. Die Geburt bei regelwidriger Lage des Kindes.
  1. Beckenlagen; Fußgeburt, Kniegeburt, Steißgeburt. (§. 347—367.) 219
Viertes Kapitel. Die Geburt bei regelwidriger Lage des Kindes.
  2. Schief- und Querlagen. (§. 368—375.) 236
Fünftes Kapitel. Die Geburt mehrerer Kinder. (§. 376—385.) 241
Sechstes Kapitel. Die Geburt bei regelwidriger Größe und Gestalt des Kindes. (§. 386—390.) 244
Siebentes Kapitel. Die Geburt bei regelwidriger Beschaffenheit des Beckens. (§. 391—410.) 248
Achtes Kapitel. Regelwidrige Wehen. (§. 411—425.) 259
  1. Von der Wehenschwäche 260
  2. Von den zu heftigen Wehen 262
  3. Von den Krampfwehen 263
Neuntes Kapitel. Fehler der Weichtheile am und im Becken, Zerreißungen der Geburtswege. (§. 426—440.) 266

Zehntes Kapitel. Regelwidriges Verhalten des Fruchtwassers und
  der Eihäute. (§. 441—147.) 272
Elftes Kapitel. Regelwidriges Verhalten der Nabelschnur.
  (§. 148—458.) 275
Zwölftes Kapitel. Schwäche und Krankheit der Gebärenden, Er=
  brechen, Ohnmachten, Krämpfe. (§. 459—465.) 279
Dreizehntes Kapitel. Blutungen während der Eröffnungsperiode
  und während der Austreibung des Kindes. (§. 466—468.) . . 282
Vierzehntes Kapitel. Scheintod und Tod der Gebärenden. (§. 469.) 284
Fünfzehntes Kapitel. Tod des Kindes in der Geburt. Scheintod
  des Neugebornen. (§. 470—478.) 284
Sechzehntes Kapitel. Störungen der Nachgeburtszeit. (§.179—490.) 293

Siebenter Theil.
Von den Störungen der Wochenzeit und des Säugens.
(§. 491—534.)

Erstes Kapitel. Erkrankungen an den Geschlechtstheilen und Allgemein=
  Erkrankungen der Wöchnerin. (§. 491—503.) 303
Zweites Kapitel. Störungen des Säugegeschäfts, Ammenhalten,
  künstliche Ernährung des Kindes und Störungen der Verdauung
  bei demselben. (§. 501—526.) 310
Drittes Kapitel. Von einigen anderen Erkrankungen der Neu=
  geborenen und Säuglinge. (§. 527—534.) 323

Anhang.

Erstes Kapitel. Wie sich die Pflichten der Hebamme zu einander ver=
  halten. (§. 535—540.) 331
Zweites Kapitel. Von der Anwendung der Heilmittel. (§. 541—553.) 233
Drittes Kapitel. Von dem Verfahren der Hebamme bei plötzlichen
  Unglücksfällen. (§. 554—557.) 341
Viertes Kapitel. Von den Pflichten der Hebamme für das Gemein=
  wohl und ihren Beziehungen zu den Behörden. (§. 558—565.) . 347
Register 351

Verzeichniß der Holzschnitte.

			Seite
Fig. 1.	Weiblich Figur mit eingezeichnetem Knochengerüst	1/10 natürl. Gr.	7
Fig. 2.	Schädel des Kindes von oben	1/3 " "	14
Fig. 3.	Schädel des Kindes von der Seite	1/3 " "	14
Fig. 4.	Kreuzbein mit Steißbein	1/3 " "	17
Fig. 5.	Linkes Seitenbein von rechts gesehen	1/3 " "	18
Fig. 6.	Rechtes Seitenbein von rechts gesehen	1/3 " "	18
Fig. 7.	Die drei Stücke des Seitenbeines	1/3 " "	19
Fig. 8.	Weibliches Becken von vorn unten, senkrecht auf die Axe des Beckeneinganges	1/3 " "	20
Fig. 9.	Weibliches Becken von vorn oben, in der Richtung der Axe des Beckeneinganges	1/3 " "	21
Fig. 10.	Weibliches Becken von unten in der Richtung der Axe des Beckenausganges	1/3 " "	23
Fig. 11.	Linke Beckenhälfte von rechts gesehen, mit Einzeichnung der geraden Durchmesser und der Führungslinie	1/3 " "	24
Fig. 12 u. 13.	Willkürlich vermehrte und verminderte Beckenneigung	1/8 " "	26
Fig. 14.	Die äußeren Geschlechtstheile des Weibes	1/3 " "	28
Fig. 15.	Die Gebärmutter mit ihren Anhängen von der vorderen Fläche gesehen	1/3 " "	30
Fig. 16.	Die Innenfläche der weiblichen Geschlechtstheile, nach Abtragung der hinteren Hälfte der Wandungen von hinten gesehen	1/3 " "	31
Fig. 17.	Linke Hälfte des weiblichen Beckens mit den Weichtheilen, von rechts gesehen	1/3 " "	33
Fig. 18.	Die Eingeweide des weiblichen Beckens in ihrer Lage, senkrecht in den Beckeneingang gesehen	1/3 " "	34
Fig. 19.	Einbettung des befruchteten Eies in der Gebärmutterschleimhaut	Natürl. Größe	43
Fig. 20.	Sechs Wochen altes Ei mit der Frucht	" "	44
Fig. 21.	Zwölf Wochen altes Ei mit der Frucht	" "	45

XX Verzeichniß der Holzschnitte.

			Seite
Fig. 22.	Die Gebärmutter am Ende der Schwangerschaft, hintere Hälfte von vorn und unten senkrecht auf ihre Axe gesehen	1/5 natürl. Gr.	56
Fig. 23.	Das reife Kind in regelmäßiger Haltung in gleicher Richtung gesehen	1/5 „ „	56
Fig. 24.	Das reife Kind in seiner regelmäßigen Haltung vom Steiß gesehen	1/5 „ „	57
Fig. 25.	Die Stellung des Kindes in der Gebärmutter	1/5 „ „	57
Fig. 26.	Erste Schädellage	1/5 „ „	58
Fig. 27.	Zweite Schädellage	1/5 „ „	58
Fig. 28.	Profilschnitt durch eine 36 Wochen schwangere Frau	1/5 „ „	59
Fig. 29.	Der Scheideneingang in der ersten Schwangerschaft	1/2 „ „	73
Fig. 30.	Der Scheideneingang in wiederholter Schwangerschaft	1/2 „ „	74
Fig. 31. 32. 33.	Der Scheidentheil in der zweiten Hälfte der ersten Schwangerschaft	1/3 „ „	74
Fig. 34. 35. 36.	Der Scheidentheil in der zweiten Hälfte der wiederholten Schwangerschaft	1/3 „ „	75
Fig. 37.	Schwangerschaftskalender		77
Fig. 38.	Gebärmuttergrund, Scheidentheil und Bauchwand zu den verschiedenen Zeiten der Schwangerschaft	1/5 „ „	80
Fig. 39.	Wirkung der Wehe in der Eröffnungsperiode	1/5 „ „	95
Fig. 40.	Wirkung der Wehe in der Austreibungsperiode	1/5 „ „	96
Fig. 41.	Die natürliche Lösung der Nachgeburt	1/5 „ „	98
Fig. 42.	Die Ausstoßung der Nachgeburt	1/5 „ „	99
Fig. 43.	Die linke Hälfte des Beckens von rechts gesehen mit der Führungslinie und der Richtung der austreibenden Kraft	1/3 „ „	102
Fig. 44.	Das Becken vom Ausgang gesehen, Mechanismus der Geburt aus erster Schädellage	1/3 „ „	103
Fig. 45.	Linke Beckenhälfte von rechts gesehen, Mechanismus der Geburt aus erster Schädellage	1/3 „ „	107
Fig. 46.	Das Becken vom Ausgang gesehen, Mechanismus der Geburt aus zweiter Schädellage	1/3 „ „	109
Fig. 47.	Das Becken vom Ausgang gesehen, Mechanismus der Geburt aus zweiter Schädellage, zweiter Unterart	1/3 „ „	110
Fig. 48.	Linke Beckenhälfte von rechts gesehen, veränderte Richtung der austreibenden Kraft durch Beugung und Streckung der Lendenwirbelsäule	1/3 „ „	122
Fig. 49.	Linke Beckenhälfte von rechts gesehen, das Verhalten des Schädels zum Damm	1/3 „ „	124
Fig. 50.	Weibliche Figur in linker Seitenlage, die Ueberwachung des Dammes von Seiten der Hebamme	1/8 „ „	126
Fig. 51.	Die Unterstützung des Dammes	1/5 „ „	128
Fig. 52.	Erste Gesichtslage	1/5 „ „	168
Fig. 53.	Zweite Gesichtslage	1/5 „ „	168
Fig. 54.	Erste Steißlage erste Unterart	1/8 „ „	169
Fig. 55.	Zweite Steißlage zweite Unterart	1/8 „ „	169

Verzeichniß der Holzschnitte.   XXI

			Seite
Fig. 56.	Erste Querlage erste Unterart	1/5 natürl. Gr.	169
Fig. 57.	Zweite Querlage zweite Unterart	1/5 „ „	169
Fig. 58.	Zwillingsschwangerschaft, beide Kinder in Schädellage	1/5 „ „	173
Fig. 59.	Zwillingsschwangerschaft, das eine Kind in Schädellage, das andere in Steißlage	1/5 „ „	173
Fig. 60.	Rückwärtsneigung der schwangeren Gebärmutter	1/3 „ „	180
Fig. 61.	Rückwärtsknickung der schwangeren Gebärmutter	1/3 „ „	180
Fig. 62. 63. 64.	Leibbinde, die vorwärts geneigte schwangere Gebärmutter zu unterstützen	1/15 „ „	184
Fig. 65.	Das Becken vom Ausgang gesehen, zweite Unterart der Schädelgeburt	1/3 „ „	208
Fig. 66.	Die rechte Beckenhälfte von links gesehen, die zweite Unterart der Schädelgeburt	1/3 „ „	209
Fig. 67.	Das Becken vom Ausgang gesehen, tiefer Querstand des Kopfes	1/3 „ „	210
Fig. 68.	Das Becken vom Ausgang gesehen, Stirnlage	1/3 „ „	212
Fig. 69.	Linke Beckenhälfte von rechts gesehen. Die Geburt aus erster Gesichtslage	1/3 „ „	213
Fig. 70.	Rechte Beckenhälfte von links gesehen, Steißgeburt. Das Herabziehen der Schulter behufs Lösung des hinaufgeschlagenen Armes	1/3 „ „	230
Fig. 71.	Linke Beckenhälfte von rechts gesehen, die Lösung des zweiten Armes	1/3 „ „	231
Fig. 72.	Linke Beckenhälfte von rechts gesehen, die Hervorleitung des nachfolgenden Kopfes	1/3 „ „	233
Fig. 73.	Zwillingsgeburt, vier Füße und ein Arm gleichzeitig vorliegend	1/5 „ „	242
Fig. 74.	Lösung der um den Hals geschlungenen Nabelschnur und Zutagförderung der Schulter nach geborenem Kopf	1/3 „ „	246
Fig. 75.	Durch englische Krankheit im geraden Durchmesser verengtes Becken	1/3 „ „	251
Fig. 76.	Querverengtes Becken	1/3 „ „	251
Fig. 77.	Schrägverengtes Becken	1/3 „ „	252
Fig. 78.	Durch Wirbelverschiebung verengtes Becken	1/3 „ „	252
Fig. 79.	Durch Knochenerweichung der Erwachsenen verengtes Becken	1/3 „ „	253
Fig. 80.	Durch Geschwülste verengtes Becken	1/3 „ „	253
Fig. 81.	Die Ausmessung des Beckens mit dem Finger	1/3 „ „	256
Fig. 82 u. 83.	Künstliche Athmung durch Schwingen des Kindes		289. 290
Fig. 84.	Vorfall der umgestülpten Gebärmutter	1/5 natürl. Gr.	299
Fig. 85.	Milchsauger aus Glas und Gummi	1/3 „ „	312
Fig. 86.	Irrigator zur Ausspülung der Scheide	1/5 „ „	334
Fig. 87.	Hebervorrichtung zu gleichem Zweck	1/5 „ „	335

Einleitung.

§. 1.

Schwangere, Gebärende, Wöchnerinnen und neugeborene Kinder befinden sich, wenn sie auch ganz gesund sind, in Zuständen, in denen sie zum Theil des Rathes, zum Theil der Wartung, zum Theil thätigen Beistandes von sachkundigen Personen bedürfen. Es ist der Beruf der Hebamme, ihnen diesen Rath, diese Wartung, diesen Beistand zu leisten.

§. 2.

Der Verlauf der Schwangerschaft, der Geburt und des Wochenbettes kann durch mannichfache Störungen von der Regel abweichen. Das Leben oder die Gesundheit der Mutter oder des Kindes oder beider kommt dadurch in Gefahr. Wenn die Hebamme nach §. 1 in vielen Fällen solche Störungen fern halten kann, so muß sie in anderen Fällen im Stande sein, wo eine Gefahr schon droht, den Zustand zur Regel zurückzuführen, das heißt die Gefahr für Mutter oder Kind abzuwenden.

§. 3.

Es giebt aber viele Fälle, in denen die Kenntnisse und die Kunstfertigkeit, die die Hebamme erlangen kann, nicht ausreichen, wo zur Abwendung der Gefahr tiefere Kenntnisse und größere Kunstfertigkeit und solche Mittel erforderlich sind, von denen die Hebamme nichts versteht. Diese tieferen Kenntnisse, diese größere Kunstfertigkeit und diese Mittel besitzt der Arzt und namentlich der Geburtshelfer. Es hängt also Leben und Gesundheit der Mütter und Kinder davon ab, daß die Hebamme zur rechten Zeit diejenigen Umstände erkenne, unter denen die Hülfe des Arztes und Geburtshelfers nothwendig ist.

§. 4.

Mit der Ankunft des Geburtshelfers hören die Pflichten der Hebamme nicht auf. Sie muß dem Geburtshelfer eine kundige Gehülfin sein, muß alle seine Anordnungen pünktlich und geschickt ausführen.

§. 5.

Um diese vier Hauptpflichten ihres Berufes erfüllen zu können, muß die Hebamme viele Kenntnisse erwerben. Sie erwirbt dieselben 1) im mündlichen Vortrage des Lehrers, 2) in der Unterweisung an Schwangeren, Gebärenden, Wöchnerinnen und Neugebornen in der Gebäranstalt und 3) durch fleißiges Nachlesen in diesem Lehrbuch.

Sie wird beim Schlusse dieses Unterrichts in einem Examen zeigen müssen, ob sie sich genug Kenntniß und Urtheil erworben hat, daß der Staat ihr seine Mütter und Kinder anvertrauen könne.

§. 6.

Aber mit dem Aufenthalt in der Hebammenschule ist das Lernen der Hebamme nicht zu Ende. Auch draußen im Beruf vermehrt sie ihre Kenntnisse immer mehr 1) durch sorgsame Beobachtung der ihrer Pflege anvertrauten Frauen und Kinder. 2) Den Unterricht ihres Lehrers erneut und ergänzt sie durch die Lehren der Aerzte, mit denen sie am Gebärbett, Wochenbett und Krankenbett zusammenkommt. 3) Das Lehrbuch endlich bleibt ihr zur steten Erneuerung des Erlernten zur Seite.

Der Staat wird sich darum bekümmern, ob nicht etwa die Hebamme das ihr Gelehrte wieder vergißt.

§. 7.

Außer den obengenannten vier hauptsächlichen Berufspflichten liegt es der Hebamme ob, eine Reihe, von allen Menschen mit Recht geforderter Eigenschaften sich ganz besonders zu wahren. Sie erhalte sich in der Gottesfurcht und Rechtschaffenheit, die bei ihr vorausgesetzt wurde, da sie zur Hebamme gewählt worden ist; sie erhalte sich in allen Beziehungen ihren **guten Ruf**.

Sie erhalte sich ihre **Schulkenntnisse** und suche dieselben noch zu vermehren.

Sie sei **jederzeit Armen und Reichen zu helfen gleich bereit**, messe nie ihren Beistand nach der Aussicht auf Lohn, sondern nach dem Grade der Bedürftigkeit.

Um stets zum Helfen bereit zu sein, sei sie stets nüchtern und mäßig, sei auf **Erhaltung der eigenen Gesundheit** bedacht und befolge die Lehren, die sie Schwangeren und Wöchnerinnen geben lernt, mit Pünktlichkeit, wenn sie selbst in den Fall kommt, am eigenen Körper.

Sie befleißige sich tadelloser Reinlichkeit und Ordnung am eigenen Körper und im eigenen Hause.

§. 8.

Der Obrigkeit und dem Arzt muß die Hebamme zuweilen auf Befragen, oft auch ungefragt, **Auskunft geben** über das, was sie in ihrem Beruf erfährt und beobachtet. Gegen alle Anderen ist sie verpflichtet strengste **Verschwiegenheit** zu bewahren.

Für sich selbst führe sie genaues **Tagebuch** über alle Ereignisse, die in ihrem Beruf sich zutragen.

§. 9.

Sie sei **nachsichtig und trostreich** gegen die Leidenden, mitleidig, aber nie verzagt; ernst und streng, wo es noth thut, aber nie roh; gedulbig und wieder gedulbig, wo abgewartet werden muß, aber nie theilnahmlos oder unaufmerksam; **muthig und entschlossen**, wo es zu handeln gilt, aber nie dummdreist und vorwitzig.

Durch die Kenntnisse, die sie hier erwirbt, findet sie überall die Grenze; wenn sie das, was sie wissen muß, genau inne hat, weiß sie auch überall, wo ihr Wissen und ihre Kunst aufhört.

§. 10.

Ueber die Amtsgenossinnen urtheile die Hebamme milde, auch wo sie Schwächen kennt. Gegen den Arzt sei sie stets bescheiden und voll Hochachtung; sie vergesse nie, daß der Arzt sehr viel mehr weiß als sie selber, auch wenn sie Alles weiß, was in diesem ihrem Lehrbuche steht.

Erster Theil.

Vorkenntnisse.

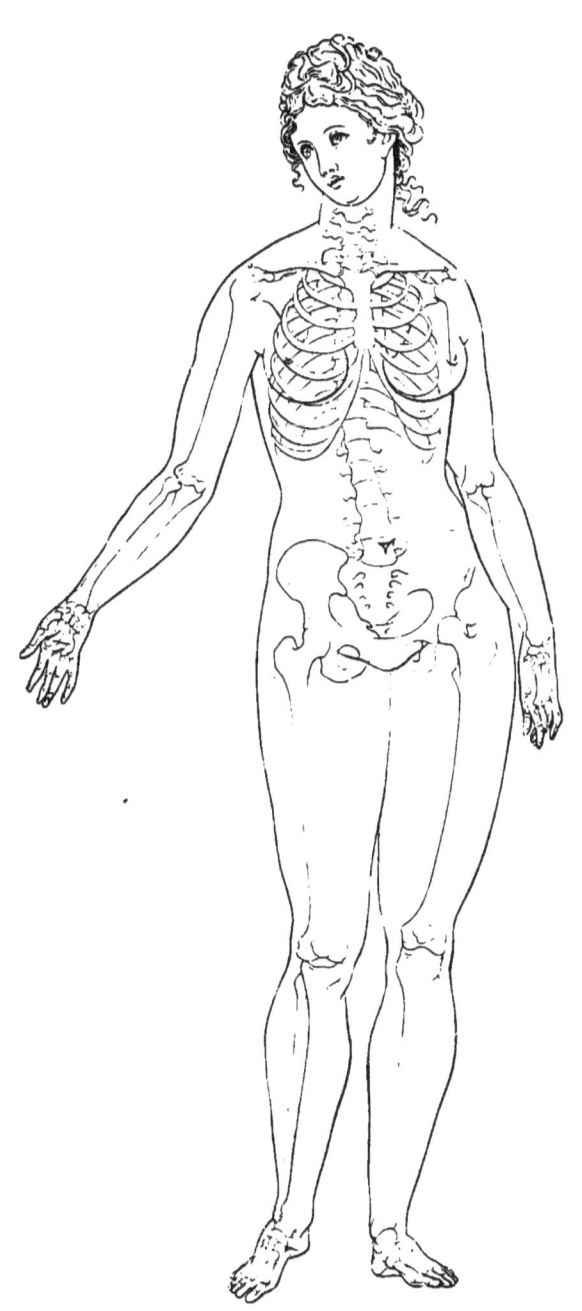

Erstes Kapitel.

Vom menschlichen Körper überhaupt.

§. 11.

Der Körper des Menschen hat seine Gestalt hauptsächlich durch das in ihm gelegene Knochengerüst, durch das Gerippe.

Das Hauptstück des ganzen Gerippes ist die Wirbelsäule, welche, näher der Rückseite des Körpers, vom Genick bis zum Steiß sich erstreckt; sie besteht aus den Wirbeln, kurzen Knochen, welche, einer über dem anderen gelegen, durch Gelenke und Knorpelscheiben mit einander beweglich verbunden sind. Die 7 obersten von ihnen heißen Halswirbel. Von ihnen sind in der nebenstehenden Fig. 1 nur die drei untersten sichtbar, weil die vier oberen durch den unteren Theil des Gesichtes verdeckt sind. Dann folgen die 12 Rückenwirbel, dann die 5 Lendenwirbel, und endlich das Kreuzbein mit dem Steißbein.

Mit dem obersten Halswirbel ist der Schädel, welcher die knöcherne Grundlage des Kopfes ist, beweglich verbunden. An jedem Rückenwirbel sitzt rechts und links je eine Rippe, zusammen also 24 Rippen, eine jede durch Gelenke beweglich mit der Wirbelsäule verbunden. Die rechten und linken Rippen sind vorn mittelst Knorpel und deshalb ebenfalls etwas beweglich mit dem Brustbein vereinigt und bilden dadurch den Brustkorb oder Brustkasten. Vom oberen Ende des Brustbeines geht nach rechts und nach links je ein Schlüsselbein ab, mittelst Gelenk beweglich verbunden; an jedem Schlüsselbein sitzt nach dem Rücken zu ein Schulterblatt und am Schulterblatt dann die Knochen des

Armes. Am unteren Ende der Wirbelsäule, am Kreuzbein, sitzen die Seiten=Beckenbeine; deren oberer Rand heißt der **Hüftbeinkamm**. Unterhalb desselben, im Hüftgelenk, gehen von jedem Seitenbeckenbein die Knochen der Schenkel ab.

§. 12.

Das Knochengerüst ist von Weichtheilen, im Allgemeinen **Fleisch** genannt, bedeckt und schließt mit Hülfe desselben Höhlen ein, in welchen die Eingeweide liegen. Die Oberfläche des Körpers bildet überall die **Haut**.

§. 13.

Die Oberfläche des Körpers muß der Hebamme bekannt sein, damit sie die einzelnen Stellen derselben richtig benennen, und den Arzt, wenn er sie nennt, verstehen kann; sie muß auch wissen, was für innere Theile, namentlich was für Knochen an den einzelnen Stellen des Körpers durch die Haut gefühlt werden können, denn sie muß oft bloß mit Hülfe des Gefühls erkennen, welchen Theil des Körpers ihr Finger berührt.

§. 14.

Der menschliche Körper wird eingetheilt in den **Kopf**, den **Rumpf** und die **Gliedmaaßen**.

§. 15.

Der Kopf besteht aus dem Gesicht und dem Schädel. Die einzelnen Theile des **Gesichts** sind allbekannt. Man bezeichnet danach eine Augengegend, Nasengegend, Wangengegend, Backengegend, Ober= und Unterkiefergegend, Lippen= und Kinngegend. Die Knochen des Gesichts sind unbeweglich mit einander verbunden mit Ausnahme des Unterkiefers, dessen Gelenke man jederseits vor dem Ohrknorpel fühlt. Das Ohr liegt auf der Grenze zwischen Gesicht und Schädel.

Am **Schädel** heißt der vordere Theil die **Stirn**, der mittlere und höchste der **Scheitel**, der hintere das **Hinterhaupt**, zur Seite, vor und über dem Ohr, liegen jederseits die **Schläfen**. Unter der Haut fühlt man am Schädel des Erwachsenen überall eine zusammenhängende

Erstes Kapitel. Vom menschlichen Körper überhaupt.

glatte Knochenfläche; die einzelnen Schädelknochen, die in frühester Jugend beweglich mit einander verbunden waren, sind beim Erwachsenen unbeweglich ineinandergefügt, im vorgerückteren Alter selbst zu einer Knochenschale verschmolzen. Diese Knochenschale umschließt die Schädelhöhle; in derselben liegt das Gehirn.

§. 16.

Der Rumpf besteht von oben nach unten aus dem Hals, dem Oberleib, dem Bauch und dem Becken.

§. 17.

Die vordere Seite des Halses heißt die Kehle, die hintere der Nacken oder das Genick. An der Kehle fühlt man am meisten nach oben, unter dem Unterkiefer, das Zungenbein, an welchem die Zunge befestigt ist, etwas weiter nach unten den Kehlkopf, in welchem beim Sprechen und Singen die Stimme entsteht. Unten am Hals in der Mitte, am oberen Rande des Brustbeins, ist eine bei wohlbeleibten Personen durch Fett ausgefüllte Vertiefung, die Kehlgrube, in der man bei mageren Personen die Luftröhre durchfühlen kann.

Am Nacken ist dicht am Hinterkopf in der Mitte die Nackengrube zu merken, weiter abwärts, ebenfalls in der Mitte, fühlt man durch die Haut die hinteren Fortsätze, die Dornfortsätze der Halswirbel; das ist die Wirbelgegend des Halses.

§. 18.

An den Hals schließt sich der Oberleib, vorn und zur Seite Brust, hinten Rücken genannt. Die Grenze zwischen Hals und Brust bildet das Schlüsselbein, ein S-förmig gekrümmter Knochen, welcher von der Kehlgrube zur Schulter verlaufend deutlich durch die Haut zu fühlen ist, und bei mageren Personen nach oben und nach unten je eine Grube, die Ober- und Unterschlüsselbeingrube, begrenzt. Die vordere mittlere Parthie der Brust von der Kehlgrube an ist die Brustbeingegend, beim erwachsenen Weibe der Busen; zur Seite liegen die Brustdrüsengegenden mit den Milchdrüsen und der Warze. Noch mehr zur Seite unter dem Arm liegt die Achselhöhle und darunter die seitliche Brustgegend; hier sind die schräg verlaufenden Rippen am deutlichsten durch die Haut zu fühlen.

Am Rücken liegt in der Mitte, wie am Nacken, die Wirbelgegend, wo man die Dornfortsätze der Rückenwirbel durch die Haut fühlen kann. Zur Seite liegt oben am Rücken jederseits eine Schulterblattgegend. Daselbst ist das Schulterblatt durch die Haut als ein dreieckiger beweglicher Knochen zu fühlen. Eine quer verlaufende vorspringende Leiste desselben ist die Schulterblattgräte, welche mit einem Fortsatz zum äußeren Ende des Schlüsselbeins geht und mit ihm eben die Schulter bildet. Unterhalb der Schulterblattgegend liegt jederseits die hintere Rippengegend.

Der Oberleib ist inwendig hohl; seine Höhle heißt die Brusthöhle. Die wichtigsten Eingeweide der Brusthöhle sind die Lungen, deren Thätigkeit mit Hülfe der Luftröhre und des Kehlkopfes das Athemholen ist, und das Herz, welches durch seinen regelmäßigen Schlag das Blut durch den ganzen Körper treibt. Das Blut läuft in den Adern. Diejenigen Adern, durch welche das Blut vom Herzen in alle Körpertheile getrieben wird, heißen Puls- oder Schlagadern; diejenigen, in welchen das Blut aus allen Theilen des Körpers wieder zum Herzen zurückläuft, heißen Blutadern.

§. 19.

Am Bauch unterscheidet man: vorn oben in der Mitte unter dem Ausschnitt der Rippen die Magengrube oder Herzgrube und auf jeder Seite die Rippenknorpelgegend. Unter der Herzgrube um den Nabel liegt die Nabelgegend und zu deren Seiten, unterhalb der Rippenknorpelgegenden, zwischen dem unteren Rand der Rippen und dem Hüftbeinkamm, die man beide durch die Haut fühlt, die Weichen. Unter der Nabelgegend, bis auf das Becken sich erstreckend, liegt die Unterbauchgegend, deren beide Seitentheile, ganz am untern Rand des Bauches neben der Schenkelfalte, Leistengegenden genannt werden; diese Gegenden sind darum wichtig, weil hier die Eingeweidebrüche, die sogenannten Leibschäden, häufig hervortreten.

An der hinteren Seite des Bauches liegt wieder die Wirbelsäule, hier die Lendenwirbelsäule, deren Dornfortsätze etwas schwerer als am Rücken durch die Haut gefühlt werden können. Zur Seite der Lendenwirbelgegend, zwischen ihr und der Weichengegend, wie diese zwischen Rippen und Hüftbeinkamm, aber weiter nach hinten, liegen die Lendengegenden. Die Wände des Bauches, zum größten Theil aus Fleisch bestehend, umschließen die Bauchhöhle. Diese ist durch das Zwerchfell von der Brusthöhle getrennt (siehe Fig. 28 u. 36). Von den Eingeweiden des Bauches sind die wichtigsten: rechts oben, hinter den unteren Enden der Rippen gelegen, die Leber, welche die Galle bereitet, ferner links hinter den letzten Rippen die Milz, dann der Magen und der Darm. Die Nieren, welche den Harn bereiten, liegen jederseits in der Lendengegend.

§. 20.

Das Becken enthält einen festen Ring aus Knochen, welcher nachher genauer betrachtet werden wird, weil er für die Geburt von ganz besonderer Bedeutung ist. Die vordere Seite der Beckengegend heißt die Schamgegend. Hier liegt der mit Haaren bewachsene Schamberg und darunter die Geschlechtstheile: beim Manne das männliche Glied und hinter ihm der Hodensack mit den Hoden, beim Weibe die Schamspalte mit den beiden großen Schamlippen. Die Unterseite des Beckens, zwischen den Schenkeln gelegen, ist die Aftergegend, wo man den After und hinter ihm durch die Haut das Steißbein fühlt, und der Damm, welcher zwischen dem After und den Geschlechtstheilen liegt. Die Seiten des Beckens heißen die Hüftgegenden, auch schlechtweg Hüften genannt, sie gehen in die Außenfläche des Oberschenkels über. Die Hinterseite heißt in der Mitte Kreuzgegend; da fühlt man das Kreuzbein durch; neben der Kreuzgegend sind die Hinterbacken oder das Gesäß. Der Raum, den die Beckenwände umschließen, heißt die Beckenhöhle, sie ist eine Fortsetzung der Bauchhöhle. Die hier gelegenen Eingeweide werden später genauer betrachtet.

§. 21.

In den Schultern sind die oberen Gliedmaßen, die Arme, durch das Schultergelenk befestigt; man unterscheidet an ihnen den Oberarm, an den mittelst des Ellbogengelenks der Unterarm sich anschließt; dann folgt mit dem Handgelenk die Hand. Im Oberarm liegt ein langer Knochen, das Oberarmbein, im Unterarm liegen zwei Knochen beweglich neben einander, das Ellbogenbein an der Kleinfingerseite, die Speiche an der Daumenseite. An der Hand unterscheidet man die Handwurzel, in welcher 8 kleine Knochen liegen, die Mittelhand, in welcher 4 lange Knochen liegen, und die Finger, von denen jeder 3 Glieder hat. Das erste Glied des Daumen steckt im Fleische der Hand. Die Innenfläche der Hand heißt die Hohlhand, die Außenfläche der Handrücken.

§. 22.

In den Hüften sind die unteren Gliedmaßen, die Beine, eingelenkt. Der obere Abschnitt derselben ist der Oberschenkel mit dem großen starken Oberschenkelbein, dann folgt das Knie, mit der Kniekehle hinten, und der rundlichen beweglichen Kniescheibe vorn. Dann folgt der Unterschenkel, welcher wie der Unterarm zwei Knochen hat, vorn und innen das starke Schienbein und daneben nach hinten und außen das dünne Wadenbein. Das dicke Fleisch an der Hinterseite des Unterschenkels heißt die Wade. Das Fußgelenk verbindet den Unterschenkel mit dem Fuß. Nach innen und nach außen vom Fußgelenk liegen die Knöchel. Am Fuß unterscheidet man hinten die Ferse, unten die Sohle, oben den Rücken und vorn die Zehen.

§. 23.

An allen Theilen des Körpers und in jeder Lage und Stellung desselben nennt man **oben** die Richtung zum Scheitel, **unten** die Richtung zur Fußsohle, **vorn** die Richtung zur Bauchseite, **hinten** die Richtung zur Rückenseite; **rechts** und **links** bezeichnet immer die rechte und linke Seite des Menschen, von dem die Rede ist, nicht dessen, der spricht, er spräche denn von seinem eigenen Körper.

§. 24.

All' diese Kenntnisse soll die Hebamme sich durch Vergleichung des Gerippes mit dem lebendigen Körper und durch Betrachtung der bei-

gegebenen Figur genau einprägen und durch Betastung des eigenen
Körpers sowohl als auch des ihrer neugeborenen Pfleglinge jederzeit
gegenwärtig erhalten, damit sie von denselben im Falle der Noth nicht
im Stiche gelassen wird.

Zweites Kapitel.
Vom Körper des Kindes.

§. 25.

Vom Körper des Erwachsenen unterscheidet sich der des Kindes
außer seiner in allen Richtungen geringeren Größe wesentlich durch
seine Weichheit und Biegsamkeit. Diese beruht hauptsächlich auf einer
geringeren Festigkeit des Knochengerüstes; die einzelnen Knochen selbst
sind weniger fest, namentlich aber sind die Verbindungen der Knochen
unter einander sehr viel dehnbarer und an vielen Stellen, wo beim
Erwachsenen ein Knochen liegt, liegen beim Kinde mehrere, beweglich
mit einander verbundene, oder nur Knorpel, so daß manche Bewegungen
und Verschiebungen des Knochengerüstes am Kinde ohne Nachtheil ge=
schehen können, welche bei Erwachsenen nur durch Verrenkung oder
Zerbrechung möglich wären.

Für die Geburt ist diese Eigenschaft des kindlichen Körpers von
großer Wichtigkeit, weil das Kind bei der Geburt durch das Becken der
Mutter gehen muß, dessen Wände knöchern sind und nicht nachgeben.
Die Größe und Form des Kindes zu der Zeit, wo es geboren
wird — man nennt das Kind um diese Zeit ausgetragen oder reif —
muß der Hebamme bekannt sein, wenn sie von der Geburt selbst ein
Verständniß haben will.

§. 26.

Der größte und auch am reifen Kinde schon durch seine Knochen
der festeste Theil des Körpers ist der Kopf. Daher hat die Form und

Größe des Kopfes und hauptsächlich des Schädels von den Theilen des Kindes für die Geburt die größte Bedeutung.

Der Schädel des Kindes wird, wie schon früher erwähnt, nicht von einer zusammenhängenden Knochendecke, sondern von einzelnen Knochen gebildet, welche an einander beweglich sind. Die schmalen Streifen, wo die Ränder von zwei Schädelknochen durch eine Haut verbunden sind, heißen Nähte; die Stellen, wo mehrere solche Nähte zusammenlaufen, heißen Fontanellen.

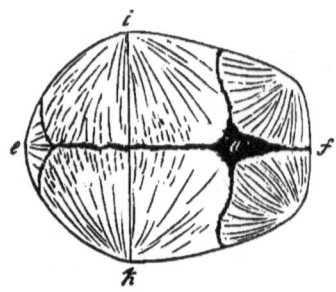

Fig. 2. ⅓ der natürlichen Größe.

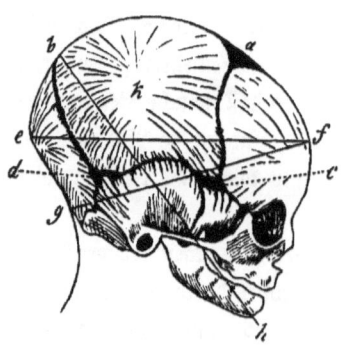

Fig. 3. ⅓ der natürlichen Größe.

Unter der Haut der Stirn liegt rechts und links ein Stirnbein, zwischen beiden die Stirnnaht Fig. 2 u. 3 f; unter der Haut des Scheitels rechts und links je ein Scheitelbein, Fig. 2 i, k, Fig. 3 k, zwischen beiden die Pfeilnaht Fig. 2 $e a$, Fig. 3 a bis b; unter der Haut des Hinterhaupts liegt das Hinterhauptsbein, Fig. 2 und 3 e. Das letztere ist von den beiden Scheitelbeinen durch die zweischenklige Hinterhauptsnaht getrennt; Fig. 3 b bis d ist der rechte Schenkel derselben. Zwischen den Stirnbeinen und Scheitelbeinen verläuft quer die Kronen- oder Kranznaht, Fig. 3 a bis c. An den unteren Rand jedes Scheitelbeines schließt sich jederseits ein Schläfenbein. Die Naht zwischen Schläfenbein und Scheitelbein ist die Schuppennaht, Fig. 3 c bis d.

Wo die beiden Scheitelbeine und die beiden Stirnbeine mit ihren vier Rändern zusammenstoßen, also wo die Pfeilnaht mit der Stirnnaht und mit den beiden Hälften der Kronennaht zusammenläuft, entsteht durch Abrundung der Knochenränder eine Lücke, das ist die viereckige große Fontanelle, a.

Wo die Pfeilnaht auf das Hinterhauptsbein und auf die beiden Schenkel der Hinterhauptsnaht stößt, liegt die dreieckige kleine Fontanelle b.

Am vorderen und am hinteren Rande jedes Schläfenbeins, also zwei an der rechten und zwei an der linken Seite des Kopfes neben dem Ohr, liegen die Seitenfontanellen, c und d.

§. 27.

Ein Bild von der Größe und Gestalt des Kopfes prägt man sich am besten ein, wenn man die an verschiedenen Stellen desselben gezogenen Durchmesser merkt. Die wichtigsten am Kopfe des reifen Kindes sind:

1. Der gerade Durchmesser, Fig. 2 und 3 ef, vom gewölbtesten Punkte der Stirn zur hervorragendsten Stelle des Hinterhauptbeins, er mißt 12 Centimeter. Der Umfang des Kopfes in gleicher Richtung gemessen beträgt 35 Centimeter.

2. Der große Querdurchmesser, Fig. 2 ik, vom Höcker des Scheitelbeines der einen Seite zu dem der anderen, mißt 9½ Centimeter.

3. Der kleine oder vordere Querdurchmesser, vor der Kranznaht von dem einen Stirnbein zum andern gemessen, beträgt 8 Centimeter.

4. Der große schiefe Durchmesser, Fig. 3 bh, vom Kinn bis zur Spitze des Hinterhauptbeins, er mißt 13½ Centimeter.

5. Der kleine schiefe Durchmesser, Fig. 3 gf, von der Stirn bis zur Nackengrube, er mißt 10 Centimeter.

§. 28.

Die übrigen Theile sind am Körper des Kindes ganz ähnlich beschaffen, wie sie im vorigen Kapitel am erwachsenen Körper beschrieben wurden. Die Hebamme kann überall durch die Haut die beschriebenen Theile durchfühlen.

Die Länge des Kindes ist für die Geburt von geringer Bedeutung, sie beträgt am reifen Kinde etwa 50 Centimeter. Der Querdurchmesser der Schultern beträgt 11, der Querdurchmesser der Hüften nur 9 Centimeter.

Drittes Kapitel.

Vom weiblichen Becken.

§. 29.

Der Körper des erwachsenen Weibes unterscheidet sich von dem des Mannes meist durch geringere Länge, durch schlanker gebaute Knochen, durch reichlicheres Fett unter der Haut, und daher durch mehr abgerundete Körperformen. Die Schultern und der Brustkorb sind schmäler, die Hüftgegend ist breiter als beim Manne. Die bedeutendsten Unterschiede zwischen Mann und Weib zeigen die Fortpflanzungswerkzeuge, welche eben darum Geschlechtstheile heißen. Die weiblichen Geschlechtstheile werden im folgenden Kapitel besprochen. Nächst den Geschlechtstheilen zeigt den wichtigsten Unterschied in seinem Bau das Becken.

§. 30.

Das Becken ist, wie auf Fig. 1 zu sehen, der knöcherne Ring, der, am unteren Ende der Wirbelsäule gelegen, in aufrechter Stellung den ganzen übrigen Rumpf trägt. Das weibliche Becken hat dünnere, leichtere Knochen als das männliche, der innere Raum des weiblichen Beckens ist in allen Richtungen weiter, die Wände des weiblichen Beckens sind überall niedriger als am männlichen Becken. Außer der Bedeutung, die das menschliche Becken als Stütze des Rumpfes hat, kommt dem weiblichen Becken eine für uns noch wichtigere Bedeutung dadurch zu, daß das Kind bei der Geburt seinen Weg durch dasselbe nimmt.

§. 31.

Der Ring des Beckens wird hauptsächlich durch drei Knochen gebildet, durch das Kreuzbein und die beiden Seitenbeine des Beckens. Am Kreuzbein sitzt als Anhang desselben das Steißbein oder Schwanzbein, das unterste Ende der Wirbelsäule. Es besteht

Drittes Kapitel. Vom weiblichen Becken.

aus vier kleinen Knochen; so daß also das Becken bei der erwachsenen Frau im Ganzen sieben Knochen hat.

§. 32.

Das Kreuzbein, Fig. 4 *a*, ist der keilförmige Knochen, der die hintere Wand des Beckens bildet; es ist die Fortsetzung der Wirbelsäule; *e* ist der vierte, *d* der fünfte Lendenwirbel. Beim Kinde besteht das Kreuzbein aus fünf einzelnen Wirbeln, beim Erwachsenen sind dieselben verschmolzen, vier seichte Querleisten an der vorderen Fläche bezeichnen die Verschmelzungsstellen. Die vordere Fläche, die in das Becken sieht, ist ausgehöhlt von rechts nach links und von unten nach oben, es ist die auf Fig. 1 und auf Fig. 4 der Beschauerin zugewendete Fläche. Die hintere Fläche, die unter der Haut liegt, ist gewölbt und zeigt in der Mitte eine Reihe Fortsätze, die man bei mageren Frauen wie die der übrigen Wirbel durch die Haut fühlen kann. Vgl. dazu Fig. 11, 12, 13, 17, 28.

Von vorn nach hinten gehen durch das Kreuzbein auf jeder Seite 4 Löcher.

Rechts und links am Kreuzbein befindet sich je eine ohrförmige ausgeschweifte Fläche *c*.

Der obere Rand der vorderen Fläche des Kreuzbeins bildet an der Verbindungsstelle mit dem letzten Lendenwirbel *d* einen starken Vorsprung, das ist der Vorberg *b*.

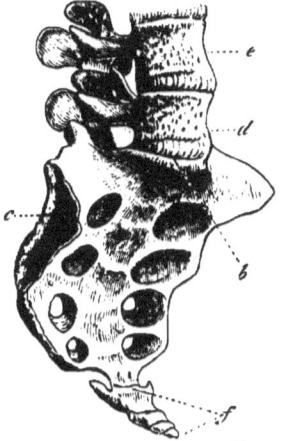

Figur 4. ⅓ natürl. Gr.

Nach unten verbindet sich das Kreuzbein mit dem Steißbein.

Das Steißbein, Fig. 4 *f*, besteht aus 4 kleinen Wirbeln, welche unter einander beweglich und deren oberster beweglich mit dem unteren Ende des Kreuzbeins verbunden ist.

§. 33.

Die Seitenbeine bilden die Seitenwand und die Vorderwand des Beckens. Jedes derselben stellt einen fast halbringförmig gebogenen Knochen dar, dessen Innenfläche ausgehöhlt, dessen Außenfläche gewölbt ist.

Die Innenfläche der Seitenbeine, Fig. 5 zeigt die des linken Seitenbeines, ist glatt, mit Ausnahme der hinteren oberen Ecke. Daselbst liegt gerade wie an der Seitenwand des Kreuzbeins eine ohrförmige ausgeschweifte Fläche, c. Eine abgerundete Kante läuft bogenförmig quer über die Innenfläche, unterhalb i in Fig. 5, das ist die Bogenlinie.

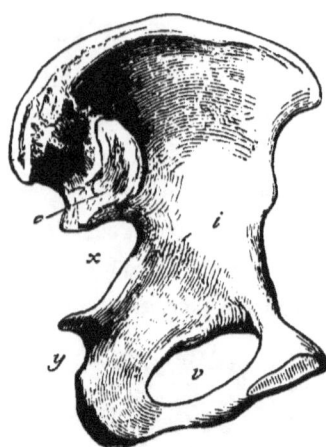

Figur 5. ⅓ natürl. Größe.

An der gewölbten Außenfläche jedes Seitenbeines, Fig. 6 zeigt die des rechten, liegt eine runde, glatte Vertiefung mit aufgeworfenem Rand; das ist die Pfanne, u, in welcher mittelst des Hüftgelenkes das Oberschenkelbein eingelenkt ist. Vergleiche Fig. 1 und Fig. 10.

Nach unten und innen von der Pfanne liegt das eiförmige Loch, v, hinter der Pfanne der große, x, und der kleine Hüftausschnitt, y.

§. 34.

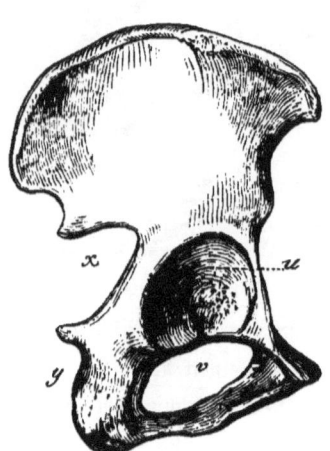

Figur 6. ⅓ natürl. Größe.

Beim Kinde besteht jedes Seitenbein aus drei Knochen, welche in der Pfanne mit einander verbunden sind. Beim Erwachsenen sind dieselben mit einander zu je einem Knochen verschmolzen, dessen Theile aber noch ihre eigenen Namen behalten. Fig. 7 zeigt das linke Seitenbeckenbein von innen gesehen wie Fig. 5 und die ursprünglichen drei Knochen durch Linien von einander abgegrenzt: 1 ist das Hüftbein oder Darmbein, 2 ist das Sitzbein, 3 das Scham- oder Schoßbein.

Das Hüftbein oder Darmbein, 1, liegt nach oben von der Pfanne, sein oberer freier Rand ist der Hüftbeinkamm, hk, welcher

Drittes Kapitel. Vom weiblichen Becken.

nach vorn in die deutlich durch die Haut zu fühlende vordere Hüft=
beinspitze, vs, und nach hinten in die mehr im Fleisch versteckte
hintere Hüftbeinspitze, hs, ausläuft. Nach hinten und unten
geht das Hüftbein in das Sitzbein
über, nach vorn und unten in das
Schambein.

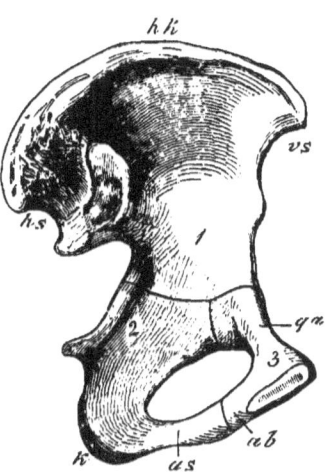

Am Sitzbein, 2, ist der Sitz=
beinstachel zu merken, welcher nach
hinten und innen gerichtet ist zwischen
dem großen und kleinen Hüftausschnitt.
Nach unten von ihm liegt der Sitz=
höcker, k, der große rauhe Vorsprung,
auf welchem der Körper beim Sitzen
ruht. Von demselben geht nach vorn
und innen und etwas nach oben der
aufsteigende Sitzbeinast ab, as,
welcher den unteren Rand des eiför=
migen Loches bildet.

Figur 7. 1/3 natürl. Größe.

Das Schambein, 3, ist der vordere untere Theil des Seitenbeines.
An jedem Schambein unterscheidet man außer dem Körper des Scham=
beines einen queren Ast, qa, welcher von da zu der Pfanne verläuft,
und einen absteigenden Ast, ab, welcher am vorderen unteren Rande
des eiförmigen Loches mit dem aufsteigenden Ast des Sitzbeines, as,
zusammenläuft.

§. 35.

Die Schambeinkörper des rechten und des linken Seitenbeines sind
mit einander durch eine feste Bandmasse verbunden. Diese Verbindung
heißt die Schamfuge oder Schambeinfuge, Fig. 8 ag. Dieselbe
schließt vorn den Ring des Beckens. Hinten stößt jedes Seitenbein an
eine Seitenwand des Kreuzbeins, und indem die ohrförmige Fläche des
Hüftbeins auf jeder Seite genau auf eine der ohrförmigen Flächen
des Kreuzbeins paßt, wird ebenfalls durch starke Bänder das Kreuz=
bein jederseits mit einem Hüftbein verbunden. Diese Verbindungen sind
die Hüftkreuzbeinfugen, eine rechte und eine linke, Fig. 8 und 9 cc.

So schließen die drei Knochen den Ring, der das Becken heißt. Durch das Verbundensein der beiden Schambeine in der Schamfuge entsteht an der vorderen Beckenwand ein nach unten bogenförmig offen=

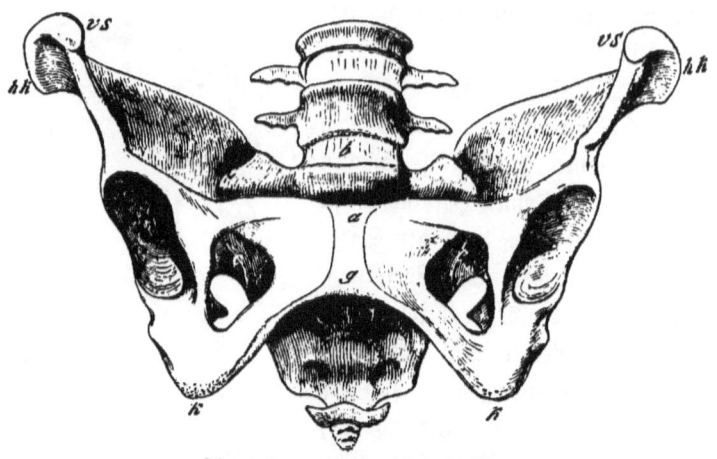

Figur 8.   ⅓ der natürl. Größe.

stehender Knochenrand, *kgk*, welcher von den absteigenden Aesten der Schambeine und den aufsteigenden der Sitzbeine begrenzt wird, das ist der Schambogen.

§. 36.

Wie das Becken außen von Weichtheilen umhüllt ist, die seine Form verstecken, siehe Fig. 1, so ist es auch innen von Weichtheilen ausgekleidet. Dieselben sind aber so nachgiebig und nehmen, wenn der Kopf des Kindes durch das Becken geht, so wenig Raum ein, daß die Form des inwendigen Beckenraumes hauptsächlich durch die knöchernen Wände bestimmt wird. Wichtig für die Gestalt des Beckenraumes sind noch die starken Bänder, welche vom Sitzbeinstachel Fig. 9 *g* und vom Sitzbeinhöcker zu dem Seitenrand des Kreuzbeins gehen, Fig. 9 *hh*. Durch dieselben werden die Hüftausschnitte zu Hüftlöchern.

Wo in der knöchernen Wand Lücken sind, an den eiförmigen Löchern und den Hüftlöchern, da wird die Wand, wie vorn am Bauch über der Schamfuge, durch Weichtheile gebildet.

Drittes Kapitel. Vom weiblichen Becken. 21

Nach oben öffnet sich der Beckenraum in die Bauchhöhle. Der Beckenboden, welcher von Knochen nur die kleinen Steißbeinwirbel enthält, wird durch Weichtheile geschlossen, durch welche hindurch sich der After und die Schamspalte öffnen.

§. 37.

Vom Vorberg läuft nach beiden Seiten eine stumpfe Kante über die vordere Fläche des Kreuzbeins, diese Kante setzt sich bogenförmig über die Hüftbeine fort und endigt auf dem queren Ast der Schambeine. Diese Linie ist die **Bogenlinie**. Fig. 5, Fig. 9 und Fig. 11 *i*. Der Raum oberhalb dieser Linie heißt das großes Becken, der Raum unterhalb derselben das kleine Becken. Das kleine Becken nennt man auch schlechtweg das Becken.

§. 38.

Das **große Becken** mißt von rechts nach links an der weitesten Stelle der Hüftbeinkämme, Fig. 8 und 9 *hk*, *hk*, 28 Centimeter, von dem vorderen Darmbeinstachel der einen Seite zu dem der anderen, *vs*, *vs*, 25 Centimeter. Die Wände des großen Beckens laufen trichterförmig gegen die Bogenlinie hinab.

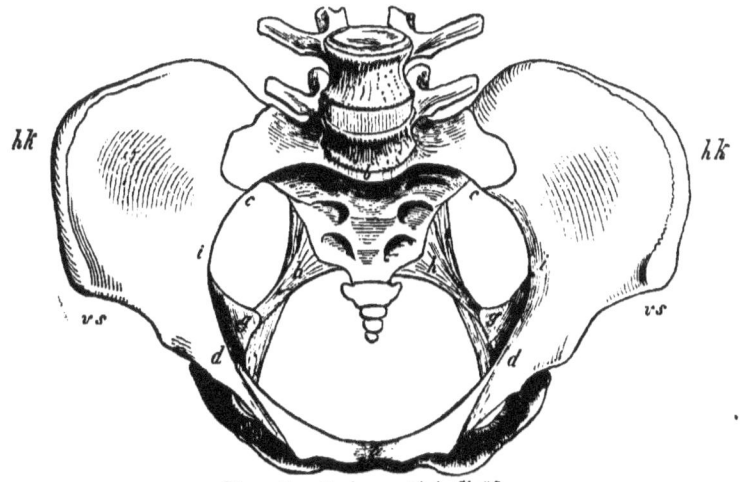

Figur 9. ⅓ der natürl. Größe.

§. 39.

Im kleinen Becken sind die Durchmesser in verschiedenen Höhen zu merken: 1. im Beckeneingang, 2. in der Beckenmitte, 3. in der Beckenenge, 4. im Beckenausgang.

Der **Beckeneingang** wird durch die Linie begrenzt, welche das große Becken vom kleinen trennt.

Sein gerader Durchmesser, von der Mitte des Vorberges zum oberen Rande der Schambeinfuge gezogen, Fig. 9, Fig. 11 *ab*, mißt 11 Centimeter.

Sein querer Durchmesser, der von der größten Ausschweifung der Bogenlinie der einen Seite zu der der anderen gezogen wird, Fig. 9 *ii*, mit 13½ Centimeter.

Die beiden schrägen Durchmesser, welche von der Hüftkreuzbeinfuge der einen Seite zur Vereinigungsstelle des Hüft- und Schambeins der anderen Seite gezogen werden, Fig. 9 *cd, cd*, messen jeder 12 Centimeter. Der von rechts hinten nach links vorn gezogene schräge Durchmesser heißt der rechte oder erste, der von links hinten nach rechts vorn gezogene der linke oder zweite schräge Durchmesser.

§. 40.

In der **Beckenmitte** zieht man den geraden Durchmesser von der Mitte der Kreuzbeinaushöhlung, also vom oberen Rande des dritten Kreuzwirbels nach der Mitte der Schamfuge, Fig. 11 *dc*, er mißt 13 Centimeter.

Der quere Durchmesser geht durch die Mitte des eben genannten beiderseits nach den Pfannengegenden, er mißt 12 Centimeter.

Die schrägen Durchmesser in dieser Höhe des Beckens sind die weitesten am ganzen Becken und zugleich dehnbar, weil ihre Enden auf die Weichtheile des Hüftausschnittes und des eiförmigen Loches treffen. Sie messen gegen 14 Centimeter.

§. 41.

In der **Beckenenge** läuft der gerade Durchmesser von der Verbindungsstelle des Kreuzbeins mit dem Steißbein zum unteren Rande der Schambeinfuge, Fig. 11 *fe*, er mißt 11 Centimeter.

Drittes Kapitel. Vom weiblichen Becken. 23

Der quere Durchmesser, von dem Sitzbeinstachel der einen Seite zu dem der anderen, mißt 10½ Centimeter, er ist der engste am ganzen Becken, Fig. 9 *gg*.

Die schrägen Durchmesser auch der Beckenenge treffen zwar auf Weichtheile, aber ihre Dehnbarkeit ist sehr beschränkt durch die straffen Bänder, welche vom Sitz= beinstachel und vom Sitzbeinhöcker jederseits zum Kreuzbein gehen, Fig. 9 *hh*.

§. 42.

Im **Beckenausgang** läuft der **gerade Durchmesser** von der Steißbeinspitze zum untern Rand der Schamfuge, Fig. 11 *hg*. Er mißt zwar nur 9½ Centimeter bei nach vorn gebogenem Steiß= bein, kann aber, wie bei der Ge= burt geschieht und in Fig. 11 dargestellt ist, durch Zurückbiegen des Steißbeins auf 11½ Cen= timeter erweitert werden.

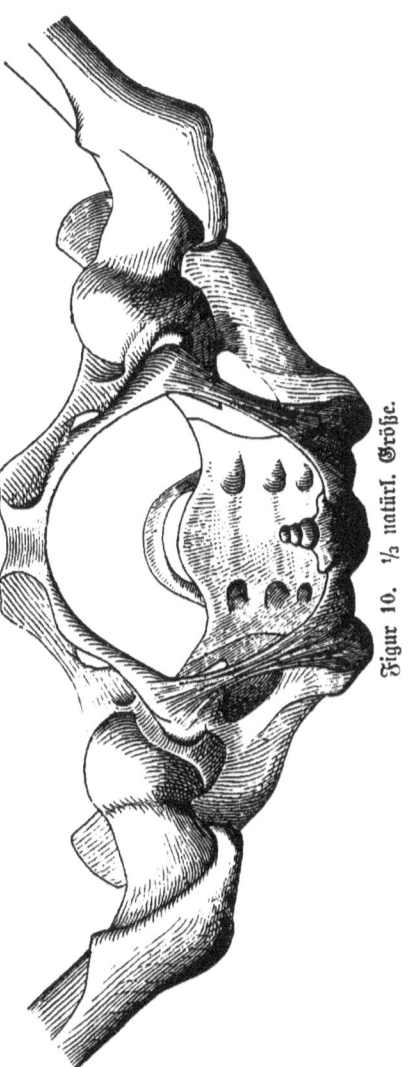

Figur 10. ⅓ natürl. Größe.

Den queren Durchmesser bildet der Abstand der beiden Sitzhöcker, derselbe beträgt 11 Centimeter.

Die schrägen Durchmesser treffen vorn an den Schambogen, hinten in die dehnbaren Weich= theile.

Wie Fig. 9 das Becken senk= recht auf den Eingang gesehen darstellt, so stellt Fig. 10 dasselbe senkrecht auf den Ausgang ge= sehen dar. Auch Fig. 10 zeigt die straffen Bänder, welche vom Höcker und Stachel des Sitzbeins zum Kreuzbein gehen. Die Hüftgelenke sind unversehrt; jederseits sitzt das Oberschenkelbein in der Pfanne. Die Oberschenkelbeine sind gespreizt und nach außen gedreht, gerade so wie in der unten folgenden Fig. 14. Die einzelnen Punkte an den Knochen des Beckens sind nun der Hebamme bereits bekannt und deßhalb an der Figur 10 nicht von Neuem bezeichnet worden.

§. 43.

Die rechte und linke Wand des Beckens sind gleichgestaltet, siehe Fig. 8, 9 u. 10, die vordere und hintere sind verschieden. Fig. 11 zeigt die linke Hälfte eines senkrecht von vorn nach hinten, also in der Richtung der Pfeilnaht des Schädels durchsägten Beckens. Die Tiefe des Beckens beträgt hinten, vom Vorberg b zur Steißbeinspitze h

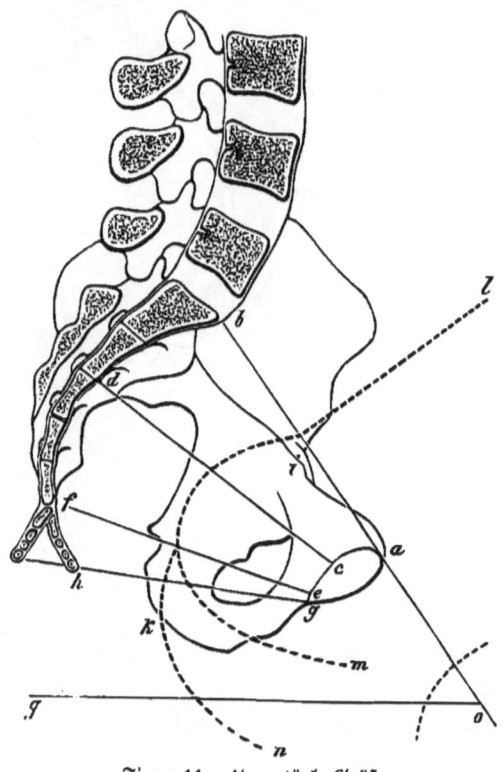

Figur 11. ⅓ natürl. Größe.

Drittes Kapitel. Vom weiblichen Becken.

13½; vorn, an der Schambeinfuge von a nach g, 4 Centimeter; seitlich, von der Bogenlinie i zum Sitzhöcker k, 9½ Centimeter.

Weil die hintere Wand des Beckens ausgehöhlt, die vordere Wand ein wenig in das Becken hineingewölbt ist, ist die ganze Richtung des Beckenkanals eine nach vorn gekrümmte. Eine Linie, die durch die Mitte aller vorher genannten geraden Durchmesser geht, zeigt diese Richtung an, sie steht überall von den gegenüberliegenden Wänden des Beckens gleich weit ab. Diese Linie heißt die **Führungslinie** des Beckens lm. Sie ist für die Hebamme von der größten Wichtigkeit, weil Alles, was durch das Becken geht, von oben hinaus oder von unten hinein, das Kind, die Hand der Hebamme, oder was es sei, diese Richtung einschlagen muß.

Wenn durch Zurückbiegen des Steißbeins die hintere Beckenwand zurückgebogen wird, dann liegt im Beckenausgange auch die Führungslinie weiter nach hinten, ln; so läuft die Führungslinie zum Beispiel, während der Kindeskopf aus dem Becken tritt.

§. 44.

Je nachdem wir sitzen, liegen oder stehen, hat unser Becken eine verschiedene Stellung zu den Theilen unseres Körpers und zu dem Fußboden; auch im ruhigen Stehen können wir absichtlich die Stellung unseres Beckens verändern. Beim zwanglosen Stehen und Gehen hat aber das Becken bei jedem Menschen ein ganz bestimmte Stellung, weil nur auf eine Art der Körper bequem auf dem Becken getragen wird.

Diese Stellung des Beckens zum Boden heißt die **Neigung des Beckens**. Die regelmäßige Neigung des Beckens der Frau ist ungefähr der Art, daß bei ungezwungener aufrechter Stellung die vorderen Hüftbeinspitzen und der obere Rand der Schambeinfuge gleichweit nach vorn stehen. Dabei sieht der Beckeneingang mehr nach vorn als nach oben. Fig. 11 zeigt diese regelmäßige Neigung des Beckens; auch in Fig. 1, dann in Fig. 17 ist das Becken regelmäßig geneigt.

Fig. 12 stellt die Haltung des Körpers dar bei absichtlich sehr verminderter, Fig. 13 bei sehr verstärkter Beckeneigung. Bei verminderter Beckenneigung steht der obere Rand der Schambeinfuge viel weiter nach vorn als die vordere Hüftbeinspitze, der Zugang zu den Geschlechtstheilen liegt beinahe vor den Schenkeln. Bei verstärkter Beckenneigung, Fig. 13, steht die vordere Hüftbeinspitze viel weiter nach vorn als die Schambeinfuge, der Zugang zu den Geschlechtstheilen liegt ganz zwischen den Schenkeln verborgen und viel weiter nach hinten.

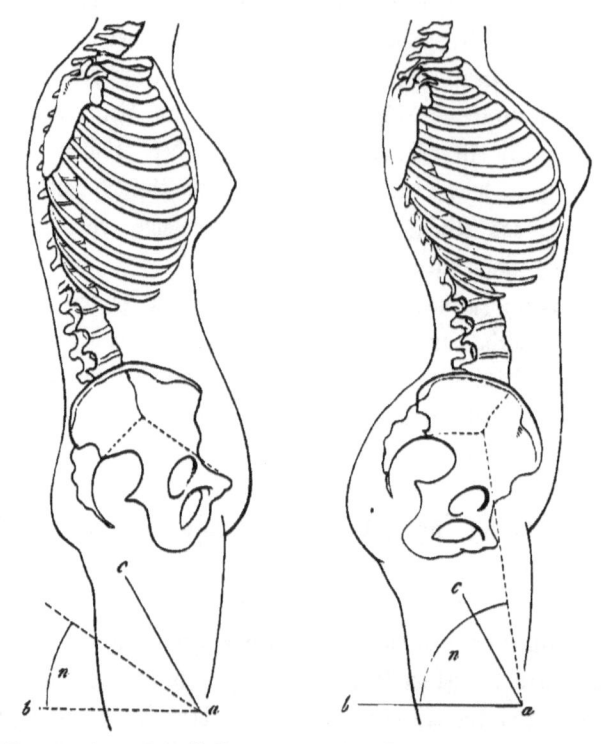

Fig. 12. ⅛ natürl. Größe.   Fig. 13. ⅛ natürl. Größe.

Man bezeichnet die Neigung des Beckens ganz genau durch den Winkel, den der verlängerte gerade Durchmesser des Einganges mit dem Fußboden bildet. In Fig. 11 ist go die Richtung des Fußbodens, bo der verlängerte gerade Durchmesser des Einganges. Der Winkel bei o ist also der Neigungswinkel. Auch in Fig. 12 und 13 ist unten der Neigungswinkel gezeichnet und neben den Bogen des Winkels der Buchstabe n hineingesetzt. cab in beiden Figuren drückt den Neigungswinkel aus, wie er regelmäßig sein sollte.

Viertes Kapitel.
Von dem Bau und der Lage der weiblichen Geschlechtstheile.

§. 45.

Die weiblichen Geschlechtstheile liegen theils außen am Becken in der Schamgegend, theils innen im Becken; man theilt sie danach in innere und äußere. Zu den weiblichen Geschlechtstheilen gehören außerdem noch die Brüste.

1. **Aeußere Geschlechtstheile oder Schamtheile.** (Fig. 14).

§. 46.

Die vor dem After, 1, gelegene fleischige, von Haut überzogene Parthie ist das Mittelfleisch oder der **Damm**, 2. Derselbe erstreckt sich seitlich bis zu den Stellen, wo die Sitzhöcker durch die Haut zu fühlen sind, und bildet eine von vorn nach hinten 3 bis 4 Centimeter breite Brücke zwischen der Afteröffnung und der Schamspalte. Im After ist der Damm dicker, wird nach vorn zu immer dünner und läuft ganz vorn, am hinteren Rande der Schamspalte, in das zarte **Schamlippenbändchen**, aus, 3; vergleiche dazu die unten folgende Figur 17.

Nach vorn vom Damm, zwischen den Schenkeln gelegen, erstreckt sich etwa 8 Centimeter lang die **Schamspalte**. Zu beiden Seiten der Schamspalte liegen die, im jungfräulichen Zustande eng aneinanderliegenden **großen Schamlippen**, 4, zwei breite Hautfalten, welche an ihrer äußeren Seite behaart, an ihrer inneren glatt und feucht sind. Hinten sind dieselben am vorderen Rand des Dammes durch das genannte Schamlippenbändchen verbunden, nach vorn und oben gehen sie in den mit krausen Haaren besetzten **Schamberg**, 5, über, welcher, vor der Schambeinfuge gelegen, an den Bauch grenzt.

§. 47.

Oeffnet man durch Zurseiteziehen der großen Schamlippen die Schamspalte, so zeigen sich die innerhalb derselben gelegenen Theile, roth gefärbt wie die Innenfläche des Mundes, weil sie wie diese von

Schleimhaut überzogen sind. Im Grunde der Schamspalte etwas vor deren Mitte liegt ein erbsengroßes, hervorragendes Knöpfchen, das ist die **Eichel des Kitzlers,** 6. Nach oben von derselben fühlt man den übrigen Theil des Kitzlers durch die Schleimhaut als einen harten Strang.

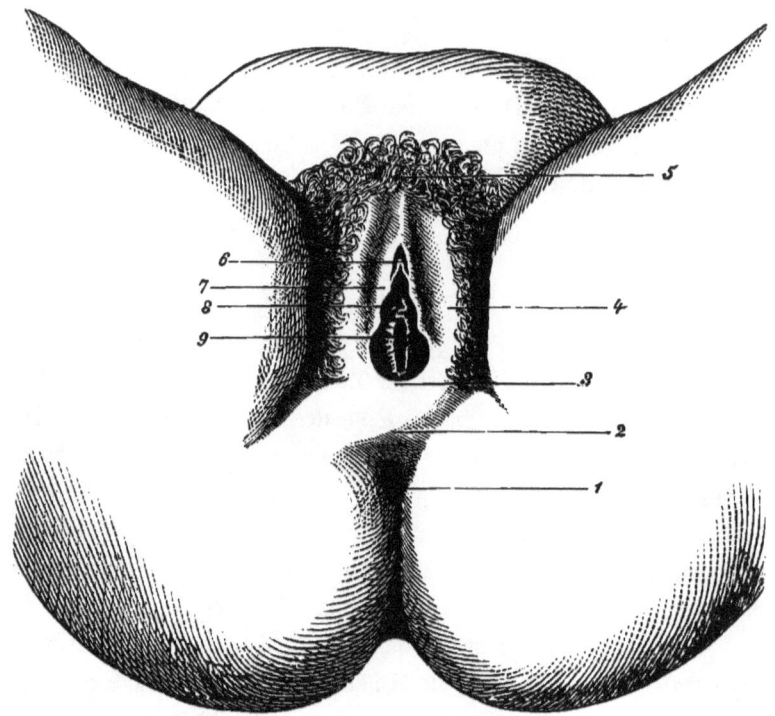

Figur 14. ⅓ der natürl. Größe.

Der Kitzler ist vorn von einer Hautfalte umgeben, das ist die **Vorhaut des Kitzlers.** Nach unten und hinten gehen von der Eichel des Kitzlers zwei kleine Hautfalten ab, das ist das **Bändchen des Kitzlers.** Die Vorhaut und das Bändchen vereinigen sich auf jeder Seite zu je einer Hautfalte, welche an der Innenseite der großen Scham= lippe herablaufend mit derselben verschmilzt. Diese beiden Hautfalten sind die **kleinen Schamlippen,** 7. Bei Frauen, welche geboren haben meist, oft aber auch bei Jungfrauen, ragen die kleinen Schamlippen zwischen den großen hervor. Der Raum zwischen beiden kleinen Scham= lippen ist der **Vorhof** der weiblichen Geschlechtstheile. In demselben liegt etwa 2 Centimeter hinter der Eichel des Kitzlers die Mündung der Harnröhre, 8, welche der Ausgang aus der Urinblase ist. Dicht hinter der Mündung der Harnröhre liegt der Eingang in die Scheide, 9, eine im ruhenden Zustande längsgeschlitzte Oeffnung, deren größerer Theil bei Jungfrauen durch eine sichelförmige oder auch ringförmige Schleimhautfalte, das Jungfernhäutchen, 9, verdeckt ist. Das Jungfernhäutchen zerreißt meistens beim ersten Beischlaf, in seltenen Fällen erst bei der Geburt; durch die Geburt des ersten Kindes erfolgt immer eine weit tiefere Zerreißung des Jungfernhäutchens, als früher durch den Beischlaf erfolgt war. Die kleinen Reste des Junfernhäutchens welche, nachdem es zerrissen ist, am Scheideneingang stehen bleiben, heißen die myrthenförmigen Wärzchen. Vergleiche dazu Fig. 29 und 30.

2. **Innere Geschlechtstheile.** (Dazu Fig. 15, 16, 17 und 18).

§. 48.

Die Scheide oder Mutterscheide ist eine schlauchförmige Höhle, welche sich vom Scheideneingang, Fig. 14, 9, in der Länge eines Fingers in der Richtung der Führungslinie in das Becken hinauf erstreckt; siehe Fig. 16 u. 17 *f*. Die Scheide ist ausgekleidet von einer Fortsetzung der im vorigen Paragraph genannten Schleimhaut. Ihre vordere und hintere Wand sind mit straffen querlaufenden Falten besetzt, die aber durch häufige Ausdehnung beim Beischlaf und bei Geburten ausgeglättet werden; dann werden die Wände glatt und schlaff. Im ruhenden Zustande liegt die vordere Wand dicht an der hinteren an. Bei Jungfrauen ist die Scheide ziemlich eng. Durch den Beischlaf und noch mehr durch Geburten wird sie viel weiter. Der oberste Theil der Scheide heißt das Scheidengewölbe *e*, in ihn ragt von oben her der unterste Abschnitt der Gebärmutter, der eben darum **Scheidentheil der Gebärmutter** heißt, Fig. 15 *d*, zapfenförmig hinein.

§. 49.

Die Gebärmutter liegt über der Scheide ungefähr in der Fortsetzung der Führungslinie des Beckens. Fig. 15 zeigt die Gebärmutter im Zusammenhang mit der Scheide und mit den anderen später zu beschreiden Theilen von unten und vorn. Sie ist ein beinahe birnförmiger, von vorn nach hinten platter, fester, fleischiger Körper, 8 Centimeter lang, oben 5 Centimeter breit und im jungfräulichen Zustande 30—40 Gramm schwer.

Man unterscheidet an ihr eine vordere und eine hintere Fläche, zwei seitliche Ränder und den oberen Rand, den Grund der Gebär= mutter *a*; ferner den oberen größeren Abschnitt, den Körper, *b*, und den unteren schmäleren, den Hals der Gebärmutter, *c*, von welchem

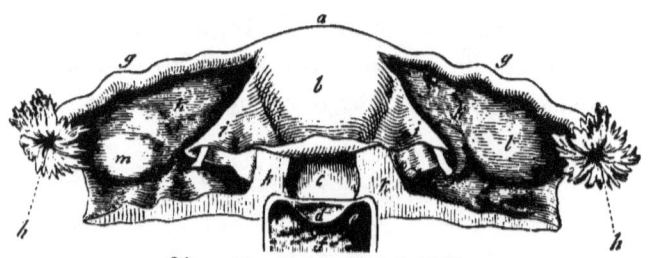

Figur 15. ⅓ der natürl. Größe.

wiederum der unterste Theil der vorhin erwähnte Scheidentheil, *d*, ist. Derselbe hat eine vordere und eine hintere Lippe und zwischen beiden eine Querspalte (siehe Fig. 17).

§. 50.

Fig. 16 zeigt die Gebärmutter nebst Scheide und äußeren Ge= schlechtstheilen, Muttertrompeten und Eierstöcken von hinten. Die hintere Wand der äußeren Geschlechtstheile, der Scheide, der Gebär= mutter und der Muttertrompeten ist abgetragen, so daß man in deren Höhlung gegen die vordere Wand derselben sieht.

Die Gebärmutter ist hohl. Durch den Gebärmutterhals führt der Gebärmutterhalskanal, *qp*, im Gebärmutterkörper liegt die Gebär= mutterhöhle, *n*. Der Gebärmutterhalskanal öffnet sich in jene Quer= spalte zwischen der vorderen und hinteren Muttermundslippe durch den äußeren Muttermund, *q*, in die Scheide, oben durch den inneren Muttermund, *p*, in die Gebärmutterhöhle. Die Gebärmutterhöhle ist ausgeschweift dreieckig, die untere Ecke liegt am inneren Muttermund, die beiden oberen zu den Seiten des Gebärmuttergrundes. Von der

Viertes Kapitel. Von dem Bau u. der Lage der weiblichen Geschlechtstheile. 31

Seite betrachtet ist die Gebärmutterhöhle viel enger, siehe Fig. 17, weil die vordere Wand an der hinteren dicht anliegt. Die Schleimhaut der Scheide setzt sich über den Scheidentheil der Gebärmutter durch den Muttermund und den Halskanal in die Gebärmutterhöhle fort.

§. 51.

Zu beiden Seiten des Gebärmuttergrundes gehen die beiden **Muttertrompeten** oder Eileiter nach rechts und links ab, Fig. 15 u. 16 *g g*, zwei schlanke, 11 Centimer lange Schläuche, welche von einer feinen Fortsetzung der Gebärmutterhöhle, *oo*, durchbohrt und von einer Fort=

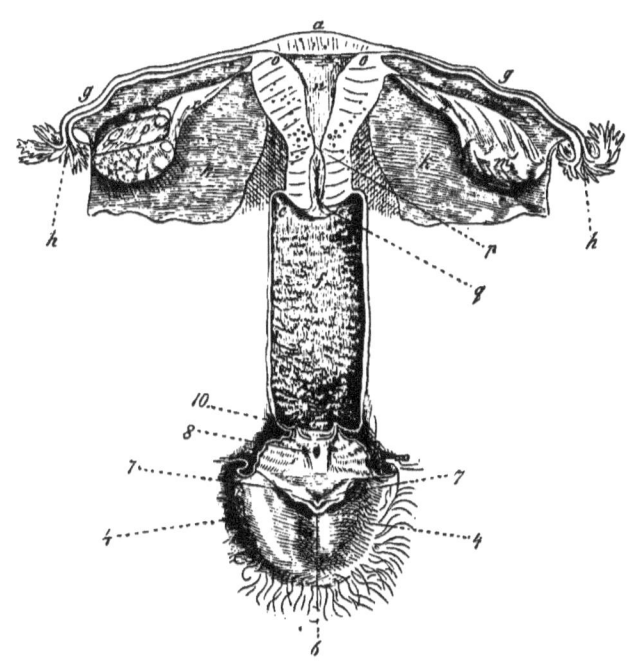

Figur 16. ⅓ der natürl. Größe.

setzung ihrer Schleimhaut ausgekleidet sind. Ihre Enden erweitern sich trompetenförmig, *hh*. Am trompetenförmig erweiterten Ende läuft die Wand der Eileiter in Fransen aus, ihre Höhle öffnet sich hier in die Bauchhöhle.

§. 52.

Ebenfalls zu beiden Seiten der Gebärmutter, etwas weiter nach hinten und nach unten, liegen die beiden **Eierstöcke**, *l* und *m*, mandelförmige Körper, welche zahlreiche kleine bis erbsengroße Bläschen enthalten, in welchen je ein Ei, jedes so groß wie der 40ste Theil eines Centimeters, gelegen ist. Der linke Eierstock, *l*, ist aufgeschnitten, so daß diese Bläschen sichtbar sind.

Vom Eierstock zur Gebärmutter geht auf jeder Seite, hinten gelegen, das **Eierstocksband**, Fig. 16 und Fig. 18 *xx*. Von der Gebärmutter geht im Bogen nach vorn zur Leistengegend auf jeder Seite das runde **Mutterband**, Fig. 15 und Fig. 18 *ii*.

Diese Bänder und die Eierstöcke und die Muttertrompeten sind in die **breiten Mutterbänder** eingeschlossen, welche, auf jeder Seite eines, von dem ganzen Seitenrand des Gebärmutterkörpers zur inneren seitlichen Wand des Beckens gehen, Fig. 15, 16 und 18 *kk*.

Theils durch diese Bänder, theils durch die Anheftung am Scheidengewölbe besonders aber durch eine starke sehnige Haut, welche das ganze Becken inwendig auskleidet, wird die Gebärmutter in ihrer Lage befestigt, ohne jedoch unbeweglich zu sein.

§. 53.

Außer den in den vorausgegangenen Paragraphen beschriebenen Eingeweiden, den Geschlechtstheilen, liegen im Becken der Frau von wichtigen Theilen der Mastdarm und die Harnblase.

Die Lage aller dieser Theile im Becken bringen die beiden folgenden Figuren zur Anschauung.

Figur 17 zeigt das Becken mit seinen äußeren und inneren Weichtheilen genau in derselben Richtung durchschnitten wie Figur 11, und zwar die linke Hälfte von rechts gesehen. Die Hebamme erkennt nahe der Rückenseite die durchschnittene Wirbelsäule, einen Theil des 3ten, dann den 4ten und 5ten Lendenwirbel, das Kreuzbein und das Steißbein. Vorn bei 5 ist die durchschnittene Schamfuge. Im Becken liegt am meisten hinten der Mastdarm, das Endstück des ganzen Darms, durch welchen die Ueberreste der Speisen als Koth durch den After entleert werden. *md* ist seine durchschnittene Höhle, sein oberes Ende

Viertes Kapitel. Von dem Bau u. der Lage der weiblichen Geschlechtstheile. 33

geht links neben dem Vorberg vorbei. Vor ihm liegt die Gebärmutter *b* und die Scheide *f*. Vor diesen liegt die Harnblase *bl*, in welcher der Urin, welcher von den Nieren bereitet wird, sich ansammelt, bis er durch die Harnröhre bei 8 entleert wird. Die Harnblase und der Mastdarm sind bald groß bald klein, je nachdem sie voll oder leer sind. Durch diesen Wechsel verändern sie die Lage der Gebärmutter, welche zwischen ihnen liegt. Auch die übrigen Eingeweide des Bauches, welche den

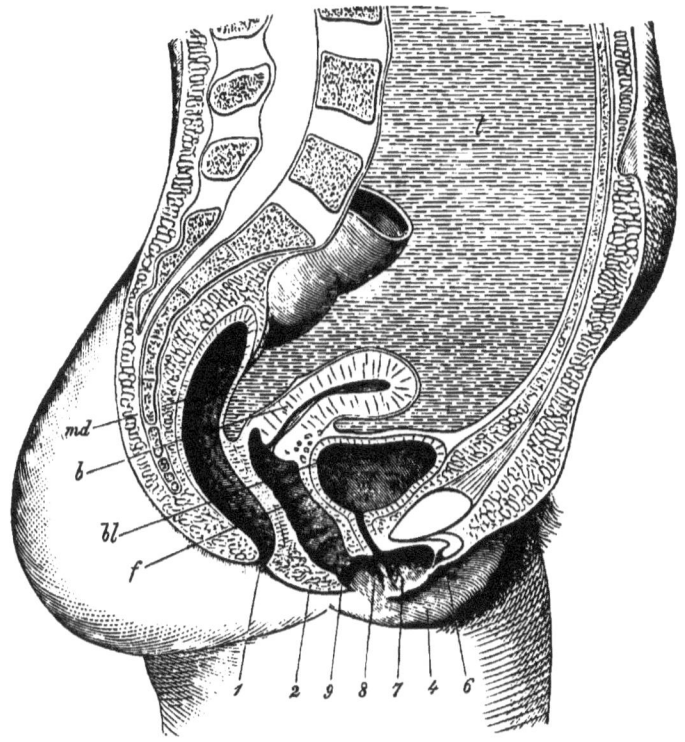

Fig. 17. ⅓ der natürl. Größe.

Raum *t* füllen, üben durch ihren Druck, welcher nicht zu allen Zeiten gleich ist, Einfluß auf die Lage der Gebärmutter. In Fig. 17 sind Mastdarm, Scheide und Harnblase im Zustande mäßiger Ausdehnung gezeichnet; wenn sie leer sind, steht die Gebärmutter tiefer im Becken; wenn der Mastdarm stärker gefüllt ist, drängt er die Gebärmutter weiter nach vorn; wenn die Blase stark gefüllt ist, drängt sie die Gebärmutter nach hinten.

Die äußeren Theile sind in Fig. 17 wie in Fig. 14 bezeichnet: 1 ist der After, 2 der Damm, 4 die große Schamlippe, 6 der Kitzler, 7 die kleine Schamlippe, 8 die Harnröhrenöffnung, 9 der Eingang in die Scheide.

§. 54.

Fig. 18 zeigt die Eingeweide des Beckens von der Bauchhöhle aus gesehen. Der Blick fällt in das Becken ganz in derselben Richtung wie in Fig. 9 auf Seite 21. *md* ist der Mastdarm, *B* die Gebärmutter, *Bl* die Harnblase. Die natürliche Lage der Muttertrompeten

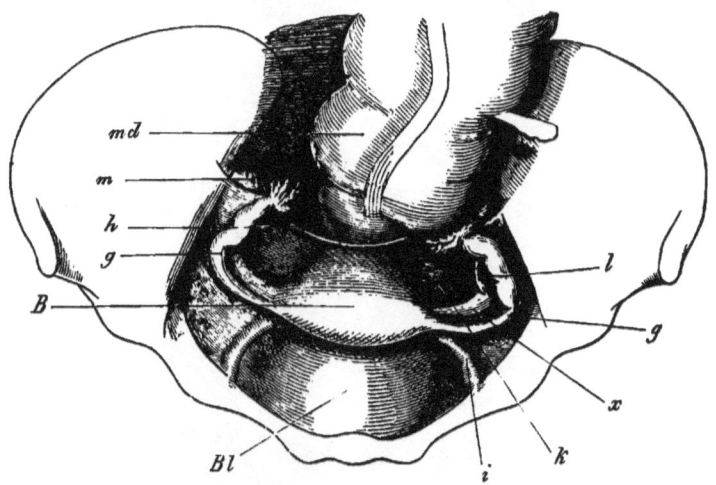

Fig. 18. ⅓ der natürl. Größe.

und der Eierstöcke ist aus dieser Figur ersichtlich. Dieselben haben in der Gestalt, wie sie in Fig. 15 und 16 dargestellt sind, im Becken nicht Platz, sie liegen seitlich an der Wand des Beckens, nach rückwärts von der Gebärmutter. Dabei bedecken die Muttertrompeten mit der Falte des Bauchfelles, an der sie angeheftet sind, ganz oder fast ganz die Eierstöcke. *gg* sind die Muttertrompeten, vom rechten Eierstocke ist nur der hintere Rand bei *m*, vom linken der innere Rand bei *l* in der Figur sichtbar. Auch von der Lage der Gebärmutterbänder bekommt die Hebamme erst durch Fig. 18 ein richtiges Bild. *i* ist das runde Mutterband, *x* das Eierstocksband, *k* das breite Mutterband der linken

Seite. Der hintere Rand der Mutterbänder, *h*, enthält auch noch jederseits ein Band, das hintere Gebärmutterband, welches für die Befestigung der Gebärmutter von Wichtigkeit ist.

3. Brüste.

§. 55.

Zu beiden Seiten vor den Rippen, siehe Figur 1 und Figur 28, liegen in vielem Fett eingebettet die beiden Milchdrüsen, in denen nach der Geburt die Milch bereitet wird. Die jede Brust halbkugelförmig überziehende Haut zeigt in der Mitte einen runden, bei Jungfrauen meist hellroth, bei Frauen braun gefärbten Fleck, den **Warzenhof**, in dessen Mitte eine rundliche, empfindliche Hervorragung sich erhebt, die **Warze**, bei den Thieren **Zitze** genannt. Auf der Warze münden die Ausführungsgänge der Milchdrüse in etwa 12 Oeffnungen, aus denen beim Säugen die Milch hervorfließt.

Fünftes Kapitel.

Von den Verrichtungen der weiblichen Geschlechtstheile.

§. 56.

Die Hauptverrichtung der weiblichen Geschlechtstheile ist die **Fortpflanzung**, das heißt die Hervorbringung neuer Menschen, darauf beziehen sich auch alle anderen Verrichtungen derselben. Von der Schwangerschaft, der Geburt und dem Wochenbett handeln die folgenden Theile dieses Lehrbuches. Aber auch von den Verrichtungen außer diesen Zuständen muß die Hebamme Einiges wissen.

§. 57.

In der Kindheit haben die Geschlechtstheile gar keine bemerkbaren Verrichtungen, sie werden ernährt und wachsen, wenn auch langsam, mit dem übrigen Körper. Obgleich die ganzen Geschlechtstheile inwendig mit Schleimhaut ausgekleidet sind, ist die Absonderung auf derselben in diesem Alter im regelmäßigen Zustande doch so gering, daß gar keine Feuchtigkeit nach außen tritt.

§. 58.

Zu der Zeit, wo der Körper seine bleibende Größe beinahe erreicht hat, bei uns meist mit dem 15. Jahre, entwickeln sich die Geschlechts= theile schnell zu ihrer Vollendung. Aeußerlich wird das sichtbar an dem Größer= und Prallerwerden der großen Schamlippen, an dem Hervor= wachsen der Haare auf dem Schamberg, an dem Vollwerden der Brüste. Die inneren Theile entwickeln sich dem entsprechend zu größerer Fülle, sie erreichen die Größe, die sie in der erwachsenen Frau haben. Im Eierstock werden die bisher unentwickelten Eier reif.

Wenn das erste Ei im Eierstock reif geworden ist, tritt die **erste Blutung** aus den Geschlechtstheilen ein, welche nun als **monatliche Reinigung, Regel, Periode, Veränderung** und wie sie sonst noch genannt wird, in regelmäßigen Zwischenräumen, bei den meisten Frauen alle 4 Wochen, sich wiederholt. Mit dem ersten Auftreten dieser Blutung ist das Kind zum mannbaren Weibe, zur Jungfrau geworden, ist, wie man es nennt, geschlechtsreif.

§. 59.

Bei den meisten Frauen gehen einige Beschwerden, namentlich ein Gefühl von Ermüdung, ziehende Schmerzen im Kreuz und in den Schenkeln, dem Eintritt der Regel voraus und begleiten den Anfang derselben. Die Geschlechtstheile werden wärmer, weicher; es tritt ver= mehrte schleimige Absonderung ein; es gesellt sich die Blutung dazu. Die Blutung, welche von der Schleimhaut der Gebärmutter kommt, dauert meist vier bis fünf Tage; sie verliert sich dann allmälig, indem das Blut wieder wässriger wird, wieder etwas Schleim sich beimischt, und dann alle Absonderung aufhört.

§. 60.

Die Menge des Blutes, die Dauer der Blutung, auch die Zwi= schenräume der Blutungen und die Zeit des ersten Auftretens sind bei verschiedenen Frauen sehr verschieden, und es darf aus solchen Abweichungen vom Gewöhnlichen, wenn die Frauen sich wohl fühlen, nicht auf Krankheit geschlossen werden.

§. 61.

Tritt aber die Blutung bei einem Mädchen zur gewöhnlichen Zeit nicht ein, obgleich jene Beschwerden sich einstellen, oder bleibt sie unter solchen Beschwerden aus, wenn sie früher schon da war, oder dauern jene Beschwerden länger und heftiger, als sie früher gewesen sind, gesellen sich Urin- und Stuhlbeschwerden dazu; oder geht das Blut anstatt flüssig, in Stücken ab, oder ist die Blutung viel heftiger, oder ist sie häufiger, als sie früher bei derselben Person war; oder endlich ist eine Frau auch außer der Zeit der Regel nicht frei von unbequemen Gefühlen im Becken, nicht frei von Ausfluß aus den Geschlechtstheilen; so liegt dem eine **Krankheit** zu Grunde und muß der Rath eines Geburtshelfers eingeholt werden. Durch Vernachlässigung solcher Zustände kann Unfruchtbarkeit und können unheilbare Leiden entstehen. Schlimmer noch als Vernachlässigung ist die Anwendung unpassender Mittel. Die Hebamme versteht die Krankheiten, um die es sich hier handelt, nicht zu beurtheilen, sie lasse sich daher nie herbei, Arzneimittel oder Mutterkränze und dergleichen anzuwenden. Pfuscher und Pfuscherinnen unternehmen aller Orten dergleichen Kuren: Die Hebamme weiß, daß nur der Geburtshelfer die zum Grunde liegenden Krankheiten kennt und daher die richtigen Mittel anwenden kann.

§. 62.

Die Frauen müssen immer zu der Zeit, wo sie die Regel haben, sich mehr in Acht nehmen als sonst, namentlich vor Erkältungen, Erhitzungen und heftigen Gemüthsbewegungen. Sie sind um diese Zeit gegen alle krankmachenden Einflüsse empfindlicher.

§. 63.

Das **Wiederkehren der Regel** dauert mit den Unterbrechungen, welche die Schwangerschaft und das Säugen machen, meist bis in's

45. Lebensjahr, oft kürzer, oft länger. Nur während dieser Zeit, also ungefähr während 30 Jahren, kann die Frau schwanger werden. Denn nur während dieser Zeit werden in den Eierstöcken befruchtungsfähige Eier entwickelt. Meist um die Zeit der Regel verläßt ein solches den Eierstock, geht durch eine der Muttertrompeten in die Gebärmutter und, wenn es nicht befruchtet wird, durch die Scheide unbemerkt nach außen.

§. 64.

Das endliche Aufhören der Regel findet bei den meisten Frauen ohne krankhafte Erscheinungen statt. Manchmal aber treten gerade gegen das Ende der geschlechtsreifen Zeit jene vorhin erwähnten krankhaften Erscheinungen auf, oder die Blutungen treten, nachdem sie schon längere Zeit ausgeblieben waren, von Neuem ein. Auch jetzt noch können aus diesen Zuständen bleibende Krankheiten sich entwickeln, wenn nicht bei Zeiten ärztliche Hülfe nachgesucht wird.

Mit dem Aufhören der Regel im Alter hört die Thätigkeit der Eierstöcke auf und die Geschlechtstheile gehen in einen Zustand zurück, der dem kindlichen ähnlich ist.

Zweiter Theil.

Von der regelmäßigen Schwangerschaft.

Erstes Kapitel.

Entstehung und Dauer der Schwangerschaft.

§. 65.

Schwangerschaft ist derjenige Zustand des Weibes, der durch Befruchtung eines Eies herbeigeführt wird und bis zu der Zeit dauert, wo die im Ei entstandene Frucht den Mutterleib verläßt, bis zur Geburt.

§. 66.

Durch die geschlechtliche Vermischung von Mann und Frau, die Begattung, wird der männliche Same in die weiblichen Geschlechtstheile gespritzt. Wenn derselbe in der Gebärmutter oder in den Eileitern einem aus dem Eierstock gelösten reifen Ei begegnet, so wird dasselbe durch ihn befruchtet, die Frau „hat empfangen", sie ist von der Zeit an schwanger.

Die Begattung ist am häufigsten fruchtbar bald nach der Regel, weil es da am ehesten zutrifft, daß der Same einem unterwegs befindlichen Ei begegnet; es wird also am häufigsten das bei der vorigen Regel gelöste Ei befruchtet. Es kann aber auch der vor der Regel eingespritzte Same zeugungsfähig bleiben, bis das nächste Ei austritt, und dann dasselbe befruchten.

§. 67.

Die Schwangerschaft dauert etwa **280 Tage**, das sind nach dem Kalender 9 Monate und 4, 5, 6 oder 7 Tage, je nach der Tagezahl der Monate. 280 Tage sind gleich 10mal 28 Tagen, gleich 10mal 4 Wochen, gleich **40 Wochen**.

§. 68.

Man hat die 280 Tage der Schwangerschaft in **10 vierwöchentliche** Zeiträume abgetheilt, weil sich auf diese Weise die Reihenfolge der Erscheinungen bequemer übersehen läßt. Manche nennen diese vierwöchentlichen Zeiträume Monate, wo dann die Schwangerschaft 10 solcher „Monate" dauert. Die Hebamme muß das nur darum wissen, damit sie durch solche Bezeichnung Anderer nicht in Irrthum geräth. 10 Kalendermonate sind 303 bis 306 Tage, 10 Mondsmonate (von Vollmond zu Vollmond) sind 295 Tage, die Schwangerschaft des Weibes dauert 280 Tage.

Zweites Kapitel.

Entwicklung des Eies, der Frucht und der Gebärmutter in den ersten 12 Wochen der Schwangerschaft.

§. 69.

Jedesmal zur Zeit der Regel wird die Schleimhaut der Gebärmutterhöhle viel dicker, als sie sonst ist, und lockert sich auf. Bleibt das Ei unbefruchtet, so verliert sich diese Eigenschaft der Gebärmutterschleimhaut wieder. Wird aber das Ei befruchtet, so setzt es sich in der aufgelockerten Schleimhaut fest und wird von derselben ganz überwachsen. Das Ei wächst nun, indem es sich aus der Schleimhaut ernährt; die Schleimhaut selbst verdickt und vergrößert sich noch mehr, die Gebärmutterhöhle wird weiter und die Gebärmutterwand dicker. Im Ei selbst entsteht der neue Mensch, „**die Frucht.**"

Nebenstehende Figur stellt die Gebärmutter in natürlicher Größe bald nach Eintritt der Schwangerschaft dar. Das befruchtete Ei ist durch den Eileiter in die Gebärmutterhöhle getreten, die verdickte Schleimhaut hat dasselbe überwachsen. Das Ei ist schon 1 Centimeter groß geworden, die Wände der Gebärmutter sind dicker geworden, im

Halskanal befindet sich zäher glasheller Schleim, welchen die Schleim=
haut desselben absondert.

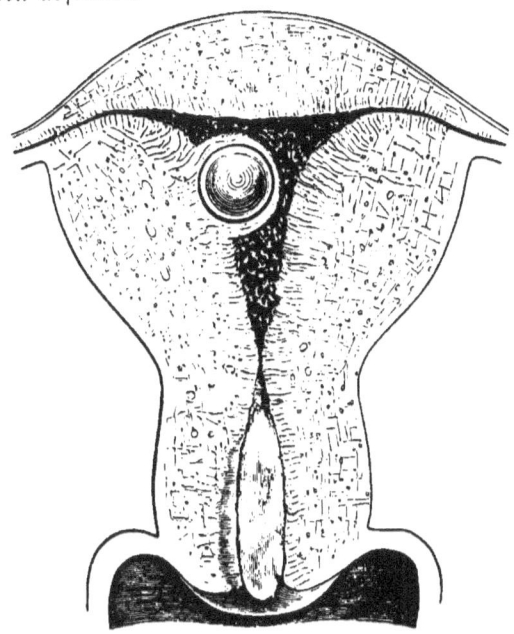

Figur 19. Natürl. Größe.

§. 70.

Nach Ablauf der ersten vier Wochen ist das Ei, das im Eierstock nur den vierzigsten Theil eines Centimeter maß, beinahe zwei Centimeter groß. Seine äußere Haut ist ringsum mit zarten Flocken besetzt, welche sich in die Gebärmutterschleimhaut einsenken, dieselbe heißt darum die **Flockenhaut** (später Lederhaut). Die Gebärmutterschleimhaut selbst, welche von jetzt an immer am Ei haften bleibt, und auch zum großen Theil mit demselben geboren wird, heißt wegen ihres fein durchlöcherten Ansehens die **Siebhaut**, sie umgiebt das Ei in zwei Schichten, die eine, die an der Wand der Gebärmutter liegt, die andere, die das Ei umwachsen hat.

Im Innern der Flocken= oder Lederhaut liegt eine zweite, zarte Haut, die **Wasserhaut** oder Schafhaut, dieselbe ist von dem Frucht= wasser erfüllt, und in diesem schwimmend hängt an der Wasserhaut die Frucht selber, welche um diese Zeit, schon fast 1 Centimeter lang, noch keine menschliche Bildung mit bloßem Auge erkennen läßt.

§. 71.

Fig. 20 zeigt das Ei mit der Frucht nach Ablauf der ersten sechs Wochen in natürlicher Größe. Die Frucht ist über einen Centimeter lang. Man erkennt an ihrem großen Kopf die Augen und am Rumpf die Gliedmaßen. Sie sitzt nicht mehr wie in der ersten Zeit dicht auf der Wasserhaut auf, sondern von ihrem Bauch geht am unteren Ende der Nabelstrang oder die Nabelschnur, *a*, durch die Wasserhaut, *b*, hindurch zur Lederhaut, *c*. Das helle Bläschen, *e*, zwischen Wasserhaut und Lederhaut ist das Nabelbläschen, der Rest des Eidotters. Die Nabelschnur, welche nun bis zur Geburt bleibt, besteht aus drei Blutgefäßen. Davon führen zweie das Blut aus dem Herzen der Frucht in die Flocken der Lederhaut, *d*, also an die Gebärmutterwand heran, das sind die zwei Pulsadern der Nabelschnur. In der Gebärmutterwand fließt das Blut der Mutter. Aus dem Blute der Mutter geht durch die Wände der Adern Nahrung in das Blut der Frucht über. Das dritte Gefäß der Nabelschnur führt das Blut mit dieser Nahrung zur Frucht zurück, das ist die Blutader der Nabelschnur. Auf diese Weise wird nun die Frucht während der ganzen Schwangerschaft ernährt. **Der monatliche Blutfluß aus der Gebärmutter hört während der Schwangerschaft auf.**

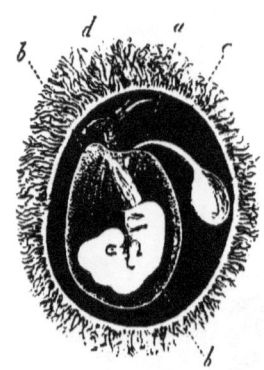

Fig. 20. Natürl. Größe.

Nach acht Wochen ist das Ei schon fünf Centimeter groß, ebenso ist die Gebärmutter größer und ihre Höhle aus der dreieckigen Form mehr rund geworden. Die Frucht ist zwei und einen halben Centimeter lang, gegen vier Gramm schwer und zeigt schon etwas mehr menschliche Bildung als Figur 20.

§. 72.

Nach zwölf Wochen ist die Gebärmutter und das Ei wieder bedeutend gewachsen. An der Stelle, wo das Ei der ursprünglichen Gebärmutterschleimhaut anliegt, (siehe Figur 19), wachsen die Flocken immer zahlreicher und größer aus und die Gefäße der Nabelschnur ver=

Zweites Kapitel. Entwicklung des Eies, der Frucht u. der Gebärmutter ꝛc. 45

zweigen sich in dieselben. Auch in der Gebärmutterschleimhaut dieser Stelle bilden sich immer mehr und größere Gefäße von der Mutter aus, mit welchen sich die kindlichen Gefäße in den Flocken verschlingen, doch ohne daß das Blut der Mutter und des Kindes in einander fließen könnte.

Dieses Gebilde von verschlungenen Gefäßen, welches an der Gebärmutterwand ansitzt, und in das der Nabelstrang sich einsenkt, die Nahrungsquelle der Frucht, ist der **Mutterkuchen**, auch **Fruchtkuchen** genannt, Fig. 21 *D D D*.

Die Flocken an dem übrigen Umfang des Eies, Figur 21 *d d*, wachsen nun nicht weiter, daher wird die Lederhaut später glatt. Die Frucht ist um diese Zeit, vom Scheitel bis zu den Fersen der gestreckten Beine gemessen, sieben Centimeter lang. Sie ist etwa zwanzig Gramm schwer. Augen, Ohren und Nase, Hals, Arme und Beine sind deutlich entwickelt und schon Knochen darin. Der Nabelstrang ist länger als

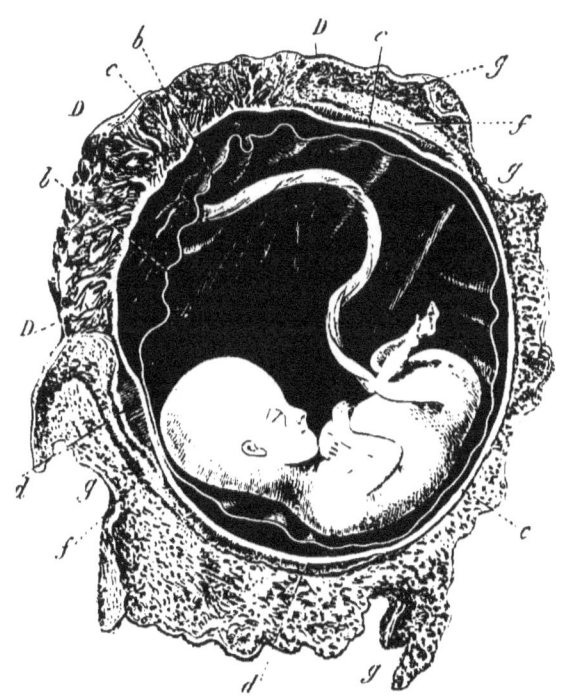

Fig. 21. Natürliche Größe.

die Frucht, und gedreht wie ein Strick. Man kann äußerlich meist noch nicht unterscheiden, ob die Frucht männlich oder weiblich ist, denn der Kitzler ist bei weiblichen Früchten so lang wie das männliche Glied und bei männlichen Früchten ist der Hodensack noch gespalten wie eine weibliche Schamspalte. Figur 21 zeigt das zwölfwöchentliche Ei mit der Frucht in natürlicher Größe; die vordere Hälfte des Eies ist weggenommen.

§. 73.

Das Ei besteht um diese Zeit schon aus allen den Theilen, die es nun während der ganzen Schwangerschaft besitzt.

1) Zu äußerst liegt die **Siebhaut**, welche ursprünglich der Gebärmutter angehört, sie besteht aus einer dickeren äußeren Lage, Fig. 20. *gg*, welche sich am Rande des Mutterkuchens in die innere Lage umschlägt, Figur 21 *ff*. Diese innere Lage ist viel feiner und liegt dicht an der Lederhaut an. Später verschmelzen beide Lagen mit einander.

2) Die **Lederhaut**. Die Flocken sind auf ihr noch an allen Stellen zu sehen, wenn man die Siebhaut abzieht Fig. 21 *d d*. Sie umgiebt das ganze Ei. Auf einem Theil ihrer Oberfläche sitzt fest auf

3) der **Mutterkuchen**. Fig. 21 *D D D*.

4) Vom Mutterkuchen zur Frucht geht die **Nabelschnur**.

5) Die **Wasserhaut** kleidet die Lederhaut inwendig aus; wo die Nabelschnur an den Mutterkuchen geht, tritt sie auf die Nabelschnur über, als Nabelschnurscheide, Fig. 21 *b*.

6) Die Wasserhaut ist vom **Fruchtwasser** erfüllt, in demselben liegt, am Nabelstrange,

7) die **Frucht**.

Drittes Kapitel.
Weitere Entwicklung der Frucht bis zur Reife.

§. 74.

Nach sechzehn Wochen ist die Frucht mit ausgestreckten Beinen vierzehn Centimeter lang und etwa einhundertzwanzig Gramm schwer. Der Nabelstrang ist zwei- bis dreimal länger als die Frucht. Das Fruchtwasser ist reichlich, an der Frucht ist das Geschlecht zu unterscheiden, weil an der männlichen der Hodensack sich geschlossen hat.

Nach zwanzig Wochen, also um die Mitte der Schwangerschaft, ist die Frucht siebenundzwanzig Centimeter lang, etwa dreihundert Gramm schwer, auf ihrer Haut sind feine Härchen, die Wollhaare, hervorgewachsen, und dieselbe sondert eine weißliche klebrige Masse, den Kindesschleim ab, der sie überzieht. Das Fruchtwasser hat wieder an Menge bedeutend zugenommen. Die Frucht bewegte sich schon früher in ihrem Wasser, jetzt aber erst ist sie im Stande, ihre größer gewordenen Glieder so kräftig zu bewegen, daß die Mutter die Bewegungen spüren kann.

Nach vierundzwanzig Wochen ist die Frucht dreiunddreißig Centimeter lang und etwa sechshundert Gramm schwer. Das Wollhaar ist viel reichlicher geworden.

§. 75.

Nach achtundzwanzig Wochen ist die Frucht mindestens achtunddreißig Centimeter lang, und tausend Gramm schwer. Wollhaar und Kindesschleim sind sehr reichlich, die Gliedmaßen sind runder und fetter als bisher. Der Hodensack an der männlichen Frucht ist meistens noch leer. Die inneren Theile sind jetzt so weit entwickelt, daß, wenn die Frucht um diese Zeit geboren wird, es manchmal gelingt, sie am Leben zu erhalten, was früher nicht möglich ist. Die nach dieser Zeit lebend und wohlgebildet geborne Frucht nennt man daher „lebensfähig".

Nach zweiunddreißig Wochen ist die Frucht mindestens zweiundvierzig Centimeter lang und etwa eintausendfünfhundert Gramm schwer.

Nach sechsunddreißig Wochen ist die Frucht wenigstens fünfundvierzig Centimeter lang, etwa zweitausend Gramm schwer, die Wollhaare sind weniger reichlich als früher, dagegen die Kopfhaare länger und gefärbt, die Hoden sind meist beide im Hodensack.

Mit **vierzig Wochen** hat die Schwangerschaft ihr Ende und die Frucht ihre volle Ausbildung erreicht, sie heißt **reif** oder **ausgetragen**. Die Länge der Frucht beträgt jetzt wenigstens sechsundvierzig Centimeter, durchschnittlich fünfzig, oft mehr, bis sechzig Centimeter. Das Gewicht des reifen Kindes beträgt durchschnittlich etwas über dreitausend Gramm.

§. 76.

Es ist erforderlich, daß die Hebamme unterscheiden könne, ob ein Kind ausgetragen oder nicht ausgetragen ist. Es sollen daher die **Kennzeichen der Reife** denen der **Nichtreife** gegenüber gestellt werden.

Die **Hautfarbe** des reifen Kindes ist hellroth, wenig röther als die des Erwachsenen; das nichtreife Kind zeigt über den ganzen Körper eine sehr rothe Haut, die leicht in's Bläuliche übergeht.

Das **Wollhaar** ist auf der Haut des reifen Kindes meist ausgefallen, fast nur auf den Schultern ist es oft noch vorhanden, dagegen sind die Kopfhaare reichlich und gefärbt. Augenbrauen und Augenwimpern sind vorhanden. Das nichtreife Kind hat viel Wollhaare auf dem Körper, die Kopfhaare sind spärlich, ebenso Augenbrauen und Wimpern.

Die **Nägel** sind am reifen Kinde ziemlich fest und ragen an den Fingern meist über die Spitzen der letzten Glieder hervor. Am nichtreifen Kind sind die Nägel weicher, durchsichtiger und kürzer.

Der **Hodensack** ist am reifen Kind wenig röther als die übrige Haut, quergerunzelt, und enthält an seinem Grunde die Hoden. Am nichtreifen Kind ist er röther, weniger gerunzelt, fast glatt, und enthält die Hoden noch nicht, oder dieselben liegen an seiner Wurzel, nahe der Leistengegend.

Die **großen Schamlippen** sind am reifen Kind meistens so groß, daß sie die kleinen sammt dem Kitzler bedecken. Am nichtreifen Kind ragen oft die kleinen Schamlippen mit dem Kitzler aus den großen hervor.

Drittes Kapitel. Weitere Entwicklung der Frucht bis zur Reife.

Körper und Gliedmaßen am reifen Kind sind rund und voll, die Bewegungen, namentlich die Streckbewegungen, kräftig. Am nichtreifen Kind sind Körper und Gliedmaßen magerer, die Bewegungen schwächlicher, das Kind hält die Gliedmaßen an den Leib gezogen.

Die **Stimme** des reifen Kindes ist hell und stark, das nichtreife Kind wimmert mit schwacher Stimme.

Der **Brustkasten** des reifen Kindes hebt sich beim Athmen gleichmäßig und bleibt dabei rund. Beim nichtreifen Kind wird beim Athmen der Brustkasten schmal und tritt nach vorn hervor (wie bei der sogenannten Hühnerbrust der mit englischer Krankheit behafteten Kinder).

Ohren und **Nase** sind beim reifen Kind festknorpelig, wenn auch weicher als beim Erwachsenen. Am nichtreifen Kind sind sie weich.

Das **Gesicht** hat zum Schädel am reifen Kind ein ähnliches Größenverhältniß wie beim Erwachsenen, es ist voll und rund; am nichtreifen Kind erscheint es kleiner, der Schädel größer, und das Gesicht zeigt oft, weil es mager ist, ein faltiges, grämliches Ansehen.

Am **Schädel** des reifen Kindes stoßen die Knochen in den Nähten fast aneinander. Die große Fontanelle steht vierwinklig mehr als einen Centimeter weit offen, in der kleinen Fontanelle schließen die drei Knochen eng aneinander, so daß man keine Lücke mehr fühlt, sondern nur die drei zusammenlaufenden Nähte. Am nichtreifen Kind sind die Nähte breiter, die große Fontanelle größer, die kleine als Lücke zwischen den Knochen deutlich zu fühlen.

Das **Gewicht** der Kinder ist sehr verschieden und als Kennzeichen der Reife nicht wichtig. Es giebt reife Kinder von zweitausend Gramm, andere wiegen fünftausend Gramm und selbst mehr; Kinder die reif fünftausend Gramm wiegen, waren auch vor der Reife schon schwerer als andere, daher können auch unreif geborne Kinder ein bedeutendes Gewicht haben.

Auch die **Länge** der Kinder zeigt zwar erhebliche Schwankungen, es giebt reife Kinder von 46 bis 60, ja selbst noch mehr Centimeter Länge, dennoch aber ist die Länge des Kindes sowohl in jeder früheren Zeit zur Bestimmung des Alters der Frucht am meisten maßgebend, als auch **unter allen Kennzeichen der Reife das wichtigste**. Ein Kind von 49 Centimeter Länge oder mehr soll die Hebamme für **reif** halten, es müßten ihm denn mehrere wichtige der vorhin genannten Kennzeichen der Reife gleichzeitig fehlen. Ein Kind unter 49 Centimeter Länge darf für reif nur dann gehalten werden, wenn es alle übrigen vorhin genannten Zeichen der Reife an sich trägt.

Viertes Kapitel.
Das reife Ei.

§. 77.

An den übrigen Theilen des Eies hat sich außer der Größe bis zur Zeit der Reife wenig geändert. Das ganze Ei mißt von oben nach unten etwa 32, in der Quere 22 bis 25 Centimeter. Es besteht aus den §. 73 und Fig. 21 beschriebenen Theilen.

§. 78.

Die **Nabelschnur** besteht aus den drei schon im §. 71 beschriebenen Blutgefäßen, welche jetzt einen beinahe fingerdicken, gewundenen Strang bilden. Die Windungen sind sehr verschieden an Zahl, man unterscheidet danach starkgedrehte und schwachgedrehte Nabelschnuren. Meist verlaufen die Windungen der Nabelschnur in umgekehrter Richtung als die einer Schraube, also von rechts nach links vom Beschauer weg, siehe Fig. 22, 23, 28. Die Länge der Nabelschnur ist sehr verschieden, meist ist sie etwas bedeutender als die der reifen Frucht, ungefähr 55 Centimeter. Die 3 Gefäße werden durch eine gallertartige Masse, die Sulze der Nabelschnur, zusammengehalten. Diese Sulze ist bald reichlich, bald sparsam vorhanden, man nennt danach die Nabelschnur fett oder mager. Die ganze Nabelschnur ist eingehüllt von der Nabelschnurscheide, einer zarten glatten Haut, welche am Nabel in die Bauchhaut des Kindes, an dem Mutterkuchen in die Wasserhaut des Eies übergeht.

§. 79.

Die **Wasserhaut** ist am reifen Ei eine ziemlich feste, trüb=durchscheinende Haut, sie bildet die innerste Haut des Eies und enthält das

Viertes Kapitel. Das reife Ei. 51

die Frucht umspülende **Fruchtwasser**. Dasselbe ist im reifen Ei eine weißlich-trübe Flüssigkeit und beträgt 500 bis 1000 Gramm.

§. 80.

Nach außen von der Wasserhaut liegt die **Lederhaut** mit dem **Mutterkuchen**. Die Lederhaut haftet an der Wasserhaut entweder fest an, oder es liegt eine gallertartige Sulze zwischen beiden. Die Lederhaut ist dünn, und leicht zerreißlich, an ihrer Außenseite sieht man spärlich zerstreut die Ueberbleibsel der Zotten.

§. 81.

Der **Mutterkuchen** sitzt in einer Ausdehnung von etwa 20 Centimeter Durchmesser außen an der Lederhaut auf, seine Dicke beträgt in der Mitte über zwei Centimeter, am Rande ist er etwas dünner. Er besteht aus den Verzweigungen der Nabelschnurgefäße, welche in eine Anzahl an der Gebärmutterfläche hervortretender Lappen geordnet sind, und aus zwischen diesen Verzweigungen laufenden mütterlichen Gefäßen, welche aus der hier gelegenen Stelle der Siebhaut sich entwickelt haben. Seine glatte, der Eihöhle zugekehrte Fläche ist von der Wasserhaut überzogen, mit Ausnahme der Stelle, wo die Nabelschnur sich in ihn einsenkt, das ist meist nahe der Mitte, seltener am Rand. Der Mutterkuchen des reifen Eies wiegt ungefähr 500 Gramm.

§. 82.

An der äußeren Fläche der Lederhaut setzt sich vom Rande des Mutterkuchens aus die **Siebhaut**, die ehemalige Schleimhaut der Gebärmutter, fast über die ganze Außenfläche auch des gebornen Eies als eine dicke, lockere manchmal in Fetzen abgerissene Haut fort.

Die Gebilde des reifen Eies sind durch Abbildungen deßhalb nicht dargestellt, weil es weit zweckmäßiger ist, daß die Hebamme sich die Nachgeburt der reifen Kinder selbst genau betrachte und alle einzelnen Theile derselben mit der in den vorausgegangenen Paragraphen gegebenen Beschreibung vergleiche.

Fünftes Kapitel.
Die schwangere Gebärmutter.

§. 83.

Den Raum für das sich entwickelnde Ei giebt die Höhle des Gebärmutterkörpers allein her, dieselbe verwandelt ihre platte dreieckige Gestalt mehr und mehr in eine rundliche, indem ihre Wand an Dicke und Ausdehnung zunimmt. An der veränderten Ernährung nimmt auch gleich Anfangs der Hals der Gebärmutter Antheil; der obere Theil desselben wird dicker, während unten, an der Scheidenportion, durch Auflockerung und Schwellung des Gewebes die zweilippige Form verloren geht, so daß der nun runde Muttermund als mittleres Grübchen rings von einem weichen Wall umgeben erscheint. In der zweiten Hälfte der Schwangerschaft nimmt die Höhle des Gebärmutterkörpers eine mehr eiförmige Gestalt an. Der Halskanal erweitert und verkürzt sich erst gegen das Ende der Schwangerschaft, zum Theil erst während der Geburt.

§. 84.

In den ersten 10 bis 12 Wochen bleibt die Gebärmutter im kleinen Becken liegen. Sie sinkt bei aufrechter Stellung der Frau durch ihre zunehmende Schwere etwas tiefer herab.

Nach der 12ten Woche hat die an Größe zunehmende Gebärmutter im kleinen Becken nicht mehr Raum, sie steigt in die Bauchhöhle hinauf. Der Gebärmuttergrund wendet sich mehr nach vorn gegen die Bauchwand; durch diese regelmäßige Lageveränderung der Gebärmutter kommt von der genannten Zeit der Schwangerschaft an die Scheidenportion immer höher im Becken zu stehen. Diese Lageveränderung der Gebärmutter ist übrigens nicht als eine plötzliche und einmalige zu denken. Die Gebärmutter wechselt, in der ersten Zeit der Schwangerschaft wie im nichtschwangeren Zustande, täglich und stündlich ihre Lage je nachdem die Blase und der Mastdarm voll oder leer sind; sie wird nach hinten gedrängt durch Füllung der Blase, nach vorn durch Füllung des

Mastdarms, sie steigt hinauf, wenn Blase und Mastdarm sich füllen, sie sinkt hinab, wenn beide entleert werden. Von der zwölften Woche an nimmt aber der Gebärmutterkörper an Größe so bedeutend zu, daß er auch bei leerer Blase und leerem Mastdarm in das kleine Becken nicht mehr herabsinken kann.

Die vordere Wand der Gebärmutter bleibt nun bis aus Ende der Schwangerschaft dicht an der vorderen Wand des Bauches gelegen. Die früher hier gelegenen Gedärme werden nach hinten und zur Seite geschoben, dadurch wird der Bauch schon vor der Mitte der Schwangerschaft bedeutend breiter.

Nach der Mitte der Schwangerschaft, um die 24ste Woche, steht der Grund der Gebärmutter in der Höhe des Nabels.

§. 85.

Mit der 36sten Woche der Schwangerschaft, manchmal auch erst in der 37sten und 38sten, erreicht die Gebärmutter ihre größte Höhe; sie füllt die ganze vordere Wand des Bauches bis an die Herzgrube. Jetzt tritt eine eigenthümliche Erscheinung ein, durch welche die Gebärmutter sich zur Geburt vorbereitet. Sie senkt sich, das heißt sie tritt weiter nach unten und mit dem Grund weiter nach vorn, indem sie gleichzeitig runder und fester wird. Dadurch kommt es, daß der sehr verdünnte untere Abschnitt der Gebärmutter mit dem darinliegenden Kindestheil vom Scheidengewölbe aus deutlicher zu fühlen ist, daß die Muttermundsöffnung wieder tiefer, aber zugleich noch weiter nach hinten zu stehen kommt, daß die Bauchdecken, die vorher bis an die Herzgrube hinauf stark gespannt waren, jetzt oben wieder schlaff werden; das sind alles Erscheinungen, auf die wir später, weil sie nebst anderen zur Erkennung der Schwangerschaftszeit wichtig sind, wieder zurückkommen müssen. (Siehe Fig. 38.)

§. 86.

Ebenso wird weiter unten ausführlicher die Rede sein von den Veränderungen, welche der Scheidentheil der Gebärmutter während der Schwangerschaft erleidet. Derselbe wird gegen das Ende der Schwangerschaft deutlich kürzer und zuletzt verschwindet ganz die Hervorragung, welche durch den Scheidentheil der Gebärmutter am Scheidengewölbe hervorgebracht wurde; der Scheidentheil verstreicht.

Dieses Verstreichen des Scheidentheils findet früher und vollständiger statt, je tiefer der vorliegende Kindestheil das Scheidengewölbe herabbrängt, es findet bei Erstschwangeren statt in den letzten Wochen der Schwangerschaft, bei Wiederholtschwangeren erst während der Geburt.

§. 87.

Die Gebärmutter hat am Ende der Schwangerschaft so viel an Gewicht zugenommen, daß sie ohne ihren Inhalt etwa eintausend Gramm wiegt. Ihre Gestalt ist um diese Zeit breit-eiförmig, das schmalere Ende unten am Muttermund, das breitere am Gebärmuttergrund. Vom Muttermund bis zum Grund mißt die Gebärmutter ungefähr 32 Centimeter, von der vorderen Wand zur hinteren an der weitesten Stelle ungefähr 22 Centimeter, von der rechten Seite zur linken an der breitesten Stelle 25 Centimeter. Diese Maßangaben sollen hauptsächlich die regelmäßige Form der Gebärmutter deutlich machen. Wie die Kinder zur Zeit der Reife verschieden groß und die Menge des Fruchtwassers sehr verschieden ist, so ist auch die Gebärmutter am regelmäßigen Ende der Schwangerschaft bald größer bald kleiner als die angegebenen Maße.

§. 88.

Die schwangere Gebärmutter steht nicht ganz gerade im Leibe der Frau, ihr Grund liegt regelmäßig etwas nach der rechten Seite hinüber; die vordere Wand der Gebärmutter sieht nicht gerade nach vorn, sondern etwas zur Seite, entweder nach links oder häufiger nach rechts, so daß die rechte oder häufiger die linke Seitenfläche der Gebärmutter, also die Stelle, wo die Muttertrompete und der Eierstock ansitzen, auf der einen Seite weiter nach vorn steht, als die entsprechende Stelle der anderen Seite.

Sechstes Kapitel.
Die Lage der Frucht in der Gebärmutter.

§. 89.

Sobald an der kleinen Frucht sich der Nabelstrang gebildet hat, ist derselbe das einzige Befestigungsglied der Frucht am Ei und also an der Wand der Gebärmutter. Die Frucht hängt an demselben im Fruchtwasser, und da der Nabelstrang sich am unteren Ende des Rumpfes ansetzt, und die Frucht schwerer ist als das Fruchtwasser, wird in allen wechselnden Stellungen der Mutter das Kopfende der Frucht möglichst nach dem Fußboden zu hängen. (Siehe Fig. 20.)

§. 90.

Schon um die 12te Woche ist aber der Nabelstrang länger als die Frucht, und auch länger als der Durchmesser des Eies, und bleibt nun während der ganzen Schwangerschaft länger als dieser Durchmesser. Die Frucht hängt nun also überhaupt nicht mehr frei, sondern ruht auf der Wand des Eies. (Siehe Fig. 21.)

§. 91.

Bis über die Mitte der Schwangerschaft hinaus ist die Höhle der Gebärmutter geräumig genug, um der Frucht jede Lage zu gestatten, und die Frucht wechselt die Lage häufig je nach der Stellung und Lage der Mutter. Wie aber, je mehr die Schwangerschaft sich dem Ende nähert, die Größe der Frucht im Verhältniß zum Raum des Eies immer bedeutender zunimmt und wie nun gleichzeitig die Gebärmutterhöhle und das Ei ihre rundliche Form in die Eiform verwandeln, verliert die Frucht den Spielraum für ihre Bewegung und Lageveränderung und wird genöthigt, mit den Theilen ihres Körpers eine bestimmte Haltung und eine bestimmte Lage immer mehr beizubehalten.

§. 92.

Der Eiform der Gebärmutter angemessen, wie die nachstehende Zeichnung, von der Bauchseite der Mutter gesehen, darstellt, liegt die

Frucht in Eiform. Das ist die ursprüngliche Haltung, in welcher die Frucht sich entwickelte, siehe Fig. 20 u. 21, das ist auch in der späteren Zeit der Schwangerschaft diejenige Haltung, in welcher die Frucht bei bequemer Lagerung ihrer Gliedmaßen den möglichst geringen Raum einnimmt. Das Kinn an die Brust gelegt, den Rücken gekrümmt, die Oberschenkel an den Leib gezogen, die Unterschenkel an die Oberschenkel und die Füße an die Unterschenkel angelegt, die Arme zur Seite und vorn am Brustkasten, ganz wie Fig. 23 zeigt, so entspricht das Kind am besten der Form der Gebärmutterhöhle; das ist **die regelmäßige Haltung der Frucht** in der letzten Zeit der Schwangerschaft.

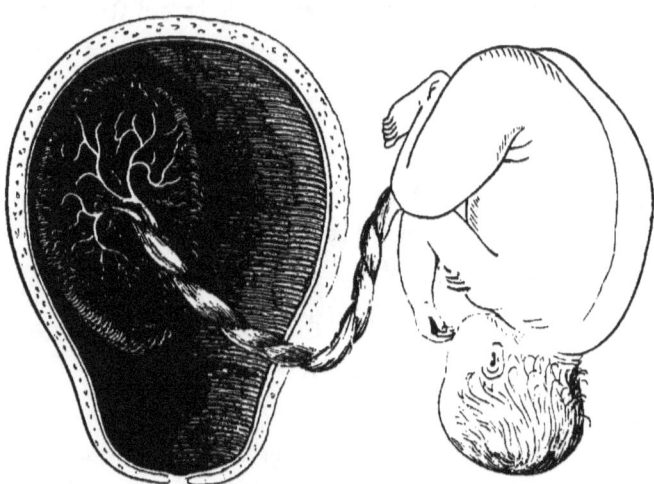

Fig. 22. ⅕ natürl. Größe. Fig. 23. ⅕ natürl. Größe.

§. 93.

Das breitere Ende der eiförmig zusammengelegten Frucht, Fig. 23, ist der Steiß mit den Füßen, das würde am Muttermund bequemen Raum nicht finden; es nimmt also den Gebärmuttergrund ein, und das schmalere Kopfende mit nach unten liegendem Schädel nimmt am Muttermund Platz, Fig. 22, 23. Das ist **die regelmäßige Lage der Frucht, die Schädellage.**

§. 94.

Nun kann bei regelmäßiger Haltung und regelmäßiger Lage die Frucht noch verschiedene Stellungen annehmen, das heißt der Rücken

Sechstes Kapitel. Die Lage der Frucht in der Gebärmutter. 57

kann nach rechts oder nach links, er kann mehr nach vorn oder mehr nach hinten sehen. Fig. 24 zeigt das Kind in seiner regelmäßigen Haltung, vom Steiß aus gesehen. Fig. 25 zeigt die Bauchwand und die Gebärmutter der Hochschwangeren in fast querem Durchschnitt durch den Nabel. Die Gebärmutter liegt, wie meist der Fall ist, etwas rechts im Bauch; sie ist, wie sehr häufig, um ihre Längsaxe so gedreht, daß ihre linke Seitenwand weiter vorn steht; in der Gebärmutter liegt das Kind in der Haltung, die Fig. 23 und 24 darstellen. *t* ist der neben der Gebärmutter im Bauch für die Gedärme übrig gebliebene Raum.

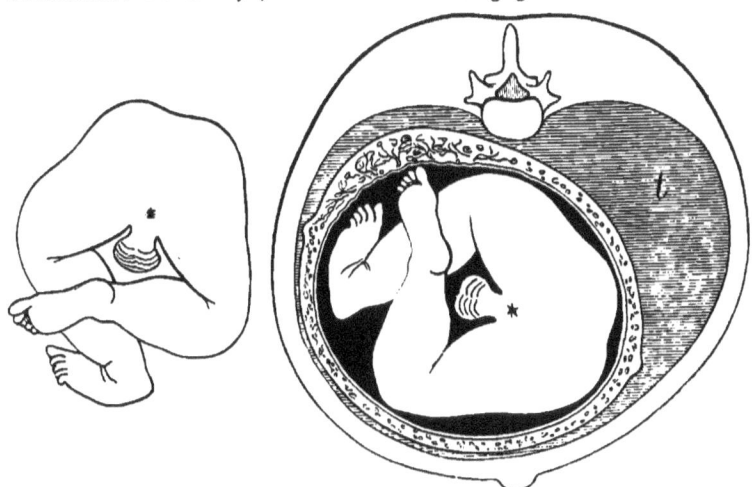

Figur 24. ⅕ natürl. Gr.   Figur 25. ¹/ „natürl. Gr.

Der Steiß mit den zusammengelegten Beinen, also der breiteste Theil der Frucht bei deren regelmäßiger Haltung, Fig. 24, ist in der Richtung vom Rücken zum Bauch breiter, als in der von rechts nach links. Die Gebärmutter ist von rechts nach links weiter, als von vorn nach hinten; vergleiche darüber §. 87 und Fig. 25. Es wird also der Rücken der Frucht entweder nach links oder nach rechts sich bequemer lagern. Gerade nach rechts und gerade nach links stehend wird der Rücken selten angetroffen wahrscheinlich wegen der meist bestehenden Axendrehung der Gebärmutter, der links liegende Rücken der Frucht liegt meist etwas mehr nach vorn, der rechts liegende meist mehr nach hinten. Nun findet der Rücken der Frucht als der schwerere breitere Theil bequemeren Raum an der vorderen Gebärmutterwand, welche in

58 Zweiter Theil. Von der regelmäßigen Schwangerschaft.

aufrechter Stellung (siehe Fig. 28) etwas nach unten sieht und zudem eine gleichmäßigere Wölbung darbietet, weil sie an der dehnbaren Bauch= wand anliegt.

§. 95.

Wie aus den oben genannten Gründen die allerhäufigste, die regel= mäßige Lage der Frucht am Ende der Schwangerschaft die Schädellage ist (von 100 reifen Kindern liegen etwa 96 in dieser Lage); so haben aus den weiter genannten Gründen von diesen Kindern etwa zwei Drittheile die Stellung mit dem Rücken nach links und vorn, das ist die erste Schädellage, Fig. 26. Das andere Drittel hat die Stellung mit dem Rücken nach rechts und meist zugleich nach hinten, das ist die zweite Schädellage, Fig. 27.

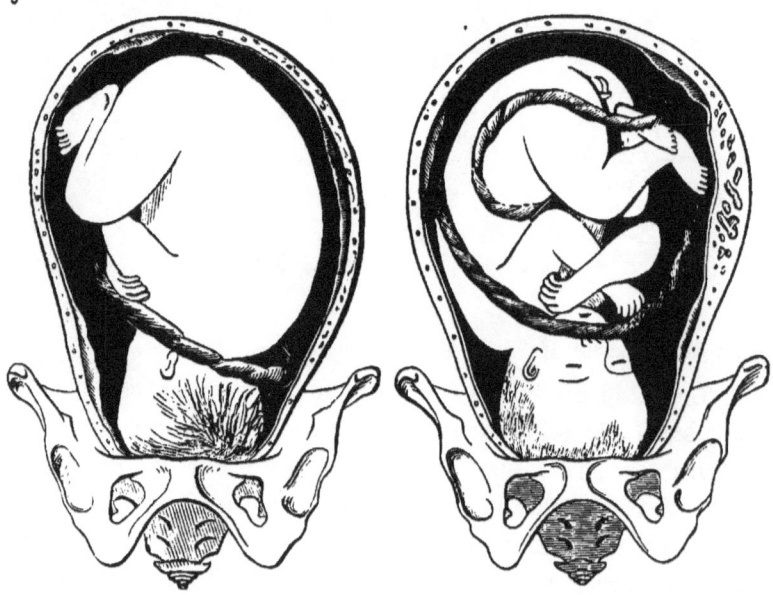

Fig. 26. ⅕ natürl. Gr.   Fig. 27. ⅕ natürl. Gr.

Die Hebamme halte wohl im Gedächtniß, daß erst in der letzten Zeit der Schwangerschaft die regelmäßige Lage des Kindes immer dauernder wird (§. 91). Noch in den letzten Wochen der Schwanger= schaft wechselt regelmäßiger Weise die Frucht ihre Lage und Stellung, seltener in der ersten, häufiger in der wiederholten Schwangerschaft.

Sechstes Kapitel. Die Lage der Frucht in der Gebärmutter. 59

§. 96.

Die nachstehende Figur 28 stellt die in der 36. Woche schwangere Frau im Profilschnitt dar. Auch die Gebärmutter ist vom Schnitt

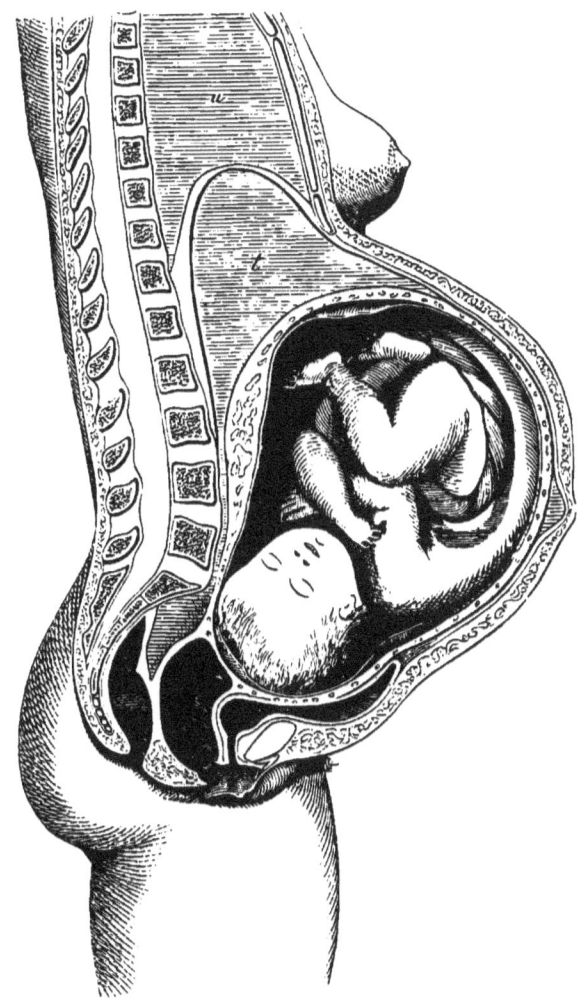

Figur 28. ⅕ der natürl. Größe.

getroffen, nicht aber die in erster Schädellage liegende Frucht. Die Hebamme vergleiche Fig. 28 mit Fig. 17, damit ihr die Veränderungen, welche durch die Schwangerschaft im Becken bewirkt worden sind, recht klar werden. Die Gebärmutter, welche vor der Schwangerschaft ganz im kleinen Becken lag, liegt jetzt im ausgedehnten Zustande fast ganz oberhalb des kleinen Beckens. Zwischen ihrem Grund und dem Zwerchfell, welches die Bauchhöhle gegen die Brusthöhle abgrenzt, ist nur ein verhältnißmäßig kleiner Raum für die anderen Eingeweide des Bauches übrig geblieben. Auch der Scheidentheil der Gebärmutter steht viel höher, als im nichtschwangeren Zustande. Die Scheide ist viel länger und weiter. Die Harnblase, welche mit ihrer hinteren Wand an die vordere Wand der Gebärmutter geheftet ist, mußte mit der Gebärmutter hinaufrücken; sie liegt jetzt zum Theil oberhalb des Beckens; dabei hat sie weniger Raum für den Urin, weil sie nach hinten sich nicht ausdehnen kann. Die Harnröhre verläuft steiler nach oben, als im nichtschwangeren Zustande.

Siebentes Kapitel.
Die geburtshülfliche Untersuchung.

§. 97.

Um die in den vorigen Kapiteln beschriebenen, an und in der Gebärmutter vorgehenden Veränderungen an der lebenden Frau, so weit es möglich, zu ermitteln, bedienen wir uns der tastenden Hand, des Auges und unter Umständen des Ohres. Zur Ermittelung ähnlicher Vorgänge bei Gebärenden und Wöchnerinnen bedienen wir uns derselben Mittel, und darum heißt der Inbegriff des zu genannten Zwecken einzuschlagenden Verfahrens im Allgemeinen die „geburtshülfliche" Untersuchung. Sie zerfällt in die äußere und innere Untersuchung. Beide werden in der Regel an der auf dem Rücken mit etwas angezogenen Schenkeln liegenden Frau vorgenommen; zu einigen besonderen Zwecken ist eine andere Lage oder die Untersuchung der stehenden Frau vorzuziehen.

1. Aeußere Untersuchung.

§. 98.

Durch Betasten des Unterleibes, mit den langsam aufgedrückten Fingern der einen oder beider Hände von der Schamfuge nach aufwärts

Siebentes Kapitel. Die geburtshülfliche Untersuchung.

gehend und in umgekehrter Richtung, ermitteln wir, **ob überhaupt die Gebärmutter aus dem kleinen Becken in den Bauch hinaufragt.** Wir ermitteln die Größe, Form und Lage, sowie die Beweglichkeit der Gebärmutter, namentlich bestimmen wir durch Eindrücken des Kleinfingerrandes der Hand, an **welcher Stelle des Bauches der Grund der Gebärmutter steht.** Gleichzeitig achten wir darauf, ob etwa andere Geschwülste im Bauche liegen. Die **Größe des ganzen Bauches,** die **Spannung** der Bauchhaut an den verschiedenen Gegenden des Bauches, die Beschaffenheit des **Nabels,** der in der letzten Zeit der Schwangerschaft hervorgetrieben wird, werden ebenfalls durch Betastung erkannt. Nach der Mitte der Schwangerschaft erkennt die aufgelegte Hand oft die **Bewegungen der Frucht** als schnelles Anschlagen; häufig werden dieselben durch kalte Berührung des Bauches hervorgerufen. Gegen Ende der Schwangerschaft kann man durch Gegeneinanderdrücken mittelst beider Hände die **einzelnen Theile der Frucht,** die Beine und Füße, den Steiß, den Kopf meist deutlich erkennen und daraus die Art, **wie die Frucht in der Gebärmutter liegt,** bestimmen. Endlich ist durch Betastung noch Einiges über die **Beschaffenheit des Beckens** zu ermitteln, der Grad der Ausbiegung überm Kreuzbein, der Abstand und die Form und Richtung der Hüftbeinkämme.

§. 99.

Durch das Gesicht erkennt die Hebamme schon von Weitem die **veränderte Gestalt und Haltung der Schwangeren.** Zu je größerem Umfang und Gewicht die Gebärmutter sich entwickelt und je weiter sie nach vorn übersinkt, desto mehr biegt die Schwangere den Oberleib zurück, um das Gleichgewicht auf den Beinen zu bewahren. Frauen, die in der Lendengegend sehr biegsam sind, wissen durch veränderte Beckenneigung die Verunstaltung ihrer Form zu verringern.

Die Besichtigung des Bauches zeigt die **Formveränderung,** wie sie durch die Betastung genauer festgestellt wird, auch die Kindesbewegungen kann man sehen, oft selbst durch die Kleider. Auf der Haut des Bauches sieht man meist schon in frühester Zeit der Schwangerschaft vom Schamberg zum Nabel verlaufend einen **dunkelgefärbten Streif,** der auch wohl über den Nabel hinauf sich fortsetzt. In späterer

Zeit der ersten Schwangerschaft entstehen durch die Spannung der Bauchhaut an der unteren Parthie derselben in gleicher Richtung mit der Leistenfalte bei den meisten Frauen rothe Streifen, die auch manchmal schon zu fühlen sind. Bei zum zweiten und öfteren Male Schwangeren sind diese Streifen (von der ersten Schwangerschaft herrührend) nicht roth, sondern weiß glänzend und deutlicher zu fühlen wegen der Schlaffheit der Bauchhaut.

§. 100.

Die äußeren Geschlechtstheile werden bei Schwangeren etwas größer und weicher, sie fühlen sich feuchter und wärmer an, zeigen meist eine dunklere Färbung, und wenn man die großen Schamlippen auseinanderbreitet, zeigt die Schleimhaut der inneren Theile nicht die rosenrothe Färbung wie im nichtschwangeren Zustande, sondern eine dunklere, mehr bläulich-rothe.

Der Hof der Brustwarze färbt sich während der Schwangerschaft dunkler und wird größer, in seinem Umkreis treten die Hautdrüsen meist stärker hervor (siehe Fig. 28). Die Brustdrüse selbst wird größer, fühlt sich gegen Ende der Schwangerschaft körnig an und läßt bei Druck etwas milchige Flüssigkeit aus der meist stärker hervortretenden Warze ausfließen.

§. 101.

Mit dem aufgelegten Ohr hört die Hebamme am Bauch der Schwangeren die Kindesbewegungen manchmal schon früher, als sie dieselben fühlen kann. Nach der Mitte der Schwangerschaft hört man meist am Bauch der Schwangeren den Herzschlag der Frucht, als ein zweischlägiges Ticken ähnlich dem einer Taschen-Uhr. Wenn die Frucht ihre in der letzten Zeit der Schwangerschaft regelmäßige Lage eingenommen hat, so hört man diesen Herzschlag links, seltener rechts, unter dem Nabel. Außerdem hört die Hebamme fast jedesmal in der zweiten Hälfte der Schwangerschaft, am deutlichsten oberhalb der Leistengegenden der Frau, ein taktmäßiges Summen oder Sausen, welches von den Blutgefäßen der Mutter herrührt, das sogenannte Gebärmuttergeräusch. Viel seltener hört die Hebamme am Bauch der schwangeren

Siebentes Kapitel. Die geburtshülfliche Untersuchung. 63

Frau ein taktmäßiges Zischen, von weit schnellerem Takt als das Gebärmuttergeräusch, das ist das **Nabelschnurgeräusch**. Um den Herzschlag der Frucht und die genannten Geräusche genau zu erkennen, muß die Hebamme stets gleichzeitig nach dem Puls am Handgelenk der Frau fühlen. Die Geräusche in den Blutgefäßen der Mutter haben genau denselben Takt wie ihr Puls. Der Herzschlag der Frucht und das Nabelschnurgeräusch sind viel schneller. Ein Gluckern in den Gedärmen, das Klopfen der großen Bauchschlagader der Frau, die **Herztöne der Frau selber**, die man manchmal am Unterleib hört, darf man mit den von einer Schwangerschaft herrührenden Geräuschen nicht verwechseln.

2. Innere Untersuchung.

§. 102.

Die innere Untersuchung wird von der Hebamme nur mittelst Betastung und zwar mit dem in Oel getauchten Zeigefinger oder mit dem Zeige- und Mittelfinger vorgenommen. Mit zwei Fingern fühlt man meistens mehr als mit einem. In bis dahin ihr unbekannte Geschlechtstheile gehe die Hebamme zuerst immer mit dem Zeigefinger allein; es wird sich dann ergeben, ob es ohne Beschwerde ausführbar und ob es überhaupt nothwendig ist, den Mittelfinger dem Zeigefinger hinzuzufügen. Die Hebamme schlage die zwei oder drei letzten Finger der Hand stark gebeugt in die Hohlhand, etwa so wie an der Fig. 81 dargestellten Hand zu sehen ist. Dann lege sie den beölten Zeigefinger mit der Daumenseite an den Damm und lasse ihn nach vorn in die Schamspalte gleiten. Während der Zeigefinger an der hinteren Wand der Scheide langsam in die Höhe geschoben wird, kommt der Daumen zur Seite des Schamberges, die übrigen Finger ausgestreckt an den Damm zu liegen.

Am Scheidengewölbe angelangt, hat der Finger zuerst die **Scheidenportion** aufzusuchen. Ist das Scheidengewölbe weit, so bildet es häufig Falten; von diesen Falten unterscheidet man die Scheidenportion, indem man dieselbe als einen Zapfen erkennt, um den der Finger ringsum frei geführt werden kann; man bestimmt nun die Länge und Breite, die Gestalt, die Festigkeit oder Weichheit des Scheidentheils, und indem man dann den Finger vom Umkreis desselben gegen die Spitze führt, überzeugt man sich von der **Beschaffenheit des Muttermundes**, ob er geschlossen oder geöffnet, und im letzteren Fall, ob seine Ränder glatt oder narbig oder eingerissen sind und wie tief der Finger in den Hals=kanal eindringen kann. Auch vor und hinter und neben der Scheiden=portion durch das Scheidengewölbe nach dem Gebärmutterkörper zu fühlen, ist wichtig. In der späteren Zeit der Schwangerschaft liegt auf dem Beckeneingang meist ein **vorliegender Kindestheil**, bei regel=mäßiger Lage der Schädel, siehe Fig. 28. Um nach diesem zu fühlen, schlägt man am besten die vorher am Damm ausgestreckten Finger jetzt in die Hohlhand, so daß die Hohlhandfläche des untersuchenden Fingers nach der vorderen Wand des Beckens gerichtet wird, und greift nun mit dem Zeigefinger hinter der Schamfuge in die Höhe; da ist der vorliegende Theil, auch wenn er noch hoch steht, meist am besten zu erreichen.

Auch auf die **Beschaffenheit des Beckens** ist bei der inneren Unter=suchung zu achten. Den Vorberg erreicht die Hebamme bei regel=mäßigem Becken nicht mit einem, meist auch nicht mit zwei Fingern; erreicht sie ihn leicht, so muß sie daher auf eine Verengerung des ge=raden Durchmessers schließen. Das Kreuzbein erreicht sie dagegen mit Leichtigkeit, und an dessen unterem Ende muß sie das Steißbein auf seine Beweglichkeit prüfen. Indem sie mit dem Finger die Geschlechts=theile verläßt, achte sie auf die Weite des Schambogens und auf die **Beschaffenheit des Dammes**.

§. 103.

Alles, was an den weichen oder harten Theilen bei der inneren Untersuchung dem Finger als von der Regel abweichend auffällt, muß die Aufmerksamkeit in Anspruch nehmen. Dabei darf es nicht zu Täu=schungen Veranlassung geben, daß bei Schwangeren die Harnröhre hinter der Schamfuge hinauflaufend als ein oft beinahe fingerdicker Strang gefühlt wird, und daß hinter der Scheide im Mastdarm oft bedeutende und manchmal fast knochenhart sich anfühlende Kothmassen liegen.

Siebentes Kapitel. Die geburtshülfliche Untersuchung.

§. 104.

Bei sehr enger oder verschlossener Scheide, bei großer Empfindlichkeit derselben oder wenn das Eingehen in dieselbe verweigert wird, kann die Hebamme genöthigt sein, die innere Untersuchung **durch den Mastdarm** vorzunehmen. Dabei ist zu berücksichtigen, daß von hier aus die Scheidenportion viel dicker erscheint, weil zwischen ihr und dem Finger die Wand der Scheide und die des Mastdarms sich befinden.

§. 105.

Sowohl die äußere, als auch die innere Untersuchung wird an der **liegenden Frau** vorgenommen; ein mäßig festes Polster, Sopha oder Matratze, ist eine passendere Unterlage als ein Federbett. Die Hebamme setzt sich auf den Rand des Sopha's oder Bettes, ihr Gesicht dem der liegenden Frau zugewandt, führt die Hand der der Schwangeren zugewendeten Seite zwischen deren Schenkel, so daß ihr ganzer Unterarm in der Richtung der Frau sich befindet, und geht auf oben beschriebene Weise mit dem Finger ein. Die Frau muß zur inneren Untersuchung das Kreuz nach vorn schieben, das heißt die Beckenneigung vermindern, die Lendenwirbelsäule beugen, damit die Geschlechtsöffnung für die Hebamme frei zugänglich sei. Versteht die Frau nicht diese Stellung einzunehmen, so lege ihr die Hebamme ein festes Kissen unter den Steiß.

§. 106.

Unter Umständen, so zum Beispiel wenn es gilt, eine noch nicht weit in den Bauch hinaufragende Gebärmutter zu ermitteln, ist es vortheilhaft, **die äußere mit der inneren Untersuchung zu verbinden**, um so die der Gebärmutter von außen mitgetheilten Bewegungen am Scheidentheil, und umgekehrt, wahrzunehmen. Auch den vorliegenden Kindestheil, wenn er hoch steht und schwer zu erreichen ist, führe die Hebamme durch die auf den Bauch gelegte andere Hand dem untersuchenden Finger entgegen.

§. 107.

Um die Neigung des Beckens, die Spannung der Bauchhaut, oder den vorliegenden Kindestheil zu beurtheilen, ist es manchmal vortheilhaft, auch noch die **stehende Frau** zu untersuchen. Man läßt sich vor der Schwangeren auf ein Knie nieder, und legt aus dieser Stellung die

Hand von Außen tastend an den Leib der Schwangeren. Um innerlich zu untersuchen, legt man, wenn man auf dem linken Knie ruht, die linke Hand um die Hüfte der Schwangeren und führt die rechte Hand, indem man den Ellenbogen auf das rechte Knie stützt, unter die Kleider, dann führt man den Finger ganz in der vorhin beschriebenen Weise vom Damm her ein.

§. 108.

Die Hebamme muß mit der rechten und linken Hand gleich gut untersuchen können.

Die Hand der Hebamme muß durchaus rein, frei von Schwielen, und Warzen, frei von wunden Stellen, und die Fingernägel müssen kurz und glatt beschnitten sein.

Die Reinheit der untersuchenden Hand ist nicht allein durch Rücksicht auf den Anstand geboten, sondern weit mehr noch durch Rücksicht auf die Gesundheit der untersuchten Frau. Die geringste Verunreinigung der Hand, die weder durch das Auge noch durch den Geruch wahrgenommen werden kann, die vielleicht von einer Thürklinke oder einem Treppengeländer an der Hand der Hebamme haften blieb, weil dieselben zuvor Jemand mit unreinen Händen angefaßt hatte, ist im Stande durch Uebertragung auf die Schleimhaut der Geschlechtstheile Krankheit, schwere Krankheit zu erzeugen. Je näher die Zeit der Entbindung ist, desto leichter ist das möglich.

Die Hebamme mache es sich daher zur Regel, ohne Ausnahme unmittelbar vor jeder inneren Untersuchung sich die Hände zu waschen und zwar in warmem Wasser mit Zusatz von übermangansaurem Kali oder Carbolsäure, mit Seife und Bürste, und danach an einem reinen Handtuch sich abzutrocknen. Carbolsäurelösung oder übermangansaures Kali führe zu diesem Zweck die Hebamme in ihrem Beruf stets bei sich. Kommt sie in Häuser, wo es an den übrigen nöthigen Dingen fehlen könnte, so führe sie auch Seife, Bürste und Handtuch mit sich. Auch Oel, um den Finger zu benetzen, führe die Hebamme bei sich, am besten Oel mit Carbolsäurezusatz 2 Theile auf 100.

Auf 1 Liter Wasser zum Händewaschen kommt 1 Gramm übermangansaures Kali oder 10 Gramm Carbolsäure.

Das übermangansaure Kali kann die Hebamme trocken im Glase bei sich führen oder in Lösung, 10 Kali auf 90 Wasser. Von solcher Lösung 2 Theelöffel voll auf 1 Liter Wasser giebt die richtige Mischung zum Waschen.

Reine Carbolsäure oder gesättigte Lösung derselben ist ein starkes Aetzmittel, dessen Gebrauch große Vorsicht erfordert —! Darf die Hebamme gesättigte Lösung führen (sie erkundige sich danach bei dem ihr vorgesetzten Amtsphysikus), so kommen davon 2 Theelöffel voll auf 1 Liter Wasser; führt sie verdünnte Lösung, so berechne sie nach oben genanntem Verhältniß, wie viel in ein Liter Waschwasser genommen werden muß.

Auch nach einer jeden Untersuchung hat die Hebamme in gleicher Weise sich zu waschen.

§. 109.

Die Betastung und Behorchung des Bauches wird über dem Hemde vorgenommen. Die mit Entblößung verbundene Besichtigung ist in den meisten Fällen nicht erforderlich. Bei der inneren Untersuchung ist jede Entblößung und jedes planlose Herumfahren an und in den Geschlechtstheilen zu vermeiden.

Die Hebamme muß vorher genau wissen, wonach sie zu fühlen hat, sie muß eine bestimmte Reihenfolge bei der Untersuchung beobachten, damit die Untersuchung nicht mehr als nöthig ausgedehnt wird, und damit die Hebamme, wenn ihr Finger die Geschlechtstheile verläßt, wirklich über all' die Punkte, die sie ermitteln wollte, im Klaren ist. Nicht immer kann aber mit einer Untersuchung Alles ermittelt werden, dann wird dieselbe nach einiger Zeit wiederholt.

Achtes Kapitel.
Die Erkennung der Schwangerschaft, die Schwangerschaftszeichen.

§. 110.

Die Erscheinungen, welche eine Schwangerschaft hervorruft, theilt man nach dem Werth, den sie für Erkennung der Schwangerschaft haben, in unsichere und sichere Zeichen. Die unsicheren Zeichen sind theils von dem allgemeinen Befinden der Frau, theils von denjenigen Veränderungen in den Geschlechtstheilen entnommen, die eine Schwangerschaft oft schon früh vermuthen lassen; die sicheren Zeichen gehen vom Kinde selbst aus und kommen erst um die Mitte der Schwangerschaft zu den übrigen hinzu.

1. Unsichere Zeichen.

§. 111.

Im Anfang der Schwangerschaft tritt häufig eine Reihe von Veränderungen des Befindens auf, die nicht ohne Bedeutung sind. Viele Schwangere klagen über Uebelkeit und erbrechen namentlich Morgens nüchtern Wasser und Schleim, zeigen Abneigung gegen sonst gewohnte Speisen und Appetit zu ungewohnten Dingen, sind ganz gegen ihre Gewohnheit hartleibig oder bekommen Durchfall. Bei manchen zeigt der Harn eine dunklere Farbe oder die Harnentleerung ist erschwert, oder schmerzhaft mit häufigem Drang. Veränderte Gesichtszüge, dunkle Flecken im Gesicht und an anderen Stellen der Haut, blaue Ringe um die Augen, Ausschläge; veränderte Laune, Kopfschmerz, Mattigkeit; Herzklopfen, Zahnschmerz, Nasenbluten; Anschwellung der Beine, Blutaderknoten an denselben und viele andere Erscheinungen gehören zu diesen unsicheren Zeichen der Schwangerschaft.

§. 112.

Alle diese Zeichen können aus irgend einer anderen Veranlassung entstehen, ohne daß die Frau schwanger ist; alle diese Zeichen können auch fehlen und die Frau ist doch schwanger.

So lange keine deutlicheren Zeichen die Vermuthung, daß Schwangerschaft besteht, unterstützen, so lange bleibt neben dieser Vermuthung gleich groß der Verdacht, daß die genannten Erscheinungen durch Krankheit bedingt sind.

War die Frau früher schon schwanger und der Beginn jener Schwangerschaft von ganz denselben Störungen des Befindens begleitet, die nun wieder auftreten, so gewinnt die Vermuthung einer Schwangerschaft an Wahrscheinlichkeit.

Achtes Kapitel. Die Erkennung der Schwangerschaft. 69

§. 113.

Das **Ausbleiben der monatlichen Reinigung** kann ebensowohl durch eine eingetretene Schwangerschaft, als durch Aufhören der Zeugungsfähigkeit im Alter, als auch durch mancherlei Krankheit bedingt sein; wenn aber einer ganz gesunden Frau im zeugungskräftigen Alter die monatliche Reinigung ausbleibt, so ist es w a h r s c h e i n l i c h, daß sie schwanger sei.

Auch die in §. 100 beschriebenen Veränderungen an den Brüsten machen es w a h r s c h e i n l i c h, daß eine Frau schwanger sei. Dieses Zeichen hat eine viel größere Bedeutung bei einer Frau, die noch nie schwanger war, als bei einer solchen, die schon ein Kind gesäugt hat.

§. 114.

Die sämmtlichen **Veränderungen am Bauch**, welche im §. 98 und 99 beschrieben wurden, auch das Gebärmuttergeräusch §. 101, können durch Schwangerschaft, können aber auch durch krankhafte Zustände hervorgebracht werden; manche derselben, wie die Hervortreibung des Nabels, die Streifen am Bauch, können auch bis zum regelmäßigen Ende der Schwangerschaft fehlen. Durch Krankheit kann auch die Gebärmutter selbst oder irgend ein anderer Theil eine Geschwulst im Bauch darstellen, die einer schwangeren Gebärmutter ganz ähnlich ist. Auch die **Veränderungen am Scheidentheil** der Gebärmutter können in ganz ähnlicher Weise, wie bei Schwangerschaft, durch krankhafte Anfüllungen und Vergrößerungen der Gebärmutter hervorgerufen werden. Dasselbe gilt von den im §. 100 genannten Veränderungen der äußeren Geschlechtstheile.

Daher sind alle diese eben genannten, am Unterleibe der Frau tastbaren, sichtbaren und hörbaren Zeichen noch nicht s i c h e r, sie machen es aber w a h r s c h e i n l i c h, daß die Frau schwanger sei, weil alle jene Krankheiten sehr viel seltener sind als Schwangerschaft; sie gewinnen an Wahrscheinlichkeit, wenn andere Krankheitserscheinungen, als Schmerzen, Blutungen, Abmagerung, welche j e n e Zustände oft begleiten, nicht auftreten; sie k o m m e n d e r G e w i ß h e i t n a h e, wenn außerdem die fortgesetzte Beobachtung zeigt, daß alle jene Veränderungen der Gebärmutter in derselben Reihenfolge und Zeitfolge, wie bei regelmäßiger Schwangerschaft, auftreten.

§. 115.

Man hat krankhafte Zustände, die von Schwangerschaft nicht leicht zu unterscheiden sind, **scheinbare Schwangerschaft**, und wenn die Gebärmutter ein fremdartiges Gebilde enthält, auch wohl **falsche Schwangerschaft** genannt. Das sind schlechte Ausdrücke, die nichts bezeichnen und die Wahrheit verdecken. Entweder ist eine Frau schwanger, oder sie ist es nicht; entweder kann die Hebamme es erkennen, oder sie kann es nicht. Vielleicht giebt eine zweite oder eine dritte Untersuchung Gewißheit über den Zustand. Will die Frau diese Gewißheit gleich haben, so sage die Hebamme ja nicht mehr, als sie weiß; sie schicke die Frau zum Geburtshelfer. Klagt aber die Frau irgend welche krankhafte Erscheinungen, oder findet die Hebamme bei der Untersuchung, daß nicht alle Theile in regelmäßiger Beschaffenheit sich befinden, so ist es ihre Pflicht, die Frau sogleich an einen Geburtshelfer zu weisen; die Frau hat vielleicht eine Krankheit, die jetzt noch geheilt werden kann, nach einigen Wochen nicht mehr; oder die Frau ist vielleicht schwanger und krank zugleich, und wenn ihre Krankheit nicht sogleich zweckmäßig behandelt wird, steht eine Unterbrechung der Schwangerschaft, der sichere Tod für das Kind, und für die Mutter hohe Gefahr und lange Leiden bevor.

2. Sichere Zeichen.

§. 116.

Das Bestehen einer Schwangerschaft ist sicher:

1) Wenn die Hebamme **Kindesbewegungen** mit der aufgelegten Hand oder mit dem angelegten Ohr wahrnimmt (§. 89 und 101).

Die Kindesbewegungen mit der aufgelegten Hand zu fühlen gelingt der Hebamme erst in der zweiten Hälfte der Schwangerschaft. Mit dem aufgelegten Ohr kann die Hebamme die Kindesbewegungen oft schon vor der Mitte der Schwangerschaft wahrnehmen.

Die Frauen täuschen sich leicht über die im eigenen Leibe gefühlten Bewegungen.

2) Wenn die Hebamme die **Herztöne des Kindes** oder das **Nabelschnurgeräusch** deutlich hört. (§. 101). Das ist auch erst in der zweiten Hälfte der Schwangerschaft möglich.

3) Wenn die Hebamme Kindestheile bei der inneren oder äußeren Untersuchung, oder im Muttermunde das Ei erkennt. Kindestheile durch die Bauchwand oder durch das vordere Scheidengewölbe deutlich zu tasten, gelingt der Hebamme auch erst in der zweiten Hälfte der Schwangerschaft. Das Ei im Muttermund kann die Hebamme bei zum erstenmal Schwangeren meist erst im Beginn der Geburt (siehe Fig. 33), bei Wiederholtschwangeren oft von der 35sten Woche an fühlen (siehe Fig. 35); zu dieser Zeit sind auch die anderen sicheren Zeichen der Schwangerschaft meist schon lange da. Aber bei unzeitigen Geburten ist das Fühlen des Eies im Muttermund oft das erste sichere Zeichen dafür, daß Schwangerschaft besteht.

Jedes der genannten drei Zeichen für sich allein läßt über das Bestehen einer Schwangerschaft **gar keinen Zweifel** übrig.

Wenn aber eine den Unterleib füllende Geschwulst bis über den Nabel hinaufreicht und es **fehlen dabei alle diese drei Zeichen,** so wird es für die Hebamme sehr wahrscheinlich, daß die Anschwellung des Leibes einen **anderen** Grund habe als Schwangerschaft.

Neuntes Kapitel.
Die Zeichen der ersten und der wiederholten Schwangerschaft.

§. 117.

Es wurde schon mehrmals dessen gedacht, daß die Erscheinungen der Schwangerschaft nicht genau dieselben sind, daß die Zeichen der Schwangerschaft nicht alle den gleichen Werth haben bei Frauen, die schon geboren haben, und bei Frauen, die zum ersten Mal schwanger sind. Die Ursache davon ist, daß die erste Schwangerschaft und Geburt solche Veränderungen in den Theilen der Mutter hervorbringen, welche bleibend sind und zum Theil gerade bei neuer Schwangerschaft recht deutlich hervortreten. Die Hauptunterschiede zwischen den Erscheinungen und Zeichen der ersten und der wiederholten Schwangerschaft sind folgende:

§. 118.

Die **Bauchwand** erlangt in Folge der Ausdehnung durch die erste Schwangerschaft ihre frühere Straffheit nicht wieder. Die Gebärmutter liegt daher bei Frauen, die schon geboren haben, in der ganzen zweiten Hälfte der Schwangerschaft weiter nach vorn über und erreicht darum auch in der 36. Woche nicht ganz den hohen Stand, wie bei einer zum ersten Mal Schwangeren. Dieser Umstand ist von großer Bedeutung, wenn man aus der Höhe des Gebärmuttergrundes auf die Größe der Gebärmutter und somit auf die Zeit der Schwangerschaft schließen will. Wegen eben dieser Schlaffheit erleidet auch die Bauchhaut bei einer Frau, die bereits geboren, nie den Grad von Spannung wie bei einer Erstschwangeren, deßhalb kann man die Kindestheile bei jener meist früher und deutlicher durchfühlen, als bei der zum ersten Mal Schwangeren. Namentlich die **Haut** des Bauches zeigt diese Schlaffheit, so daß, wenn man von der Leistenfalte aus mit fest angedrückter Hand nach vorn und aufwärts streicht, man die Haut in Falten zusammenschieben kann, was bei einer zum ersten Mal Schwangeren nicht leicht gelingt. Dabei fühlt man gleichzeitig jene in §. 99 und §. 114 erwähnten **narbigen Streifen**, deren Alter jedoch noch besser durch das Gesicht beurtheilt wird.

Als **unzweifelhafte** Unterscheidungszeichen dürfen jedoch diese Merkmale nicht gelten, denn manche Frauen haben von vorn herein schlaffe Bäuche oder bekommen solche, wenn sie früher fettleibig waren und später mager werden, und selbst jene narbigen Streifen können durch krankhafte Ausdehnung des Bauches, z. B. Wassersucht, entstanden sein. Andererseits haben manche Frauen eine so elastische Haut, daß frühere Schwangerschaften nur unbedeutende oder gar keine Spuren in derselben zurücklassen.

In Bezug auf die narbigen Streifen muß die Hebamme noch wissen, daß das Gesagte nur von den Streifen am Bauch gilt; an den Oberschenkeln und am Gesäß findet die Hebamme ganz gleiche Streifen häufig bei Mädchen und Frauen, die nicht schwanger sind und nie schwanger waren.

§. 119.

Die **Brüste** sind bei Frauen, die schon geboren haben, meist schlaffer und zeigen auf ihrer Haut oft ähnliche narbige Streifen, wie die Bauch=

Neuntes Kapitel. Die Zeichen der ersten u. der wiederholten Schwangerschaft. 73

haut. Diese narbenförmigen Streifen an den Brüsten entstehen gegen Ende der ersten Schwangerschaft oder auch während der Säugezeit, sie entstehen aber auch bei schnellem Wachsthum der Brüste, ohne daß jemals Schwangerschaft bestand. Diese Streifen sehen ganz wie die am Bauch und an den Schenkeln anfangs roth, später weißglänzend aus.

§. 120.

An den äußeren Geschlechtstheilen findet man bei Frauen, die schon geboren haben, die Schamspalte meist weiter, schlaffer, die Schamlippen nicht vollständig schließend. Auch ist die Schamspalte öfters nach hinten verlängert durch Fehlen des Schamlippenbändchens oder selbst des vorderen Theils des Dammes. Das Schamlippenbändchen kann nicht gut anders als bei einer Geburt verloren gegangen sein, doch wird es in der Mehrzahl der Geburten erhalten. Fast eben so oft wie am Damm bestehen von der ersten Geburt her Narben an der vorderen Wand des Vorhofs, zur Seite, manchmal zu beiden Seiten der Harnröhrenmündung.

§. 121.

Die wichtigsten Spuren einer früher stattgehabten Geburt zeigt der Eingang der Scheide. Denn niemals fehlen bei einer Frau, die ein reifes Kind geboren hat, die tiefen Einrisse an dieser Stelle, welche von dem Jungfernhäutchen nur die myrthenförmigen Wärzchen übrig lassen.

Figur 29 zeigt den Scheideneingang einer zum ersten Mal schwangeren Frau, Figur 30 den einer solchen, die schon ein ausgetragenes Kind geboren hat.

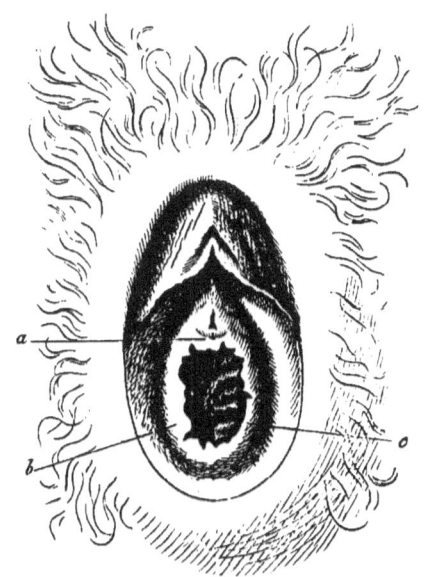

Figur 29.   ½ natürl. Größe.

In Figur 29 erkennt die Heb-

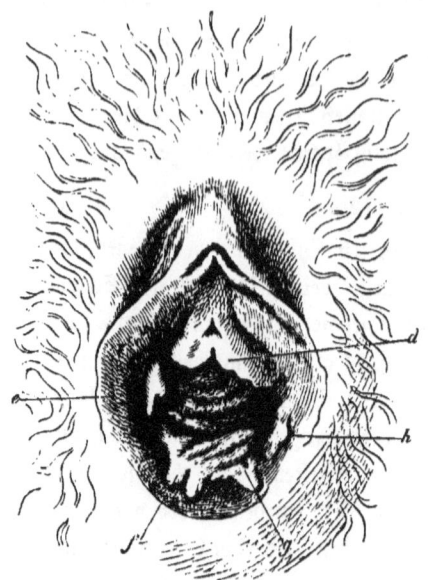

Figur 30. ½ natürl. Größe.

amme den Ring des Jungfernhäutchens *a*, *b*, *c*; derselbe ist mehrfach eingerissen, aber an keiner Stelle ganz getrennt. In Figur 30 steht nur unter der Harnröhrenmündung bei *d* noch ein größerer Rest des Jungfernhäutchens und bei *e*, *f*, *g*, *h* myrthenförmige Wärzchen. Die Hebamme vergleiche dazu Figur 14, in welcher ein unverletztes Jungfernhäutchen dargestellt ist.

Weniger wichtige Unterschiede zeigt die Scheide in ihrem weiteren Verlauf. Sie ist meistentheils bei Frauen, die noch nicht geboren haben, enger, straffer und zeigt die ursprünglichen Querfalten, die durch Geburten oft verloren gehen.

§. 122.

Sehr wichtige Unterscheidungszeichen, die nur ganz selten fehlen, sind am Scheidentheil der Gebärmutter. Derselbe ist in der ersten Schwangerschaft gleichmäßig hart und glatt und wird von der Spitze anfangend nach und nach weicher; der Muttermund ist rund und glatt, ein Grübchen, in welches man die äußerste Fingerspitze wohl hineinlegen, in das der Finger aber nicht eindringen kann. Figur 31 stellt den Scheidentheil einer zum ersten Mal Schwangeren gegen Ende der 20sten Woche dar.

In dieser und den folgenden Figuren ist die Zeichnung so genommen als sei von der Gebärmutter und von der Scheide die vordere Hälfte weggeschnitten. Im unteren Gebärmutterabschnitt liegt das unverletzte Ei.

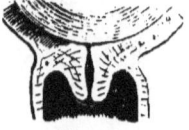

Fig. 31.

Fig. 32.

Fig. 33.

Neuntes Kapitel. Die Zeichen der ersten u. der wiederholten Schwangerschaft. 75

Nach der dreißigsten Woche der Schwangerschaft wird der Scheidentheil immer kürzer, der Muttermund behält dabei seine eben beschriebene Beschaffenheit, nur selten öffnet er sich in den letzten Wochen ein wenig, so daß der Finger eindringen kann; dann ist sein Rand immer glatt und scharf. Figur 32 ist der Scheidentheil einer zum ersten Mal Schwangeren in der 36sten Woche.

In den letzten Wochen der Schwangerschaft verstreicht der Scheidentheil vollständig. Der Saum des Muttermundes wird fast papierdünn, und meist nun erst, am Ende der 40. Schwangerschaftswoche, beginnt die Eröffnung des scharf ausgezogenen ringförmigen Muttermundes. Diesen Zeitpunkt stellt Figur 33 dar.

Bei Frauen dagegen, die schon ein- oder mehrmals geboren haben ist bei **wiederholter Schwangerschaft** die Erweichung des Scheidentheils ungleichmäßig, weil härtere, narbige Stellen da sind. Der Muttermund ist auch nicht rund und glatt, sondern von eingekerbten, oft lappigen Rändern umgeben und das untere Ende des Halskanals trichterförmig geöffnet. Figur 34 ist der Scheidentheil einer in der 20sten Woche wiederholt Schwangeren.

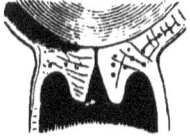
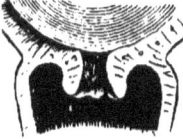

Fig. 34.   Fig. 35.   Fig. 36.

Gegen Ende der Schwangerschaft wird auch hier die Scheidenportion kürzer, aber die Verkürzung erfolgt später, und schon ehe sie eintritt, öffnet sich der Muttermund so weit, daß man das erste Fingerglied in den trichterförmig geöffneten Halskanal einführen und meist in den letzten 8 Wochen der Schwangerschaft auch die Eihäute schon erreichen kann. Figur 35 ist der Scheidentheil einer wiederholt Schwangeren in der 36sten Woche.

Gegen die Zeit der Geburt wird der Halskanal kürzer und immer weiter. Aber selbst am Ende der 40sten Woche sind Halskanal und Scheidenportion noch nicht **vollständig verstrichen**, es bleibt von beiden ein bedeutender Rest, an dem immer noch jene Narben zu fühlen sind, bis über den Beginn der Geburt hinaus, Fig. 36.

§. 123.

Hatte die frühere Schwangerschaft ihr regelmäßiges Ende nicht erreicht, oder ist seit der Geburt sehr lange Zeit verstrichen, so können allerdings auch diese im §. 121 und §. 122 genannten Unterschiede gering sein. Zeigt aber die Scheidenportion und der Eingang der Scheide die eben beschriebenen, der wiederholten Schwangerschaft zukommenden Veränderungen, so weiß die Hebamme, daß dieselben nur durch eine frühere Geburt entstanden sein können, es müßten denn ärztliche Operationen am Scheidentheil, oder am Eingang der Scheide oder an den äußeren Geschlechtstheilen vorgenommen worden sein, von denen die Hebamme auf Befragen Kenntniß erhalten wird.

Zehntes Kapitel.
Die Zeitrechnung der Schwangerschaft.

§. 124.

Die schwangere Frau will von der Hebamme wissen, wann sie die Geburt zu erwarten hat.

Um jederzeit zu ermitteln, wieviele von den 40 Wochen der regelmäßigen Schwangerschaftsdauer bereits zurückgelegt sind, hat man verschiedene Ausgangspunkte der Berechnung gewählt.

§. 125.

1) Man berechnet die Dauer der Schwangerschaft **vom Ausbleiben der Regel.**

Die 280 Tage, die das Ei zu seiner Entwicklung braucht, zählen von der Zeit, wo es den Eierstock verläßt. Dies geschieht meist zur Zeit der Regel. Da nun, wenn Befruchtung eingetreten ist, die monatliche Blutung ausbleibt, so zählt man die 280 Tage der Schwangerschaft von der Zeit, wo zum letzten Mal die Regel eintrat. Diese Berechnung trifft zwar nicht ganz genau auf den Tag, aber doch nicht weit davon in den meisten Fällen ein. Aus drei Gründen aber dürfen wir uns, selbst wenn jene Zeit genau bekannt ist, nie allein auf diese Rechnung verlassen. Erstens weil in dem Fall, wo die befruchtende Begattung kurz vor dem erwarteten Eintritt der Regel stattfand (§. 66), manchmal

Schwangerschaftskalender.

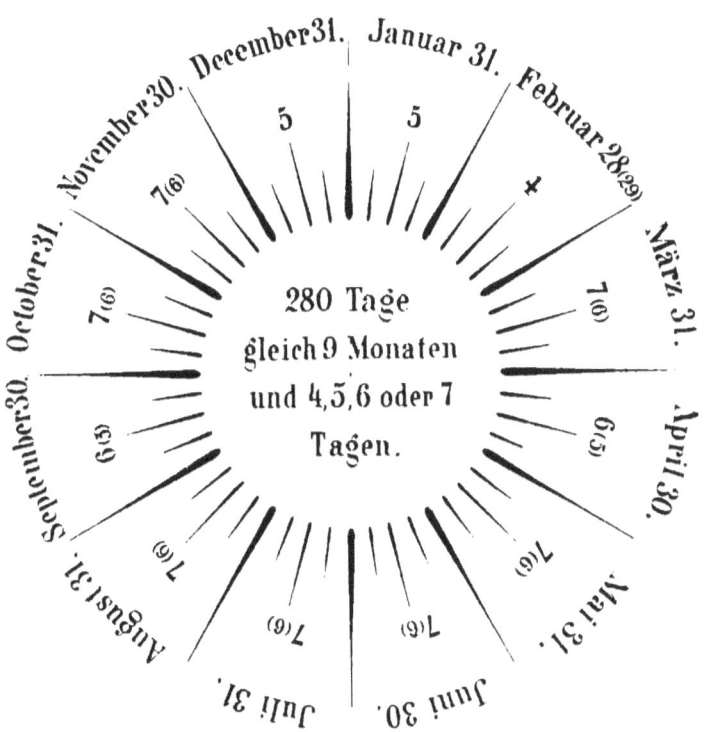

Fig. 37.

Zehntes Kapitel. Die Zeitrechnung der Schwangerschaft.

eben diese erwartete Blutung schon ausbleibt; zweitens weil bei anderen Frauen während der Schwangerschaft die Blutung noch ein- oder mehrmals wiederkehrt; drittens weil es sich ereignet, daß wegen Krankheit oder weil die Frau ihr Kind stillt, die monatliche Blutung schon längere Zeit nicht stattfand und doch zu dieser Zeit Schwangerschaft eintrat. Im ersten Fall würde das Ende der Schwangerschaft dieser Rechnung nach 4 Wochen früher, im anderen 4 oder 8 Wochen später fallen, als es wirklich fällt; im dritten Fall befinden sich die Frauen oft in noch größerer Täuschung über die Zeit der Geburt. Alle diese Fehler der Berechnung vermeidet die Hebamme durch die Untersuchung, auf die wir gleich wieder zurückkommen.

§. 126.

Die Rechnung selbst ist sehr einfach. Neun aufeinanderfolgende Monate sind 273 bis 276 Tage; man hat also, um den 280sten Tag zu finden, den 9 Monaten nach der letzten Regel die fehlenden Tage hinzuzuzählen. Den neunten Monat findet man schneller, wenn man, anstatt neun Monate vorwärts, drei rückwärts zählt. Zu dem gleichnamigen Tage des so gefundenen neunten Monats rechnet man nun, um den 280sten Tag zu finden, im Februar 4, im December und Januar 5, im April und September 6, in allen übrigen Monaten 7 Tage hinzu. (In einem Schaltjahr kommen in diesen letzten Monaten nur 6, im April und September nur 5 Tage hinzu.)

Die nebenstehende Figur 37, der **Schwangerschaftskalender**, erleichtert die Rechnung. Nach kurzem Gebrauch wird ihn die Hebamme im Kopfe haben. Die unter dem Monatsnamen stehende große Ziffer bezeichnet die Tage, die den vorangegangenen 9 Monaten an 280 fehlen und also hinzugezählt werden müssen. (Die Zahlen im Klammern beziehen sich auf das Schaltjahr.)

§. 127.

Einige Beispiele werden die Rechnung erläutern.

Eine Frau hat z. B. am 10. Mai ihre Regel zum letzten Mal bekommen. Am 10. Februar ist der 276ste, am 14. Februar der 280ste Tag, der muthmaßliche Tag der Geburt. Eine andere Frau hat am 30. October die letzte Regel gehabt. Der 30. Juli ist der 273ste, der

6. August der 280ste Tag. Durch umgekehrte Rechnung findet man vom Tage der Geburt her den Tag, an welchem die letzte Regel da war, also die Zeit, zu welcher die Schwangerschaft muthmaßlich begonnen hat. Eine Frau kommt am 14. Februar mit einem reifen Kinde nieder, so hatte sie, wenn alles regelmäßig verlaufen ist, 280 Tage früher ihre letzte Regel. Vom 14. Februar zählt man 3 Monate vorwärts auf den 14. Mai, und weil die Geburt im Februar war, 4 Tage zurück; also am vorigen 10. Mai muß sie die Regel zuletzt gehabt haben. Die andere Frau kommt am 6. August nieder; neun Monate zurück (oder 3 vorwärts) ist der 6. November, weitere 7 Tage zurück der 30. October; da muß sie zuletzt die Regel gehabt haben.

Genau auf den Tag trifft, wie schon erwähnt, der Eintritt der Geburt meist nicht, doch hat vor allen Berechnungen neben der Untersuchung (§. 130 und folgende) diese den Vorzug.

§. 128.

2) Man hat auch die 280 Tage der Schwangerschaft vom Tage, wo der **befruchtende Beischlaf** stattfand, gezählt. Zur Berechnung der Schwangerschaftsdauer im einzelnen Fall läßt sich dieser Tag in den seltensten Fällen benutzen. Die Frauen haben bei der befruchtenden Begattung keine besondere Empfindung, welche von der Hebamme zur Berechnung der Schwangerschaftsdauer benutzt werden könnte; und in den Fällen, wo uns von einer einzigen Begattung berichtet wird, werden uns gerade oft falsche Angaben gemacht. Fand wirklich nur einmal Beischlaf statt, so fällt das regelmäßige Ende der Schwangerschaft ziemlich genau 9 Monate später.

§. 129.

3) Der denkwürdige Tag, an welchem die Frau die **Kindesbewegung** zuerst empfindet, gilt für Berechnung der Schwangerschaftszeit für wichtig. Wann die Kindesbewegungen von der Mutter zuerst empfunden werden können, hängt von der Kräftigkeit des Kindes und von der Menge des Fruchtwassers ab, und wann sie wirklich zuerst empfunden werden, von der Aufmerksamkeit der Frau. Alle diese drei Dinge sind aber nicht in allen Fällen gleich. Am häufigsten fühlt die Mutter die Kindesbewegungen um die Mitte der Schwangerschaft, also

etwa 4½ Monat vor der rechtzeitigen Geburt. Frauen, die schon schwanger waren und das Gefühl also kennen, fühlen die Bewegung früher als Frauen, die zum ersten Mal schwanger sind. Zur Berechnung hat dieses Zeichen um so weniger Werth, als nach der Mitte der Schwangerschaft durch die Untersuchung die Zeit sich genauer bestimmen läßt.

§. 130.

4) Das, was die Hebamme mit kundiger Hand fühlt, hat mehr werth für sie als Alles, was die Schwangere ihr berichtet. Die **geburtshülfliche Untersuchung** giebt ihr die Möglichkeit, über die Zeit der Schwangerschaft ein sicheres Urtheil zu gewinnen. Wenn sie die Berechnung nach der letzten Regel mit dem Ergebniß der Untersuchung zusammenhält, wird sie mit so viel Genauigkeit, wie überhaupt möglich ist, die Zeit der Geburt vorhersagen können.

Im Folgenden sind die Zeichen der regelmäßigen Schwangerschaft, soweit sie für Bestimmung der Zeit von Bedeutung sind, nach vierwöchentlichen Zeiträumen zusammengestellt.

§. 131.

Figur 38 giebt eine Uebersicht der Veränderungen, welche die Höhe des Gebärmuttergrundes, welche die Stellung des Scheidentheils und welche die Form der Bauchwand während der Schwangerschaft erleiden.

Die Zahlen am Nabel, am Gebärmuttergrund und am Scheidentheil bezeichnen die Zahl der Wochen, welche die Schwangerschaft gedauert hat. Alles Uebrige ist aus diesem und den früheren Kapiteln von selbst verständlich, nur das Eine soll noch erwähnt werden, daß in der Figur straffe Bauchdecken und für die letzte Zeit der Schwangerschaft Schädellage des Kindes angenommen worden sind, daß also bei Wiederholtschwangeren und bei Querlage des Kindes die Stellung des Gebärmuttergrundes etwas niedriger ist.

§. 132.

Nach vier Wochen. Wenn die Regel zum ersten Mal ausgeblieben ist, findet der untersuchende Finger den Scheidentheil bereits etwas dicker, rundlicher, an der Spitze weicher als im nichtschwangeren Zustande; bei früher nicht schwanger gewesenen Frauen ist die zweilippige Form des Muttermundes in die runde verwandelt. (Dieselben Veränderungen finden zur Zeit der monatlichen Reinigung statt.)

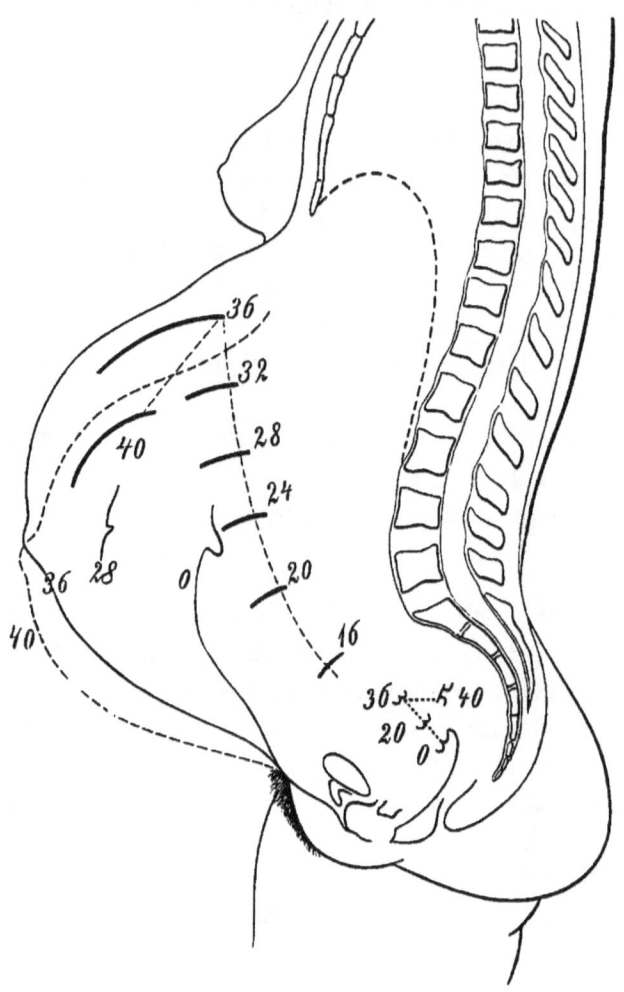

Figur 38. ⅕ der natürl. Größe.

Nach acht Wochen. Die Formveränderungen des Scheidentheils bleiben dieselben. Wenn die Hebamme die in bequemer Rückenlage

Zehntes Kapitel. Die Zeitrechnung der Schwangerschaft.

liegende Frau so untersucht, daß sie den Finger der einen Hand an den Scheidentheil legt und mit den Fingerspitzen der anderen Hand vom Bauch her über der Schamfuge entgegentastet, kann sie bei leerer Harnblase im vorderen Scheidengewölbe den vergrößerten Gebärmutterkörper tasten.

Nach zwölf Wochen. Wegen der früher §. 84 besprochenen Lageveränderung der Gebärmutter steht der Scheidentheil jetzt höher; er erscheint dadurch kürzer. Vor ihm durch das vordere Scheidengewölbe fühlt der untersuchende Finger, wenn die andere Hand von außen entgegentastet, deutlicher als früher den vergrößerten Gebärmutterkörper. Bei Erstgeschwängerten nimmt die Auflockerung der Schleimhaut des Scheidentheils mehr und mehr zu. Bei Wiederholtschwangeren wird der äußere Muttermund dem Finger zugänglicher.

§. 133.

Nach sechzehn Wochen. Der Scheidentheil steht wieder etwas höher und ist schon jetzt manchmal etwas nach links gerichtet. Der Gebärmuttergrund ist bei zweckmäßiger Lagerung der zu Untersuchenden (§. 105. 106) schon durch die bloße äußere Untersuchung drei bis fünf Centimeter hoch über der Schamfuge durchzufühlen. Die im §. 100 beschriebenen Veränderungen an den Brüsten pflegen jetzt, wenn nicht schon früher, deutlich zu sein.

Nach zwanzig Wochen. Der Scheidentheil steht wieder höher und mehr nach links. Der Gebärmuttergrund steht etwas über der Mitte zwischen Nabel und oberem Rand der Schamfuge. Das aufgelegte Ohr hört jetzt meist schon das Gebärmuttergeräusch (§. 101) und oft auch die Kindesbewegung, manchmal auch schon die Herztöne der Frucht.

Nach vierundzwanzig Wochen. Der Scheidentheil steht wieder höher, ist deshalb schwerer zu erreichen und erscheint dadurch mehr verkürzt. Der Gebärmuttergrund steht bei Erstgeschwängerten (vergl. §. 118) einen Finger breit über dem Nabel, dessen untere Falte zu verstreichen beginnt. Das aufgelegte Ohr hört von jetzt an bei sorgfältiger Untersuchung fast stets das Gebärmuttergeräusch, meist auch den Herzschlag der Frucht; die Bewegungen derselben sind durch die aufgelegte Hand wahrnehmbar.

Schultze, Hebammenkunst. 6. Aufl.

§. 134.

Nach achtundzwanzig Wochen. Der Scheidentheil ist kürzer geworden, er steht noch höher. An dessen Spitze ist der Muttermund, bei Erstgeschwängerten immer noch geschlossen, als ein seichtes Grübchen zu fühlen; bei Wiederholtschwangeren kann der Finger, wenn die Richtung es gestattet, mit dem ganzen ersten Glied bequem in den trichterförmigen Halskanal eindringen. Vor dem Scheidentheil im Scheidengewölbe fühlt der untersuchende Finger jetzt meist den vorliegenden Kopf der Frucht, derselbe entschlüpft schnell dem berührenden Finger. Der Gebärmuttergrund steht fünf Centimeter über dem Nabel, dessen Falten mehr und mehr verstreichen.

Nach zweiunddreißig Wochen. Der Scheidentheil ist noch kürzer, bei Erstgeschwängerten weniger als einen Centimeter lang, steht höher. Der Kindeskopf ist im Scheidengewölbe deutlicher, aber noch leicht beweglich. Der Gebärmuttergrund steht 10 Centimeter, also etwa eine Hand breit über dem Nabel, welcher jetzt meist vollständig verstrichen ist.

§. 135.

Nach sechsunddreißig Wochen. Der Scheidentheil ist bei Erstgeschwängerten auf ½ Centimeter verkürzt, fast so weich wie das Scheidengewölbe selbst, der Muttermund meist noch als geschlossenes Grübchen, manchmal als kleine scharf=ringförmige Oeffnung zu fühlen. Bei Wiederholtschwangeren ist die Verkürzung des Scheidentheils weniger deutlich, doch gelangt der Finger meist leicht durch den Halskanal auf die glatten Eihäute. Der Scheidentheil steht sehr hoch, hinten und links. Durch das vordere Scheidengewölbe ist der Kopf, zwar noch beweglich, aber weit schwerer von Gewicht als früher, zu fühlen. Der Gebärmuttergrund reicht bis in die Herzgrube, und zur Seite, namentlich rechts, bis unter die Rippen. Der Nabel ragt meist etwas hervor und am Bauch sind die Streifen (§. 99) bei Erstgeschwängerten deutlich entwickelt; bei Wiederholtschwangeren kommen zu den alten oft neue Streifen hinzu.

Von der siebenunddreißigsten Woche bis an's Ende der Schwangerschaft rückt der Scheidentheil wieder tiefer, zugleich aber immer weiter nach hinten in die Kreuzbeinaushöhlung, bei Erstschwangeren verstreicht

Zehntes Kapitel. Die Zeitrechnung der Schwangerschaft. 83

er ganz, öffnet sich auch oft ein wenig, bei Wiederholtschwangeren bleibt er mehrere Linien lang; der Halskanal wird kürzer und weiter. Der Kindskopf steht fest auf dem Beckeneingang und wölbt das vordere Scheidengewölbe nach abwärts in die Scheide hinein. Der Gebärmuttergrund kommt wieder tiefer zu stehen, er steht in der 40sten Woche nur etwa so hoch wie in der 32sten. Die Spannung am obersten Theil des Bauches, die bis zur 37sten Woche zunahm, läßt jetzt nach, so daß man mit der Hand über den Gebärmuttergrund nach hinten greifen kann. Dafür ist der Bauch nach vorn und unten weit mehr hervorgedrängt. Der Nabel ist meist blasenförmig hervorgetrieben.

§. 136.

Wie bei der Erkennung der Schwangerschaft (Kapitel 8), so haben auch bei der Zeitbestimmung der Schwangerschaft die Zeichen nicht alle gleichen Werth. Hier ist die **Größe des Kindes und die Größe der Gebärmutter** immer das wichtigste Zeichen. Die Größe des Kindes beurtheilen wir auf Grund der äußeren Betastung, bei schon tief stehendem Kopf durch dessen Betastung von der Scheide aus. Die Größe der Gebärmutter wird bei regelmäßiger Form hauptsächlich durch den **Stand des Gebärmuttergrundes** erkannt; doch ist gerade hier, was früher erwähnt wurde, zu berücksichtigen: daß bei Personen mit schlaffem Bauch, also namentlich bei Wiederholtschwangeren, die Gebärmutter bei gleicher Größe nicht so hoch hinaufreicht, als bei Frauen mit straffen Bauchdecken, also namentlich bei Erstschwangeren.

§. 137.

Nächst der Größe der Gebärmutter ist die **Beschaffenheit des Scheidentheils** das wichtigste Zeichen zur Beurtheilung der Zeit. Die Veränderungen am Scheidentheil sind bestimmter und daher wichtiger bei Erstschwangeren als bei Wiederholtschwangeren. Bei den letzteren verhält sich zu gleichen Zeiten der Schwangerschaft der Scheidentheil sehr verschieden in Bezug auf Länge, Breite und Festigkeit, weil die von früheren Geburten herrührenden Veränderungen bei verschiedenen Personen verschieden sind. Von Bedeutung für die Beurtheilung der Schwangerschaftsdauer ist bei Wiederholtschwangeren

6*

in den letzten Wochen die Weite und zum Theil die Länge des Hals=
kanals.

Die vom vorliegenden Kindestheil entnommenen Zeichen
geben für Erkennung der Schwangerschaftszeit wenig Sicherheit: sie
können durch falsche Lage des Kindes abweichend sein, sie werden noch
häufiger verändert durch die Menge des Fruchtwassers; denn wenn das
sehr reichlich ist, bleibt der vorliegende Theil bis zu Ende beweglich;
im entgegengesetzten Fall kann er schon früh fest stehen.

Die von der Bauchhaut entnommenen Zeichen, auch die Be=
schaffenheit des Nabels, haben an sich für Bestimmung der Zeit wenig
Werth wegen des im §. 118 Gesagten. Am meisten Bedeutung noch
hat die in den letzten Wochen auftretende Erschlaffung der Bauch=
decken über dem Grunde der Gebärmutter. Aber es muß schon hier
daran erinnert werden, daß die den letzten vier Wochen zukommenden
Erscheinungen der Senkung der Gebärmutter schon vor der 37sten Woche
eintreten können in den Fällen, wo eine Unterbrechung der Schwanger=
schaft vor ihrem regelmäßigen Ende bevorsteht.

Elftes Kapitel.

Wie Schwangere leben sollen.

§. 138.

Die Hebamme weiß aus der alltäglichen Erfahrung, daß eine gesunde
Schwangere keiner besonderen Behandlung bedarf. Im allgemeinen soll
auch eine schwangere Frau ihre gewohnte Lebensweise, wenn sie sich dabei
wohl befand, fortsetzen. Aber der veränderte Zustand vieler ihrer innern
Theile macht sie empfänglicher für manche äußere Einwirkungen, die der
Nichtschwangeren nicht, oder nur unerheblich schaden. Die Frau hat in
der Schwangerschaft die doppelte Pflicht, nicht nur den eigenen Körper,
sondern auch das Kind, das sie trägt, vor Schaden zu bewahren. Sie
geht der Geburt und dem Wochenbett entgegen, Zuständen, durch welche
sonst unbedeutende Störungen der Gesundheit zu bedenklichen Krankheiten

Elftes Kapitel. Wie Schwangere leben sollen.

werden können. Aus diesen drei Gründen hat die Schwangere auf Erhaltung ihrer Gesundheit vermehrte Sorgfalt zu verwenden. Besondere Beachtung im Verhalten Schwangerer verdienen folgende Punkte.

§. 139.

1) Gesunde reine Luft zu athmen ist der Schwangeren besonders nöthig. Sie sorge dafür in ihrer Wohnung und vermeide, sich an Orten lange aufzuhalten, wo schlechte Luft ist, wo zum Beispiel viele Menschen zusammen sind; an solchen Orten kommt ohnehin ihr Leib leicht in's Gedränge.

2) Körperbewegung, namentlich in freier Luft, ist, wie jedem Gesunden, so auch der schwangeren Frau nützlich und nothwendig. Bewegungen aber, die mit heftiger Erschütterung des Körpers verbunden sind, als anhaltendes Fahren auf holprigen Wegen und in schlechten Wagen, Reiten, Tanzen, Springen und dergleichen sind schädlich und daher zu vermeiden. Körperliche Arbeit, selbst harte Arbeit, wenn die Frau daran gewöhnt ist, schadet durchaus nicht, nur darf dieselbe nicht mit bedeutender Dehnung des Körpers verbunden sein, nicht in kauernder Stellung vorgenommen werden oder sonst Druck auf den Bauch verursachen, oder die Kräfte bis zur Erschöpfung in Anspruch nehmen.

3) Die Kleidung sei dem Wetter und der Gewohnheit angemessen. Der stärker gewölbte Bauch Schwangerer läßt die Röcke vom Leibe abstehen, daher muß der Leib und die Schenkel durch Beinkleider vor Erkältung geschützt werden. Die Röcke werden zweckmäßiger über den Schultern als über den Hüften befestigt, damit der Bauch nicht gedrückt wird. Die Brüste müssen durch ein passendes Leibchen unterstützt, alles feste Schnüren aber auf's Strengste vermieden werden. Auch die Strumpfbänder dürfen nicht zu eng anliegen, wegen der ohnehin bei Schwangeren bestehenden Neigung zur Entstehung von Aderanschwellungen.

4) Reinlichkeit ist, wie für Jeden, so besonders für Schwangere zur Erhaltung der Gesundheit erforderlich. Die Schwangere hat sich durchaus nicht vor Waschungen des ganzen Körpers und vor fleißigem Wechseln der Leib- und Bettwäsche zu scheuen. Warme Fußbäder müssen vermieden werden, und ob allgemeine, kalte oder warme Bäder genommen werden dürfen, darüber entscheide der Arzt.

§. 140.

5) Die Nahrung entspreche dem Bedürfniß; ist dasselbe größer als sonst, so darf es befriedigt werden, doch darf ja die Schwangere es nicht für ihre Pflicht halten, weil sie ein Kind trägt, darum für Zweie zu essen und zu trinken. Speisen, gegen welche sie Widerwillen bekommt, zwinge sie sich nicht, zu essen; neu auftretenden Gelüsten, wenn sie auf unschädliche Dinge sich beziehen, gebe sie nach. Das Ekelgefühl und Erbrechen im Beginn der Schwangerschaft halte die schwangere Frau nicht ab, etwas zu genießen; gerade dadurch verliert es sich oft. Doch esse sie nie viel auf einmal, sowohl im Anfang als gegen Ende der Schwangerschaft wird dadurch leicht Erbrechen hervorgerufen. Viele Schwangere erbrechen nur früh morgens, wenn sie nüchtern aufgestanden sind. Diese Frauen sollen im Bett frühstücken und erst einige Zeit danach aufstehen, dann bleibt das Erbrechen aus. Blähende und schwer verdauliche Speisen muß eine Schwangere vermeiden, sie achte selbst auf ihren Körper, was für Speisen ihr gut bekommen. Von Getränken soll die Schwangere alle stark erhitzenden vermeiden. Ist sie gewohnt ein Glas Wein oder gutes Bier zu trinken, so soll sie es beibehalten, so lange sie merkt, daß es ihr gut bekommt. Alles Uebermaß ist zu vermeiden, auch viel starker Kaffee und Thee sind nachtheilig.

6) Harn- und Stuhlausleerung sind bei Schwangeren öfters gestört, und doch ist gerade bei ihnen wichtig, daß dieselben gehörig von Statten gehen. Eine in allen Beziehungen regelmäßige Lebensweise, fleißige Bewegung in freier Luft, Morgens ein Trunk frischen Wassers, mäßiger Genuß von frischem oder gekochtem Obst, ein Trunk Buttermilch befördern den Stuhlgang; treten durch Verstopfung Beschwerden ein, so muß die Hebamme ein lauwarmes Klystir aus Wasser oder Kamillenthee mit Honig, Syrup oder Milch, mit Oel oder guter Seife geben. Abführmittel verordnet nur der Arzt. Den manchmal häufigen Drang zum Harnlassen darf die Schwangere ja nicht äußerer Rücksichten wegen unterdrücken wollen.

§. 141.

7) Alle heftigen, alle anhaltenden Gemüthsbewegungen, welcher Art sie seien, Schreck, Freude, Zorn, Kummer, Angst, können der

Schwangeren erheblich schaden und müssen daher, soviel es in ihrer, in der Angehörigen und in der Hebamme Macht steht, vermieden werden. Namentlich hüte die Hebamme sich, selber gar durch Erzählung von Geburtsgeschichten die Besorgniß der Schwangeren vor der Niederkunft zu steigern, und sie bekämpfe den thörichten Glauben an das **Versehen** der Schwangeren, wo sie ihn antrifft.

8) Der **Beischlaf** schadet einer gesunden Schwangeren nicht. Er muß nur nicht zu stürmisch, nicht zu oft, und stets so vollzogen werden, daß der Leib nicht gedrückt wird.

§. 142.

9) Im Volke sind viele Geheimmittel und andere **Quacksalbereien** gebräuchlich. Dieselben schaden **überhaupt** weit mehr, als sie nützen. Die Hebamme ist verantwortlich dafür, daß bei den ihrer Pflege anvertrauten Schwangeren nichts dergleichen in Gebrauch komme. Die nothwendigen Arzneien wird der Arzt verordnen, auf dessen Rath die Hebamme bei allen Arten von Erkrankungen oder Verletzungen, zu deren Behandlung sie nicht in der Hebammenschule und in diesem Lehrbuch besondere Anweisung erhalten hat, die schwangere Frau in Rücksicht auf das im Eingange dieses Kapitels Gesagte verweisen soll. In manchen Gegenden ist es gebräuchlich, daß die Schwangeren zur Ader lassen. Das stiftet vielen Schaden. Ganz selten ist es nützlich und nothwendig, dann wird der Arzt es verordnen.

§. 143.

10) Wird die Hebamme von einer Schwangeren um Rath gefragt, so **untersuche sie dieselbe** möglichst genau, und wenn die Schwangere sich davor scheut, stelle sie ihr die Nützlichkeit der Untersuchung vor. Manchmal findet die Hebamme Abweichungen vom Regelmäßigen, die man vorher nicht vermuthen konnte, und welche vor der Zeit der Geburt zu wissen wichtig in Rücksicht auf die Schwangere und auf das Kind ist. In solchem Fall hat die Hebamme schonend und ohne der Schwangeren Angst zu machen, die Nothwendigkeit vorzustellen, daß ein Geburtshelfer zu Rathe gezogen werde. Auch die **Brüste** hat die Hebamme jedenfalls zu untersuchen. Namentlich bei Erstgeschwängerten sind die Brust-

warzen oft zum Säugegeschäft wenig tauglich und bedürfen einer Vorbereitung. Falls dieselben noch in der zweiten Hälfte der Schwangerschaft klein und unentwickelt sind, müssen sie täglich schonend mit zwei Fingern hervorgezogen werden. Häufig genügt dieses einfache Verfahren, die Warzen zu genügender Entwicklung zu bringen; liegen dieselben aber sehr tief, sogenannte Hohlwarzen, so sollen sie täglich einmal mit einer Saugflasche aus Gummi hervorgesaugt werden. Es giebt viele verschiedene Milchpumpen zu diesem Zwecke. Die einfachsten Instrumente sind die besten. In Ermangelung einer Saugflasche kann sich die Hebamme einer gewöhnlichen Glasflasche oder eines Steinkruges, dessen Hals die Weite der Brustwarze hat, bedienen; sie füllt das genannte Gefäß schnell mit heißem Wasser bis an den Hals, gießt dasselbe schnell wieder aus und setzt nun das Mundstück der Flasche über die Warze. Auf solche Weise wird dieselbe hervorgezogen. Dies Verfahren darf aber nie bis zum Schmerz fortgesetzt werden. Sind die Brustwarzen sehr empfindlich und werden selbst öfters wund, so ist das Waschen derselben mit verdünntem Rum oder Rothwein, mit Abkochung von Galläpfeln, von Eichen- oder Weidenrinde nützlich. Ist die Haut über denselben im Gegentheil hart und dick, so müssen sie mit feinem Oel öfters bestrichen und darauf mit feiner Seife sorgfältig abgewaschen werden.

§. 144.

In den letzten Wochen der Schwangerschaft ist Ruhe des Gemüths und des Körpers ganz besonders nothwendig, wenn Geburt und Wochenbett regelmäßig verlaufen sollen. Die Herrichtung der zur ersten Pflege des Kindes nöthigen Dinge wird die hochschwangere Frau in angemessener Weise beschäftigen.

Dritter Theil.

Von der regelmäßigen Geburt.

§. 145.

Geburt ist der Vorgang, in welchem die Leibesfrucht von der Mutter ausgeschieden, also die Schwangerschaft beendigt wird. Derselbe Vorgang heißt auch **Niederkunft** oder **Entbindung**.

§. 146.

Die Geburt kann zu jeder Zeit der Schwangerschaft eintreten. Sie kann auch ganz ausbleiben. (Davon wird im §. 287 die Rede sein.)

Nach der Zeit, zu welcher die Geburt erfolgt, unterscheidet man:

1) **Fehlgeburten** oder **unzeitige Geburten**, das sind solche, welche innerhalb der ersten 28 Wochen der Schwangerschaft erfolgen. Das Kind ist da noch nicht fähig, außer dem Mutterleibe am Leben zu bleiben.

2) **Frühgeburten**, das sind solche, wo das Kind zwar in lebensfähigem Alter, aber noch nicht reif ist, also von der 29sten bis zur 39sten Schwangerschaftswoche.

3) **Rechtzeitige Geburten**, das sind solche, die ein reifes ausgetragenes Kind zu Tage fördern, also bei Ablauf der regelmäßigen 40 Wochen eintreten.

4) **Spätgeburten**. Ganz selten nämlich erfolgt die Geburt erst nach mehr als 40, nach 44, 46 oder gar erst nach 48 Wochen. Meistentheils, wenn zur berechneten Zeit die Geburt nicht eintritt, war die Rechnung falsch (vergleiche §. 125).

§. 147.

Man unterscheidet die Geburten auch in schwere und leichte, in natürliche und künstliche, in gesundheitgemäße und gesundheitwidrige, in glückliche und unglückliche, in einfache und mehrfache und so weiter. Das sind alles Unterscheidungen, deren Bedeutung von selbst klar ist.

Die wichtigste Unterscheidung, nach welcher wir die Geburten eintheilen wollen, ist die Unterscheidung in **regelmäßige** und **regelwidrige Geburten**.

Fehlgeburten, Frühgeburten, Spätgeburten sind an sich jedesmal regelwidrig. Auch die **rechtzeitige Geburt** ist nicht immer regelmäßig; die Geburt kann in anderen Beziehungen, als der Zeit nach, von der Regel abweichen.

Von allen Regelwidrigkeiten ist später die Rede. Dieser Theil handelt **von der regelmäßigen Geburt**.

Erstes Kapitel.

Von den austreibenden Kräften, von den Geburtszeiten und von der Dauer der Geburt.

§. 148.

Die natürliche Austreibung der Leibesfrucht geschieht hauptsächlich durch die **Wehen**, das sind **Zusammenziehungen der Gebärmutter**. Dieselben sind unwillkürlich. Meist sind sie mit heftigem Schmerz verbunden, daher der Name.

Es hilft zur Austreibung neben den Wehen die **Bauchpresse**, oder das **Mitdrängen** oder das **Verarbeiten der Wehen**, ein Zusammendrücken des Bauches bei angehaltenem Athem, wie bei hartem Stuhlgang. Dieses Mitpressen hängt zum Theil von der Willkür der Frau ab.

Erstes Kapitel. Von den austreibenden Kräften ꝛc.

Auch die Scheibe ist unwillkürlichen Zusammenziehungen unterworfen wie die Gebärmutter. Die Wirkung derselben kommt bei rechtzeitigen Geburten wenig in Betracht.

§. 149.

Die Wehen kommen absatzweise. Der Zwischenraum zwischen je zwei Wehen heißt die Wehenpause. Die Wehe macht einen heftigen Schmerz, der vom Kreuz nach der Schoßgegend ausstrahlt. Dieser Schmerz fängt leise an, wird allmälig sehr heftig und hört dann allmälig wieder auf. Ebenso wie der Schmerz fängt die gleichzeitige Zusammenziehung der Gebärmutter sachte an, wird dann sehr kräftig und nimmt allmälig wieder ab. Man nimmt die Zusammenziehung an dem Hartwerden der Gebärmutter mit der aufgelegten Hand wahr. Wenn die Gebärmutter sich zusammenzieht, wird sie runder als sie zuvor war, und da sie beim Liegen der Frau nach hinten nicht ausweichen kann, bäumt sie gleichsam bei jeder Zusammenziehung sich vorn am Bauche empor, wie man deutlich fühlen kann. Während der Wehe schlägt der Puls der Frau meistens häufiger als vorher; wenn die Wehe aufhört, wird er wieder seltener.

§. 150.

Die Wehen sind im Beginn der Geburt seltener, kürzer und weniger stark; je weiter die Geburt fortschreitet, desto häufiger werden sie, desto länger, desto kräftiger und desto schmerzhafter. Wie die Wehen gegen Ende der Geburt ihre größte Heftigkeit erlangen, bleibt auch der sie begleitende Schmerz nicht auf die Kreuz= und Schoßgegend beschränkt, er strahlt in die Hüften, in die Schenkel, oft in die ganzen Beine aus. Dazu gesellt sich ein Gefühl von Drängen wie zum Stuhlgang und Urinlassen, das Mitpressen wird unwillkürlich; die Frau kommt in große Aufregung, ihr Gesicht wird heiß und roth, sie schwitzt, sie zittert, sie jammert oder schreit vor Schmerz; nicht selten stellt sich Erbrechen ein.

§. 151.

Nach der Beschaffenheit der Wehen und nach ihrem Erfolg auf den Fortgang der Geburt theilt man die letztere in Abschnitte oder Perioden ein und benennt danach die Wehen verschieden.

Die Geburt besteht aus drei Abschnitten oder Perioden:
1) **die Eröffnung des Muttermundes;**
2) **die Austreibung des Kindes;**
3) **die Austreibung der Nachgeburt.**

Dem entsprechend sind auch die Geburtswehen dreierlei Art. Außerdem sind schon Wehen vor der Geburt und andere Wehen nach der Geburt, so daß es also fünf Arten Wehen giebt.

§. 152.

Die ersten Wehen heißen die vorhersagenden oder Vorwehen, im Munde der Frauen führen sie verschiedene andere Namen, als Kneiper, Rupfer und dergleichen mehr. Sie treten ein während der Zeit, wo die Gebärmutter sich senkt, also in den letzten 3 und 4 Wochen der Schwangerschaft, anfangs seltener und schwächer, gegen die Geburt hin in den letzten Tagen häufiger und kräftiger. Sie machen Pausen von ein und mehreren Tagen. Von Frauen, die zum ersten Mal schwanger sind, werden sie mit mehr oder weniger lebhaftem Schmerz empfunden. Bei Frauen, die schon geboren haben, sind sie meist schmerzlos. Während dieser Zeit und durch diese Vorwehen verstreicht bei Erstschwangeren der letzte Rest der Scheidenportion, bei Wiederholtschwangeren wird nun der schon geöffnete Halskanal der Gebärmutter kürzer. Bei beiden wird die Scheide weich, weit, heiß und schlüpfrig durch vermehrte Schleim=
absonderung. Auch die äußeren Geschlechtstheile werden meist weicher und weiter. Die untersuchende Hebamme nimmt diese Wehen an dem §. 149 beschriebenen Hart= und Rundwerden der Gebärmutter, und wenn, wie bei Wiederholtschwangeren, das Ei mit dem Finger im Muttermund erreicht werden kann, an dem Prallwerden desselben wahr.

§. 153.

Die zweite Art der Wehen sind die **vorbereitenden** oder **eröffnenden,** auch **Wasserwehen** genannt. Ihr Eintritt bezeichnet **den Beginn der Geburt, die Frau heißt nun eine Gebärende, oder Kreißende.**

Diese Wehen, sowohl ihr Schmerz, als auch die Zusammenziehungen der Gebärmutter, sind heftiger und dauern jedesmal länger als die

Vorwehen, sie kommen häufiger und regelmäßiger, die Pausen sind also kürzer, meist nicht über ¼ Stunde. In ganz seltenen Fällen fehlt auch bei den eröffnenden Wehen der Schmerz oder ist unbedeutend.

Weil bei der regelmäßigen Wehe immer die Zusammenziehung im Gebärmuttergrunde am stärksten ist, so wird durch dieselbe jeder Punkt der Gebärmutter in der Richtung der Gebärmutterwand nach dem Grunde hingezogen. Die Pfeile der beistehenden Figur deuten diese Richtung an. Die Ränder des Muttermundes, Figur 39 *bb*, müssen dadurch auseinanderweichen, der Gebärmuttermund sich eröffnen und erweitern.

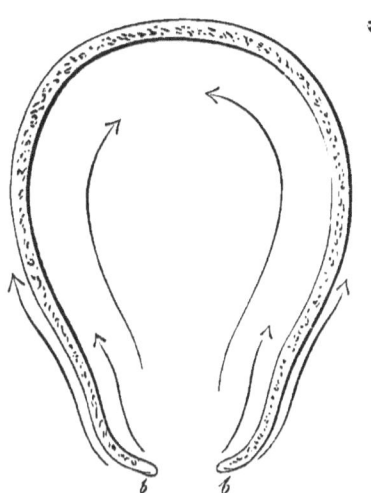

Figur 39. ⅕ natürl. Größe.

§. 154.

Durch die Eröffnung des Muttermundes wird ein immer größerer Theil des Eies im Muttermunde entblößt. Ein noch größerer Theil des Eies wird von der Gebärmutterwand gelöst, weil diese sich, indem sie sich nach oben zieht, am Ei verschiebt. Da aber die Siebhaut, welche die Gebärmutterschleimhaut ist, am Ei sitzen bleibt, so muß durch ihre Ablösung von der Gebärmutter eine geringe Blutung entstehen. Das Blut ist in feinen Streifen dem ausfließenden Schleim beigemischt. Diese kleine Blutung, welche die Eröffnung des Muttermundes begleitet, wird mit dem Ausdruck „es zeichnet" belegt; sie bezeichnet den Beginn der Geburt.

§. 155.

Weil durch die Zusammenziehung sich der Raum der Gebärmutter verkleinert, tritt jedesmal bei der Wehe die Fruchtblase stark in den Muttermund hinein und hilft so zu seiner Erweiterung. Für dies bei jeder Wehe erfolgende Hervortreten der vom Fruchtwasser ge=

füllten Eihäute in den Muttermund hat man den Ausdruck „die Blase stellt sich". Außer der Wehe wird die Gebärmutter wieder weiter und also die Blase wieder schlaff. Wenn aber der Muttermund vollständig sich eröffnet hat, so daß nur noch ein ganz schmaler Saum desselben vorn und seitlich an den Beckenwänden zu fühlen ist, — „der Muttermund ist verstrichen" —, dann bleibt auch außer der Wehe die Gebärmutter schon kleiner, dann muß auch außer der Wehe die Blase gespannt bleiben, „sie ist springfertig". Bei der nächsten kräftigen Wehe springt die Blase und das erste Fruchtwasser fließt ab.

§. 156.

Damit ist die erste, die eröffnende Geburtsperiode beendet; aber, wohlgemerkt, nicht der Abfluß des Fruchtwassers, sondern die vollständige Eröffnung des Muttermundes ist es, welche die Beendigung der ersten Geburtszeit bezeichnet. (Bei unregelmäßigem Verlauf kann nämlich die Blase früher, sie kann auch später springen.)

§. 157.

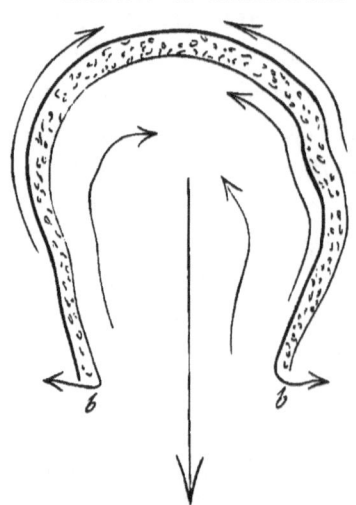

Fig. 40. ⅕ der natürl. Größe.

Entweder in unmittelbarer Fortsetzung oder in selteneren Fällen nach ¼ bis 1 stündiger Pause treten nun die Wehen in vermehrter Stärke und Häufigkeit auf. Das sind die Wehen der zweiten Geburtszeit, sie heißen Treibwehen oder Kindeswehen, weil sie das Kind in das Becken und durch dasselbe hindurch treiben. Diese Wehen ziehen die Gebärmutter, gerade so wie die eröffnenden, am Grunde am stärksten zusammen, und da der untere Rand der Gebärmutter nach vollständiger Eröffnung des Muttermundes nun nicht mehr höher hinaufgezogen werden kann, weil er durch die Scheide und das Bauchfell und die Gebärmutterbänder am Becken fest sitzt, Fig. 40 *bb*, so muß der Gebärmuttergrund und mit ihm das Kind nach unten in der Richtung des geraden Pfeiles der Figur 40 hinabrücken.

§. 158.

Die **Treibwehen** rufen mehr als die eröffnenden jenes heftig drängende Gefühl hervor, welches unerfahrene Mütter manchmal für Drang zum Stuhlgang halten. Dieses drängende Gefühl fordert die Kreissende zum willkürlichen Mitpressen auf, sie sucht für die Beine und Arme feste Stützen, hält den Athem an und preßt wie zum Stuhl, sie „**verarbeitet die Wehen**".

§. 159.

Wenn der Kopf des Kindes mit seinem größten Umfang im Muttermund steht, sagt man „**er steht in der Krönung**". Wenn er am Boden des Beckens angelangt ist, preßt er den Damm und After bei jeder Wehe heftig nach vorn und unten, „**er drückt auf**". Dann kommt er zwischen den auseinandergedrängten Schamlippen zum Vorschein, „**er kommt in's Einschneiden**". Zum Schmerz der Wehen kommt jetzt der heftige Schmerz der Spannung und Zerrung der äußeren Geschlechtstheile durch das Andrängen des Kopfes. Dieser Schmerz verstärkt die Wehen, veranlaßt die Kreissende zu kräftigerem, bei vielen Frauen jetzt ganz unwillkürlichem Mitpressen und setzt nicht selten die Glieder und den ganzen Körper in zitternde Bewegung. Darum heißen diese letzten Treibwehen auch **Schüttelwehen**. Jede dieser Schüttelwehen treibt den Kopf unter heftigerem Schmerz weiter in die Schamspalte hinein. In der Wehenpause weicht er, anfangs mehr, dann immer weniger, ganz wie in der ersten Geburtsperiode die Blase, wieder zurück, bis er endlich mit großem Umfang auch in der Wehenpause in der Schamspalte stehen bleibt, „**er ist im Durchschneiden**". Mit heftigstem Schmerz treibt ihn dann die nächste Wehe über den Damm hervor, „**er schneidet durch**".

§. 160.

Schmerz und Wehen machen nun oft eine kurze Pause, dann treibt eine einzige, oder ein paar Wehen den übrigen Kindeskörper aus; ihm folgt der Rest des Fruchtwassers, das sogenannte „zweite Wasser". Damit ist die zweite Geburtszeit, die Austreibungsperiode beendet. Die ganze Gebärmutter ist durch ihre Zusammenziehung viel kleiner geworden; auch die Stelle, wo der Mutterkuchen festsaß, ist kleiner geworden. Der Mutterkuchen selbst kann sich nicht mit zusammenziehen, daher wurde er durch die Zusammenziehung der Gebärmutter von deren Wand schon jetzt zum Theil abgetrennt. Das ist nothwendig mit **Blutung** verbunden. Blutung folgt daher meist unmittelbar der Austreibung des Kindes.

§. 161.

Es beginnt die **dritte Geburtszeit**, die **Nachgeburtsperiode**. Die Gebärmutter ist jetzt als harter rundlicher Körper über den Schambeinen, bis in die Nähe des Nabels reichend, durch die erschlafften Bauchdecken zu fühlen. Der Mutterkuchen, die Eihäute und das mütterliche Ende des Nabelstranges, zusammen **Nachgeburt** genannt, sind in der Gebärmutter noch zurück. Die Ausstoßung dieser Dinge aus der Gebärmutter erfolgt durch neue Zusammenziehungen derselben, durch die **Nachgeburtswehen**, welche durch die Untersuchung, wie die früheren Wehen, von der Hebamme deutlich wahrgenommen werden können, von vielen Kreissenden aber, namentlich von Erstgebärenden, oft gar nicht empfunden werden.

Fig. 41. ⅕ natürl. Gr.

§. 162.

Während jeder dieser Nachgeburtswehen **geht etwas Blut ab**. Dieses Blut stammt aus den großen Blutadern der Gebärmutter, welche zerreißen müssen, während der Mutterkuchen durch die Wehen von der Gebärmutterwand vollends abgetrennt, während der **Mutterkuchen gelöst** wird.

Erstes Kapitel. Von den austreibenden Kräften 2c.

Durch dieselben Wehen, welche den nun gelösten Mutterkuchen sammt den übrigen Eiresten und dem angesammelten meist geronnenen Blut austreiben, wird die Gebärmutterwand verkleinert, die Wände der großen Blutadern werden dadurch gegen einander gedrückt und deren Oeffnungen geschlossen, so daß die Blutung mit der Austreibung selbst der Regel nach aufhört, oder doch ganz gering wird.

Hat auch die Nachgeburt die Geschlechtstheile der Mutter verlassen, so ist die Geburt zu Ende, die Frau heißt nun Wöchnerin.

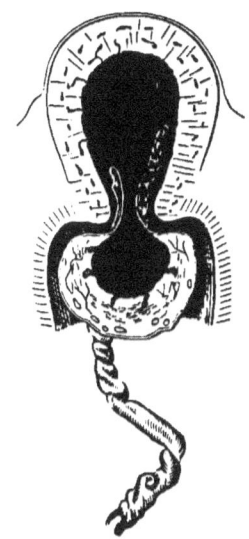

Fig. 42. ⅕ natürl. Größe.

§. 163.

Auch im Wochenbett noch zieht sich die Gebärmutter mehrere Tage lang von Zeit zu Zeit zusammen und verkleinert sich dadurch. Diese Zusammenziehungen werden namentlich von Frauen, die schon früher geboren haben, empfunden; sie heißen Nachwehen.

§. 164.

So giebt es also drei Geburtszeiten oder Geburtsperioden:

Erste Geburtszeit — Eröffnungsperiode.
Zweite Geburtszeit — Austreibungsperiode.
Dritte Geburtszeit — Nachgeburtsperiode.

Dagegen giebt es fünf Arten von Wehen, weil auch vor und nach der Geburt Wehen stattfinden:

1) Vorwehen, vorhersagende Wehen — Schwangerschaftswehen.
2) Eröffnende, vorbereitende Wehen .⎫
3) Treibwehen, Kindeswehen . . ⎬ Geburtswehen.
4) Nachgeburtswehen . . . ⎭
5) Nachwehen. . . . . . . — Wochenbettwehen.

§. 165.

Die **Dauer der Geburt** ist sehr verschieden. Bei Frauen, die früher schon geboren haben, bei Mehrgebärenden, geht die erste und zweite Zeit der Geburt schneller vor sich. Die Nachgeburtsperiode ist bei Erstgebärenden kürzer.

Die **mittlere** Dauer der regelmäßigen Geburt ist bei **Erstgebärenden**:

    Die erste Geburtszeit   16
    Die zweite Geburtszeit   1 3/4
    Die dritte Geburtszeit   1/4 Stunde
            Zusammen 18 Stunden.

Bei **Mehrgebärenden**:

    Die erste Geburtszeit   10
    Die zweite Geburtszeit   1
    Die dritte Geburtszeit   1/4 — 1/2 Stunde.
           Zusammen gegen 12 Stunden.

Diese mittleren Zahlen der Geburtsdauer wurden dadurch gefunden, daß die Dauer von 10000 natürlich beendeten Geburten addirt und durch 10000 dividirt wurde. Die **Mehrzahl** der **regelmäßigen Geburten** verläuft in kürzerer Zeit.

§. 166.

Früher theilte man die Geburt in fünf Perioden. Die letzten Vorwehen nannte man die erste Geburtsperiode, dadurch wurde die Eröffnungsperiode die zweite; die Austreibung des Kindes theilte man in zwei Perioden, so daß bis zum Einschneiden die dritte, bis zur vollendeten Geburt des Kindes die vierte gerechnet wurde. Die Nachgeburtsperiode hieß dann die fünfte Geburtsperiode.

Zweites Kapitel.
Von der Art und Weise, wie das Kind durch das Becken geht, vom Geburtsmechanismus.

§. 167.

Das regelmäßige Becken ist gerade nur so weit, daß ein reifes Kind mit Mühe hindurch kann; die austreibende Kraft hat im Beckenraum bedeutende Hindernisse zu überwinden.

Jeder größere Kindestheil, dessen Durchmesser die Beckendurchmesser ziemlich ausfüllt, also der Kopf, die Schultern, der Steiß, findet, wenn er durch das Becken getrieben wird, an den Wänden desselben einen ungleichen Widerstand, welcher ihn nöthigt, bestimmte Drehungen zu machen und von der Richtung, in der er getrieben wird, in mehreren Beziehungen abzuweichen. Das nennt man **Geburtsmechanismus**.

§. 168.

Erstens muß der durch das Becken gehende Kindestheil sich **längs der Führungslinie** bewegen. Die Führungslinie, siehe §. 43 und Fig. 11, hat eine andere Richtung als die, in welcher das Kind getrieben wird. Die Richtung der das Kind austreibenden Kraft wird durch eine Linie dargestellt, welche von der vorderen und hinteren und von der rechten und linken Wand der Gebärmutter gleich weit absteht. Diese Linie liegt wenn die Gebärmutter im Bauch grade steht und der hinteren Bauchwand an den drei unteren Lendenwirbeln anliegt, und etwa 22 Centimeter Durchmesser hat, 11 Centimeter vor dem dritten Lendenwirbel und läuft von da mitten durch den eröffneten Muttermund und den Eingang des Beckens. Sie entspricht also der Linie *pp* in Figur 43. Die Führungslinie, Figur 43 *mn* weicht von der Richtung der austreibenden Kraft im kleinen Becken zuerst etwas nach hinten, dann bedeutend nach vorn ab. Der vorausgehende Kindestheil, wenn er, wie z. B. der Kopf, die Durchmesser des kleinen Beckens ausfüllt, wird daher im Eingang stärker gegen die vordere, im Ausgang stärker gegen

102 Dritter Theil. Von der regelmäßigen Geburt.

die hintere Beckenwand getrieben und da diese Wände schräg sind, gleitet er an derselben ab, freilich mit Verlust eines Theiles der austreibenden Kraft. Daher kommt es, daß im Anfang der Austreibung die an der vorderen Beckenwand anliegende Seite des vorliegenden Theils schneller vorrückt und also tiefer zu stehen kommt und für den untersuchenden Finger leichter zu erreichen ist; daß dagegen später, im Ausgang des Beckens, die an der hinteren Beckenwand liegende

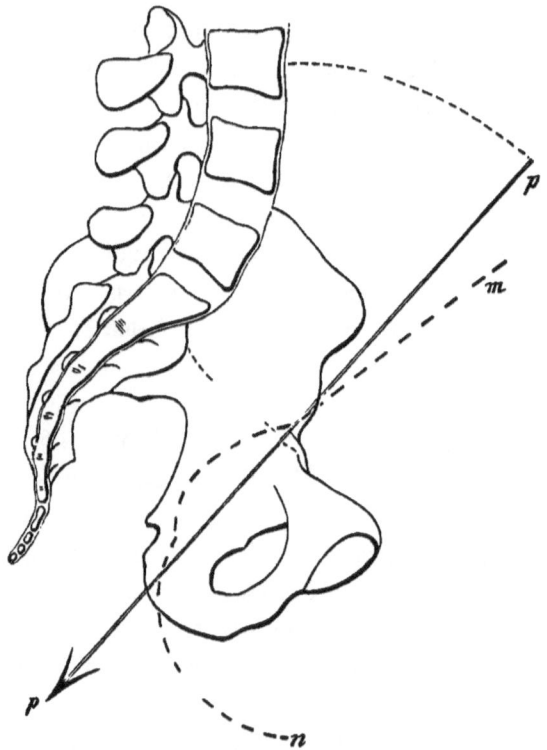

Figur 43. ⅓ der natürl. Größe.

Seite einen starken Bogen nach unten und vorn beschreibt und in dieser Richtung die Geschlechtstheile verläßt, während die vorn liegende Seite des vorausgehenden Theils hier den Drehungspunkt bildet und fast still steht. Diese bogenförmige Bewegung ist natürlich mit einer Drehung um den jedesmal im Querdurchmesser des Beckens stehenden Durchmesser des Kindestheils verbunden.

Zweites Kapitel. Vom Geburtsmechanismus. 103

§. 169.

Zweitens gleitet der von der Gebärmutter getriebene Kindestheil im Becken mit seinem größeren Durchmesser jedesmal in den größeren Durchmesser des Beckens; so daß also der meist im schrägen Durchmesser des Beckens eintretende größere Durchmesser des Kindestheils auf der Beckenenge, wo die Sitzstacheln mit ihren Bändern den queren und schrägen Durchmesser verengern, fast vollständig in den geraden Durchmesser tritt. Im Beckenausgang behält der vorausgehende Kindestheil diese Stellung bei, weil der gerade Durchmesser des Beckenausgangs der Erweiterung durch Zurückbiegen des Steißbeins fähig ist, und weil er, sobald diese Erweiterung stattfindet, größer ist als der quere.

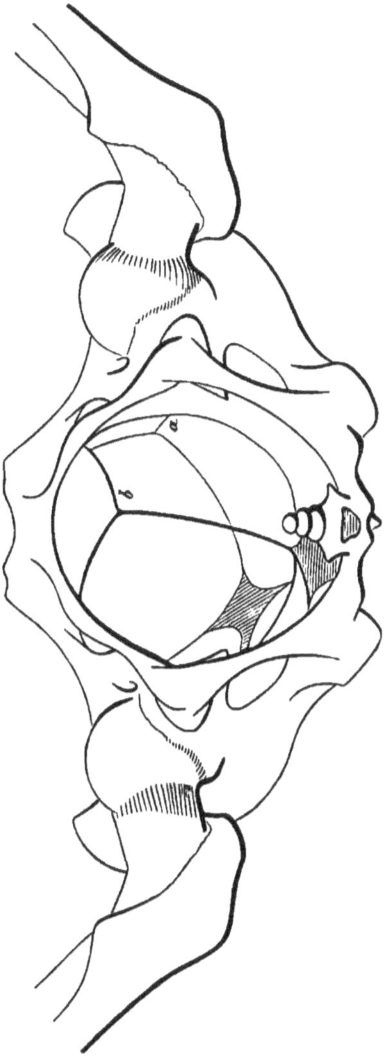

Figur 44 zeigt diese Drehung an dem in regelmäßiger Stellung vorausgehenden Schädel. Im Eingang des Beckens steht die kleine Fontanelle bei a; auf der Beckenenge hat die kleine Fontanelle sich unter den Schambogen nach b begeben. Die Ansicht des Beckens in Figur 44 ist genau dieselbe wie in Figur 10.

Figur 44. $^1/_3$ der natürl. Größe.

So ist also die Vorbewegung des Kindestheils aus einer **bogenförmigen** und einer **schraubenförmigen** zusammengesetzt; die **bogen**=

förmige Bewegung ist durch die Richtung der Führungslinie, die schraubenförmige durch die Verschiedenheit der geraden und queren Durchmesser des Beckens vorgeschrieben. Figur 45 zeigt die Gesammtheit dieser Bewegungen am regelmäßig vorangehenden Kopf.

§. 170.

Wie die einzig regelmäßige Lage des Kindes die Schädellage ist, so ist die einzig regelmäßige Geburt die Schädelgeburt und zwar die mit nach vorn gewandter kleiner Fontanelle.

§. 171.

Der Schädel, der meist gegen Ende der Schwangerschaft fest und fester auf den Beckeneingang sich stellte, oft auch bereits ziemlich tief in das Becken hineintrat, woselbst ihn die untersuchende Hand durch das Scheidengewölbe fühlte, wird nicht selten durch die vorhersagenden und ersten eröffnenden Wehen, welche das Fruchtwasser gegen den Muttermund treiben, wieder etwas emporgehoben, so daß er höher und beweglicher, oder auch gar nicht durch den innerlich untersuchenden Finger zu fühlen ist.

Nachdem die Eröffnung des Muttermundes vollendet, die Blase gesprungen und das erste Wasser abgeflossen ist, wird nun durch die Zusammenziehungen der Gebärmutter der jetzt nackte Kopf auf den Beckeneingang und in den Muttermund hineingepreßt. Seine Stellung ist entsprechend der des ganzen Kindes, am häufigsten (**erste Schädellage**) die mit nach **links** und etwas nach **vorn** gerichteter kleiner Fontanelle. Von dieser aus läuft näher dem hinteren Beckenumfang, vergleiche Fig. 44, Fig. 45 1, die Pfeilnaht nach rechts zur großen Fontanelle, die, so lange der Kopf im Beckeneingang steht, ebenfalls ohne Schwierigkeit mit dem Finger zu erreichen ist.

§. 172.

Der Schädel rückt nun durch die Kraft der Wehen in's Becken herab, natürlich in der Richtung der Führungslinie wie im §. 168 beschrieben: Das vorn liegende, bei erster Schädellage das rechte Scheitelbein tritt an der vorderen Beckenwand tiefer herab als das andere an der hinteren Beckenwand. Die Köpfe 1 und 2 in Fig. 45 zeigen diese Bewegung. Die Wehen wirken im Gebärmutterkörper und Gebärmuttergrund auf den Rumpf des Kindes; durch die Wirbelsäule pflanzt sich ihre Kraft auf den Kopf des Kindes fort. Da die Wirbelsäule am Hinterhaupt ansitzt, so tritt zuerst das Hinterhaupt immer tiefer, während das Vorderhaupt mit der großen Fontanelle mehr und mehr zurückbleibt. Dadurch stellt der Schädel anstatt des größeren geraden den kürzeren kleinen schrägen Durchmesser in das Becken. Kopf 1 und 2 der Figur 45 zeigen auch diese Bewegung. Je tiefer der Schädel in die engeren unteren Beckengegenden rückt, um so mehr wird er genöthigt, diese Haltung anzunehmen. Diese eben beschriebene Aenderung der Haltung des Kopfes, welche eine Drehung um seinen Querdurchmesser ist, welche derjenigen Bewegung gleich ist, die wir, mit unserem eigenen Kopfe ausgeführt, als Nicken bezeichnen, fehlt nie bei dem Geburtsmechanismus der regelmäßigen Schädelgeburt. Sie kommt hinzu zu der im §. 168 beschriebenen bogenförmigen und der im §. 169 beschriebenen schraubenförmigen Bewegung. Auf der Beckenenge nämlich, gerade da, wo in Fig. 45 der Kopf 2 steht, kommt nun zu dieser Drehung um den Querdurchmesser die vorher im Allgemeinen besprochene um den senkrechten; das heißt die kleine Fontanelle rückt von der linken Beckenwand schraubenförmig nach vorn gegen die Schamfuge, so daß das Gesicht gegen das Kreuzbein und Steißbein zu stehen kommt, wie in Fig. 45 der Kopf 3.

§. 173.

Sobald der Schädel im Becken größeren Widerstand findet, oft schon am Eingang, oft erst gegen den Ausgang hin, werden die beweglich in den Nähten verbundenen Schädelknochen mit ihren Rändern etwas übereinandergeschoben, namentlich das Hinterhauptbein unter die hinteren Ränder der Scheitelbeine. Dadurch wird der Schädel in die Form des Beckens gepreßt und zum Vorrücken geeigneter. Weil der Schädel dadurch kleiner wird, wird die ihn bedeckende Haut schlaff, man fühlt sie wie in Falten zusammengeschoben auf dem am tiefsten stehenden rechten Scheitelbein. Bei längerem Druck entsteht dann die Kopfgeschwulst, welche die Falten wieder ausspannt; (siehe Fig. 45 an den Köpfen 3. 4. 5.) Eine ähnliche Anschwellung trifft auch bei anderen Kindeslagen denjenigen Theil, welcher der am weitesten vorausliegende ist, man nennt diese Geschwulst im Allgemeinen die Geburtsgeschwulst, auch Kindesgeschwulst, im einzelnen Falle Kopfgeschwulst, Gesichtsgeschwulst u. s. w. nach dem jedesmal vorliegenden Theil. Wie ein Glied anschwillt, wenn man ein Band fest darum legt, so schwillt der ringförmig vom Becken gedrückte Kindestheil an der am weitesten vorliegenden Stelle an. Auch der Umstand kommt bei Entstehung der Geburtsgeschwulst wesentlich in Betracht, daß derjenige Abschnitt des Kindes, welcher aus dem Muttermunde heraussieht, unter geringerem Druck steht, als der andere größere Theil der in der Gebärmutter verweilt und dem Druck der Wehen ausgesetzt ist.

§. 174.

So gelangt der Schädel bis an den Beckenausgang. Hier angelangt liegt der gewölbte Hinterkopf dem Ausschnitt des Schambogens eng an, während der Nacken des Kindes an der Hinterfläche der Schambeinfuge angedrückt wird; das Kinn ist stark auf die Brust des Kindes gestemmt, der Vorderkopf und das Gesicht des Kindes sehen nach der Aushöhlung des Kreuz- und Steißbeins. Ginge der Kopf an dieser Richtung und Stellung weiter, so könnte er nur durch Damm und After gehen. Die Wehen treiben ihn in dieser Richtung, (Fig. 43 u. 45 *pp* ist die Richtung der austreibenden Kraft) und daher werden die Weichtheile des Beckenbodens, namentlich der Damm heftig gespannt und gezerrt; aber der Widerstand, den sie dem Kopf entgegensetzen, nöthigt denselben, in der Richtung nach vorn, nach der Schamspalte, hin, abzuweichen. Das geschieht auf die folgende Weise. Die Wehen treiben den mit dem Hinterhaupt an der Schamspalte stehenden Kopf immer fester gegen den Beckenboden, sie treiben zugleich auch den Rumpf des Kindes immer fester in das Becken hinein. Die Brust drängt jetzt das Kinn vor sich her und dadurch muß Scheitel und Stirn des Kindes den Damm und das Steißbein immer weiter nach abwärts und rückwärts drängen (Kopf 3 der Figur 45). Der Beckenboden, welcher dem Vorrücken des Kopfes entgegenstand, bekommt dadurch eine immer schrägere Stellung gegen die

Zweites Kapitel. Vom Geburtsmechanismus. 107

Richtung der austreibenden Kraft und an dieser schrägen Fläche gleitet endlich der Kopf, indem das Kinn jetzt von der Brust sich entfernt, nach vorn aus der erweiterten Schamspalte hervor. Dabei liegt

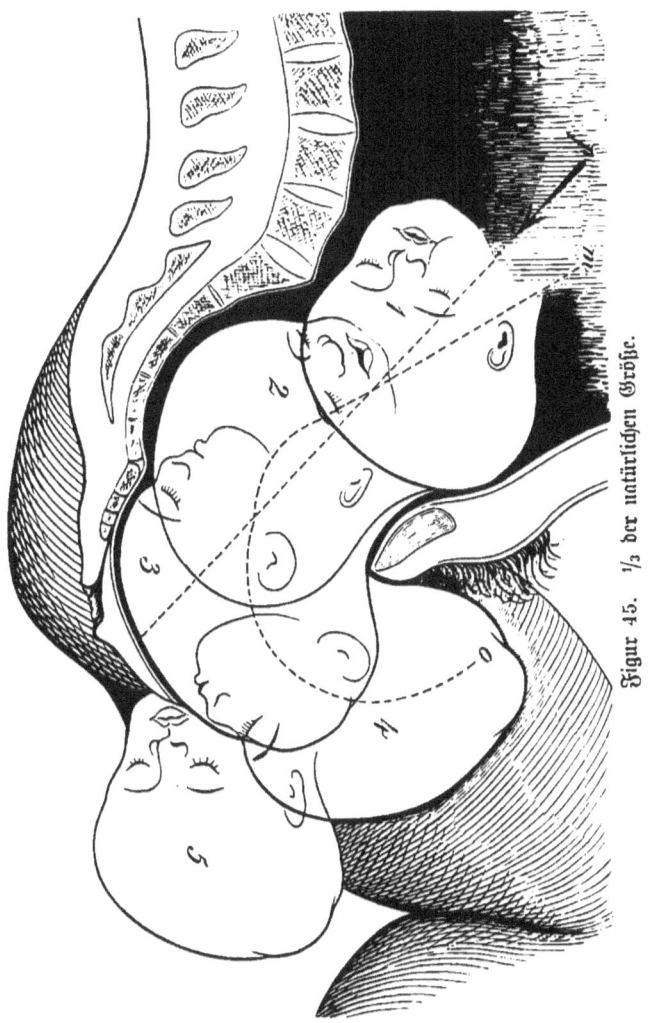

Figur 45. ⅓ der natürlichen Größe.

die Nackengrube des Kindes fest am Schambogen an, der Kopf wird um seinen eigenen Querdurchmesser gedreht, das Hinterhaupt tritt nach vorn, während Scheitel, Stirn und zuletzt das Gesicht mit heftigem Drängen über den Damm hervorgewälzt werden (Kopf 3 und 4 der Figur 45). Der Kopf geht also aus den Schamtheilen heraus in der fortgesetzten Führungslinie des Beckens. Fig. 43, *m—n*, Fig. 45, *m—o*.

§. 175.

Nun ist der Kopf geboren. Während dies geschah, traten die Schultern in das Becken ein, entsprechend der ursprünglichen Lage des Kindes im linken schrägen Durchmesser. Die Schultern sind wie der Kopf genöthigt, ihren großen Durchmesser in der Beckenenge dem geraden Durchmesser des Beckens zuzudrehen. Der Rücken bleibt dabei, wie er ursprünglich war, nach links und etwas nach vorn gerichtet; es stemmt sich die rechte Schulter unter den Schambogen und die linke wird, wie vorher die Vorderfläche des Kopfes, über den Damm hervorgewälzt.

§. 176.

Nachdem der Kopf die Geschlechtstheile verließ, hörte für ihn die Nothwendigkeit auf, eine bestimmte Stellung anzunehmen, er drehte also, wie er früher gestanden, sein Gesicht wieder mehr nach rechts. Während die Schultern im Becken sich drehen, folgt er natürlich ihrer Drehung und das Gesicht wendet sich vollständig gegen den rechten Schenkel der Mutter. Diese Bewegung heißt die **äußere Drehung des Kopfes**, siehe Fig. 45, 5.

Der übrige Rumpf des Kindes hat kleinere Durchmesser, dieselben füllen das Becken nicht aus. Kopf und Schultern haben auch die Weichtheile an und im Becken bei ihrem Durchgang schon so erweitert, daß der übrige Kindeskörper in jeder Stellung durch's Becken gehen kann; er behält also meist unverändert die Richtung bei, die er beim Durchtritt der Schultern hatte, und wird mit nach rechts gewendeter Bauchfläche zwischen die Schenkel der Mutter herausgetrieben. Manchmal dreht sich das Kind noch beim Durchtritt der Hüften in der Art, daß sein Gesicht nach derselben Richtung wie das Gesicht der Mutter sieht.

Zweites Kapitel. Vom Geburtsmechanismus.   109

Die Kopfgeschwulst befindet sich bei der Geburt aus dieser Lage auf dem rechten Scheitelbein an der kleinen Fontanelle. Siehe Fig. 45, 3. 4. 5.

§. 177.

Bei zweiter Schädellage, wo die Rückenseite des Kindes, und also auch die kleine Fontanelle rechts steht, und das linke Scheitelbein vorn liegt, ist der Vorgang ganz ähnlich. Auch hier dreht sich der Kopf auf der Beckenenge dem geraden Durchmesser zu, die kleine Fontanelle rückt von rechts her unter den Schambogen, in Fig. 46 von *a* nach *b*.

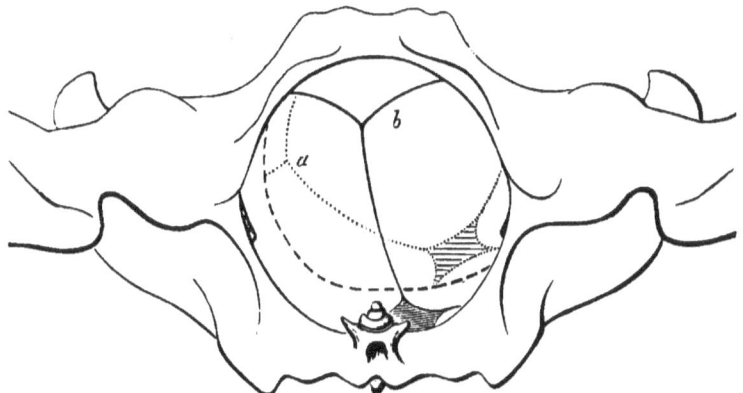

Fig. 46. ⅓ der natürl. Größe.

Der geborene Kopf wendet das Gesicht nach dem linken Schenkel, die linke Schulter tritt unter den Schambogen, das Kind wird mit links gewendeter Bauchfläche geboren und die Kopfgeschwulst befindet sich auf dem linken Scheitelbein an der kleinen Fontanelle.

§. 178.

Bei erster und noch häufiger bei zweiter Schädellage steht manchmal im Anfang, wenn der Kopf in's Becken tritt, die kleine Fontanelle mehr nach hinten (zweite Unterart der Schädellagen). Da ist es Regel, daß bald der Schädel in den queren und dann in den entgegengesetzten schrägen Durchmesser des Beckens sich dreht, so daß die kleine Fontanelle vorn zu stehen kommt. Fig. 47 veranschaulicht diesen Vorgang. Im Eingang des Beckens steht die kleine Fontanelle rechts hinten bei a; gegen den Ausgang hin ist sie unter den Schambogen getreten und steht bei b. Die Geburt geht dann ganz in regel=

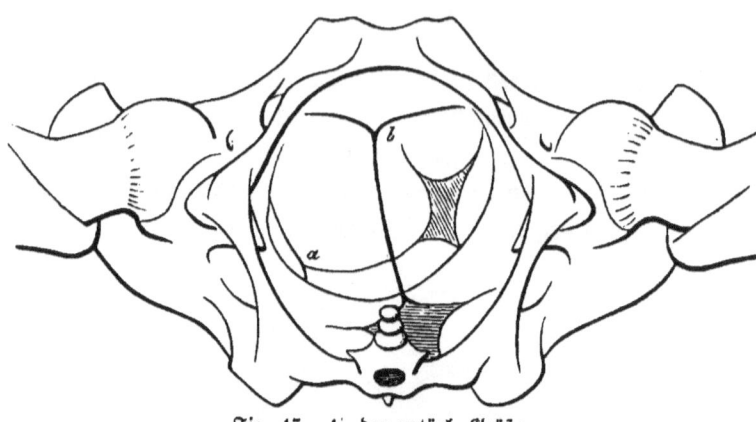

Fig. 47. ⅓ der natürl. Größe.

mäßiger Weise, als wenn die Rückenseite ursprünglich vorn gelegen hätte, vor sich.

Drittes Kapitel.

Wie Gebärende sich verhalten sollen und was die Hebamme bei der regelmäßigen Geburt zu thun hat.

§. 179.

Die regelmäßige Geburt wird durch die natürlichen Austreibungskräfte zum Heil für Mutter und Kind beendet. Jene Kräfte bringen das Kind zur Welt, nicht die Hebamme. Daher beginnt erst nach der Geburt des Kindes das eigentliche Handeln der Hebamme.

§. 180.

Doch aber sind die Pflichten der Hebamme schon während des ganzen Verlaufes der Geburt sehr wichtige. Sie muß sorgen, daß Alles

Drittes Kapitel. Wie Gebärende sich verhalten sollen.

fern bleibe, was den regelmäßigen Verlauf stören könnte; sie muß sorgen, daß Alles beobachtet werde, was den regelmäßigen Verlauf bis zu Ende bestehen läßt, was Kind und Mutter auch nach der Geburt bei Gesundheit erhält; sie muß durch sorgfältige Erkundigung, Beobachtung und Untersuchung den Verlauf jederzeit im Auge behalten, damit die geringste Abweichung von der Regel ihr nicht entgehe, denn bei der geringsten Abweichung kommt Alles darauf an, daß die Hebamme bei Zeiten und richtig handle, wie im sechsten Theil dieses Lehrbuches gelehrt werden soll.

§. 181.

Kommt die Hebamme zu einer Frau, die zu gebären denkt, so muß sie sich durch Erkundigung und Untersuchung folgende Fragen beantworten:

1) Ist die Frau überhaupt schwanger?
2) Wie lange hat die Schwangerschaft gedauert?
3) War die Frau in der ganzen Schwangerschaft gesund und ist sie es jetzt?
4) Hat die Geburt begonnen?
5) Wie weit ist die Geburt, entsprechen die Wehen nach Häufigkeit, Dauer und Stärke der gerade bestehenden Geburtszeit?
6) Lebt das Kind?
7) Wie liegt das Kind?
8) Wie ist das Becken, wie sind die weichen Geburtstheile beschaffen?
9) Hat die Frau schon früher geboren und wie sind die etwa vorhergegangenen Geburten verlaufen?

§. 182.

Die Antwort auf eine oder mehrere dieser Fragen ist der Hebamme oft durch frühere Erkundigung oder Untersuchung bereits bekannt. Auch wenn ihr die Frau ganz unbekannt ist, wird ihr die Antwort, ob Schwangerschaft besteht, ob die Geburt begonnen hat, ob das Kind lebt und wie es liegt, in den meisten Fällen auf den ersten Griff der Untersuchung gleichsam ungefragt zufallen. Die Hebamme muß aber eingedenk sein, daß alle diese Fragen überhaupt aufzuwerfen und zu beantworten sind. Die Hebamme weiß auch aus dem bisher Gelernten, was sie durch Erkundigung, was sie durch Untersuchung zu ermitteln hat, sie wird die in Schmerzen daliegende Frau nicht fragen, ob sie schwanger sei, oder wie ihr Kind liege.

§. 183.

Die **Beurtheilung früherer Geburten** erfordert ganz besondere Umsicht. Nur wenn die Verhältnisse in allen Beziehungen dieselben wären, müßte auch der Verlauf der Geburt wieder derselbe sein. Spätere Geburten sind meist leichter als die erste, weil der Geburtsweg weiter ist. Aber spätere Kinder sind meist größer als das erste. Die Lage, Stellung, Haltung des Kindes war vielleicht bei einer früheren Geburt Schuld an dem unregelmäßigen Verlauf, vielleicht war die Frau damals weniger gesund, weniger kräftig, vielleicht hatten während der Schwangerschaft oder Geburt äußere Schädlichkeiten eingewirkt, die diesmal entfernt gehalten werden können. Aber der eine oder andere dieser Umstände kann auch gerade bei der jetzt bevorstehenden Geburt ungünstiger sein, als bei den früheren. Daher darf die Hebamme aus dem Verlauf früherer Geburten **nie einen unbedingten Schluß** auf den Verlauf der bevorstehenden ziehen wollen. Sie muß alle früher und alle jetzt obwaltenden Umstände, so weit es in ihrer Macht steht, in Erwägung ziehen.

§. 184.

Ergiebt sich nun, daß die Schwangerschaft an ihrem regelmäßigen Ende und die Geburt im Gange ist, und fallen die Antworten auch auf jene anderen Fragen günstig aus, so zieht die Hebamme daraus den Schluß, daß die Geburt wahrscheinlich regelmäßig verlaufen werde; sie theile diese guten Aussichten der Gebärenden mit, und beruhige dieselbe, wenn sie ängstlich ist. Sie selber aber bewahre ihre ganze Aufmerksamkeit und wisse, daß zu jeder Zeit eine Unregelmäßigkeit eintreten kann.

Besteht aber über die eine oder andere jener Fragen ein Zweifel oder fällt die Antwort ungünstig aus, so hat die Hebamme danach

Drittes Kapitel. Wie Gebärende sich verhalten sollen.

ihr Verfahren, wie ihr gelehrt worden, einzurichten. Nie aber darf sie die Frau durch Kundgebung ihres Zweifels ängstigen.

§. 185.

Findet die **Hebamme** es **nothwendig**, einen Geburtshelfer hinzuzuziehen, so hat sie mit Bestimmtheit diese Nothwendigkeit auszusprechen. **Wünscht die Gebärende** oder wünschen **die Angehörigen** die Hinzuziehung eines Geburtshelfers oder Arztes, so darf die Hebamme nie davon abrathen, auch wenn sie alles regelmäßig findet: sie würde dadurch schwere Verantwortung auf sich laden.

§. 186.

Nachdem die Hebamme sich von dem Zustand der Gebärenden unterrichtet hat, **ordne sie das Nöthige an.**

Das Gebärzimmer sei dasselbe, in welchem die Frau das Wochenbett abhalten wird. (In Entbindungsanstalten ist das meistens anders, weil Wöchnerinnen und Gebärende nicht in dasselbe Zimmer gehören.) Wenn die Hebamme die Auswahl hat, so wähle sie zum Gebär- und Wochenzimmer ein hohes, helles, trocknes, vom Geräusch der Straße und des Hauses nicht beunruhigtes Zimmer. Grelles Sonnenlicht muß abgehalten, bei Nacht für gehörige Beleuchtung, bei kühler Jahreszeit für gleichmäßige Wärme, etwa 15 Grad gesorgt werden. Die Luft sei rein, starke Gerüche, angenehme und unangenehme, müssen fern gehalten werden. Aengstliche Angehörige, überflüssige Zeugen müssen höflich, aber mit Ernst entfernt werden. Eine oder zwei Gehülfinnen, Frauen, die der Gebärenden angenehm sind, verweilen passend im Zimmer. Ein Nachtstuhl oder Eimer, auf dem die Gebärende ihre Nothdurft verrichtet, muß im Zimmer oder im Nebenzimmer sein; des allgemeinen Abtritts darf die Gebärende sich nicht bedienen.

§. 187.

Das **Gebärbett** wird am besten auf einer gewöhnlichen Bettstelle hergerichtet, auf derselben, auf der die Wochenzeit abgehalten werden soll. Das Lager muß eine gewisse Festigkeit haben. Eine Matratze oder ein Strohsack sind passend; weiche Unterbetten von Federn, in die

die Gebärende einsinkt, sind zur Geburt nicht zweckmäßig. Am Fuß=
brett muß die Kreissende einen Stützpunkt für die Füße finden. Um
sich mit den Händen während der Wehe anhalten zu können, ist es für
die Kreissende in den späteren Zeiten der Geburt eine erlaubte Er=
leichterung, wenn an den unteren Bettpfosten jederseits ein Strick oder
ein Handtuch befestigt wird, deren Enden sie erfassen kann. Das
Gebärbett muß übrigens in jeder Beziehung so hergerichtet werden, daß
auf demselben der Körper in gewohnter Lage bequem ruht. Für welche
Fälle eine bestimmte Lage der Gebärenden zweckmäßig ist, wird im
Einzelnen gelehrt werden. Unter das Betttuch muß ein Wachstuch oder
ein anderes wasserdichtes Zeug gebreitet werden, damit abgehende
Flüssigkeiten nicht das ganze Bett durchnässen. Das Gebärbett werde
so gestellt, daß es von beiden Seiten zugänglich ist; dabei muß es nicht
zu nah am Ofen, nicht zu nah an Fenster oder Thüre stehen, oder
durch einen Schirm vor Zug geschützt werden.

§. 188.

Die **Kleidung** der Kreissenden sei locker und weit, aber warm.
Beinkleider müssen abgelegt werden. Zur Bedeckung eignet sich am
besten eine wollene oder Steppdecke mit leinenem Ueberzug. Die Hebamme
sorge, daß der Kreissenden das Kopfhaar durch ein Häubchen oder Kopf=
tuch in geordneter Lage befestigt werde, weil das Haar in den nächsten
Tagen nicht gekämmt werden darf.

§. 189.

Ferner treffe die Hebamme Sorge dafür, daß h eißes und mög=
lichst kaltes Wasser jederzeit sogleich zu haben sei. Sie lasse eine
Wanne oder einen Kübel zum Baden des Kindes herbeischaffen. Sie
sorge dafür, daß das Bettchen und die Kleidung für das Kind
bereit liege, und rüste die Verbandstücke für den Nabel des Kindes,
die später beschrieben werden, zu. Daß ihre eigenen Geräth=
schaften, welche später aufgezählt werden sollen, in gehöriger Ordnung
zum Gebrauche bereit liegen, versteht sich von selbst; ebenso daß sie für
sich selbst stets Waschwasser, Seife und Handtücher bereit hält, um
sich nach jeder inneren Untersuchung zu waschen. Wenn die Hebamme

Drittes Kapitel. Wie Gebärende sich verhalten sollen.

nicht die größte Reinlichkeit am eigenen Körper zeigt, steht es ihr schlecht, dieselbe von ihren Pflegebefohlenen zu verlangen. Ein Gefäß zum Unterschieben, um Harn, Stuhlgang und Fruchtwasser aufzufangen, und zum Hineinlegen der Nachgeburt, am besten ein sogenanntes Steckbecken oder Leibschüssel müssen zur Hand sein. Für regelwidrige Fälle muß eine Flasche Essig und etwas Wein oder, wo der nicht beschafft werden kann, Rum oder Cognak im Hause sein.

§. 190.

Hat die Gebärende **Bedürfniß nach Speise und Trank**, so darf sie dasselbe befriedigen, jedoch mit der Einschränkung, daß sie von beiden nie viel auf einmal nimmt, weil sie es sonst wieder ausbricht, und daß sie alle schwerer verdaulichen und erhitzenden Sachen vermeidet. Frisches Obst, alle Gemüse, fettes oder geräuchertes Fleisch sind durchaus zu vermeiden; ebenso Wein, Bier, Branntwein, starker Kaffee und alle Arten Thee. Zum Getränk ist am angemessensten ein Schluck frischen Wassers; Nahrungsmittel werden überhaupt nur nothwendig, wenn die Geburt lange dauert. Milch, Milch und Wasser, Milch mit wenig Kaffee, eine Tasse Fleischbrühe, eine Wassersuppe von Reis oder Hafergrütze, dazu etwas Semmel, werden in den meisten Fällen genügen.

§. 191.

In der Eröffnungsperiode muß die Hebamme dafür Sorge tragen, daß **Urin und Stuhlgang** gehörig entleert werden. Zur Entleerung des Urins genügt oft die Aufforderung an die Gebärende; wenn die Entleerung im Stehen oder Kauern nicht von Statten gehen will, erfolgt sie leichter im Liegen; auch darf die Hebamme den vorliegenden Kopf, wenn derselbe stark auf die Blase drückt, ein klein wenig mit dem Finger vom Scheidengewölbe aus erheben, damit der Urin vorbei kann. Durch die äußere Untersuchung kann die Hebamme bei der gebärenden Frau jederzeit ermitteln, ob die Harnblase gefüllt oder leer ist. Entleert sich die gefüllte Blase auf die vorbeschriebene Weise nicht, so muß die Hebamme den Urin mit dem Katheter ablassen (§. 544).

Zur Entleerung des Kothes ist ein Klystir erforderlich; auch wenn vor nicht langer Zeit Stuhlgang von selbst da war, ist das Klystir nothwendig, denn es trägt dazu bei, daß die Wehen regelmäßig bleiben. Das Klystir besteht aus warmem Wasser mit ein paar Löffeln Oel und bei Hartleibigkeit etwas Seife oder einem Eßlöffel voll Küchensalz.

Kommt die Hebamme zu der Gebärenden erst, nachdem die Austreibungsperiode begonnen hat und der Kopf bereits fest in das Becken eingetreten ist, so muß das Urinlassen meist bis nach der Geburt bleiben, weil der Kopf die Harnröhre zusammenpreßt. Dann kann auch das Klystir nichts mehr nützen, weil weder das Klystir noch der Koth beim Kopfe vorbeigehen kann.

§. 192.

In der Eröffnungsperiode darf die regelmäßig Gebärende ganz nach Belieben und abwechselnd gehen, stehen oder liegen, wie es ihr bequem ist; sie darf auch schlafen, wenn sie die Ruhe dazu hat. Kommt eine Wehe, so sucht sie sich zu stützen. Sopha oder Bett gewähren der Gebärenden die gesuchte Stütze, wenn sie es vorzog, zu liegen; ging sie umher, so setzt sie sich während der Wehe, oder stellt sich mit dem Rücken gegen eine Wand und stützt sich mit den Händen auf die Lehne eines vor ihr stehenden Stuhls; oder sie ergreift die ihr dargebotenen Hände der Hebamme. Alle diese Bequemlichkeit ist der Gebärenden zu gewähren, nur darf sie die Stütze ja nicht zum Pressen mißbrauchen. Alles Mitpressen in der Eröffnungszeit ist sehr schädlich, es macht vorzeitigen Blasensprung, krampfhafte Wehen und verzögert auf diese Weise die Geburt, macht sie schmerzhafter, und kann selbst Gefahr herbeiführen.

§. 193.

Die schon bei ihrer Ankunft vorgenommene **Untersuchung** muß die Hebamme während der Eröffnungsperiode von Zeit zu Zeit wiederholen. Sie untersuche äußerlich und innerlich nach den allgemeinen Regeln; sie vergesse auch nicht, sich vorher zu waschen (§. 108). Besondere Vorsicht hat sie bei der Untersuchung in der Eröffnungszeit auf folgende Punkte zu richten:

1) sie hüte sich, bei der Untersuchung den Muttermund zu zerren, dadurch entstehen Krampfwehen;

2) sie hüte sich, den untersuchenden Finger stark gegen die Fruchtblase zu drängen, damit dieselbe nicht vor der Zeit springe;

Drittes Kapitel. Wie Gebärende sich verhalten sollen.

3) sie hüte sich, den vielleicht sehr beweglichen Kindeskopf vom Beckeneingang fortzudrängen, dadurch können unregelmäßige Kindeslagen entstehen;

4) sie untersuche nicht öfter als nöthig ist.

§. 194.

Nöthig ist nämlich die Untersuchung nur so oft, daß die Hebamme über folgende Punkte im Klaren sein kann:

1) Zu allererst muß die Hebamme wissen, **ob der Kopf vorliegt**, denn in jedem anderen Fall müßte sie zum Geburtshelfer schicken lassen. Die Hebamme weiß, wie der Kopf sich anfühlt, sie fühlt ihn durch das Scheidengewölbe an der vorderen Beckenwand, sie fühlt ihn, wenn die Eröffnung schon weit fortgeschritten ist, auch durch den Muttermund. Wenn die innere Untersuchung einen vorliegenden Theil gar nicht erkennen läßt, kann die äußere Untersuchung volle Gewißheit darüber geben, daß der Kopf vorliegt. Bei der regelmäßigen Kindeslage hat die Gebärmutter ihre regelmäßige Eiform, im Gebärmuttergrund fühlt man den runden, weichen Steiß und daneben, am häufigsten rechts, kleine Theile, die Füße. Die Herztöne hört man am lautesten zur Seite, meist links und etwas nach unten vom Nabel. Ueber der Schambeinfuge fühlt man durch die Haut den festen runden Kopf **manchmal deutlicher sogar als durch das Scheidengewölbe.** Die äußere und die innere Untersuchung darf die Hebamme nur **außer der Wehe** vornehmen, wenn sie dadurch die Lage des Kindes und den vorliegenden Theil erkennen will.

§. 195.

2) Gleich bei der ersten inneren Untersuchung **muß** die Hebamme auch den **Muttermund** fühlen und ermitteln, ob er die ihr bekannte regelmäßige Beschaffenheit hat, ob er bei Erstgebärenden gehörig dünn und scharf und bei allen Gebärenden, ob er **außer der Wehe** weich und schlaff sei. Der Muttermund liegt im Anfang der Geburt weit hinten nach der Kreuzbeinhöhlung zu und oft ein wenig rechts oder ein wenig links.

§. 196.

3) Ob die **Fruchtblase** noch steht, weiß die Hebamme zwar schon mit Wahrscheinlichkeit aus der Aussage der Frau, daß das Wasser bereits abgegangen sei oder nicht. Sie erfährt es mit mehr Sicherheit durch die Untersuchung. Die Fruchtblase fühlt sich glatt an und meist erkennt der Finger das in ihr befindliche Wasser; dagegen fühlt man am **nackten Kopf** die Haare.

§. 197.

4) **Wie schnell die Eröffnung fortschreitet**, nimmt die Hebamme durch **wiederholte Untersuchung** am Muttermund wahr. Merkt sie, daß der Fortgang nur langsam ist, so untersuche sie nur nach je drei oder vier Wehen; ist er schnell, so muß sie nach jeder Wehe untersuchen. Im Anfang ist die Eröffnung meist langsam; wenn da die Wehen selbst mehrere Stunden lang ausbleiben, so hat das keinen Nachtheil für Mutter oder Kind, und die Hebamme hat nur die Kreissende auf= zufordern, diese Zeit zum Ausruhen recht zu benutzen.

§. 198.

5) Ob die **Wehen regelmäßig** sind, erkennt die Hebamme schon an dem **Erfolg**, den sie auf die Eröffnung haben, und, auch wenn der gering ist, an der vollkommen schmerzlosen Wehenpause. Sollte die Hebamme aber zweifelhaft werden über die Regelmäßigkeit der Wehen, so untersuche sie während der Wehe innerlich und äußerlich. Der Muttermund wird bei der regelmäßigen Wehe zwar strammer, aber nicht enger, die Blase wird hervorgetrieben. Die äußere Untersuchung findet die Gebärmutter überall fest und runder als zuvor; wenn die Wehe nachläßt, wird der Muttermund wieder schlaff und weich, und ebenso der Gebärmutterkörper. Bei Gelegenheit dieser Untersuchung hat die Hebamme jedesmal darauf zu achten, ob in der Harnblase viel Harn angesammmelt ist und in diesem Fall ihn zu entleeren.

§. 199.

Ist der Muttermund so weit eröffnet, daß nur noch vorn und an den Seiten ein schmaler Saum zu fühlen ist („der **Muttermund** ist

Drittes Kapitel. Wie Gebärende sich verhalten sollen.

verstrichen"), so steht der Blasensprung nahe bevor. Die Kreissende muß sich jetzt ruhig auf den Rücken legen und die Hebamme muß ein Gefäß unterschieben, das Fruchtwasser aufzufangen.

§. 200.

Sogleich nach dem Abfluß des Fruchtwassers, also mit dem Eintritt der **Austreibungsperiode,** muß die Hebamme eine genaue innere Untersuchung vornehmen. Daß der Schädel vorliegt, wußte die Hebamme schon, auch die Stellung des Kindes war ihr meist durch die äußere Untersuchung schon bekannt; jetzt muß sie durch die innere Untersuchung sich überzeugen, wie der vorliegende Schädel steht, und ob er allein vorliegt. Es könnte neben ihm eine Hand oder ein Fuß oder die Nabelschnur vorgefallen sein; darum muß die Hebamme rings zwischen Kopf und Becken sorgfältig zufühlen. Wie der Schädel steht, erkennt die Hebamme an der kleinen Fontanelle und an der Richtung der Pfeilnaht. Der Schädel könnte auch beim Abfluß des Wassers vom Beckeneingang abgewichen sein. Weil das möglich ist, darf die Hebamme jetzt beim Untersuchen keinen starken Druck gegen den Schädel ausüben, sonst könnte sie ein solches Abweichen herbeiführen.

§. 201.

Die Kreissende darf nun **das Geburtslager nicht mehr verlassen.** Hat die Hebamme sich durch die Untersuchung überzeugt, daß die Lage des Kindes eine durchaus regelmäßige ist, so darf sie der Kreissenden gestatten, nach ihrer Bequemlichkeit auf dem Rücken oder auf der einen oder andern Seite zu liegen. Aber alles unruhige Umherwerfen und das Einbiegen des Kreuzes, das manche Gebärende gern thun, ist mit Ernst zu untersagen. In der Seitenlage ist es der Gebärenden eine Erleichterung, wenn die Hebamme während der Wehe die Kreuzgegend mit der Hand stützt. Die Gebärende bedarf jetzt der Stützen während der Wehe mehr als vorhin, und durch Gewährung derselben und Anleitung dieselben zu gebrauchen wird auch eine unruhige Kreissende am besten zum Stillliegen gebracht. In der Rückenlage stemme die Kreissende bei mäßig gebeugten Schenkeln die Füße gegen das untere Ende des

Bettes und fasse mit den Händen die an den Bettpfosten angebrachten Handhaben.

§. 202.

In dieser Stellung kann auch das **Mitpressen**, zu dem sich die Kreissende jetzt aufgefordert fühlt und das ihr zu gestatten ist, am besten ausgeführt werden. Dazu wird der Kopf durch ein Kissen oder durch die Hand der Hebamme in etwas gebeugter Stellung gestützt, die Kreissende hält den Athem an sich und preßt wie zum Stuhle. Dieses Mitpressen darf nur während der Wehe geschehen, außer der Wehe würde es nachtheilig sein. Nützlich ist dieses „Verarbeiten der Wehen", wenn der Erfolg der Wehen selbst ein geringer ist.

§. 203.

Die Hebamme beurtheilt den Erfolg der Wehen, indem sie bald während derselben, bald unmittelbar danach innerlich untersucht, sie nimmt dann das in den Paragraphen 172. 173. 174 beschriebene Vorrücken des Kopfes wahr.

Auch die Wirkung der Geburt auf das Befinden des Kindes muß die Hebamme im Auge behalten. Später wird die Rede davon sein, in welcher Weise das Leben des Kindes durch die Geburt gefährdet werden kann. Ein für alle Mal merke die Hebamme, daß sie über das Befinden des Kindes im Mutterleib aus den Herztönen desselben stets ein Urtheil gewinnen kann. Sie unterlasse deßhalb nicht, auch wenn der Verlauf der Geburt ganz regelmäßig erscheint, nach 4 bis 6 Wehen jedesmal nachzuhorchen, ob die Herztöne des Kindes regelmäßig sind.

Mit besonderer Aufmerksamkeit achte die Hebamme auf den Zeitpunkt, wo der Kopf „aufzudrücken" beginnt und After und Damm durch ihn hervorgedrängt werden; jetzt hat sie darüber zu wachen, daß die **Schamspalte** und namentlich der **Damm** beim Durchtritt des Kindes ganz bleiben. Vier wesentliche Punkte sind es, auf welche die Hebamme da zu achten hat.

§. 204.

Erstens. Zu der Zeit, wo der Kopf in das Becken eintrat, war eine halbsitzende Lagerung oder eine Lagerung mit erhöhtem Steiß zwar nicht erforderlich bei regelmäßigem Becken, doch keinesfalls schädlich. Dagegen zu dieser Zeit, wo der Kopf den Beckenboden erreicht hat, würde eine solche Lagerung in hohem Grade nachtheilig sein. Durch eine solche Lagerung wird nämlich die Lendenwirbelsäule gebeugt, die Neigung des Beckens zum Rumpfe bedeutend vermindert.

Die Hebamme hat schon aus Figur 12 und 13 ersehen, daß die Lendenwirbelsäule einer bedeutenden Biegung fähig ist, sie kann jederzeit am eigenen Körper, sie kann bei jeder zur Untersuchung daliegenden Frau diese Biegsamkeit der Lendenwirbelsäule wahrnehmen. Die folgende Figur 48 zeigt nach genauen Messungen die mittlere Biegsamkeit der Lendenwirbelsäule der Frau. Da die Stellung der Gebärmutter, ganz besonders in der Rückenlage, von der hinteren Bauchwand zum großen Theil abhängig ist, so wird die Richtung der Gebärmutter und also die Richtung der austreibenden Kraft zur Führungslinie des Beckens durch Beugung und Streckung der Lendenwirbelsäule verändert.

Die Stellung der drei untersten Lendenwirbel hat unmittelbaren Einfluß auf die Stellung der Gebärmutter. Die Hebamme betrachte Fig. 28 auf Seite 59 und Fig. 43 auf Seite 102. In der Rückenlage wird der Einfluß der Lendenwirbelsäule auf die Stellung der Gebärmutter zum Becken viel zwingender sein als in aufrechter Stellung oder in Seitenlage, weil in der auf dem Rücken liegenden Frau die Gebärmutter auf den unteren Lendenwirbeln ruht. Die umstehende Fig. 48 erläutert das. Die Richtung der austreibenden Kraft geht etwa 11 Centimeter vor dem 3. Lendenwirbel vorbei. Ist die Lendenwirbelsäule gestreckt, Fig. 48 a, zum Beispiel durch ein unter dieselbe gelegtes Rollkissen, so verläuft die Richtung der austreibenden Kraft der Gebärmutter gleich pp. Ist dagegen die Lendenwirbelsäule gebeugt, a 1, zum Beispiel durch Erhöhung des Steißes oder des Oberkörpers, so ist die Richtung der austreibenden Kraft gleich p 1, p 1. Die punktirte Linie o ist die Führungslinie; allein in der Richtung derselben kann der Kopf vorwärts bewegt werden. Je mehr die Richtung der Führungslinie mit der der austreibenden Kraft zusammenfällt, desto vollständiger wird die ganze austreibende Kraft auf die Vorbewegung des Kopfes verwendet und desto weniger von der austreibenden Kraft geht auf die

122 Dritter Theil. Von der regelmäßigen Geburt.

Beckenwände verloren, desto weniger werden die den Geburtsweg be=
grenzenden Weichtheile gedrückt und gezerrt.

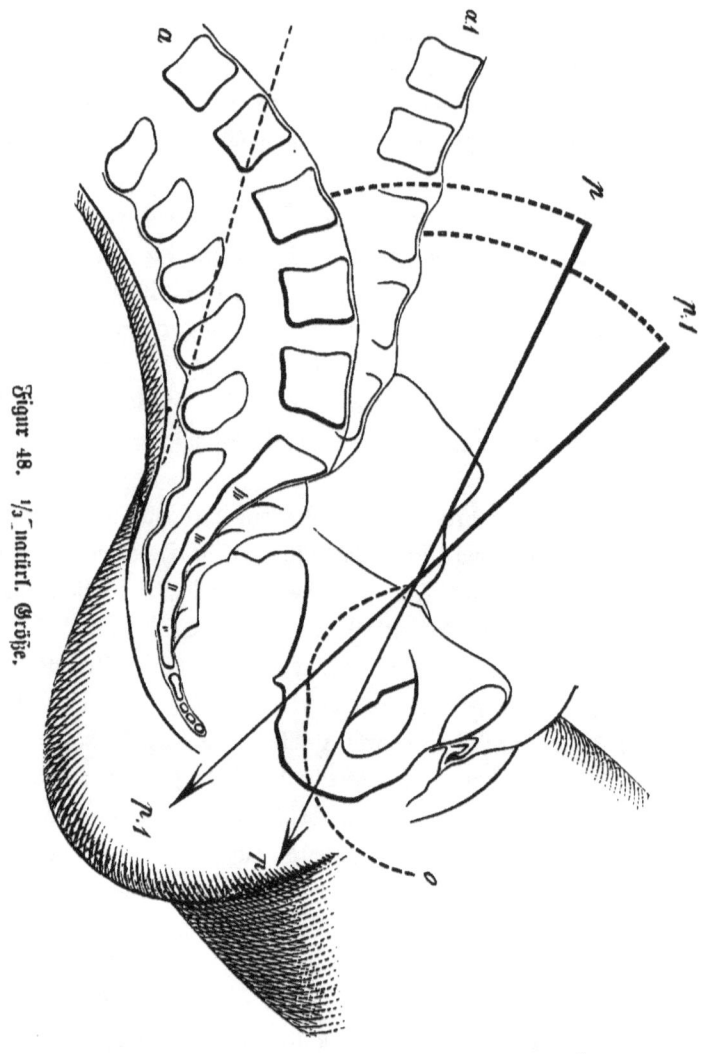

Figur 48. ⅓ natürl. Größe.

In der weiter unten folgenden Fig. 49 ist wiederum p die Rich=
tung der austreibenden Kraft bei gestreckter, $p\,1$ bei gebeugter Wirbel=
säule. Anstatt der Führungslinie ist im Becken der Kindesschädel und
am Ausgang des Beckens der After und der Damm gezeichnet worden.

Drittes Kapitel. Wie Gebärende sich verhalten sollen.

Es ist für die Hebamme ohne Weiteres ersichtlich, daß in der Richtung *p* eine geringere Kraft ausreichen wird, um den Kopf aus der Geschlechtsöffnung auszutreiben, als in der Richtung *p* 1 erforderlich ist, und daß der Ueberschuß an Kraft, welcher in der Richtung *p* 1 aufgewendet werden muß, auf Zerrung und vielleicht auf Zerreißung des Dammes verloren geht.

Daher lagere die Hebamme zu der Zeit, wo der Kopf auf den Boden des Beckens gelangt ist, die Frau stets so, daß die Lendengegend **stark gestreckt**, wie man sich ausdrückt „**stark eingebogen**" sei, wie bei Figur 48 in *a*. Liegt die Frau auf dem Rücken, so soll ein **Rollkissen unter der Lendegegend**, ja nicht, wie gebräuchlich, ein Kissen unter dem Steiß liegen; eine Lagerung mit erhöhtem Steiß ist den Frauen fast ebenso schädlich zu dieser Zeit der Geburt, wie die halbsitzende Stellung auf den alten Gebärstühlen war. Auch wenn die Frau auf der Seite liegt, halte die Hebamme darauf, daß die Lendengegend **stark gestreckt, stark eingebogen sei**.

§. 205.

Nächst dem im vorigen Paragraphen Gesagten kommt es noch auf drei Dinge wesentlich an, **damit der Damm beim Durchtritt des Kopfes nicht zerreiße:**

Es muß nämlich **zweitens** der Hinterkopf vollständig unterm Schambogen hervorgetreten sein, ehe der Vorderkopf sich über den Damm herauswälzt.

Drittens muß dieses Hervorwälzen des Vorderkopfs so langsam geschehen, daß die Weichtheile am Beckenboden sich gehörig ausdehnen können.

Viertens muß der Kopf, bis er ganz heraus ist, in der Führungslinie bleiben, es muß also die Nackengrube des Kindes am Schambogen der Mutter dicht angedrückt liegen bleiben.

Daher hat die Hebamme, während der Kopf durchtritt, nach einander noch weitere drei Dinge zu beobachten:

§. 206.

Zu 2. Je größer die Durchmesser und die Umfänge sind, welche der Kopf bei seinem Austreten in die Schamspalte stellt, desto bedeutender müssen die Weichtheile am Beckenboden sich ausdehnen, desto

Dritter Theil. Von der regelmäßigen Geburt.

eher wird, nachdem die Dehnungsfähigkeit der Weichtheile erschöpft ist, der Damm zerreißen. Wenn der Kindesschädel, welcher in Figur 49 eben ins Einschneiden kommt, mit dem Punkt *a* unter dem Schambogen liegen bleibt, während er mit Scheitel, Stirn und Gesicht über den Damm hervorgewälzt wird, so ist sein Durchmesser *ac* der größte, welcher in die Schamspalte zu stehen kommt, seine Stirn be-

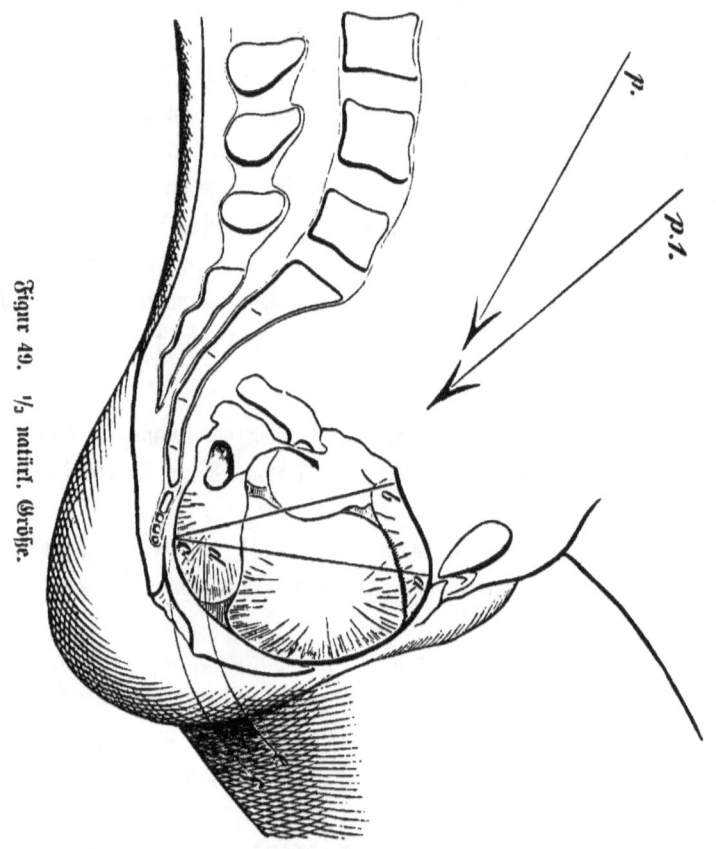

Figur 49. ⅕ natürl. Größe.

schreibt beim Austreten den Bogen *cf*, und bis an die Linie *cf* muß der Damm entweder sich ausdehnen, oder er zerreißt. Tritt dagegen der Kopf zuvor bis zum Punkte *b* unter dem Schambogen hervor, so ist der kleine schräge Durchmesser *bc* der größte Durchmesser, welcher in die Schamspalte tritt. Wenn der Punkt *b* unterm Schambogen liegt anstatt des Punktes *a*, so reicht die Stirn nur bis *d*. Sie beschreibt beim Austreten den Bogen *de*. Bis zur Linie *d e* braucht also auch der Damm sich nur auszudehnen und das wird eher ohne Zerreißung geschehen können.

Namentlich dann, wenn der Damm sehr fest ist, also häufiger bei Erstgebärenden, besonders bei Erstgebärenden in vorgerückterem Alter, beginnt der Kopf schon über den Damm sich hervorzuwälzen, wenn er erst mit dem Punkte *a* oder mit einer der kleinen Fontanelle noch näher liegenden Stelle unterm Schambogen angelangt ist. Wollte die Hebamme nun, weil der Damm sich bedeutend spannt, nach altem Gebrauch die Hand gegen denselben andrücken, so würde sie den Kopf erst recht verhindern, mit der Strecke *ab* weiter hervorzutreten, sie würde durch das „Unterstützen des Dammes" einen Dammriß erst recht herbeiführen. Die Hebamme verfahre dagegen folgendermaßen: In jedem Falle, sobald der Kopf anfängt, sich nach vorn zu wälzen, fühle sie mit Zeige- und Mittelfinger nach, ob das ganze Hinterhaupt unter dem Schambogen bereits hervorgetreten ist. Ist das noch nicht ge= schehen, so muß sie nach jeder Wehe oder auch während derselben die genannten zwei Finger fest auf das Hinterhaupt legen und dasselbe gegen den Damm hin herabdrücken, so daß das ganze Hinterhaupt von *a* bis *b* unter dem Schambogen hervortrete.

§. 207.

Zu 3. Die starke Ausdehnung, welche der Damm erleiden muß, um den Kopf austreten zu lassen, wird eher ohne Zerreißung zu Stande kommen, wenn sie langsam geschieht, als wenn sie plötzlich stattfindet. Den Damm zuvor mit den Fingern ausweiten, oder ihn mit Oel be= streichen, macht ihn nicht dehnbarer; die Hebamme sorge dagegen dafür, daß der Kopf langsam austritt. Zu dem Ende verbiete sie zunächst alles Mitpressen, sie entziehe der Frau die Stützen an Händen und Füßen, verbiete das Anhalten des Athems, lasse vielmehr die Kreißende frei herausschreien, wenn sie das Bedürfniß dazu fühlt, und gebe ihr, wenn sie in der Rückenlage das Mitpressen nicht lassen kann, statt der Rückenlage die Lage auf der rechten oder linken Seite. Die Schenkel und die Kniee werden dabei mäßig gebeugt, wie Figur 50 darstellt, und die Kniee durch ein zwischen dieselben gelegtes Kissen etwas aus=

126 Dritter Theil. Von der regelmäßigen Geburt.

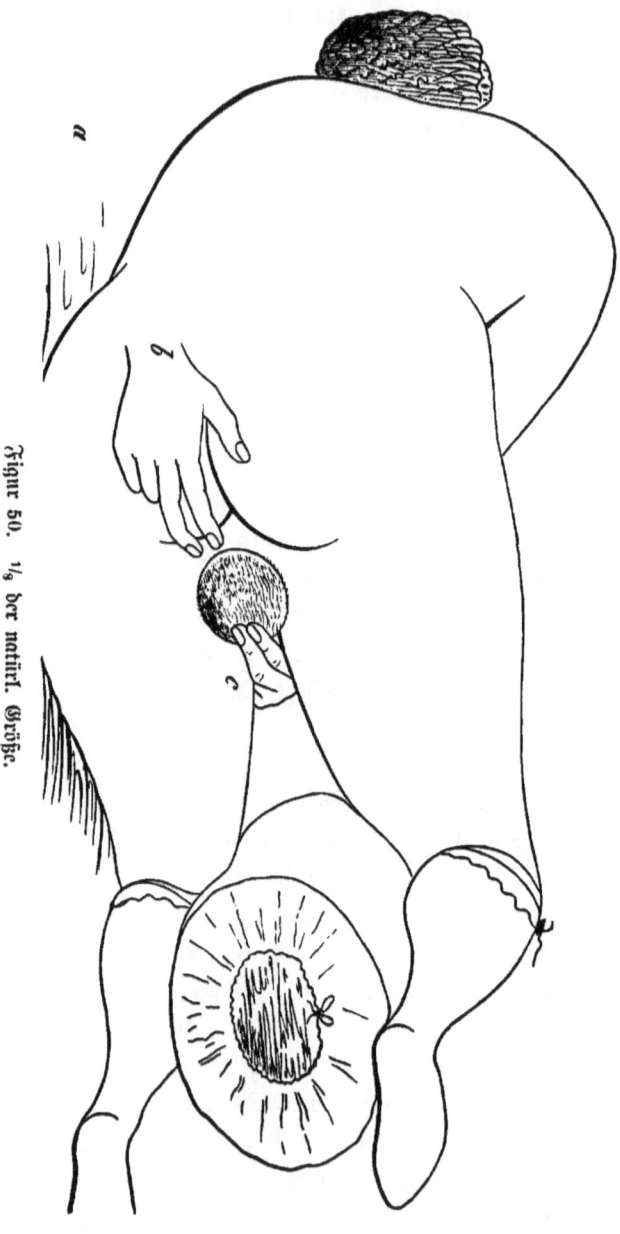

Figur 50. 1/3 der natürl. Größe.

einandergehalten, so daß der Damm und die Geschlechtstheile von der Rückenseite her frei zugänglich sind. Daß die gebärende Frau wohl bekleidet und wohl bedeckt auf dem Gebärbett liegen soll, erfuhr die Hebamme aus §. 188. Kleidung und Bedeckung sind in Figur 50 nicht gezeichnet worden, damit die Hebamme die Art, wie die Frau zu lagern ist, und die Stellung, welche ihre eigenen Hände einnehmen sollen, gut sehen kann. Die Frau kann in der Seitenlage weit weniger mitpressen und die Hebamme kann den Damm noch besser beobachten als in der Rückenlage. Wenn die Frau auf der linken Seite liegt, also mit dem Rücken gegen den rechten Bettrand, so setzt sich die Hebamme näher dem Kopfende des Bettes auf den rechten Bettrand, Figur 50 bei *a*, oder auf einen neben denselben gestellten Stuhl im Rücken der Frau und beobachtet die Spannung des Dammes theils mit dem Auge, hauptsächlich aber mit Zeige- und Mittelfinger der rechten Hand, welche sie sorgfältig tastend über den After hinweg an den vorderen Rand des Dammes legt, Figur 50 *b*. Wird die Spannung desselben während einer Wehe so bedeutend, daß ein Einriß droht, so darf sie bei dieser Wehe den Kopf nicht weiter treten lassen; sie stemmt dann die zwei Finger der anderen, über den Bauch hergeführten Hand, Fig. 50 *c*, gegen den Kopf, bis die Wehe nachläßt. In der Wehenpause hat nun der Damm Zeit sich auszudehnen, und in der folgenden Wehe kann der Kopf ohne Gefahr für den Damm weiter heraustreten. Wird die Spannung wieder zu bedeutend, so muß bei der nächsten Wehe der Kopf wiederum am vollständigen Durchtreten gehindert werden. Auf diese Weise tritt der Kopf so langsam durch, daß ein Dammriß nicht stattfindet.

§. 208.

Zu 4. Nach vorn kann der Kopf von der Führungslinie nicht abweichen; wenn die Wurzel des Hinterhaupts dem Schambogen eng anliegt, befindet sich der Kopf in der Führungslinie des Beckenausganges. Daß der Kopf nach hinten von der Führungslinie nicht abweiche, dafür sorgt in fast allen Fällen der Damm selbst durch seine Straffheit. Nur bei sehr schlaffem Damm oder bei übermäßiger Wehenkraft oder unmäßigem Mitpressen kann der Kopf gegen den Damm hin von der Führungslinie abweichen. Die Hebamme erkennt das dadurch, daß sie einen Raum zwischen Kopf und Schambogen mit dem tastenden Finger wahrnimmt. Die Hebamme fühle daher bei jeder Geburt zu der Zeit, da der Kopf dem Durchschneiden nahe ist, mit denjenigen Fingern, welche zum Zurückhalten des Kopfes bereit liegen, Fig. 50 c, einmal während der Wehe nach, ob der Kopf am Schambogen anliegt. In dem seltenen Falle, wo der Hinterkopf dem Schambogen nicht anliegt, ist es nothwendig während der Kopf durchschneidet, den Damm zu unterstützen. Die Hebamme lasse dann die bis dahin am Damm tastende Hand Figur 50 b, eine solche Stellung annehmen, daß der Daumen an den rechten, der Zeigefinger an den linken Rand des Dammes zu liegen kommt. Die so liegende Hand übt nun einen gelinden Druck in der Richtung gegen den Schambogen, so daß der Hinterkopf von demselben nicht abweichen kann, während Stirn und Gesicht des Kindes zwischem dem Daumen und Zeigefinger der Hebamme hervortreten.

§. 209.

Wird die Geburt bei Rückenlage der Frau beobachtet, so sitzt die Hebamme am rechten oder linken Bettrand zu Füßen der Frau, das

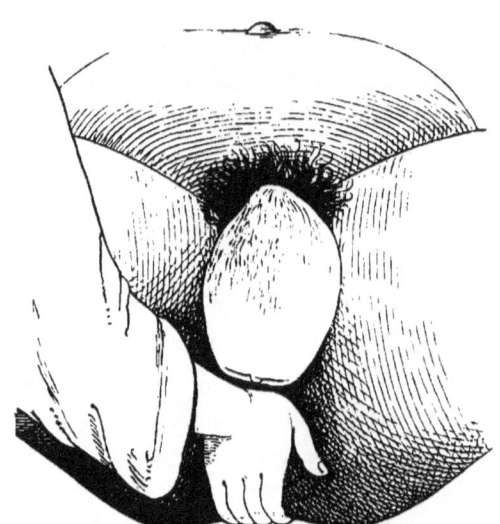

Figur 51. ⅕ der natürl. Größe.

Drittes Kapitel. Wie Gebärende sich verhalten sollen.

Gesicht gegen das Gesicht der Frau gewendet. Sitzt die Hebamme am rechten Bettrand, so beobachtet sie mit den Fingern der rechten Hand, unter der Bettdecke, das Hervortreten des Hinterhaupts, auch nach der Spannung des Dammes tastet sie mit den Fingern der rechten Hand. Zur Zurückhaltung des Kopfes liegt über die rechte Seite der Gebärenden hinweg die linke Hand der Hebamme bereit. Zum dritten Handgriff, wenn derselbe nöthig werden sollte, zur Unterstützung des Dammes, wird in der Rückenlage der Frau die Hand so an den Damm angelegt, daß dessen vorderer Rand vor dem Ballen des Daumens liegt, die Hand und die ausgestreckten Finger liegen dabei über den After weg nach hinten, wie Figur 51 zeigt.

§. 210.

Nicht bei jeder Geburt müssen alle drei Handgriffe ange=
wendet werden, aber die Hebamme muß bei jeder Geburt auf alle
jene drei Dinge Achtung geben (§. 205). Ist das Hinterhaupt unter dem Schambogen bereits vollständig hervorgetreten, so wäre es ganz unnütz, es tiefer herabdrücken zu wollen. Tritt der Schädel von selbst langsam durch die Schamspalte, ohne dieselbe übermäßig zu spannen, so wäre es schädlich, ihn länger im Durchschneiden aufhalten zu wollen. Liegt das Hinterhaupt, wie gewöhnlich, von selbst am Scham=
bogen an, so wäre es schädlich, dasselbe noch fester dagegen zu pressen. Das Herabdrücken des Hinterhauptes ist selten nothwendig, das Ver=
zögern des Durchtritts des Kopfes, Fig. 50, in den allermeisten Fällen, das Unterstützen des Dammes wiederum ganz selten beim Durchschneiden des Kopfes. Am meisten würde aber die Hebamme schaden, wenn sie diesen dritten Handgriff, die eigentliche Unterstützung des Dammes, früher anwenden wollte, **als bis der Hinterkopf voll=
ständig unter dem Schambogen hervorgetreten ist.** Dann würde sie dieses Hervortreten hindern, dann würde der Kopf mit dem großen queren Umfang in die Schamspalte treten, anstatt, wie es Regel ist, mit dem kleinen schrägen, und dann würde ein Dammriß, den die Hebamme eben verhüten will, erst recht eintreten.

§. 211.

Wenn der durchtretende Kopf aus dem Mastdarm den Koth hervorpreßt, so muß die Hebamme denselben in einem dazu bestimmten Tuch auffangen, damit die Gebärende und sie selbst nicht mehr als unvermeidlich ist beschmutzt werde. Die den Damm beobachtende Hand mit einem Handtuch oder Lappen zu bedecken, ist unzweckmäßig, weil sie dadurch gehindert wird, jederzeit zu fühlen, wie groß die Spannung des Dammes ist. Alles, was vom menschlichen Körper stammt, darf die Hebamme so wenig wie der Arzt sich scheuen anzufassen, wenn es nöthig ist. Es giebt ja Waschwasser und Seife.

§. 212.

Nachdem der Kopf geboren ist, muß die Hebamme rings um den Hals des Kindes nachfühlen, ob etwa eine Schlinge der Nabelschnur um denselben liegt, denn wenn das der Fall ist, muß die Hebamme dieselbe soweit lockern, daß die Schultern durch dieselbe hindurchtreten können (§. 452). Darauf unterstützt die Hand den Kopf, damit er nicht herabsinke; doch darf Mund und Nase des Kindes von der Hand nicht bedeckt sein, denn manchmal athmet das Kind schon jetzt.

§. 213.

Wenn die nächste Wehe eintritt, welche die Schultern heraustreibt, muß jedesmal die am Damm liegende Hand dafür sorgen, daß die vorn liegende Schulter beim Durchtritt fest am Schambogen anliege. Wenn das nicht geschieht, so zerreißt manchmal der Damm noch beim Durchtritt der Schultern. Ein wohlberechneter Druck gegen den Schambogen hin, wie ihn für den Durchtritt des Kopfes bei Seitenlage der Frau §. 208 beschreibt, für die Rückenlage Fig. 51 darstellt, ein Druck, der aber dem Durchtritt nicht hinderlich sein darf, genügt, um den Damm ganz zu erhalten.

§. 214.

Sind die Schultern hindurchgetreten, so folgt nun die bisher am Damm gelegene Hand dem meist in derselben Wehe ganz zu Tage

Drittes Kapitel. Wie Gebärende sich verhalten sollen.

tretenden Kind. Dasselbe muß so empfangen, und wenn es ganz heraus ist, so hingelegt werden, daß Mund und Nase frei athmen können und daß die Nabelschnur schlaff bleibt und in keiner Weise gezerrt wird, denn das würde der Mutter sowohl als auch dem Kinde schaden können.

§. 215.

In der Nachgeburtsperiode hat die Hebamme ihre Aufmerksamkeit und ihre Verrichtungen auf Mutter und Kind zweckmäßig zu vertheilen. Das geborene Kind, welches meist nun erst anfängt zu athmen und zu schreien, muß im Zusammenhang mit der Mutter ein paar Minuten liegen bleiben. Während deß fühle die Hebamme nach der Gebärmutter, ob dieselbe fest zusammengezogen ist, so daß eine Blutung nicht zu befürchten, und ob sie so klein geworden ist, daß nicht etwa ein zweites Kind darin sein kann. Findet die Hebamme die Gebärmutter fest und klein, mit ihrem Grund etwas unterhalb des Nabels oder noch tiefer stehen und athmet und schreit das Kind regelmäßig, ist auch der Pulsschlag in der Nabelschnur völlig oder doch fast ganz geschwunden, so schreitet sie nun zur Abnabelung.

§. 216.

Vier Querfinger breit vom Nabel **unterbindet** sie die Nabelschnur mit einem ein- bis zweistrohhalmbreiten festen Bändchen, indem sie einen gewöhnlichen Knoten und darüber einen zweiten fest zusammenzieht. Drei Querfingerbreit weiter **durchschneidet sie dann die Nabelschnur** mit der Nabelschnurscheere, schlägt das freie Ende auf das unterbundene Ende zurück und schnürt über dasselbe die Enden des Bändchens noch einmal in zwei eben so feste Knoten. Beim Unterbinden des Nabelstranges hat die Hebamme ganz besondere Aufmerksamkeit darauf zu richten, daß sie weder das mütterliche noch das kindliche Ende desselben zerrt. Die Zerrung des mütterlichen Endes könnte Blutung aus der Gebärmutter, die Zerrung des kindlichen Endes gefährliche Entzündungen am Nabel zur Folge haben. Auch muß die Hebamme beim festen Zuziehen die Knöchel ihrer beiden Hände gegeneinanderstemmen, damit, wenn das Bändchen etwa reißen sollte, ihr die Hände nicht ausfahren.

Vielfach ist es gebräuchlich, die Nabelschnur doppelt zu unterbinden und zwischen den zwei Unterbindungen zu durchschneiden. Dagegen ist gar nichts einzuwenden. Die doppelte Unterbindung hat sogar den Vortheil, daß weniger Blut in das Bett läuft und ganz besonders auch den, daß der Mutterkuchen, welcher durch das zurückgehaltene Blut größer bleibt, die Gebärmutter zu kräftigeren Nachgeburts= wehen anregt. Die Hebamme wisse aber, daß die Unterbindung des mütterlichen Endes der Nabelschnur **nicht nöthig ist**, daß sie, wenn die Abnabelung Eile hat, sich mit doppelter Unterbindung nicht aufhalten darf. **Die Frau verliert keinen Tropfen Blut aus der nicht unterbundenen Nabelschnur.**

§. 217.

Nachdem das Kind abgenabelt ist, erfordert die nächste Aufmerk= samkeit wieder die Mutter. Das Kind wird daher in ein warmes Tuch gehüllt einer verständigen Frau übergeben, oder in Ermangelung derselben an einen sicheren Ort ruhig hingelegt, und die Hebamme sieht nun von Neuem nach, ob die Gebärmutter auch jetzt fest zusammen= gezogen und die Blutung aus den Geschlechtstheilen gering ist; sie erkundigt sich, ob die Gebärende ohne Schmerz ist und sich sonst wohl fühlt und achtet besonders darauf, ob im Allgemeinbefinden der Frau keine Zeichen einer Blutung (§. 308) sich zeigen. Bei der äußeren Untersuchung achte die Hebamme darauf, ob die vor der Gebärmutter gelegene Harnblase voll oder leer ist. Oft hat sich während der Geburt viel Urin angesammelt; die volle Blase ist für die Austreibung der Nachgeburt hinderlich. Findet die Hebamme die Blase voll, so führe sie mit besonderer Sorgfalt, weil die Theile jetzt sehr empfindlich sind, den Katheter ein, damit der Urin ablaufe.

Mit der unter der Bettdecke auf dem Bauch der Frau ruhenden Hand beobachte nun die Hebamme unausgesetzt die Gebärmutter.

§. 218.

Beim Eintritt einer Nachgeburtswehe wird die Gebärmutter härter und runder; meist geht nun auch mehr Blut ab. Sobald eine Nach=

Drittes Kapitel. Wie Gebärende sich verhalten sollen.

geburtswehe eintritt, muß die Hebamme mit ausgebreiteter Hand die Gebärmutter fassen, vom rechten Bettrand her mit der linken Hand so, daß die Daumenseite der Hohlhand die vordere, die Kleinfingerseite den Grund und die Hinterseite der Gebärmutter umgreift. Mit der so angelegten Hand drücke die Hebamme mäßig stark die vordere Wand der Gebärmutter gegen die hintere, **ohne dabei die Gebärmutter in das Becken hinabzudrängen**, ohne auch der Frau Schmerz zu machen. Die Wehe wird durch solchen Druck angemessen verstärkt und bei der ersten oder zweiten auf diese Weise unterstützten Nachgeburtswehe tritt meist die Nachgeburt in die Scheide oder selbst bis in die äußeren Geschlechtstheile, wo sie dann auf die gleich zu lehrende Weise weggenommen wird.

§. 219.

Trat die Nachgeburt nicht bis an die äußeren Theile, so kann die Hebamme aus der dauernden Verkleinerung der Gebärmutter oft ver**muthen**, daß die Nachgeburt in die Scheide getreten sei; **sie überzeuge sich davon durch die innere Untersuchung**. Wenn sie am rechten Bettrande sitzt, faßt sie den Nabelstrang, unter dem rechten Schenkel der Frau hingreifend, in zwei Finger der linken Hand, geht mit dem Zeige= und Mittelfinger der rechten Hand am Nabelstrang hinauf in die Scheide, bis sie entweder zum Mutterkuchen oder zum Muttermund gelangt. Erreicht sie den Rand des Muttermundes, so **ist die Nachgeburt noch in der Gebärmutter**; dann geht sie mit der Hand wieder heraus, deckt die Gebärende wieder zu und überwacht die Gebärmutter mit der außen aufgelegten Hand wie vorher. Erreicht sie aber den Muttermund an keiner Stelle, weil das ganze Scheidengewölbe von dem **Mutterkuchen** ausgefüllt ist, oder liegt der Mutterkuchen sogar schon tief unten in der Scheide, so hat die Hebamme denselben zu **entfernen**. Zu diesem Zweck wickelt sie den mit den Fingern der linken Hand gefaßten Nabelstrang um diese Finger herum und faßt ihn fester, als zuvor zur Untersuchung erforderlich war; dann legt sie den Zeige= und Mittelfinger der rechten Hand, am Nabelstrang hinaufgehend, an die Stelle, wo derselbe in den Mutterkuchen sich einsenkt. Indem sie nun mit den zwei Fingern der rechten Hand die

Nachgeburt kräftig nach hinten drückt, zieht sie dieselbe am Nabel=
strange hervor. Die Hebamme merke, daß ein kräftiger Druck mit der
einen und ein kräftiger Zug mit der anderen Hand oft erforderlich ist,
um die Nachgeburt aus der Scheide zu entfernen. Es kommt daher
vor allen Dingen darauf an, daß erkannt werde, ob die Nach=
geburt in der Gebärmutter oder in der Scheide liegt. Liegt
die Nachgeburt noch in der Gebärmutter, so ist jeder leise Zug am
Nabelstrang schädlich, liegt sie in der Scheide, so ist ein kräftiger
Druck und Zug erforderlich, denn das unnütze Verweilen der Nach=
geburt in der Scheide kann zu neuer Blutung aus der Gebärmutter
Veranlassung geben.

§. 220.

Sobald der Mutterkuchen an den äußeren Geschlechtstheilen erscheint,
faßt die Hebamme ihn mit den Fingern der rechten Hand, dreht ihn ein
paar mal um sich selbst, damit die Eihäute einen festen Strang bilden,
und zieht am Mutterkuchen die übrige Nachgeburt langsam hervor.
Sollten die nachfolgenden Eihäute einem leisen Zug noch Widerstand
leisten, so geht die Hebamme mit Zeige= und Mittelfinger der rechten
Hand nochmals in die Scheide und übt mit denselben einen leisen Druck
auf den Strang der Eihäute, damit derselbe ohne abzureißen in der
Richtung der Führungslinie aus dem Muttermunde hervortrete. Die
entfernte Nachgeburt wird in eine reine Schüssel gelegt.

Nun muß zunächst die Nachgeburt genau besichtigt werden, ob
etwa von den Eihäuten ein bedeutendes Stück, oder vom Mutterkuchen
etwas fehlt. In diesen Fällen müßte zum Geburtshelfer geschickt und
die Nachgeburt für ihn aufbewahrt werden. Wo immer die Heb=
amme weiß, daß ein Arzt die Wöchnerin besuchen wird,
hebe sie bis zu dessen Ankunft die Nachgeburt auf.

Ferner muß die Hebamme durch Befühlen des Unterleibes sich
überzeugen, ob auch jetzt die Gebärmutter fest und klein zusammenge=
zogen ist, und ob die Blutung, wie regelmäßig, jetzt ganz gering ge=
worden ist.

Drittes Kapitel. Wie Gebärende sich verhalten sollen.

§. 221.

Dann wasche die Hebamme mit einem Schwamm und reinem lauwarmen Wasser, welchem ein wenig Carbolsäure oder übermangansaures Kali beigemischt worden ist (§. 108), die Geschlechtstheile und deren Umgegend sorgfältig ab; das erfordert besondere Vorsicht, weil diese Theile jetzt sehr empfindlich sind; an den Geschlechtstheilen darf die Hebamme nur vom Damm her nach vorn streichen, weil sie auf andere Weise Schmerz machen würde. Dabei muß die Hebamme nachsehen, ob nicht vielleicht trotz aller Vorsicht ein Dammriß erfolgt ist. (Ueber Dammrisse wird im §. 439 und 440 gehandelt.)

§. 222.

Hält nun die Frau auf demselben Bette, auf dem sie niederkam, ihr Wochenbett ab, wie es das Beste ist, so werden die Kissen, die etwa zur Erhöhung des Steißes oder der Lendengegend untergeschoben waren, entfernt, damit die Frau bequem liege. Die Unterlagen werden erneuert. Ebenso muß die Leib- und Bettwäsche, soweit sie blutig oder durchnäßt ist, gewechselt werden. Die neue Wäsche muß durchaus trocken und wohl durchwärmt sein. Jedes längere Entblößen, jede lebhafte Bewegung der Entbundenen muß dabei vermieden werden.

Sollte es unvermeidlich sein, das Bett zu wechseln, so muß außer den angeführten Vorsichtsmaßregeln das neue Bett an das alte herangestellt werden und die Entbundene, ganz ohne daß sie sich aufzurichten und selbst zu bewegen braucht, hinübergehoben werden.

Vor die Geschlechtstheile zwischen die Schenkel werde ein weiches, weißes Tuch gelegt, das sogenannte **Stopftuch**, durch dessen Besichtigung die Hebamme jederzeit erkennen kann, wie stark die Blutung ist.

Der Neuentbundenen eine Leibbinde anzulegen, wie vielfach gebräuchlich ist, schadet nichts, wenn sie nicht zu fest angezogen wird. Nützlich ist es nur nach sehr schnellen Geburten.

§. 223.

War eine kundige Frau zur Hand, so konnte dieselbe inzwischen unter der Leitung der Hebamme das Kind baden. War das nicht der Fall, so schreitet die Hebamme erst jetzt zur **Besorgung des Kindes**. Das inzwischen herbeigebrachte Wasser zum Bad prüfe sie, ob es die rechte Wärme hat. Es muß etwa 25 Grad warm sein. Wenn es am hineingetauchten Ellbogen eine angenehm warme Empfindung macht, kann die Hebamme es für genügend warm halten, falls ihr kein Thermometer zur Hand ist. Dann legt die Hebamme das Kind so in das Bad, daß es, auf ihrer Hand ruhend, mit dem Gesicht aus dem Wasser sieht, während die andere Hand mit einem weichen Badeschwamm den ganzen Körper des Kindes von Blut und Kindesschleim reinigt. Haftet der letztere fest, so löst er sich leichter, wenn die Hebamme die Haut des Kindes mit etwas feinem Oel oder ungesalzener Butter oder mit frischem Eigelb bestreicht. Alles heftige Reiben auf der zarten Haut des Kindes ist zu vermeiden, und es schadet nichts, wenn der Kindesschleim nicht ganz beim ersten Bade heruntergeht.

§. 224.

Dann wird das Kind auf einem Kissen oder auf dem Schooß der Hebamme in einem erwärmten Leintuch abgetrocknet. Dabei **besichtige die Hebamme das Kind, ob es an allen Theilen regelmäßig gebildet ist,** namentlich ob die Geschlechtstheile und der After ihre regelmäßige Form und Oeffnung haben. Sollte das nicht der Fall sein, so muß nicht die Mutter, sondern die andern Angehörigen davon in Kenntniß gesetzt und der Arzt um Rath gefragt werden. Auch auf die unterbundene Nabelschnur muß die Hebamme jetzt wieder achten und, wenn ein wenig Blut aussickern sollte, ein zweites Bändchen darumlegen.

Ein viereckiges Leinwandläppchen so groß wie eine Hand hat die Hebamme schon vorher zurechtgelegt, mit reinem Fett bestrichen und von der einen Seite her bis zur Mitte eingeschnitten. Dieses Läppchen legt sie um den Nabelschnurrest und schlägt denselben locker auf die linke Seite des Bauches in die Höhe. In dieser Lage wird der Nabelschnurrest mit einer drei Finger breiten, gegen 1 Meter langen, an den Enden mit Bändern versehenen **Nabelbinde**, welche mäßig eng um den Bauch gelegt wird, befestigt.

§. 225.

Darauf wird dem Kinde ein Hemdchen und ein Jäckchen, beide hinten mit Bändern versehen, angezogen. Dann wird eine wollene

Drittes Kapitel. Wie Gebärende sich verhalten sollen.

Windel und darüber eine leinene ausgebreitet und das Kind mit dem Popo mitten darauf gelegt. Um jedes Bein wird dann einzeln ein Zipfel der Windel herumgeschlagen und das so bekleidete Kind in eine meist wattirte Einbinde, an der sich für den Kopf ein unterstützendes Kissen befindet, so lose mit Bändern eingebunden, daß es die Beine frei bewegen kann. Die Aermchen bleiben ganz draußen. Auch ein Mützchen wird dem Kinde meist aufgesetzt. Die Bekleidung des Kindes ist an verschiedenen Orten verschieden und kann auch auf andere Weise zweckmäßig sein. Aber das Einpacken des Kindes in Federbetten und das feste Einwickeln in lange Wickelschnuren ist schädlich.

§. 226.

Nachdem die ganze Geburt vollendet ist und Mutter und Kind in der eben gelehrten Weise besorgt sind, muß die Hebamme bei der Entbundenen noch zwei volle Stunden verweilen. Während dieser Zeit behält sie die Wöchnerin aufmerksam im Auge, ob nicht etwa Zeichen einer Blutung oder sonst Störungen in ihrem Befinden sich zeigen. Auch wenn das nicht der Fall ist, fühle die Hebamme doch von Zeit zu Zeit auf den Bauch nach der Gebärmutter, ob dieselbe gut zusammengezogen bleibt, erkundige sich bei der Frau, ob sie fühlt, daß Blut abgeht, und besehe von Zeit zu Zeit das vor die Geschlechts= theile gelegte weiße Tuch, um sich zu überzeugen, ob nicht mehr Blut, als regelmäßig, abgeht.

§. 227.

Bevor die Hebamme die Neuentbundene verläßt, achte sie wiederum auf die Harnblase, ob dieselbe leer oder voll ist. Im letzteren Fall schiebe sie ein Gefäß unter und fordere die Frau zum Harnlassen auf. Kann die Frau den Harn bei unveränderter Lage nicht lassen, so nehme die Hebamme ihn mit dem Katheter ab, denn die volle Harn= blase stört die Rückbildung der Gebärmutter, und jede Bewegung des Körpers ist der Neuentbundenen nachtheilig.

§. 228.

Wenn die Hebamme genau nach den in diesem Kapitel gegebenen Regeln verfährt, so erwirbt sie sich das schöne Bewußtsein, in vielen

Fällen dazu beigetragen zu haben, daß der Verlauf der Geburt, der so vielen Störungen ausgesetzt ist, regelmäßig blieb. Es versteht sich zwar von selbst, daß die Hebamme nichts anderes unternehmen darf, als was ihr hier gelehrt wird, dennoch erscheint es nothwendig, auf einige Mißbräuche, welche wohl hier und dort noch im Gebrauch sind, und durch welche manche regelmäßige Geburt zu einer unregelmäßigen gemacht wird, besonders aufmerksam zu machen, damit die Hebamme, wenn ihr ein solches falsches Verfahren später einmal, vielleicht von einer Amtsgenossin, empfohlen werden sollte, weiß, was sie davon zu halten hat.

In der Eröffnungsperiode glauben Manche die Geburt dadurch zu fördern, daß sie absichtlich den Muttermund dehnen und zerren. Dadurch werden freilich Wehen hervorgerufen, aber diese Wehen sind unregelmäßig und oft krampfhaft, und können auf die Eröffnung des Muttermundes nicht wirken. Daher wird im günstigsten Fall durch Zerren am Muttermund die Geburt verzögert, häufig aber werden viel schlimmere Störungen im Verlauf derselben herbeigeführt, so daß Mutter oder Kind oder gar Beide in Gefahr kommen.

Ebenso thöricht und ebenso schädlich ist das Sprengen der Blase bei regelmäßigen Geburten. Weil die Blase den Muttermund eröffnen hilft, wird auch hierdurch die Geburt meist verzögert. Wenn aber der Kopf durch den noch nicht hinreichend eröffneten Muttermund hindurchgetrieben wird, so kann diese zu frühzeitige Austreibung zu bedeutenden Verletzungen führen.

In der Austreibungsperiode sind namentlich zum vermeintlichen Schutze des Dammes viele fehlerhafte Handgriffe in Gebrauch. Manche dehnen und zerren am Damm, wohl gar schon in der Eröffnungsperiode, und meinen die Schamspalte dadurch zu erweitern. Die Umgebung der Schamspalte schwillt durch solches Verfahren an und zerreißt dann erst recht, wenn der Kopf hindurchtritt. Umschläge und ölige Einreibungen am Damme zu machen, wie Andere thun, kann nichts schaden, ist aber lästig und nutzlos. Thörichte Frauen stecken die Finger in den After oder gar zwischen Kopf und Damm in die Schamspalte, um so den Kopf über den Damm zu heben. Wenn eine Schamspalte einreißen müßte vom bloßen Kopf, so muß sie noch

Drittes Kapitel. Wie Gebärende sich verhalten sollen.

viel weiter einreißen, wenn der Kopf und die Finger zugleich darin stecken.

Nachdem das Kind geboren ist, meinen Manche, ihm gleich mit dem Finger in den Mund fahren zu müssen, um daselbst Schleim zu entfernen. Die meisten Kinder haben, wenn sie eben geboren sind, nicht mehr Schleim im Munde, als ihnen gut ist, es ist also unrecht, sie mit diesem Handgriff zu belästigen. Was dann zu unternehmen sei, wenn ein Kind scheintodt geboren ist, wird später gelehrt.

Vor Unterbindung des Nabelstranges üben Manche den sogenannten Nabelstrich, das heißt, sie streichen das Blut zum Kinde hin, oder vom Kinde weg. Beides kann die Blutbewegung im Kinde nur stören und ist daher streng zu unterlassen.

Um die Entfernung der Nachgeburt zu befördern, sind eine Menge verwerflicher Gebräuche üblich. Alles Ziehen und Zupfen am Nabelstrang, um zu sehen, ob die Nachgeburt gelöst sei, jede Aufforderung an die Gebärende, durch Pressen, Husten, in die Faust Blasen, die Herabbeförderung zu begünstigen, können entweder lebenslängliche Leiden, als Vorfall der Gebärmutter und dergleichen, oder gar tödliche Blutungen zur Folge haben und sind also durchaus zu verwerfen. Zu verwerfen ist auch das neuerdings da und dort geübte Verfahren, die Nachgeburt dadurch aus den Geschlechtstheilen hervorzudrängen, daß man vom Bauch her die jetzt sehr bewegliche Gebärmutter in das Becken hinabbrückt. Die Hebamme hat gerade nur so zu verfahren, wie ihr in diesem Kapitel gelehrt worden ist.

§. 229.

Die Geräthschaften, welche die Hebamme zu jeder Geburt mitnehmen muß, sind:

1) die Klystirspritze oder der Irrigator;
2) die Nabelschnurscheere;
3) mehrere Nabelschnurbändchen;
4) eine Büchse mit reinem Oel oder Carbolöl;
5) ein Glas mit übermangansaurem Kali oder mit Carbolsäurelösung;
6) zwei neue Badeschwämme;

7) ein Bandmaß.

Diese 7 Dinge werden in jedem Fall gebraucht. Da die Hebamme nie mit Sicherheit weiß, ob die Geburt regelmäßig sein wird, muß sie ferner jedesmal mitnehmen:

8) den Katheter;
9) das Mutterrohr mit dem einmal durchbohrten und dem mehrmal durchbohrten Knopf;
10) Zwei sogenannte Warzensauger oder Saugflaschen (vergleiche §. 143 und 506).
11) ein Fläschchen mit Salmiakgeist;
12) ein Fläschchen mit Aether.

Gut ist es auch, wenn die Hebamme

13) einen keilförmigen Kissenüberzug mit sich führt. Derselbe kann schnell mit Stroh oder Heu ausgestopft werden. Ein solches Kissen bei der Hand zu haben, ist oft sehr werthvoll, namentlich wenn der Geburtshelfer eine Operation unternehmen und dazu das sogenannte Querbett hergerichtet werden muß.

14) Auch ein Stück Wachsleinwand oder Gummizeug von 1 Meter Länge und Breite führe die Hebamme bei sich; gerade bei armen Leuten, wo sie dergleichen nicht vorfindet, ist die Reinhaltung des Lagers doppelt nothwendig, weil zum Wechsel desselben die nöthigsten Dinge fehlen.

Alle diese Geräthschaften müssen im Gebärzimmer jedesmal in guter Ordnung bereit gelegt werden. Alle diese Geräthschaften müssen auch in der Wohnung der Hebamme an einen bestimmten Ort in gutem Stande stets bereit liegen, damit, wenn die Hebamme zu einer Geburt gerufen wird, sie nichts vergießt und auch durch das Zusammensuchen keine Zeit verloren wird. Wie die Hebamme von einer Geburt nach Hause kommt, muß sie alle Geräthe auf's Sorgfältigste reinigen und in Ordnung legen, als sollte sie sogleich zu einer neuen Geburt gehen.

15) Das Lehrbuch soll die Hebamme auch zur Geburt mitnehmen, das ist im Fall eines Zweifels ihr der beste Rathgeber, das ist auch die angemessenste Unterhaltung für sie, wenn sie oft Stunden lang der regelmäßigen Geburt zusehen muß. Denn sie soll weder durch übermäßige Geschäftigkeit die Gebärende beunruhigen, noch durch unnützes

Drittes Kapitel. Wie Gebärende sich verhalten sollen.

Geschwätz ihr die Zeit vertreiben; das ist für die Gebärende nicht gut und für die Hebamme nicht schicklich.

§. 230.

Was im §. 108 über die nothwendigen Eigenschaften der Hand der untersuchenden Hebamme gesagt worden ist, gilt auch für Beobachtung und Behandlung der Geburt. Die Rücksicht auf **Reinlichkeit** erfordert bei Geburten ganz besondere Sorgfalt. In und außer ihrem Beruf kommt die Hebamme in die Lage, faule oder eitrige Stoffe anfassen zu müssen; wenn von solchen Stoffen der kleinste Theil an die Geschlechtstheile der Gebärenden kommt, so kann Kindbettfieber davon entstehen. Die gewissenhafte Hebamme schützt sich und ihre Pflegebefohlenen vor solchem Unheil dadurch, daß sie jedesmal, wenn sie faule Stoffe oder Eiter angefaßt hat, sich mit **Chlorwasser** oder mit **Chlorkalk** oder mit einer Lösung von **übermangansaurem Kali** (sogenannter Chamäleonlösung) oder einer Lösung von **Carbolsäure** wäscht, daß sie auch jedesmal, bevor sie zu einer Geburt geht, diese Waschung vornimmt und daß sie im Gebärzimmer, bevor sie zur inneren Untersuchung schreitet, dieselbe Waschung wiederholt. Die genannten Mittel sind in jeder Apotheke zu haben. Vergleiche hierüber auch §. 108 und 437. Instrumente, welche bei einer Gebärenden und Wöchnerin im Gebrauch gewesen sind, müssen vor neuem Gebrauch in kochendem Wasser abgebrüht, mit starker Carbolsäurelösung abgewaschen, oder überhaupt gar nicht wieder gebraucht werden.

Vierter Theil.

Von der regelmäßigen Wochenzeit und Säugezeit.

§. 231.

Sobald die Geburt vollendet ist, heißt die Frau eine **Wöchnerin**, der Zustand, in dem sie sich befindet, heißt **Wochenzeit, Wochenbett, Kindbett**.

Zwei hauptsächliche Verrichtungen fallen in diese Zeit, erstens die **Zurückbildung** aller der Theile, welche durch die Schwangerschaft und Geburt verändert wurden, namentlich also **der Geschlechtstheile der Mutter**, auf beinahe denselben Zustand, wie er vor der Schwangerschaft war; zweitens die **Absonderung der Milch**, welche dem **neugebornen Kinde**, dem **Säugling**, zur Nahrung dient.

§. 232.

Für Leben und Gesundheit von Mutter und Kind ist es von großer Bedeutung, daß beide Verrichtungen der Wochenzeit regelmäßig von Statten gehen.

Das Säugegeschäft nimmt der Regel nach neun bis zehn Monate in Anspruch. Die Zurückbildung der Geschlechtstheile erfordert über drei Monate. Nach dem gewöhnlichen Sprachgebrauch nennt man die Frau die ersten sechs Wochen nach der Geburt eine Wöchnerin.

Erstes Kapitel.
Die regelmäßigen Vorgänge bei der Mutter.

§. 233.

Die eben entbundene Frau fühlt sich ermattet, häufig tritt ein kurzer, leichter Frostschauer bei ihr auf, welchem bald das Gefühl behaglicher Wärme, das **Bedürfniß nach Schlaf**, und ein gelinder allgemeiner Schweiß folgt. Nach dem Schlaf fühlt sich die Frau gestärkt und wohl. Der Puls der Frau, der bis zur beendigten Geburt des Kindes immer häufiger schlug, schlägt jetzt wieder seltener und ruhiger.

§. 234.

Gesunde Wöchnerinnen haben fortdauernd eine gleichmäßig warme, feuchte Haut, in der ersten Woche tritt täglich ein-, zwei- oder dreimal Schweiß über die ganze Haut ein, das sind die sogenannten „Wochenschweiße." Weil hierdurch die Wöchnerin viel Feuchtigkeit von sich giebt, ist regelmäßig ihr **Durst** vermehrt. Appetit nach festen Speisen pflegt sich erst nach einigen Tagen einzustellen.

§. 235.

Die **Urinabsonderung** ist manchmal vermindert, doch hängt die Menge derselben sehr von der Menge des genossenen Getränks und von der Reichlichkeit des Schweißes und von anderen Umständen ab; manchmal ist gerade in der ersten Zeit die Urinabsonderung sehr vermehrt. Oft fehlt der Drang zum Urinlassen, obgleich reichlich Urin in der Blase ist; die Entleerung desselben wird dadurch beeinträchtigt. Der **Stuhlgang** bleibt der Regel nach in den ersten 3 bis 4 Tagen aus.

§. 236.

Die äußeren Geschlechtstheile und der Damm, welche unmittelbar nach der Geburt sehr empfindlich und oft etwas geschwollen sind, erreichen meist in den ersten 24 Stunden ihre regelmäßige Größe wieder und verlieren auch bald ihre ungewöhnliche Empfindlichkeit. Geringe

Erstes Kapitel. Die regelmäßigen Vorgänge bei der Mutter. 147

Verletzungen der Schleimhaut, welche am Schamlippenbändchen und am Eingang in die Scheide, namentlich vorn zur Seite der Harnröhrenmündung nicht selten sind, heilen bei gehöriger Reinlichkeit in wenigen Tagen.

Auch der untere Theil der Scheide wird schon nach wenigen Tagen wieder enger. Das **Scheidengewölbe** bleibt lange Zeit, oft dauernd, weit und schlaff.

§. 237.

Die **Gebärmutter**, welche von allen Theilen der Mutter am meisten während der Schwangerschaft sich veränderte (vergl. §. 49 und §. 87), erleidet auch wieder im Wochenbett die größten Veränderungen. Die Gebärmutter der Neuentbundenen wiegt etwa 1000 Gramm, 4 Monate später wiegt sie etwa 50 Gramm. Die in der Schwangerschaft neugebildete Masse geht im Wochenbett zum Theil wieder in das Blut der Frau zurück, zum Theil wird sie in der Wochenreinigung nach außen geführt. Während deß wird die Schleimhaut, welche bei der Geburt als hinfällige Haut zum Theil verloren ging, im Wochenbett wieder vervollständigt.

§. 238.

Der äußere **Muttermund** und der Halskanal sind in den ersten Tagen dem Finger bequem zugänglich. Der Saum des Muttermundes ist weit, schlaff und lappig. Schon nach acht Tagen hat sich die **Scheiden-portion** der Gebärmutter wieder gebildet, ist aber noch breit und kurz und weich und zeigt die Einrisse, welche bei der Geburt erfolgt sind. Dieselben **bleiben**, auch nachdem die Rückbildung der Gebärmutter vollendet ist.

§. 239.

Der **Gebärmutterkörper**, welcher nach Vollendung der Geburt als harte, feste, mehr als faustgroße Kugel über den Schambeinen durch die schlaffen Bauchdecken zu fühlen war, wird meist in den ersten 12 Stunden wieder etwas größer, so daß der Gebärmuttergrund bis über die Mitte zwischen Nabel und Schambeinen reicht. Dann verkleinert sich die Gebärmutter von Tage zu Tage. Am 12ten Tage des Wochenbettes liegt sie wieder hinter den Schambeinen, so daß sie durch die bloße äußere Untersuchung meist nicht mehr zu fühlen ist. Nimmt man gleichzeitig die innere Untersuchung vor, so findet man die

Gebärmutter über dem vorderen Scheidengewölbe in vornübergeneigter Lage und leicht beweglich.

Das gilt für die Zeit, wo die Harnblase leer ist. Die Lage der Gebärmutter ist im Wochenbett noch mehr wie zu anderen Zeiten von der Füllung und Entleerung der Harnblase abhängig. Bei voller Harnblase reicht die Gebärmutter der Wöchnerin weit höher am Bauch hinauf und liegt auch oft zur Seite.

§. 240.

Die **Gebärmutterbänder**, die breiten sowohl wie die runden, sind gleich nach der Geburt sehr schlaff, denn sie können sich nicht so schnell verkürzen, wie die Gebärmutter sich verkleinerte. Daher ist die Gebärmutter in der ersten Woche nach der Geburt nach allen Seiten hin sehr leicht beweglich. Nach und nach werden die Gebärmutter= bänder wieder kürzer und straffer, und wenn die Frau sich im Wochen= bett schont, ist die Gebärmutter nach einigen Monaten wieder so sicher in ihrer Lage, wie vor der Schwangerschaft.

§. 241.

Die schnelle Verkleinerung der Gebärmutter in der ersten Zeit des Wochenbettes kommt wesentlich durch ihre Zusammenziehungen zu Stande, durch die Nachwehen (§. 163 und 164).

Je schneller die Geburt verlaufen ist und je öfter die Frau schon niedergekommen war, desto lebhafter und desto länger pflegt sie den Schmerz dieser Zusammenziehungen zu empfinden. Selten dauert die Schmerzhaftigkeit der Nachwehen über den vierten Tag des Wochenbetts.

Von den Nachwehen gilt, was im §. 149 von den Wehen im Allgemeinen gesagt worden ist. Die Wehen selbst sind kürzer als die Geburtswehen, die Pausen dauern oft stundenlang; während der Wehen= pause ist gar kein Schmerz, auch keine Empfindlichkeit gegen Druck. Druck auf die Gebärmutter vom Bauch her, schon die bloße Be= tastung, ruft meist eine Nachwehe hervor, welche am Hart= und Klein= werden der Gebärmutter und am Nachvorntreten gegen die Bauchwand deutlich erkannt werden kann. Das Nachvorntreten der Gebärmutter während der Nachwehe kommt dadurch zu Stande, daß die runden Mutterbänder, welche eine Fortsetzung des Fleisches der Gebärmutter

Erstes Kapitel. Die regelmäßigen Vorgänge bei der Mutter. 149

sind, sich mit der Gebärmutter gleichzeitig zusammenziehen. Die im Wochenbett regelmäßige Beweglichkeit der Gebärmutter ist daher auch während einer Nachwehe bedeutend vermindert. Das Saugen des Kindes an der Brust ruft meist in den ersten Tagen des Wochenbetts eine Nachwehe hervor. Darin beruht ein wesentlicher Nutzen des Selbststillens für die Mutter, denn kräftige häufige Nachwehen befördern die Rückbildung der Gebärmutter.

§. 242.

Während des regelmäßigen Wochenbetts findet ein vermehrter Ausfluß aus der Gebärmutter statt, derselbe führt den Namen Wochenreinigung, Wochenfluß.

Am ersten Tage besteht der Wochenfluß aus Blut, dasselbe ist flüssig, wohl schon etwas wässrig, manchmal auch mit kleinen und größeren geronnenen Klumpen, und mit zurückgebliebenen Fetzen der Siebhaut untermischt.

Durch beigemengtes Blut bleibt der Wochenfluß in den ersten zwei, drei bis vier Tagen roth, etwas bräunlich. Dann pflegt er für einige Stunden sehr gering zu werden, wässrig, und wird nun ganz allmälig wieder reichlicher, weißlichgelb, dickflüssig; er besteht jetzt aus Schleim und Eiter, denn die verwundete Innenfläche der Gebärmutter eitert regelmäßiger Weise, während sie heilt. Diese Beschaffenheit behält der Wochenfluß, bis er bei Frauen, die ihr Kind säugen, nach drei bis vier Wochen ganz aufhört.

Die Menge und der Geruch der Wochenreinigung ist bei verschiedenen Frauen und zu verschiedenen Zeiten des Wochenbetts sehr verschieden. Am zweiten, dritten Tage, wo er bräunlich und reichlich ist, riecht er meist am schlechtesten. Faul oder kothartig riecht er aber nie bei einer gesunden Wöchnerin.

§. 243.

Die **Milchabsonderung** hat sich schon während der Schwangerschaft vorbereitet. Oft ist schon bei der Geburt reichlich Milch in den Brüsten. Meist wird erst am zweiten, dritten Tage die Milchabsonderung reichlich. Um diese Zeit schwellen dann die Brüste stärker an und häufig finden auch ziehende, stechende Schmerzen in denselben statt, welche wieder nachlassen, sobald die Milchentleerung reichlich stattfindet. Je häufiger das Kind angelegt wird, je kräftiger das Kind saugt, desto früher tritt meist die Milchabsonderung ein und desto reichlicher wird sie.

§. 244.

Die erste Milch ist gemischt aus einer wässrigen Flüssigkeit und dicken gelbweißen Streifen darin. Sie quillt bei Druck auf die Brust in großen Tropfen hervor. Sobald die Milch reichlicher fließt, erscheint sie als eine bläulichweiße gleichmäßige Flüssigkeit, welche bei Druck auf die Brust in Strahlen hervorspritzt; läßt man sie in ein Glas Wasser gehen, so vertheilt sie sich in demselben anfangs wolkig, dann ganz gleichmäßig.

§. 245.

So lange die Milchabsonderung dauert, **bleibt bei den meisten Frauen die Regel aus.**

Wenn das Kind von der Brust entwöhnt worden ist, meist nach acht bis zehn Monaten, schwellen manchmal die Brüste wieder an. Bei zweckmäßigem Verhalten hört dann die Anschwellung und die Milchabsonderung auf und die Brüste werden welk. Vier oder sechs Wochen später pflegt die **Regel wieder einzutreten.**

§. 246.

Nicht alle Veränderungen, welche Schwangerschaft und Geburt im Körper der Mutter bewirkten, werden durch die Rückbildung im Wochenbett und der darauf folgenden Zeit verwischt. Es giebt **bleibende Veränderungen**, an denen nach vielen Jahren, oft während des ganzen Lebens, durch Untersuchung erkannt werden kann, ob eine Frau geboren hat. Von diesen Zeichen der Mutterschaft sind die wichtigsten:

1) Die Narben am Muttermund, welche nach der Geburt eines reifen Kindes nie fehlen.

2) Die Narben am Scheideneingang von den tiefen Einrissen, welche das Jungfernhäutchen beim Austritt des Kindskopfes erleidet. Auch diese fehlen nie nach der Geburt eines reifen Kindes.

3) Narben vorn im Vorhof neben der Mündung der Harn=
röhre und Narben von Verletzungen am Damm, welche glücklicher=
weise meist fehlen, aber wo sie da sind, fast untrüglich sind.

4) Die narbenartigen Streifen in der schlaffen Bauch=
haut, welche sowohl fehlen können, als auch, wenn sie vorhanden sind,
nicht immer von Schwangerschaft herrühren.

Ueber alle diese Zeichen vergleiche die Hebamme was im §. 114
und §. 118 bis 123 gesagt wurde.

§. 247.

Auch die Zeichen, an denen man eine vor Kurzem stattgefundene
Geburt erkennt, können für die Hebamme wichtig werden. Dieselben
ergeben sich mit Deutlichkeit aus den vorangegangenen Paragraphen
dieses Kapitels. Erwähnt sei dabei nur:

1) Daß Milch in den Brüsten einer Frau sich noch finden kann,
die vor Jahren zum letzten Mal geboren hat; daß Milch sich häufig
in den Brüsten von Frauen findet, die zwar nie geboren haben, aber
zur Zeit schwanger sind; daß aber kaum jemals Milch in den Brüsten
einer Frau ist, die überhaupt nie schwanger wurde.

2) Daß die im §. 239 beschriebene Beschaffenheit der Gebärmutter
auch durch Krankheiten ganz ähnlich hervorgerufen werden kann, daß
aber im natürlichen Verlauf solcher Krankheiten die Größe der Gebär=
mutter nie in so kurzer Zeit sich derartig verändern wird, wie in den §§. 237, 238 und 239 von der Gebärmutter der Wöchnerin
gesagt wurde; daß in solchen Fällen der Scheidentheil der Gebär=
mutter die im §. 238 beschriebene Beschaffenheit nicht darbieten wird,
und daß die Schlaffheit des Bauches nicht leicht so bedeutend sein wird,
wie bei einer frisch Entbundenen. Dieselben Rücksichten sichern die Heb=
amme auch vor der Verwechselung einer Wöchnerin mit einer in den
ersten Monaten Schwangeren.

3) Daß ähnliche Ausflüsse, wie der Wochenfluß, zwar auch bei
Krankheiten, nie aber, wie im Wochenbett, bei übrigens ungestörter
Gesundheit stattfinden können.

Zweites Kapitel.
Die regelmäßigen Vorgänge beim Kinde.

§. 248.

Das gesunde neugeborene Kind, nachdem es gebadet und gekleidet worden ist (§. 223—225), nachdem es dabei oft seinen Urin schon entleert hat, hat zunächst das Bedürfniß nach Schlaf. Nahrungsbedürfniß hat es nicht, denn es ist bis zum Ende der Geburt durch die Nabelschnur von der Mutter hinreichend gespeist worden.

Nach 4, nach 6, ja wohl erst nach 12 und mehr Stunden erwacht das Kind aus seinem sanften Schlaf und zeigt durch Schreien an, daß es Nahrung bedarf. Diese gewährt ihm die **Mutterbrust**. Die erste Milch (§. 244) hat für das Kind den wesentlichen Vortheil, daß sie zugleich ernährend und **abführend** wirkt. Sie befördert dadurch die Entleerung des im Mutterleib im Darm des Kindes angesammelten Kothes, einer schwarz=grünen zähen Masse, des sogenannten **Kindspechs**. Die Entleerung desselben ist in den ersten 2 oder 3, auch wohl erst 4 Tagen beendet, von da an hat das Kind **goldgelbe** oder **schwefelgelbe Ausleerungen**, breiartig, 2= bis 4mal in 24 Stunden.

§. 249.

Die **Haut** des neugeborenen Kindes wird häufig nach einigen Tagen **gelblich**, oft sogar **dunkelgelb**, wie bei der Gelbsucht der Erwachsenen, hinterher **schuppt sich die Oberhaut ab**. Je zarter und röther die Haut des Kindes von Geburt an war, desto stärker pflegt die gelbe Färbung und die Abschuppung einzutreten; wenn das Kind dabei gut schläft, gut trinkt und gut ausleert und nur schreit, wenn es hungrig ist oder sich naß gemacht hat, ist es trotz dieser Veränderungen an der Haut für **gesund** zu halten.

§. 250.

Der **Nabelschnurrest**, der am Kinde hängt, wird unter Eiterung am Rande der Bauchhaut abgestoßen. Die Abstoßung erfolgt durch=

schnittlich am 5ten Tage nach der Geburt, in seltenen Fällen schon nach 2, in eben so seltenen erst nach 8 Tagen, ohne daß das krankhaft ist. Dann vernarbt in wenigen Tagen der Nabel zu der Form, die er zeitlebens behält.

So lange der Nabelschnurrest am Bauch des Kindes haftet, heißt dasselbe ein **Neugeborenes**.

§. 251.

Das **Säuglingsalter** dauert bis zum Durchbruch der Zähne. Derselbe beginnt am häufigsten mit dem 8ten Lebensmonat. Zuerst pflegen die beiden mittleren unteren Schneidezähne, dann die beiden mittleren oberen, dann die vier äußeren Schneidezähne, dann die vier ersten Backzähne, im Alter von anderthalb Jahren die vier Eckzähne oder Augenzähne und am Ende des zweiten oder Anfang des dritten Lebensjahres die vier zweiten Backzähne durchzubrechen. Die genannten zwanzig Zähne führen den Namen **Milchzähne**, sie werden im späteren Kindesalter von der gleichen Anzahl bleibender Zähne ersetzt. Es kommen dazu die zwölf großen Backzähne, in jeder Kieferhälfte drei, welche um das 7te, 16te, und 25ste Lebensjahr zu Tage treten. Den beginnenden Durchbruch der Zähne begleiten Veränderungen im Darmkanal des Kindes, die ihn zur Verdauung mehlhaltiger Speisen fähig machen.

Drittes Kapitel.

Die Pflege der Mutter und des Kindes.

§. 252.

Ueber das **Wochenzimmer**, über das Lager und über die Kleidung der Frau gilt das in §. 186 und §. 222 Gesagte. Im Wochenzimmer muß für stets reine Luft gesorgt werden. Das geschieht durch Reinlichkeit in allen Beziehungen und durch Zulassen frischer Luft, nicht etwa durch Räucherungen. Zugluft darf die Wöchnerin

154 Vierter Theil. Von der regelmäßigen Wochenzeit und Säugezeit.

nie treffen, auch darf nie eine plötzliche Abkühlung des Zimmers durch das Lüften eintreten, sondern die Wärme muß immer möglichst gleichmäßig und möglichst nahe um 15 Grad sein. Grelles Sonnenlicht muß abgehalten, aber ja nicht das Zimmer verfinstert werden.

§. 253.

Ruhe ist der Wöchnerin vor allen Dingen nöthig, wenn sie gesund bleiben will. Das Lager darf die Wöchnerin in der ganzen ersten Woche nach der Geburt nicht verlassen, sie muß unausgesetzt liegen. Auch wenn das Bett gemacht werden muß, weil es unbequem geworden ist, darf die Wöchnerin in dieser Zeit nicht aufstehen, sondern muß aus dem Bett und wieder in dasselbe gehoben werden.

Wo man es haben kann, ist es am besten, zwei Betten zum Wechseln zu halten, so daß die Wöchnerin jedesmal aus dem alten Bett in das neuzurechtgemachte hinübergehoben wird. Das Bettmachen geschieht am besten nicht Abends, wo die Wöchnerin viel erregbarer ist, sondern gegen Mittag.

§. 254.

Weil neben der körperlichen auch geistige Ruhe zum regelmäßigen Verlauf des Wochenbetts unbedingt nöthig ist, müssen, so lange die Wöchnerin im Bett liegt, das ist bei gesunden Wöchnerinnen eine volle Woche, alle Besuche andrer Personen, als die zur Pflege nöthig sind, **untersagt werden.**

Aus demselben Grunde muß bei einer Wöchnerin alle Veranlassung zu heftigen Gemüthsbewegungen, namentlich zu Aerger, Schreck oder Furcht, aber auch zu plötzlicher Freude auf's Strengste vermieden werden.

§. 255.

Für das Kind wird am besten gleich von der Geburt an ein eigenes Lager bereitet neben dem der Mutter. Das Kind darf zwar, wenn die Mutter wach ist, bei derselben im Bett liegen, aber es darf um seiner selbst und um der Mutter Willen nicht seinen einzigen und dauernden Platz daselbst haben. Der mütterlichen Wärme bedarf es

Drittes Kapitel. Die Pflege der Mutter und des Kindes.

nicht. Ein gesundes, gut entwickeltes Kind, wenn es gut gekleidet und das Zimmer hinreichend warm ist, erzeugt selbst so viel Wärme als es braucht. Es ist daher auch für gewöhnlich nicht nöthig, Wärmflaschen zu dem Kinde zu legen.

Ein feststehendes Lager, ein Bettchen oder ein Korb ist viel besser als eine Wiege, durch eine Wiege hat man zwar für die erste Zeit den scheinbaren Vortheil, daß man das Kind leichter beruhigen kann, aber erstens schreit das Kind in den ersten Tagen nur, wenn es irgend ein Bedürfniß oder eine Pein hat, und dem muß abgeholfen werden; und zweitens bereitet man sich für viele Monate unsägliche Plage, wenn man das Kind an ein solches Betäubungsmittel gewöhnt, denn es schläft dann ungewiegt gar nicht ein. Das Lager des Kindes muß gegen grelles Licht geschützt, aber ja nicht durch Vorhänge gegen das Tageslicht verschlossen werden.

§. 256.

Von allen Verrichtungen der Wöchnerin verlangen die größte Aufmerksamkeit der Hebamme die Absonderungen: **Die Schweiße, die Wochenreinigung und die Milchabsonderung.**

§. 257.

Die **Schweiße** stellen sich bei der Wöchnerin von selbst in dem Maße ein, wie sie nöthig und nützlich sind. Die Hebamme muß Alles fern halten, was dieselben stören kann, namentlich jede Erkältung; sie darf ja nicht glauben, daß sie etwas thun müsse, um Schweiß hervorzurufen. Es ist ein noch hie und da üblicher Mißbrauch, die Wöchnerinnen ganz besonders warm zuzudecken, förmlich einzupacken in Betten, ihnen allerlei Thee und andere erhitzende Getränke zu geben in der Absicht, den Schweiß zu befördern. Eine gewöhnliche Steppdecke oder wollene Decke in leinenem Ueberzug ist die beste Bedeckung für eine Wöchnerin; Federbetten sind namentlich im Sommer geradezu schädlich. Reines frisches Quellwasser ist das beste Getränk für die Wöchnerin; aller Thee und anderes warmes Getränk macht übermäßige Schweiße, giebt gerade dadurch zu Erkältungen Veranlassung und verdirbt den Wöchnerinnen außerdem noch den Magen.

Die Wochenschweiße machen das häufige Wechseln der Leib=
wäsche nöthig, denn wenn das naß geschwitzte Hemd kalt wird, er=
kältet sich die Frau. Dabei ist aber die Vorsicht unerläßlich, daß die
neue Wäsche gehörig ausgelüftet, vollständig trocken und gut durch=
wärmt sei. Es versteht sich von selbst, daß sie nicht im Wochenzimmer
getrocknet werden darf. Auch gegen das Wechseln der Wäsche trifft
die Hebamme noch hie und da auf ein Vorurtheil.

§. 258.

Die **Wochenreinigung** wird zur größten Verunreinigung des
Wochenbettes, wenn nicht von der Hebamme die äußerste Sauberkeit
beobachtet wird.

Strengste Beobachtung vollkommener Reinlichkeit im Sinne des
§. 108 namentlich in Bezug auf Alles, was mit den Geschlechtstheilen
der Wöchnerin in Berührung kommt, ist eine der obersten Bedingungen
für das Gesundbleiben.

Die Hebamme trifft es wohl, daß die Wöchnerin alte bereits
schmutzige Lappen zum Auffangen der Wochenreinigung bestimmt hat;
das ist durchaus zu verwerfen. Nur rein gewaschenes Zeug darf zum
sogenannten Stopftuch und zur Unterlage verwendet werden. Wo Luxus
zulässig ist, eignet sich anstatt des Stopftuches sehr gut entfettete Watte
oder schwache Salicyl= oder Carbolwatte, die in der Apotheke oder beim
Bandagisten zu haben ist.

Je nachdem der Ausfluß stark ist, muß 1=, 2=, 3=, 4mal täglich oder
noch öfter die Unterlage, der sogenannte Durchzug, gewechselt werden.
Unter dem Durchzug muß stets ein Wachstuch oder Gummiblatt liegen,
damit das Bett selbst nicht durchtränkt wird. Die Hebamme thut
wohl, ein paar solche wasserdichte Unterlagen sich selbst anzuschaffen,
um sie armen Wöchnerinnen zu borgen, denn ohne dieselben fault das
Stroh im Bett und diese Fäulniß giebt zu Erkrankungen Veranlassung.
Jedesmal, wenn die Unterlage erneut wird, müssen die äußeren Ge=
schlechtstheile mit einem Schwamm und reinem warmem Wasser sanft
abgewaschen werden. Der Schwamm, der im Wochenbett verwendt wird,
muß neu und zuvor ausgekocht sein. Nach jedem Gebrauch muß derselbe
sorgfältig ausgewaschen und dann bis zum nächsten Gebrauch in ein

Drittes Kapitel. Die Pflege der Mutter und des Kindes.

eigens dazu bestimmtes Gefäß mit Lösung von Carbolsäure oder übermangansaurem Kali gelegt werden. Wo Luxus zulässig ist, ist auch anstatt des Schwammes die genannte Verbandwatte, die nach gemachtem Gebrauch weggeworfen wird, sehr empfehlenswerth. In den ersten Tagen muß ein= oder zweimal eine Einspritzung von warmem Wasser in die Scheide gemacht werden, damit in derselben der Ausfluß sich nicht anhäuft. Ist der Aufluß stark riechend, so setze die Hebamme zur Waschung und zur Einspritzung ein wenig übermangansaures Kali, oder Carbolsäure 1 Theil auf 100 Theile Wasser.

Alle diese Vorkehrungen müssen mit Vermeidung unnöthiger Entblößung und unnöthiger Benetzung vorgenommen werden, damit keine Erkältung stattfindet. Die neuen Unterlagen müssen stets gut durchwärmt sein.

Ein Schwamm, eine Unterlage oder irgend ein anderes Bettstück oder Instrument darf nie bei einer zweiten Wöchnerin in Gebrauch gezogen werden, ohne zuvor in kochendem Wasser vollständig ausgebrüht worden zu sein. Es würde sonst Krankheit dadurch erzeugt oder übertragen werden.

Auf diese Reinlichkeitsrücksichten beschränkt sich Alles, was die Hebamme dem Wochenfluß gegenüber zu thun hat. Da bei verschiedenen Wöchnerinnen die Menge des Wochenflusses sehr verschieden ist, findet die Hebamme wohl bei den Weibern die thörichte Meinung, sie müsse durch Zimmt, und allerhand Thee oder andere innere oder durch äußere Mittel für Vermehrung oder Verminderung des Wochenflusses sorgen. Durch alle zu diesem Zweck gebräuchlichen Mittel kann die Hebamme nur die gesunde Wöchnerin krank machen. Ist aber der Wochenfluß nicht regelmäßig, weil die Wöchnerin krank ist, was die Hebamme dann zu thun hat, wird im siebenten Theile dieses Buches gelehrt.

§. 259.

Die **Milchabsonderung** ist von gleicher Wichtigkeit für die **Mutter** (siehe §. 241) und für das **Kind**. Jede gesunde Mutter muß ihr Kind säugen. Die Hebamme darf überhaupt nie vom Säugen abrathen. Wenn die Frau krank ist, muß der Arzt gefragt werden, der wird bestimmen, ob die Frau säugen soll oder nicht.

158   Vierter Theil. Von der regelmäßigen Wochenzeit und Säugezeit.

Wenn Mutter und Kind von der Geburt ausgeschlafen haben, soll das Kind an die Brust gelegt werden. Es ist ein ganz gewissenloser Gebrauch, dem Kinde vorher Zuckerwasser, oder Thee oder Arznei zu geben. Findet das Kind an der Mutterbrust in der That noch gar keine Nahrung, so muß man ihm andere Nahrung, also Milch geben, es aber nicht gleich mit Täuschungen in das Leben einführen.

Von dem Vortheil, den gerade die erste, noch spärlich fließende Muttermilch für das Kind hat, war im §. 248 die Rede.

§. 260.

Das Kind soll nun etwa alle drei Stunden an die Mutterbrust gelegt werden. Manche Kinder verlangen in der ersten Zeit etwas öfter, manche seltener nach Nahrung. Das Bedürfniß des Kindes muß in der ersten Zeit entscheiden, wie oft ihm die Brust gereicht werden soll. Zu häufiges Anlegen regt die Mutter zu sehr auf und gönnt ihr nicht die so nöthige Ruhe, zu seltenes Anlegen verzögert das Zustandekommen reichlicher Milchabsonderung und führt selbst zu Erkrankung der Brüste. Auch die Verdauung und Ernährung des Kindes leidet in beiden Fällen. Schon nach 14 Tagen muß das Kind gewöhnt werden, Nachts eine 5= bis 6stündige Pause im Trinken zu machen.

In der ersten Woche ist es nothwendig, daß die Wöchnerin wie bei allen anderen Verrichtungen, so auch beim Säugen des Kindes im Bett liegen bleibe. Wenn sie sich liegend etwas zur Seite wendet, zugleich auf den einen Ellbogen sich stützt, nimmt sie auch die allerbequemste Stellung zum Anlegen des Kindes ein. Es ist wichtig, daß mit beiden Brüsten gehörig abgewechselt werde.

Die Hebamme muß der Frau, namentlich wenn dieselbe zum erstenmal Wöchnerin ist, genaue Anleitung zum Säugen geben. Es giebt dabei eine Menge kleiner Bequemlichkeiten und nützlicher Handgriffe, welche der Hebamme besser an den Wöchnerinnen selbst gezeigt, als mit bloßen Worten gelehrt werden.

Drittes Kapitel. Die Pflege der Mutter und des Kindes.

§. 261.

So lange die Wöchnerin das Bett hütet, also für gewöhnlich die erste Woche hindurch, muß die Hebamme die Wöchnerin täglich zweimal, Früh und Abends, besuchen. Wie oft die Hebamme nach dieser Zeit die Wöchnerin zu besuchen hat, richtet sich nach dem Verhalten und nach dem Wunsch der Wöchnerin, oft auch nach der Anordnung des Arztes.

§. 262.

Bei ihren Besuchen erforsche die Hebamme zunächst, ob die eben besprochenen drei Hauptverrichtungen des Wochenbettes in regelmäßiger Weise von Statten gehen. Sie erkundige sich, überzeuge sich, ob die regelmäßigen Wochenschweiße vorhanden sind, und gebe Anleitung, dieselben gehörig abzuwarten. Beim Wechseln der Unterlagen überzeuge sie sich von der regelmäßigen Beschaffenheit der Wochenreinigung, beim Waschen der Geschlechtstheile von der gesunden Beschaffenheit derselben. Sie fühle auch vom Bauche her nach der Gebärmutter, ob dieselbe gut zusammengezogen bleibt und ob sie sich, wie sie soll, von Tage zu Tage verkleinert. Sind lästige Nachwehen vorhanden, so unterrichte sie die Wöchnerin von der Nützlichkeit derselben und ermahne sie zur Geduld, sehe namentlich darauf, daß die Wöchnerin durch die Nachwehen sich nicht abhalten lasse, das Kind zur rechten Zeit anzulegen. Sie unterrichte sich von dem Zustand der Brüste und der Warzen und gebe in Betreff des Säugens die nöthige Anleitung. Schwellen, wie nicht selten, die Brüste in den ersten Tagen etwas an und werden schmerzhaft, so ist es nützlich, daß dieselben mit etwas warmem Oel eingerieben und mit Watte oder Werg bedeckt werden. Dadurch geht nicht etwa, wie manche Frauen glauben, die Milchabsonderung ein; es muß nur dabei das Anlegen des Kindes nicht vernachlässigt werden.

§. 263.

Die Hebamme erkundige sich, ob die Wöchnerin sich wohl fühlt, ob sie gut geschlafen hat, ob sie viel Durst hat. Die Wöchnerin darf stets ihren Durst löschen, aber nie viel auf einmal trinken. Will die Wöchnerin zur Abwechselung ein anderes Getränk als frisches Wasser, das ihr immer am zuträglichsten ist, so mag sie kohlensaures Wasser oder dünne Hafergrütze, oder Wasser, in dem etwas Schwarzbrod oder Apfelschnittchen oder gedörrte Zwetschen abgekocht sind, oder Milch und Wasser, oder Mandelmilch trinken, vom fünften Tage an auch dünne Fleischbrühe, dünnen Kaffee mit Milch, oder ein schwaches gut ausgegohrnes Bier. Sehr wichtig ist, daß die Hebamme sich gleich beim ersten Besuch nach der Urinentleerung erkundige (siehe §. 235). Wenn der Urin in den ersten Stunden nach der Entbindung noch nicht gelassen worden ist und die Aufforderung dazu ohne Erfolg bleibt, so nehme die Hebamme ihn mit dem Katheter ab. Anfüllung der Urinblase ist für die Rückbildung der Gebärmutter nachtheilig.

Es kommt auch vor, daß die Wöchnerin mehrmals täglich Urin läßt und dabei doch, auch ohne Drang zu empfinden, die Blase voll Urin behält. Daher genügt die bloße Erkundigung nicht. Bei einiger Uebung gewinnt die Hebamme leicht die Fertigkeit, mit der am Bauch der Wöchnerin tastenden Hand zu erkennen, ob die Blase gefüllt ist.

§. 264.

Die Hebamme erkundige sich nach dem Appetit (siehe §. 234). In den ersten vier Tagen darf die Wöchnerin, wenn nicht etwa der Arzt es anders vorschreibt, nur Wassersuppen mit Semmel oder Schwarzbrod, mit Reis, Gries, Graupen, Grütze, Hirse, Sago oder dergleichen aber gut ausgekocht, und ohne alles Gewürz genießen. Auch etwas Obstcompot ist zu gestatten. Vom fünften Tage an, vorausgesetzt, daß das ganze Befinden, namentlich auch der Wochenfluß ganz regelmäßig ist, (§. 242), darf die Wöchnerin Fleischsuppen, Biersuppen, mit einem Ei abgequirlte Suppen, auch Fleisch, gebratenes oder in Wasser gekochtes, genießen; alles aber nur in mäßiger Menge und ohne Gewürz. Kohl, Rüben und all' dergleichen Gemüse (mit Ausnahme der Mohrrüben), Zwiebeln, Spargel, Hülsenfrüchte, sowie auch Klöße, Pökelfleisch u. dgl. sind zu vermeiden.

§. 265.

Stuhlgang braucht die gesunde Wöchnerin in den ersten drei Tagen nicht zu haben. Gerade die Ruhe der Gedärme ist für die Rück-

Drittes Kapitel. Die Pflege der Mutter und des Kindes.

bildung der Geschlechtstheile wohlthätig. Ist bis zum vierten Tage Stuhlgang von selbst nicht eingetreten, so gebe die Hebamme ein Klystir aus warmem Wasser, oder Milch und Wasser oder Leinsamenabkochung oder schwachem Kamillenthee, alles mit Zusatz von ein oder zwei Eß=löffel voll guten Oeles. Erfolgt darauf keine Wirkung, so wiederhole die Hebamme das Klystir mit Zusatz von ein wenig guter Hausseife oder einem Eßlöffel gewöhnlichen Küchensalzes.

Tritt auch später von selbst Stuhlgang nicht ein, so hat die Hebamme nur jeden zweiten Tag das Klystir zu wiederholen. **Innere Mittel, um Stuhlgang hervorzurufen, darf die Hebamme der Wöchnerin unter keiner Bedingung verordnen.**

Zum Stuhlgang darf die Wöchnerin die ersten acht Tage nicht auf=stehen, sondern muß denselben auf der Leibschüssel (Steckbecken) verrichten.

§. 266.

Das Kind muß die Hebamme bei jedem ihrer Besuche rein **kleiden** und einmal des Tags, am besten früh, **baden**. Das Bad wird in ganz derselben Weise gegeben wie gleich nach der Geburt (§. 223). Alles heftige Reiben des Kindes, jede Veranlassung zur Erkältung ist zu ver=meiden. Seife zum Bade zu setzen ist dem Kinde nachtheilig. Nach jedem Bade verbinde die Hebamme den Nabel des Kindes mit einem neuen Läppchen gerade so, wie der erste Verband angelegt wurde, §. 224, und vermeide dabei sorgfältig jede Zerrung. Wenn der Nabelschnurrest abgefallen ist, wird nach jedem Bade die Nabelwunde mit einem frischen Oelläppchen verbunden, bis der Nabel ganz heil ist. Ist ganz **reines und frisches Oel** nicht zu haben, so werde der Verband trocken angelegt.

Das Kind muß jedesmal, wenn es sich naß gemacht hat, in reine Windeln **trocken gelegt** werden. Da die Hebamme nicht immer da ist, muß sie derjenigen Person, welche die Wartung des Kindes über=nimmt, genaue Anweisung geben, wie in ihrer Abwesenheit zu verfahren ist. Das Kind plötzlich aus dem Schlaf zu erwecken, ist nachtheilig, die Hebamme warte ab, bis es von selbst aufwacht. Das Kind gewöhnt sich übrigens bald an regelmäßige Zeiten.

Schultze, Hebammenkunst. 6. Aufl.

§. 267.

Nach Ablauf einer Woche, also am achten Tage, darf die Wöchnerin das Bett zuerst verlassen. Sie darf nun mehrmals des Tages aufstehen, im Zimmer umhergehen, und muß sich dann wieder hinlegen. Setzen darf sich die Wöchnerin die nächsten Tage noch nicht, das Sitzen ist für die noch sehr bewegliche Gebärmutter die nachtheiligste Stellung. Auch Treppen steigen darf sie noch nicht. Wann überhaupt eine gesunde Wöchnerin das Zimmer und das Haus verlassen darf, hängt ganz von der Jahreszeit und vom Wetter und von der Räumlichkeit ihrer Wohnung ab. Wohnt die Wöchnerin zu ebener Erde, so kann sie bei gutem warmem Wetter am neunten Tage an die freie Luft gehen; wohnt sie eine oder mehrere Treppen hoch, so darf sie die Treppe in den ersten 14 Tagen nicht steigen. Im Winter darf die Wöchnerin wo möglich in den ersten sechs Wochen das geheizte Zimmer nicht verlassen.

§. 268.

Heftige Körperbewegung, zum Beispiel Tanzen oder schwere Arbeit, muß die Wöchnerin, wenn sie gesund bleiben will, in den ersten drei **Monaten** unterlassen. In eben dieser Zeit muß auch der **Beischlaf** unterbleiben.

§. 269.

Die Frau muß während der ganzen Säugezeit mit Sorgfalt ihre Brüste vor Druck und vor Erkältung schützen und äußerst rein halten. Ein gut passendes, aber nicht zu eng anliegendes Leibchen muß dieselben unterstützen, damit sie nicht herabhängen. Ein häufig zu wechselndes, in weiche Leinwand eingeschlagenes Flanelltuch schützt sie vor Erkältung und fängt die etwa ausfließende Milch auf. Jedesmal, wenn das Kind gesogen hat, muß die Warze mit frischem Quellwasser abgewaschen werden.

§. 270.

Im **Essen und Trinken** muß die säugende Frau größte **Regelmäßigkeit** beobachten. Sie führe eine solche Kost, bei der sie sich

Drittes Kapitel. Die Pflege der Mutter und des Kindes.

sonst in gesunden Tagen wohl befunden hat. Eine leicht verdauliche, gut nährende Kost ist die passendste, alle schwerverdaulichen Sachen, die im §. 264 genannt wurden, alle erhitzenden Getränke, vor Allem Branntwein, sind durchaus zu vermeiden. Gleich nach der Mahlzeit soll das Kind nie an die Brust gelegt werden, und hat einmal ein Diätfehler stattgefunden, oder hat die Frau einen heftigen Aerger oder Schreck gehabt, so muß die Milch auf die später zu beschreibende Weise abgesogen werden, weil sie dem Kinde schädlich sein würde.

§. 271.

Tritt bei einer säugenden Frau die Regel wieder ein, so kann sie, wenn sie sich sonst gesund fühlt, ruhig weiter stillen; wird eine säugende Frau aber von Neuem schwanger, welcher Fall oft eintritt, auch ohne daß die monatliche Blutung wieder stattfand, so muß sie das Kind entwöhnen.

§. 272.

Das **Entwöhnen** des Kindes geschieht am passendsten zu der Zeit, **nachdem die Schneidezähne alle durchgebrochen sind**, also im zehnten Lebensmonat des Kindes in der Regel. Das Kind wird einige Tage hindurch immer seltener und dann gar nicht mehr angelegt. Das Entwöhnen auf mehrere Wochen oder selbst Monate auszudehnen ist nicht gut. Denn wenn die Milch in den Brüsten nun anfängt zu versiechen, so wird sie schlechter und bekommt dem Kinde nicht. Schwellen der Mutter beim Entwöhnen die Brüste stark an, so müssen sie, wie früher gelehrt, mit Oel und Watte bedeckt und namentlich gut unterstützt werden, die Frau muß dabei eine knappe Kost beobachten, und für täglichen reichlichen Stuhlgang sorgen.

Fünfter Theil.

Abweichungen von der Regel im Verlauf der Schwangerschaft.

Erstes Kapitel.

Regelwidrige Lage des Kindes.

§. 273.

Im sechsten Kapitel des zweiten Theils ist die regelmäßige Lage, Haltung und Stellung des Kindes in der Gebärmutter besprochen worden. Die Hebamme weiß, daß in den letzten Monaten der Schwangerschaft Lage, Stellung und Haltung der Frucht noch häufig wechselt. Je mehr die Schwangerschaft ihrem regelmäßigen Ende sich nähert, desto häufiger und desto dauernder liegt die Frucht mit dem Schädel gegen das Becken hin. Gegen Ende der Schwangerschaft ist daher die **Schädellage** die regelmäßige Lage des Kindes. Nun kann aber die Frucht verschiedene andere Lagen einnehmen, diese Lagen sind **unregelmäßige Lagen.**

Die sämmtlichen Lagerungsweisen der Frucht in der Gebärmutter theilt man ein in **Längenlagen**, das sind solche, bei denen die Längenrichtung des Kindes in die Längenrichtung der Gebärmutter fällt, und **Schief- oder Querlagen**, das sind solche, wo die beiden Längenrichtungen nicht zusammentreffen, sondern die Längenrichtung des Kindes sich dem Querdurchmesser der Gebärmutter nähert.

Die Längenlagen benennt man nach dem Theil der Frucht, der nach dem Muttermund zu liegt. Entweder liegt am Muttermund das Kopfende der Frucht — **Kopflagen**; oder es liegt am Muttermund das Beckenende der Frucht — **Beckenlagen.**

§. 274.

Die Kopflagen sind meist **Schädellagen**, die im zweiten und dritten Theil dieses Lehrbuchs beschriebenen, in Figur 26 und 27 abgebildeten allein regelmäßigen Kindeslagen. Selten, durch veränderte Haltung des Kindes, liegt der Kopf mit dem Gesicht nach unten, das sind **Gesichtslagen** Figur 52, 53.

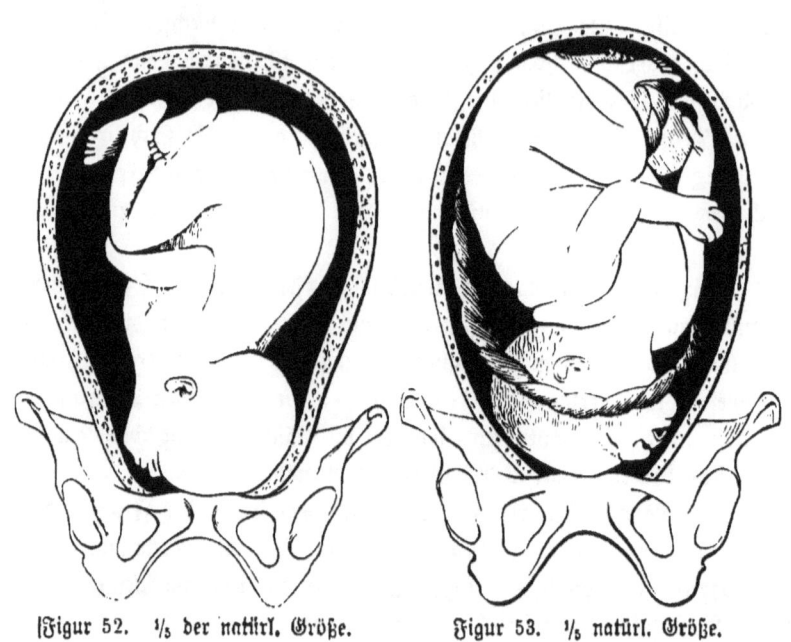

Figur 52. ⅕ der natürl. Größe.   Figur 53. ⅕ natürl. Größe.

§. 275.

Die Beckenlagen sind meist **Steißlagen**, Fig. 54 und 55; selten, ebenfalls durch veränderte Haltung oft erst während der Geburt entstehend, **Fußlagen oder Knielagen.**

§. 276.

Bei all' diesen Längenlagen liegt am häufigsten der Rücken links, das ist **erste Schädel=, Gesichts=, Steißlage** u. s. w. Figur 26, 52, 54. Seltener liegt der Rücken rechts, das ist **zweite Schädel=, Gesichts=, Steißlage** u. s. w. Fig. 27, 53, 55.

Erstes Kapitel. Regelwidrige Lage des Kindes. 169

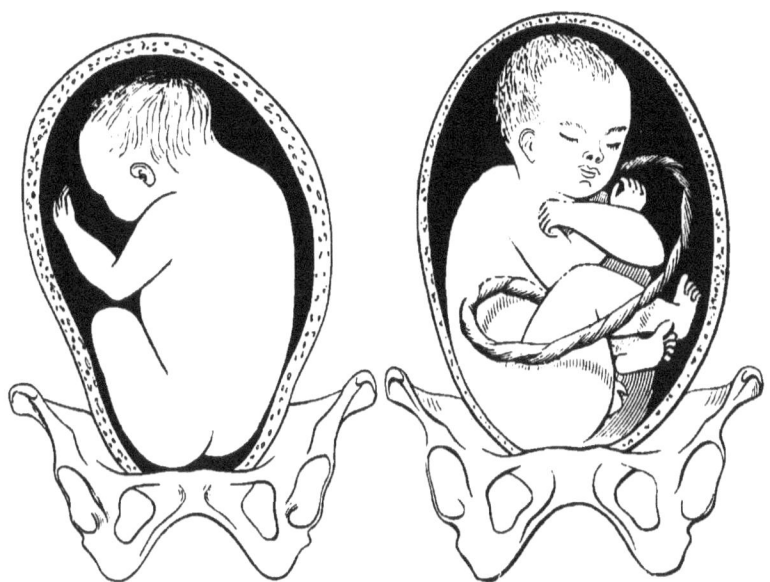

Figur 54. ⅕ natürl. Größe.   Figur 55. ⅕ natürl. Größe.

Bei den Querlagen liegen Kopf und Steiß nach den Seiten hin. Am häufigsten liegt der Kopf links, das ist erste Querlage, Figur 56, seltener liegt der Kopf rechts, das ist zweite Querlage, Figur 57.

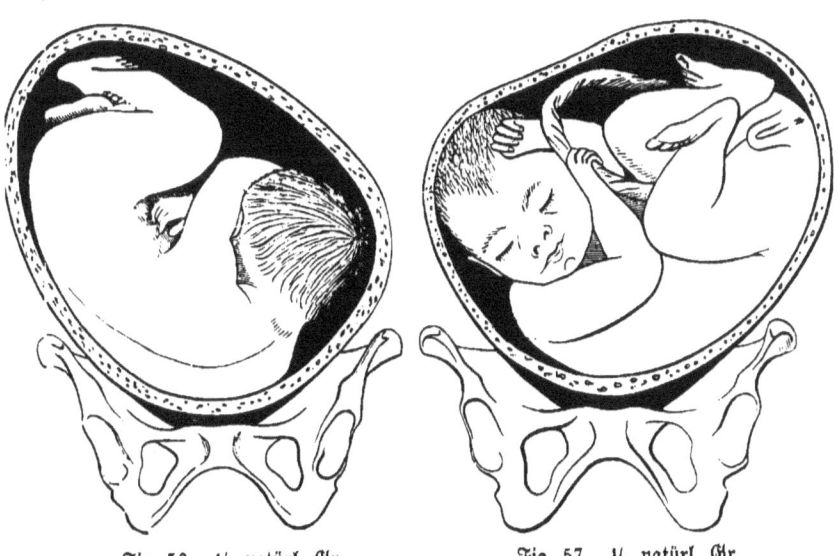

Fig. 56. ⅕ natürl. Gr.   Fig. 57. ⅕ natürl. Gr.

§. 277.

Bei allen Lagen liegt der Rücken des Kindes am häufigsten gegen die vordere Bauchwand der Mutter gewendet, wie in Fig. 26, 28, 45, 49, 51, 52, 54, 56 abgebildet ist (man nennt das erste Unterart); seltener liegt der Bauch des Kindes nach vorn, Fig. 27, 53, 55, 57, (man nennt das zweite Unterart). Bei allen Längenlagen liegt der links gelegene Rücken häufiger vorn, der rechts gelegene häufiger hinten. Das heißt also bei den ersten Lagen ist die erste Unterart, bei den zweiten Lagen die zweite Unterart die häufigere Stellung. Fig. 26, 52, 54, 56 zeigen also die erste Unterart der ersten Schädel-, Gesichts-, Steiß-, Querlage. Fig. 27, 53, 55, 57 die zweite Unterart der zweiten Schädel-, Gesichts-, Steiß-, Querlage. Die zweite Unterart der ersten und die erste Unterart der zweiten Lagen kann sich die Hebamme ohne Abbildung leicht vorstellen.

§. 278.

Unregelmäßige Lagen der Frucht bleiben dann bis zum Ende der Schwangerschaft bestehen, wenn diejenigen Ursachen, welche nach §. 91 bis 95 die regelmäßige Lage herbeiführen, nicht vorhanden sind. Die häufigsten Ursachen zu fehlerhaften Lagen sind daher:

1) Tod und Mißgestalt des Kindes.
2) Mißgestalt der Gebärmutter.
3) Zu großer Raum in der Gebärmutter wegen übermäßiger Menge des Fruchtwassers.
4) Schiefe Lage und besonders Schlaffheit der Gebärmutter.

Aus dem letzten Grunde sind regelwidrige Lagen häufiger bei Frauen, die schon öfter geboren haben, als bei solchen, die zum erstenmal schwanger sind.

Unter tausend Fällen liegen reife Kinder:

    1) in Kopflage 964mal
       (davon etwa 6 Gesichtslagen.)
    2) in Beckenlage 32mal
       (Steiß-, Fuß-, Knielagen.)
    3) in Querlage 4mal
                               Summa 1000.

Erstes Kapitel. Regelwidrige Lage des Kindes.

§. 279.

Die **Erkennung** der unregelmäßigen Kindeslage geschieht durch die äußere und innere Untersuchung. Siehe §. 97 bis 109. Die genaue Anweisung zur Erkennung der regelwidrigen Kindeslage wird erst im folgenden Theil bei Besprechung der Geburt aus regelwidriger Lage gegeben.

Regelwidrige Kindeslage ist von um so geringerer Bedeutung, je längere Zeit noch ist bis zum Ende der Schwangerschaft, denn um so wahrscheinlicher ist es, daß bis zum Eintritt der Geburt das Kind noch regelmäßige Lage einnehmen wird.

Wenn es sich darum handelt, in den letzten Schwangerschaftsmonaten durch die Untersuchung die Zeit der Schwangerschaft genau zu bestimmen, muß die Hebamme immer auf die Lage des Kindes Rücksicht nehmen. Alles in den Paragraphen 134 bis 137 hierüber Gesagte setzt eine regelmäßige Kindeslage voraus. Bei Quer= und Schieflagen namentlich sind die Erscheinungen nicht ganz dieselben. Die Gebärmutter erreicht da lange nicht den hohen Stand, den Figur 28 und 38 zeigen; die Hebamme muß die **Breite** der Gebärmutter berücksichtigen, um die **Größe** derselben zu beurtheilen. Auch die Erscheinungen der **Senkung** der Gebärmutter in den letzten Wochen sind bei Querlage weit weniger deutlich, weil kein vorliegender Theil in den Beckeneingang hinabtreten kann. Aus diesem selben Grunde findet die Erweiterung des Scheidengewölbes und das Verstreichen der Scheidenportion nicht mit derselben Regelmäßigkeit und Bestimmtheit statt, wie bei regelmäßigen Lagen.

§. 280.

Nur selten ist es erforderlich, wegen regelwidriger Kindeslage vor Eintritt der Geburt schon irgendwelche Anordnung zu treffen. Deßhalb und weil die Hebamme weiß, daß noch in der letzten Zeit der Schwangerschaft bestehende regelwidrige Kindeslage von selbst durch die Thätigkeit der Gebärmutter in regelmäßige Lage übergeht, hüte sie sich **wohl**, wo sie bei einer Schwangeren eine regelwidrige Lage erkennt, oder in Zweifel bleibt, ob das Kind regelmäßig liege, die Schwangere durch Mittheilung dieses Umstandes zu ängstigen.

In den Fällen, wo ein Vornüberliegen oder seitliche Schieflage der Gebärmutter bei unregelmäßiger Lage des Kindes besteht, kann die Hebamme schon in der Schwangerschaft nützen. Sie unterstütze den Bauch durch eine zweckmäßige Binde, siehe §. 300, und rathe der Frau, Nachts auf derjenigen Seite zu liegen, in welcher der Gebärmuttergrund nicht steht.

Zweites Kapitel.

Von der mehrfachen Schwangerschaft.

§. 281.

In Ausnahmefällen werden bei einer Schwangerschaft mehrere Früchte gleichzeitig entwickelt. Zwillingsschwangerschaft kommt etwa unter 1000 Fällen 12mal, Drillingsschwangerschaft unter 5000 einmal, Vierlings- und Fünflingsschwangerschaft noch vielmal seltener vor. Während alle Tage etwa Hunderttausend Kinder geboren werden, ist seit mehr als 50 Jahren kein Fall bekannt geworden, daß eine Mutter sechs Früchte gleichzeitig getragen hätte.

Mehrfache Schwangerschaft wird wegen der bedeutenderen Ausdehnung der Gebärmutter häufiger als einfache vor der Zeit unterbrochen. Zwillingsschwangerschaft erreicht aber meist, Drillingsschwangerschaft dagegen selten ihr regelmäßiges Ende, Vierlings- und noch mehrfachere Schwangerschaft bringt nie reife Kinder.

Auch reife Zwillingskinder sind nicht immer ganz so groß wie einzelne, weil Nahrung und Raum getheilt wurden. Manchmal ist das eine größer und kräftiger als das andere. Wenn das eine Zwillingskind hinter dem anderen in der Entwicklung bedeutend zurückgeblieben war, wenn dann vielleicht gar mehrere Wochen zwischen der Geburt des ersten und des zweiten Kindes vergingen, hat man wohl daraus schließen wollen, die Kinder seien zu verschiedenen Zeiten erzeugt worden. Zwillingsfrüchte sind stets gleich alt.

Zweites Kapitel. Von der mehrfachen Schwangerschaft.

§. 282.

Meist liegen Zwillingskinder beide in Schädellage, Figur 58, fast eben so oft liegt das eine in Schädel=, das andere in Steiß= oder Fußlage, Figur 59, selten beide in Steiß= oder Fußlage (siehe Fig. 73). Beide letztgenannten unregelmäßigen Lagen, besonders aber Schieflagen und Querlagen, sind bei mehrfacher Schwangerschaft häufiger als bei einfacher.

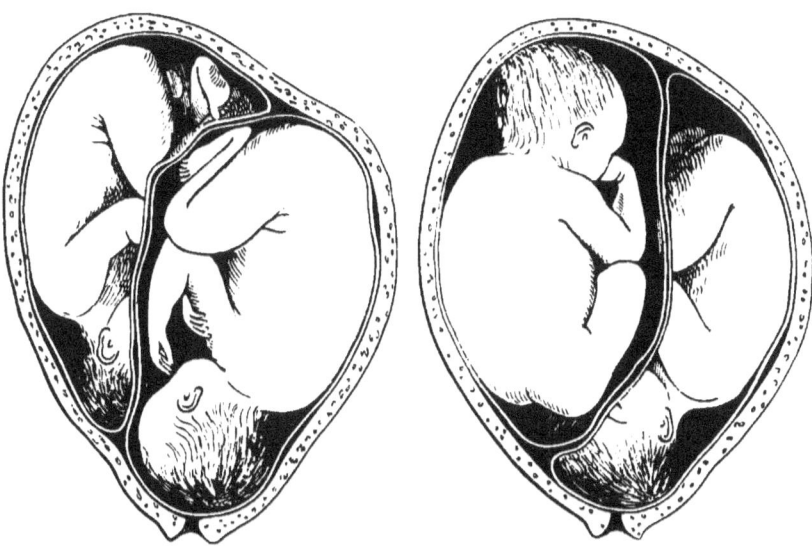

Figur 58. ⅕ natürl. Gr.   Fig. 59. ⅕ natürl. Gr.

§. 283.

Es können zwei Kinder in einem Ei entstehen. Dann haben sie auch bei der Geburt nur eine Lederhaut, in ganz seltenen Fällen auch nur eine Wasserhaut. Meist aber sind so viel Früchte, so viel Eier, von denen jedes seine Wasser= und seine Lederhaut hat. Nur die dicke äußere Lage der Siebhaut fehlt immer an den Stellen, wo die Eier sich berühren, denn die Gebärmutterschleimhaut ist nur einmal da. An der Stelle, wo die Eier einander berühren, sind ihre Außen= flächen ziemlich fest mit einander verklebt.

Die beiden Mutterkuchen sind entweder getrennt, oder sie stellen eine zusammenhängende Masse dar. Ist das letztere der Fall und lagen die Kinder in zwei Eiern, so geht zwischen den Einsenkungsstellen der beiden Nabelschnüre die Scheidewand der Eihäute ab.

§. 284.

Am häufigsten sind Zwillingskinder **gleichen Geschlechts**, oft aber auch **ein Knabe und ein Mädchen**. Zwillingskinder, die in einem Ei liegen, sind immer gleichen Geschlechts.

§. 285.

Erkennen kann die Hebamme die Zwillingsschwangerschaft nur dann, wenn sie zwei Köpfe oder zwei Steiße mit Deutlichkeit fühlt, zum Beispiel den einen am Muttermund, den andern im Grund der Gebär=
mutter, oder wenn sie in Gemeinschaft mit einer anderen Hebamme oder mit dem Arzt kindliche Herztöne von verschiedenem Takt gleichzeitig am Bauch der Schwangeren hört. Das schnellere Wachsen, die größere Ausdehnung des Leibes, seine quere Gestalt, eine mittlere Furche über demselben, das gleichzeitige Fühlen von Kindesbewegung an verschiedenen Stellen — alles das kann auch bei einfacher Schwangerschaft vor=
kommen. Meist wird die Hebamme erst nach der Geburt des ersten Kindes mit Sicherheit erkennen, daß noch ein zweites da ist.

Drittes Kapitel.

Von der Schwangerschaft außerhalb der Gebärmutter.

§. 286.

Die Hebamme muß Kenntniß haben von dem seltenen Zustand, der dadurch herbeigeführt wird, daß das befruchtete Ei nicht in die Gebär=
mutter gelangt, sondern im Eierstock oder in der Muttertrompete stecken bleibt, oder in die Bauchhöhle geräth und an einem dieser Orte sich weiter entwickelt.

Drittes Kapitel. Von der Schwangerschaft außerhalb der Gebärmutter. 175

Die Erscheinungen unterscheiden sich anfangs von regelmäßiger Schwangerschaft nicht. Die unsicheren Zeichen der Schwangerschaft treten bald mehr bald weniger deutlich ein, und weil in der leeren Gebärmutter die Veränderungen wie bei regelmäßiger Schwangerschaft vor sich gehen, bleibt auch die Regel aus. Nach einigen Monaten treten aber meist Blutungen ein, mit denen manchmal auch die Siebhaut in Fetzen abgeht. Schmerzen im Leib treten auf, und die Hebamme fühlt manchmal bei der Untersuchung hinter oder neben der Gebärmutter eine Geschwulst durch das Scheidengewölbe.

Aus diesen Erscheinungen, die auch bei anderen Zuständen stattfinden können, sieht die Hebamme eben nur, daß ein krankhafter Zustand besteht, und die im §. 115 gegebenen Regeln finden Anwendung.

§. 287.

Die Schwangerschaft außer der Gebärmutter dauert in den meisten Fällen nur wenige Monate. Am häufigsten tritt nach 6 bis 12 Wochen, oft plötzlich, der Tod der Frau ein durch innere Verblutung. Nur bei der Schwangerschaft in der Bauchhöhle kann das Kind sich weiter entwickeln. Dann treten nach der Mitte der Schwangerschaft die sicheren Schwangerschaftszeichen ein, während doch der Scheidentheil der Gebärmutter nicht die regelmäßigen Veränderungen zeigt. Zur Zeit der Geburt treten wohl wehenartige Schmerzen ein, aber die Geburt kann nicht vor sich gehen. Oft stirbt dabei die Mutter. Im günstigen Falle stirbt nur das Kind ab. Es kann zeitlebens als sogenanntes Steinkind im Leibe der Mutter bleiben; oft giebt es dann später Veranlassung zu Entzündungen und Eiterung, an denen die Frau noch zu Grunde geht.

Mit Sicherheit kann die Hebamme die Schwangerschaft außerhalb der Gebärmutter auch bei diesem zuletztgenannten Verlaufe nicht, also überhaupt nie erkennen. Das ist nur ein Grund mehr, daß sie bei jedem Auftreten krankhafter Erscheinungen das im §. 115 Gesagte beherzige und den Rath des Geburtshelfers verlange. So große Gefahr dieser Zustand auch mit sich führt, so kann doch bei rechtzeitiger Hülfe in seltenen Fällen die Mutter, vielleicht sogar auch das Kind gerettet werden.

Viertes Kapitel.

Vom Erbrechen, dem Durchfall und der Stuhlverstopfung und von den Brüchen bei Schwangeren.

§. 288.

Erbrechen ist so häufig bei Schwangeren, daß es unter den unsicheren Zeichen der Schwangerschaft §. 111 mit aufgezählt worden ist. Im §. 140 ist besprochen worden, wie die Schwangere durch Regelung ihrer Lebensweise diese lästige Erscheinung vermeiden oder doch in Schranken halten kann. Das im Beginn der Schwangerschaft auftretende Erbrechen hört meist um die 12te, 14te Woche wieder auf. Wird es sehr lästig, so erweist sich öfters ein Brausepulver, ein Glas Selterswasser oder Sodawasser, ein Schluck guten Weines, eine Tasse Thee von Melisse oder Münze, oder ein warmer aromatischer Umschlag auf die Magengegend hülfreich. Das in der späteren Zeit der Schwangerschaft auftretende Erbrechen wird oft durch ein Klystir und gehörige Stuhlausleerung beseitigt. Es giebt aber Fälle, wo es hartnäckig fortbesteht, wo es gleichzeitig auch so heftig und häufig auftritt, daß wenig oder gar keine Speisen bei der Frau bleiben trotz aller im §. 140 empfohlenen Sorgfalt, trotz der ebengenannten Mittel. Solche Frauen kommen von Kräften und magern ab, und gerathen selbst, sowie auch das Kind, durch Mangel an Nahrung in Lebensgefahr. Soweit darf die Hebamme es nicht kommen lassen, sie muß bei hartnäckigem langdauerndem Erbrechen bei Zeiten ärztlichen Rath einholen. Gesellen sich zu dem Erbrechen Frost und Hitze oder Schmerzen im Leib, so ist stets sogleich ärztliche Hülfe unbedingt erforderlich.

§. 289.

Durchfall entsteht bei Schwangeren wie bei anderen Leuten am häufigsten durch Fehler im Essen und Trinken und durch Erkältungen. Schwangere haben sich vor diesen Fehlern ganz besonders zu hüten, weil Durchfall für Schwangere besonders gefährlich ist; das anhaltende

Viertes Kapitel. Vom Erbrechen, dem Durchfall u. d. Stuhlverstopfung ꝛc.

Drängen zum After veranlaßt Zusammenziehungen der Gebärmutter und kann dadurch zu Fehlgeburt oder Frühgeburt führen.

Sowie eine Schwangere von Durchfall befallen wird, muß sie sogleich sich ruhig in's Bett legen, darf keine festen Speisen und nichts Kaltes, sondern nur lauwarmes, schleimiges Getränk, Haferschm, Reis- oder Graupenabkochung u. dgl. genießen. Vergeht bei diesem Verhalten der Durchfall nicht bald, gesellt sich gar schmerzhaftes Drängen, Leibschmerz, oder Frost und Hitze dazu, so ist die Herbeirufung eines Arztes erforderlich.

§. 290.

Von der bei Schwangeren häufigen **Stuhlverstopfung** und von den Mitteln, die die Hebamme dagegen zu rathen und anzuwenden hat, war auch im §. 140 die Rede.

Die Hebamme sei aber eingedenk, daß Stuhlverstopfung auch Begleiterin schwerer Erkrankungen sein kann, so zum Beispiel der **Einklemmung von Unterleibsbrüchen**. Solche Brüche, sogenannte Leibschäden, sind Anschwellungen unter der gesunden Haut, meist in der Leistengegend (Leistenbrüche) oder dicht unterhalb der Schenkelfalte (Schenkelbrüche), seltener am Nabel oder an anderen Stellen des Bauches; sie werden dadurch hervorgebracht, daß Eingeweide des Bauches durch eine Lücke der Bauchwand bis nahe unter die Haut treten. Diese Anschwellungen sind bald größer bald kleiner, bald weicher bald fester, für gewöhnlich schmerzlos und gegen Druck nicht empfindlich. Bei ruhiger Rückenlage verschwinden sie meist, indem die hervorgetretenen Eingeweide an ihre richtige Stelle zurückgehen; durch einen zweckmäßig angewendeten Druck mit den Fingern lassen sie sich meist zurückdrücken, oft mit einem gluckernden Geräusch. Beim Husten, Niesen und anderen mit Drängen verbundenen Bewegungen treten sie stärker hervor.

§. 291.

Wird eine Frau, die einen Bruch hatte, schwanger, so geht derselbe meist um die Mitte der Schwangerschaft von selbst zurück, weil die Gebärmutter jetzt die Eingeweide nach hinten drängt und den vorderen Raum des Bauches selbst einnimmt; bleibt ein Bruch aber während der Schwangerschaft draußen liegen, vielleicht weil er angewachsen ist, so kann er leicht eingeklemmt werden, dann kann der Koth nicht weiter gehen und es entsteht zunächst Stuhlverstopfung. Der Zustand ist höchst gefährlich. Eine Frau bei der ein Bruch über die Mitte der Schwangerschaft draußen bleibt, muß zum Arzt gehen, damit der ihr rathe, wie sie solchen gefährlichen Zustand verhüten kann. Ist aber Einklemmung schon eingetreten, so wird die Bruchgeschwulst schmerzhaft; im weiteren Verlauf bleiben Erbrechen, Schmerz, Frost und Hitze nicht aus. Je früher ärztliche Hülfe da ist, desto größer ist die Möglichkeit, daß noch geholfen wird.

Ist eine Lageveränderung der Gebärmutter Schuld an der Stuhlverstopfung, so ist meist gleichzeitig auch Harnverhaltung da. Auch hier ist schnelle Herbeirufung des Geburtshelfers erforderlich.

Fünftes Kapitel.

Von den Beschwerden beim Harnlassen und von den Lageabweichungen der Gebärmutter bei Schwangeren.

§. 292.

Die Beschwerden beim Harnlassen sind dreierlei Art:

1) **Harnzwang**, ein schmerzhaftes, häufiges oder selbst fortwährendes Drängen zum Urinlassen, auf welches dann nur eine geringe Menge Harn jedesmal mit schneidendem Schmerz entleert wird;

2) **unwillkürlicher Harnabgang**, wo, ohne den Willen der Frau und ohne daß der natürliche Drang es ankündigt, der Harn entweder ruckweise, zum Beispiel beim Husten, Niesen, Schnauben u. s. w., oder selbst fortwährend abgeht, und

3) **Harnverhaltung**, der Zustand, wo der Harn, obgleich die Blase gefüllt ist, und obgleich die Frau es will, nicht gelassen werden kann.

Fünftes Kapitel. Von den Beschwerden beim Harnlassen ꝛc. 179

Dabei kann der natürliche oder auch ein vermehrter Drang zum Harn=
lassen vorhanden sein, es kann dabei auch der Drang gänzlich fehlen.

§. 293.

Häufiger Drang, den Urin zu lassen, ist bei Schwangeren sowohl
in der ersten, als auch in der späteren Zeit der Schwangerschaft etwas
Häufiges, und die Schwangere muß diesen Drang befriedigen, weil er
seine Ursache in dem regelmäßigen Zustande hat. Es kann aber dieser
Drang schmerzhaft werden, und dieser Schmerz steigert sich dann oft
noch beim Urinlassen; es bildet sich dann also ein förmlicher Harn=
zwang aus. Oft ist dabei die Harnröhre und auch die Scheide schmerz=
haft bei der Berührung. Bei Harnzwang muß die Schwangere sich
ruhig zu Bett legen und gut zudecken, muß dünnes, schleimiges Ge=
tränk, Leinsamenthee, Mandelmilch u. dgl. trinken und sich aller ge=
gohrenen und aller erregenden Getränke, als Wein, Bier, Kaffee, Thee,
sowie aller sauren und salzigen Speisen enthalten. Ein warmer, feuchter
Umschlag über die Schooßgegend, warme schleimige Einspritzungen in
die Scheide tragen oft dazu bei, die Schmerzen zu lindern und ganz
zu heben.

Durch fortwährende Versuche, den Harn zu lassen, wird der Drang
nur verstärkt; es genügt, daß die Kranke alle halbe oder ganze Stun=
den den Harn läßt. Bessert sich der Zustand nicht bald, oder findet
die Hebamme bei der nicht zu versäumenden Untersuchung die inneren
Theile sehr schmerzhaft oder die Gebärmutter nicht in der richtigen
Lage, so muß gleich zum Geburtshelfer geschickt werden.

§. 294.

Denn Harnzwang sowohl, als auch vollständige Harnverhaltung
sind die begleitenden Erscheinungen einer der schlimmsten Lagever=
änderungen der schwangeren Gebärmutter, der Rückwärts=
beugung derselben und Einklemmung in dieser Lage.

Diese Einklemmung entwickelt sich entweder langsam, wenn die
Gebärmutter nicht, wie sie soll, um die 10te bis 12te Woche aus dem
kleinen Becken hinaufsteigt (§. 84), sondern unter dem Vorberg stehen
bleibt und hier nun größer wird; oder sie entsteht plötzlich, wenn durch

12*

heftiges Drängen, Husten oder Brechen, durch einen Fall auf den Steiß, durch eine heftige Körperanstrengung namentlich in gebückter oder kauernder Stellung die Gebärmutter, die schon am Vorberg vorbeigestiegen war, wieder hinabgedrängt wird und nun in ihre regelmäßige Stellung nicht wieder zurück kann.

§. 295.

Bei der Untersuchung findet die Hebamme die Kreuzbeinaushöhlung ausgefüllt von dem Gebärmutterkörper, den Scheidentheil vorn gegen die Schamfuge gepreßt, entweder so, daß der Muttermund sich ganz hinter der Schamfuge versteckt Fig. 60, oder der Scheidentheil ist abwärts geknickt und der Muttermund hinter der Schamfuge zu fühlen,

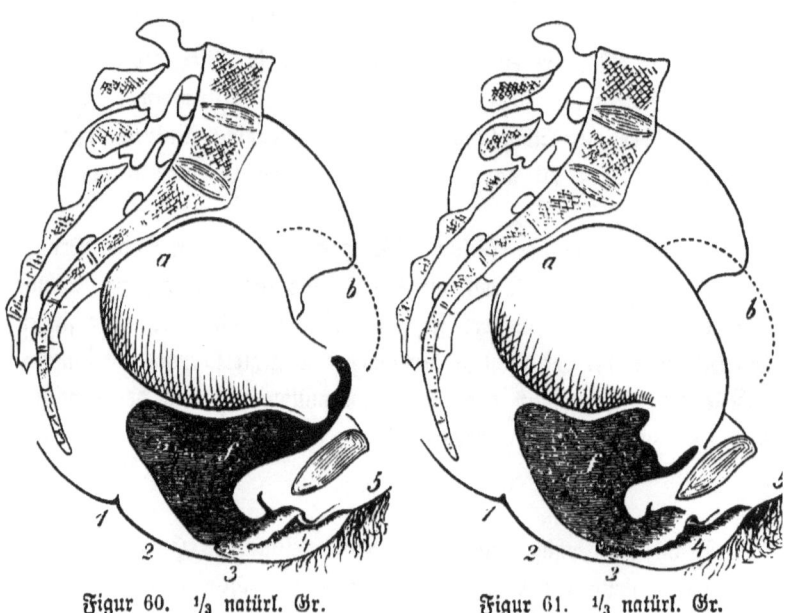

Figur 60. ⅓ natürl. Gr.   Figur 61. ⅓ natürl. Gr.

Figur 61. Die erste Form ist die seltenere, die plötzlich entstehende, die schneller gefahrbringende. Die zweite Form, die Knickung, ist die häufigere, die Erscheinungen der Einklemmung entwickeln sich nach und nach, weil die Gebärmutter das kleine Becken noch gar nicht verlassen hatte, auch die Gefahr steigert sich nach und nach, durch Tage, durch Wochen, und erreicht nicht leicht die Höhe wie bei der plötzlich entstandenen Einklemmung.

In beiden Figuren, welche das Becken im Durchschnitt zeigen wie Figur 11 und 17, ist 1 der After, 2 der Damm, 3 das Schamlippenbändchen, 4 die linke große Schamlippe, 5 der Schamberg; f ist die Scheide, welche so weit gezeichnet ist, wie der untersuchende Finger sie ausdehnen kann, a ist der nach hinten liegende Gebärmuttergrund, die punktirte Linie b zeigt die Stelle, an der derselbe regelmäßig stehen sollte.

Je fester die rückwärtsgebeugte Gebärmutter eingeklemmt ist und je mehr sie durch ihr allmäliges Wachsthum oder durch entzündliche Anschwellung wächst, desto vollständiger verlegt sie den Weg im Mastdarm und in der Harnröhre. Es kann daher Stuhl und Harn nicht entleert werden, der Drang verursacht heftiges Pressen, durch dieses Pressen und durch die zunehmende Anfüllung des Darms und der Blase wird der Gebärmuttergrund immer tiefer herabgedrängt, die Einklemmung immer fester. Der Geburtshelfer muß schleunig herbeigerufen werden; wenn nicht schnell Hülfe geschafft wird, tritt entweder Geburt des unreifen Kindes ein, oder die Frau stirbt sogar an den Folgen der Einklemmung.

§. 296.

Die Hebamme kann, bis der Geburtshelfer kommt, wenig mehr thun, als für möglichste Ruhe der Frau sorgen, am besten in der Seitenlage. Durch Drücken und Heben an der Gebärmutter würde sie die Sache nur verschlimmern können, ebenso durch Klystire. Wenn die Hebamme mit ihrem Katheter sehr gut umzugehen weiß, soll sie mit größter Sorgfalt einen Versuch machen, ob sie damit den Urin entleeren kann. Gelingt das, so schafft sie große Erleichterung.

§. 297.

Unter **Vorfall der Gebärmutter und der Scheide** versteht man die Zustände, wo der eine dieser Theile oder beide zugleich in die Schamspalte herab oder aus derselben herausgesunken sind. In ruhiger Lage, also vorzüglich Nachts, pflegen solche Vorfälle von selbst zurückzugehen, sie treten dann bei Tage in aufrechter Stellung und vorzüglich durch körperliche Anstrengung immer wieder hervor. Wird die Hebamme wegen dieses Leidens von einer Frau um Rath gefragt, so muß sie dieselbe zum Geburtshelfer schicken.

Wenn nun eine Frau, die am Vorfall leidet, schwanger wird, so wird die Gebärmutter, sobald sie groß genug geworden ist, von selbst über dem Becken zurückgehalten. Es kann aber die Gebärmutter wohl bis zur 14ten und 16ten Woche namentlich durch bedeutende Anstrengungen noch hervorgetrieben werden, sie geht dann von selbst nicht wieder zurück und wird, da sie größer wird, eingeklemmt, so daß Schmerzen, Harnverhaltung und Stuhlverhaltung entstehen. Der Zustand ist gefährlich für die Frucht und für die Mutter. Die Hebamme muß versuchen, ob sie in der Rückenlage mit erhöhtem Steiß, nachdem wo möglich der Urin mit dem Katheter, der Koth durch ein Klystir entleert sind, die vorgefallene Gebärmutter in das Becken hinaufschieben kann. Sie faßt zu dem Zweck die Gebärmutter mit den Spitzen der fünf Finger in die volle Hand und schiebt die Gebärmutter sachte in der Richtung der Führungslinie in das Becken zurück. Gelingt der erste Versuch nicht, so muß der Geburtshelfer gerufen, und bis zu dessen Ankunft der vorgefallene Theil mit warmen feuchten Tüchern bedeckt werden. Gelingt aber der Hebamme die Zurückbringung der Gebärmutter, so genügt nun, wenn die Frau sich jetzt wieder ganz wohl fühlt, daß sie, bei pünktlicher Sorge für Stuhl= und Harnentleerung, jede Veranlassung zu neuem Vorfall der Gebärmutter vermeide. Bis gegen die Mitte der Schwangerschaft muß eine solche Frau die meiste Zeit liegen. Die Hebamme warne die Frau, daß sie ja nicht von einer Pfuscherin sich einen Mutterkranz einlegen lasse, das würde unter diesen Umständen ganz besonders schlimme Folgen haben.

§. 298.

Auch in der späteren Zeit der Schwangerschaft kann die Scheide, namentlich ihre vordere Wand und selbst der Scheidentheil, welcher manchmal verlängert ist, in anderen Fällen durch den Kindeskopf schon tief herabgedrückt wird, vorfallen. Das macht jedesmal Harnbeschwerden, weil die Harnblase an der vorderen Scheidenwand liegt,

Fünftes Kapitel. Von den Beschwerden beim Harnlassen ꝛc.

und oft bedeutende Schmerzen durch Druck und Reibung der vorgefallenen Theile. Ausgestreckte Lage und häufiges Waschen der Theile lindert die Beschwerden. Steigern sich aber dieselben, oder ist dieser Vorfall plötzlich entstanden, so muß immer der Geburtshelfer gerufen werden.

§. 299.

In der letzten Zeit der Schwangerschaft ist es nicht ganz selten, daß **unwillkürlicher Abfluß des Harns** eintritt. Es kommt das daher, weil die Harnblase von der Gebärmutter gedrückt wird und dadurch den Raum und die Kraft verliert, den Urin zu halten; siehe Fig. 28. Häufiges willkürliches Lassen des Urins und fleißiges Waschen der Geschlechtstheile mit kühlem Wasser sind dabei anzurathen.

Auch zeitweiliges Unvermögen, den Harn zu lassen, also **Harnverhaltung,** kann in der letzten Zeit der Schwangerschaft auftreten, namentlich wenn der Bauch durch die hochschwangere Gebärmutter stark vornübergedrängt ist. Dieser Zustand ist unter dem Namen des **Hängebauchs** bekannt. Er kommt nicht selten bei Frauen vor, die früher schon, besonders bei solchen, die schon oft schwanger waren, weil da die Bauchdecken ihre Festigkeit verloren haben. Aber auch bei zum ersten Mal Schwangeren, wenn das Becken zu stark geneigt ist (siehe §. 44) und daher der Gebärmutter keine genügende Unterstützung gewährt, entwickelt sich Hängebauch. Die Frauen wissen zum Theil schon, daß sie durch Emporheben des Bauches mit den Händen sich das Urinlassen erleichtern; aber der Hängebauch macht noch andere Beschwerden, er belästigt beim Gehen und bei allen Bewegungen, die Haut über dem Schamberg wird durch den beständigen Druck wund; auch kann Hängebauch die Veranlassung werden, daß das Kind in der letzten Zeit der Schwangerschaft nicht, wie regelmäßig, die Schädellage einnimmt und auch auf andere Weise noch kann der Verlauf der Geburt durch vorher bestandenen Hängebauch erschwert werden.

§. 300.

Es ist daher erforderlich, die Gebärmutter, der das Becken und die Bauchwand die nöthige Unterstützung nicht gewähren, **von außen her zu unterstützen.** Das geschieht durch eine zweckmäßige **Bauchbinde.**

Zwei keilförmige Stücken aus doppelter Leinwand oder Leder werden vorn an den breiten Enden mittelst Schnürlöcher, um der Gestalt der wachsenden Gebärmutter sie anzupassen, hinten über das Kreuz mit

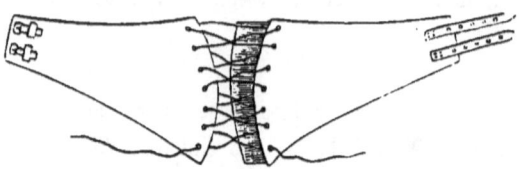

Figur 62. ¹/₁₅ der natürl. Größe.

Schnallen oder Bändern vereinigt, um den Bauch zu tragen. Ist der Hängebauch sehr bedeutend, so kann er über dem Kreuz nicht genügend befestigt werden; die Binde muß dann über die Schultern geführt werden, wie die nachfolgenden Abbildungen, Figur 63 und 64, zeigen.

 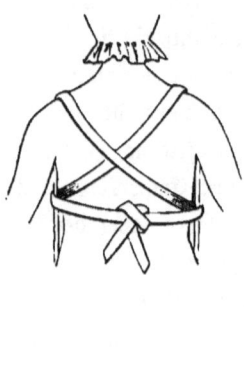

Figur 63. ¹/₁₅ natürl. Größe.   Figur 64. ¹/₁₅ natürl. Größe.

Sechstes Kapitel.
Von den Blutaderknoten und anderen krankhaften Anschwellungen bei Schwangeren.

§. 301.

Die unter der Haut der Beine und Geschlechtstheile verlaufenden Blutadern schwellen in der zweiten Hälfte der Schwangerschaft manchmal bedeutend an, so daß sie erhabene bläuliche Stränge „Krampfadern" und kurze hohe Anschwellungen „Aderkröpfe" bilden. Durch den Druck des Fingers lassen sich diese Anschwellungen wegstreichen, füllen sich aber sogleich von unten her wieder. Nach Beendigung der Schwangerschaft fallen diese Blutaderknoten meist bald zusammen, die Adern bleiben aber weit und schlaff und füllen sich daher bei wiederholter Schwangerschaft meist früher und stärker. Genuß erhitzender Speisen und Getränke, anhaltende Stuhlverstopfung machen die Anschwellung bedeutender. Durch äußere Verletzung oder auch von selbst durch die bedeutende Spannung und Verdünnung der Wände platzen zuweilen diese Knoten und machen gefährliche Blutungen. Zuweilen entzündet sich die Umgebung der Knoten, dann entstehen oft heftige Schmerzen, auch wohl langwierige Geschwüre, seltener lebensgefährliche Erkrankungen.

§. 302.

Die Hebamme muß darauf aufmerksam machen, daß die angeführten Veranlassungen, welche die Anschwellung der Aderknoten steigern, vermieden werden. Ausgestreckte Lage erleichtert den Rückfluß des Blutes in den erweiterten Adern. Mäßig feste Einwickelung des Beines von unten auf in ein drei Finger breites Leinenband, Schnürstrümpfe aus Leinwand, aus Leder oder Gummistoff unterstützen die schlaffen Aderwände und mildern dadurch die Beschwerden; sie sind auch sehr nützlich durch den Schutz, den sie gegen Verletzungen gewähren, dürfen aber ja nicht zu fest angelegt werden. Entzündet sich ein Aderknoten oder tritt eine Blutung ein, so muß der Arzt oder Wundarzt befragt werden. Im ersteren Fall lasse die Hebamme einstweilen Bleiwasser umschlagen, im anderen stille sie die Blutung vorläufig durch Druck mit dem Finger unterhalb der blutenden Stelle oder durch Aufbinden von Feuerschwamm oder nasser Leinwand. In beiden Fällen muß die Schwangere ruhige Lage beobachten.

Sind die Anschwellungen sehr bedeutend, so muß die Frau jedenfalls nach überstandenem Wochenbett an einen Arzt gewiesen werden.

§. 303.

Weniger häufig ist eine andere Art der Anschwellung an der Haut Schwangerer, die sogenannte wässrige Anschwellung derselben. Namentlich an den Füßen und Unterschenkeln wird die Haut gespannt, glänzender und weißer. Der Finger kann in dieselbe eindrücken, so daß eine Grube zurückbleibt. Ausgestreckte Lage vermindert auch diese Anschwellung, Morgens ist sie daher geringer. Durch anhaltendes Stehen und Sitzen wird sie bedeutender und erstreckt sich über die Oberschenkel und Geschlechtstheile. Die letzteren schwellen oft erheblich an und schmerzen dann sehr. Außer ruhigem Liegen wirkt Einwicklung der Beine in wollene oder leinene Binden, Bedecken der geschwollenen Theile mit warmen, von wohlriechendem Harz durchräucherten Tüchern lindernd.

Treten heftige Schmerzen in den geschwollenen Theilen auf, so muß der Arzt um Rath gefragt werden.

§. 304.

Schwillt auch die Haut am Bauch oder im Gesicht oder an den Händen in gleicher Weise an, oder wird dabei der Urin sparsam und trübe, oder gesellt sich zu der Anschwellung Kopfschmerz und anderes Unwohlsein, so ist es bringend nöthig, den Geburtshelfer zu Rathe zu ziehen, weil es gilt, gefahrdrohenden Zufällen, namentlich Krämpfen, die dann oft bei der Geburt auftreten, vorzubeugen.

Siebentes Kapitel.
Schleim- und Wasserausfluß aus den Geschlechtstheilen Schwangerer.

§. 305.

Vermehrte Absonderung auf der Schleimhaut der Scheide findet der Regel nach während der letzten Zeit der Schwangerschaft statt. Die aus den Geschlechtstheilen ausfließende Menge der abgesonderten Flüssigkeit ist aber meist gering, dünnflüssig, weiß. Nicht selten aber wird sie reichlicher, dicklich, rahmartig, mit beigemischten Klumpen, oder eiterartig, gelb. Vermehrte Sorge für Reinlichkeit durch häufige laue Einspritzungen, laue und kühle Waschungen der Geschlechtstheile und Schenkel, fleißiges Wechseln der verunreinigten Wäsche verhütet das Entstehen weiterer Beschwerden, namentlich das Wundwerden der vom Ausfluß benetzten Hautstellen. Ist der Ausfluß bedeutend, so fühlt sich die Scheide oft, besonders im oberen Theil, bei der Untersuchung rauh an, wie mit Gries oder Sand bestreut; das braucht die Hebamme nicht für krankhaft zu halten. Ist aber der Ausfluß so bedeutend, daß die Schwangere sich dadurch erschöpft fühlt, oder sind die inneren Theile gleichzeitig schmerzhaft und Schmerzen beim Harnlassen zugegen, so muß die Schwangere an den Arzt gewiesen werden.

§. 306.

Ist der Ausfluß plötzlich stark und mit Schmerzen aufgetreten, oder findet die Hebamme bei der Untersuchung Geschwüre oder Knötchen an den Geschlechtstheilen, so hat sie sich aller Verordnungen zu enthalten und die Schwangere lediglich an den Arzt zu weisen. In solchen Fällen liegt manchmal eine Ansteckung zum Grunde und die Krankheit ist selbst wieder ansteckend; die Hebamme kann das nicht unterscheiden, und wenn sie dann auch nur vorläufige Verordnungen treffen zu dürfen glaubt, so übernimmt sie dadurch für die Schwangere und deren Umgebung eine Verantwortlichkeit, die sie nicht tragen kann.

§. 307.

Eine seltene Krankheit Schwangerer ist der Abgang von wässriger, manchmal röthlich gefärbter Flüssigkeit aus der Gebärmutter. Dieses Wasser sammelt sich zwischen den beiden Blättern der Siebhaut, also auf der Gebärmutterschleimhaut, allmälig an und wird dann auf einmal unter wehenartigen Schmerzen manchmal bis zur Menge von mehreren Pfunden entleert. Die Angaben der Schwangeren genügen nicht, um diese Krankheit festzustellen, reichlicher Scheidenausfluß, unwillkürlicher Harnabgang, welche beide die Hebamme an der Beschaffenheit des Ausgeflossenen unterscheiden kann, geben zu Verwechselungen Veranlassung. Vom Abgang des Fruchtwassers selbst kann die Hebamme diesen wassersüchtigen Ausfluß nicht unterscheiden. Sie muß daher immer, wenn Wasser aus der Gebärmutter abgegangen ist, den Eintritt einer unzeitigen Geburt besorgen und nach den im folgenden Kapitel gegebenen Regeln handeln.

Achtes Kapitel.

Von den Blutungen, insbesondere von den Gebärmutterblutungen Schwangerer und von der vorzeitigen Unterbrechung der Schwangerschaft (Fehlgeburt, Frühgeburt.)

§. 308.

Jede bedeutende Blutung, an welcher Stelle des Körpers sie stattfinden mag, macht Erscheinungen im Allgemeinbefinden der Blutenden, welche wegen ihrer Gefährlichkeit von großer Bedeutung sind. Ein Gefühl von Müdigkeit, dann von Beklommenheit und großer Angst und Athemnoth stellt sich ein, die Kranke wird schwindlich, so daß sie zu fallen glaubt, obgleich sie ruhig im Bett liegt, sie bekommt Sausen und

Klingen in den Ohren, so daß sie Töne hört, die nicht da sind, dabei manchmal heftigen Kopfschmerz, manchmal Uebelkeit und Erbrechen, es wird ihr dunkel vor den offenen Augen, **sie verliert das Bewußtsein**. Dabei entfärbt sich die Haut, auch an den Lippen, die Haut nimmt selbst eine in's Grünliche spielende Wachsfarbe an, die Augen sehen trüb und matt aus und fallen ein. Dabei wird der Puls immer kleiner, manchmal seltener, manchmal häufiger bis unzählbar, und verschwindet endlich ganz. Von Händen und Füßen aus wird die Haut kalt, es bricht über die Haut ein kalter Schweiß aus. Wenn das Bewußtsein nicht bald, oft mit tiefem seufzenden Athem zurückkehrt, so treten oft noch heftige Zukungen des ganzen Körpers ein — und die Frau stirbt.

§. 309.

Die ganze Reihe dieser Erscheinungen kann in wenigen Minuten ablaufen, es können bei schneller Verblutung auch einzelne dieser Zeichen ausfallen, weil der Tod schnell eintritt. Es kann auch die Blutende zwischendurch sich wieder erholen, bis bei erneuter Blutung jene Zeichen von Neuem und heftiger auftreten. Oder die Blutung steht und die Kranke erholt sich wieder vollständig.

Gerade bei langsamen, aber langdauernden Blutungen, welche weniger gefährlich scheinen könnten, treten Schwindel und Ohnmacht erst spät ein, aber der Blutverlust war gerade dann oft schon so bedeutend, daß, auch wenn er jetzt, wie in der Ohnmacht gewöhnlich, aufhört, der Eintritt des Todes nicht mehr aufgehalten werden kann.

§. 310.

Man unterscheidet **äußere** und **innere Blutungen. Aeußere** sind solche, wo das Blut nach außen abfließt; **innere** Blutungen solche, bei denen das Blut in eine innere Höhle des Körpers, also zum Beispiel in die Gebärmutterhöhle oder in die Bauchhöhle ergossen und äußerlich nicht sichtbar wird.

Innere Blutungen können zur Zeit der Schwangerschaft in allen inneren Theilen des Körpers stattfinden; die Hebamme muß eine solche vermuthen, wenn ohne äußere Blutung jene eben geschilderten bedenklichen Zeichen der Blutleere auftreten. Hat die innere Blutung in einer Zerreißung der Gebärmutter oder in einer inneren Zerreißung wegen Schwangerschaft außerhalb der Gebärmutter ihren Grund (Kapitel 3 dieses Theiles), so empfindet die Schwangere meist einen plötzlichen Schmerz im Leibe und ein Gefühl, als ergieße sich daselbst etwas Warmes. Dabei treibt der Leib auf und wird auch wohl schmerzhaft. Die Hebamme muß bei Verdacht einer solchen inneren Blutung sogleich den Arzt rufen lassen und eiskalte Umschläge auf den Leib machen, bis der gerufene Arzt kommt.

Aeußere Blutungen sind in der Schwangerschaft viel häufiger. Unbedeutende Blutungen aus anderen Theilen als den Geschlechts= theilen, z. B. aus der Nase, sind nicht bedenklich und oft sogar wohl= thätig. Bei jeder bedeutenden Blutung aber muß der Arzt ge= rufen werden. Am häufigsten sind während der Schwangerschaft und am wichtigsten für die Hebamme

die Blutungen aus der Gebärmutter.

§. 311.

Der Regel nach findet gar keine Blutung aus der Gebärmutter während der ganzen Dauer der Schwangerschaft bis zur richtigen Zeit der Geburt statt. Alle früher auftretenden Blutungen sind also Un= regelmäßigkeiten.

Tritt um die Zeit der im nichtschwangeren Zustand regelmäßigen monatlichen Blutung auch aus der schwangeren Gebärmutter Blutung ein, so wird ebendeßhalb in den meisten Fällen die Frau meinen, sie sei nicht schwanger, und die Hebamme wird überhaupt nicht gefragt. Vermuthet aber die Frau, daß sie schwanger sei, vielleicht, weil die Regel schon ein oder mehrere Mal ausblieb, oder aus anderen guten Gründen, oder vermuthet es die Hebamme, so gelten für solche zur Zeit der Regel eintretende Blutungen ganz dieselben Vorschriften, wie für Gebärmutterblutungen in der Schwangerschaft überhaupt.

§. 312.

Die Gebärmutterblutungen während der Schwangerschaft können, wie zu anderer Zeit, durch Krankheit der Gebärmutter, zum Beispiel durch Geschwüre am Scheidentheil, durch Krebs, durch Polypen im Hals der Gebärmutter bedingt sein; die meisten derartigen Blutungen aber kommen von der Innenfläche des Gebärmutterkörpers. Da nun diese überall durch ihre Schleimhaut, die Siebhaut, später besonders durch den Mutterkuchen eng mit dem Ei verbunden ist, und die Ernährung des Eies eben von hier aus geschieht, so ist bei jeder Blutung Gefahr, daß die Ernährung des Eies beeinträchtigt und so die Schwangerschaft unterbrochen werde.

§. 313.

Die Unterbrechung der Schwangerschaft heißt in den ersten 28 Wochen Fehlgeburt, unzeitige Geburt, nach der 28sten Woche Frühgeburt.

Die Veranlassungen, welche zur Unterbrechung der Schwangerschaft führen, sind alle jene Einflüsse, von welchen im 11. Kapitel des zweiten Theils gesagt ist, daß sie vermieden werden müssen. Das sind also hauptsächlich alle heftigen oder anhaltenden Erschütterungen des Körpers und besonders des Unterleibes durch äußere oder innere Veranlassungen, alle mit heftigem Pressen verbundenen Bewegungen, Fehler im Essen und Trinken, Erkältungen, anhaltende Geschlechtsaufregung, heftige Gemüthseindrücke, ferner Krankheiten der Mutter, sowohl allgemeine, als auch besonders solche an den Geschlechtstheilen.

Diese Veranlassungen wirken entweder auf die Weise, daß sie Blutandrang zur Gebärmutter und Blutung und dadurch Fehlgeburt hervorrufen, oder auf die Weise, daß sie Zusammenziehungen der Gebärmutter, Wehen, veranlassen, denen dann auch Blutung und Fehlgeburt folgt, oder endlich dadurch, daß sie den Tod der Frucht zur Folge haben (davon wird im 10. Kapitel noch ausführlicher die Rede sein).

§. 314.

Wehen, das heißt Zusammenziehungen der Gebärmutter, sind immer da, wenn die Gebärmutter das Ei ausstößt, aber sie werden nicht jedesmal von der Frau als Schmerz empfunden, und wenn die Gebärmutter noch klein ist, können sie oft auch durch die Untersuchung nicht wahrgenommen werden.

In den ersten 12 Wochen der Schwangerschaft ist immer die Blutung das erste und oft das einzige äußerlich merkbare Zeichen der Fehlgeburt. Oft nach mehrtägiger Blutung wird das Ei in Blutklumpen gehüllt meist unversehrt und oft unbemerkt ausgestoßen, ohne daß einmal Schmerzen auftraten. Bei Fehlgeburten nach dieser Zeit werden die Zusammenziehungen der Gebärmutter von der Mutter empfunden, und gegen die Mitte der Schwangerschaft sind auch oft die Wehenschmerzen früher da, als die Blutung sich zeigt, und die Hebamme kann durch die äußere Untersuchung die Zusammenziehungen der Gebärmutter wahrnehmen. Bei diesen späten Fehlgeburten wird auch das Ei nicht mehr unversehrt ausgestoßen, sondern zuerst platzt das Ei und das Fruchtwasser geht ab, dann wird die Frucht ausgestoßen und zuletzt die Eihüllen mit dem Mutterkuchen. Dabei ereignet es sich sehr oft, daß die Eihüllen mit dem Mutterkuchen in der Gebärmutter zurückbleiben. Die Blutung kann dann für längere Zeit aufhören und die Frau und die unvorsichtige Hebamme glauben die ganze Sache beendet. Aber nach Tagen oder nach Wochen, selbst nach Monaten treten neue Blutungen auf, die so lange sich wiederholen, bis die zurückgebliebenen Reste, die dann oft eigenthümlich verändert sind und sogenannte Fleischmolen darstellen, mühsam vom Geburtshelfer entfernt worden sind.

§. 315.

Wenn die Hebamme zu einer aus den Geschlechtstheilen blutenden Frau gerufen wird, so muß sie zunächst eine ruhige ausgestreckte Lage anordnen, wenn die Frau dieselbe nicht schon eingenommen hatte: muß für reine kühle Luft im Zimmer sorgen und dann die Untersuchung vornehmen. Findet sie, daß die Blutung stark ist, oder hat die Frau schon viel Blut verloren, so muß sie die ungesäumte Herbeirufung des Geburtshelfers verlangen. Nächst der Heftigkeit der Blutung muß die Hebamme bei der Untersuchung beachten, wo das Blut herkommt. Es kann aus den äußeren Geschlechtstheilen, aus der Scheide oder aus dem Muttermund kommen. In den ersteren Fällen kann zum Beispiel das Platzen eines Blutaderknotens zum Grunde liegen. Dann müßte die Hebamme die blutende Stelle mit dem Finger oder mit einem Stück Schwamm oder in Essig getauchten Lappen zudrücken, bis der Geburtshelfer kommt, oder bis vielleicht durch den Druck allein die Blutung einstweilen aufhört. Wenn aber die blutende Stelle der Scheide gar nicht aufgefunden werden kann, so muß kaltes Wasser eingespritzt werden, und wenn trotzdem die Blutung heftig fortdauert, bleibt nichts übrig, als die **Ausstopfung der Scheide**, wie sie im §. 320 beschrieben wird, auszuführen. Demnächst muß die Hebamme, so weit es möglich ist, durch Untersuchung und Erkundigung feststellen, ob die Frau überhaupt **schwanger** ist, denn Krankheiten könnten die Blutung verursacht haben, auch ohne daß Schwangerschaft besteht. Ergiebt aber die Untersuchung, daß das Blut aus der schwangeren Gebärmutter kommt, so ist zu ermitteln, wie weit die entweder schon im Gang begriffene oder jedenfalls drohende Fehlgeburt vorgeschritten ist.

§. 316.

Im Beginn der Fehlgeburt findet die Hebamme den Scheidentheil in Form und Größe entsprechend der bisherigen Dauer der Schwangerschaft, den Muttermund kaum geöffnet, so daß eben nur das Blut ausfließen kann. Bei weiterem Fortschreiten der Fehlgeburt zeigt sich derselbe so weit geöffnet, daß der Finger in den Halskanal eindringen und auch wohl den inneren Muttermund schon erreichen kann. Da ist es nun von großer Bedeutung, daß die Hebamme sorgfältig zufühle, was für Dinge ihr Finger hier berührt.

Am häufigsten begegnen hier dem untersuchenden Finger zuerst weiche Klumpen geronnenen Blutes, und wenn dieselben den Halskanal füllen, muß die Hebamme sich wohl hüten, dieselben entfernen zu wollen. Nur wenn neue Blutung dieselben wegspült, darf sie weiter bringen. Denn vielleicht steht die Blutung gerade durch die verschließenden Blutgerinnsel und dann braucht die Hebamme zunächst nicht zu wissen, was dahinter liegt.

In anderen Fällen trifft der Finger im Halskanal auf das nackte Ei oder auf die dasselbe bedeckenden Lederhautzotten und Siebhautfetzen.

Hatte die Schwangerschaft erst 10 bis 12 Wochen gedauert, so ist dann meist das ganze Ei schon gelöst und wenig Aussicht, die Schwangerschaft noch zu erhalten.

Vielleicht aber ist das Ei schon geplatzt; das geschieht bei Schwangerschaft in den späteren Wochen meist. Dann fühlt die Hebamme im inneren Muttermund oder schon tiefer **Theile der Frucht**, nackte Gliedmaßen, oder das Köpfchen, oder die Nabelschnur. In solchem Fall ist natürlich gar keine Möglichkeit, daß die Schwangerschaft fortdauere.

Endlich ist auch vielleicht der Frau unbemerkt die kleine Frucht schon abgegangen, dann fühlt die Hebamme wieder entweder nichts als Blut, oder es hängt die **abgerissene Nabelschnur oder es hängen Fetzen der Eihäute** in dem Muttermund.

§. 317.

Um genau zu wissen, was von den Theilen des Eies schon abgegangen ist, müssen alle abgehenden Blutklumpen genau untersucht werden. Die Hebamme durchsuche daher alle abgehenden Blutgerinnsel sorgfältig und hebe dieselben, nicht allein wenn sie etwas vom Ei darin findet (siehe Fig. 20 und 21), sondern auch wenn sie nichts darin findet, in einer Schüssel mit frischem Wasser auf, bis der Arzt kommt; denn dieser muß durch eigenen Augenschein sich überzeugen, was etwa abgegangen, was noch zurückgeblieben ist.

§. 318.

Außer der schon früher getroffenen Anordnung einer ruhigen ausgestreckten Lage, wo möglich nicht auf dem Federbett, sondern auf einer kühlen Matratze oder einem Sopha, mit leichter Bedeckung, hat die Hebamme der blutenden Frau ein kühles Getränk aus Wasser mit Zusatz von Citronensaft oder Essig, wenn es gewünscht wird mit etwas Zucker, darzureichen, den Genuß aller warmen und sonst erhitzenden Speisen und Getränke aber zu untersagen. **Die Hebamme muß auf die Herbeirufung eines Geburtshelfers dringen**, den einzigen Fall ausgenommen, daß die Blutung nicht bedeutend ist, noch nicht lange besteht und bei der Untersuchung der Muttermund ganz wenig erst oder gar nicht geöffnet und außer der Blutung an den inneren

Theilen überhaupt nichts Regelwidriges gefunden wird. In diesem Fall darf die Hebamme, wenn die Betheiligten es wünschen, eine Zeit lang abwarten, ob die Blutung bei Beobachtung der getroffenen Anordnungen nachläßt und aufhört.

Die Untersuchung nehme die Hebamme nur vor, während es blutet, nie, wenn die Blutung auf einige Zeit aufhört, damit sie dieselbe nicht von Neuem hervorrufe.

§. 319.

Liegt das kleine Ei schon am äußeren Muttermund oder hängen Theile des Kindes aus demselben hervor, so fasse die Hebamme, wenn die Blutung bedeutend ist, dieselben mit den zwei eingeführten Fingern und versuche, ob sie dieselben entfernen kann. Dauert nach Abgang der Frucht allein, oder des ganzen Eies die Blutung fort, so mache sie in die Scheide oder mit dem vorsichtig bis an den äußeren Muttermund eingeführten Mutterrohr in die Gebärmutter selbst eine Einspritzung von möglichst kaltem Wasser, wiederhole dieselbe, und mache auch einen kalten Umschlag mit einem in möglichst kaltes Wasser getauchten und wieder ausgerungenen Tuch über den unteren Theil des Bauches. Diese Anwendung der Kälte ist streng untersagt, so lange noch einige Hoffnung ist, daß die Fortdauer der Schwangerschaft erhalten werden könne. Nur dann darf die Hebamme diese Hoffnung aufgeben, wenn entweder das Ei schon durch den Muttermund hindurchgetreten, oder wenn das Fruchtwasser abgeflossen ist.

§. 320.

Sollte nun, so lange diese Hoffnung noch besteht, die Blutung, bevor der herbeigerufene Geburtshelfer zur Stelle ist, so bedeutend werden, daß die Hebamme für das Leben der Frau fürchten muß, so ist das äußerste Mittel, welches sie hier anzuwenden hat, die Ausstopfung der Scheide. Dieses Verfahren besteht darin, daß man aus Flachs oder Watte eine Kugel macht, so groß, daß sie das Scheidengewölbe ausfüllen kann, und einen starken Faden daran befestigt. Diese Kugel wird in Essig getaucht und nun vorsichtig drehend in der Richtung der Führungslinie in die Scheide hinaufgeschoben, so daß der Faden

13*

aus den Geschlechtstheilen hängt. Darunter wird der übrige Raum der Scheide mit loser trockner Charpie oder Flachs oder Watte ausgefüllt. Dadurch kann das Blut nicht ausfließen, es gerinnt und verstopft die Gefäße, so daß die Blutung aufhört. Dieses vortreffliche Mittel darf aber nur in den eben genannten äußersten Fällen angewendet werden, denn es ist selbst nicht ohne Gefahr. In den meisten Fällen wird ruhige Lage und säuerliches Getränk hinreichen, die Blutung in Schranken zu halten, bis der Geburtshelfer anlangt.

Treten die im §. 308 geschilderten Zeichen der Blutleere auf, so muß zur umsichtigen Anwendung der im Vorhergehenden geschilderten örtlichen Mittel dasjenige Verfahren hinzutreten, welches im neunten Kapitel dieses Abschnittes gegen Ohnmachten und Scheintod vorgeschrieben wird.

§. 321.

Die schmerzhaften Zusammenziehungen der Gebärmutter, welche namentlich bei Fehlgeburten der späteren Schwangerschaftswochen nicht fehlen, erfordern die Aufmerksamkeit der Hebamme. Bei Fehlgeburten um die sechzehnte bis achtundzwanzigste Woche, welche meist mit **Wehen ohne Blutung** beginnen, hüte sich die Hebamme, daß sie nicht, wie die unkundige Frau, dieselben für andere, weniger bedeutungsvolle Leibschmerzen halte. Außer der eigenthümlichen Richtung des Schmerzes vom Kreuz nach dem Schoße hin, ist das Hauptkennzeichen der Wehen das absatzweise Auftreten und Nachlassen derselben, namentlich aber das Hartwerden der Gebärmutter und die eröffnende Wirkung auf den Muttermund, welche beide Zeichen durch die äußere und durch die innere Untersuchung festgestellt werden. Bei diesen **späteren Fehlgeburten** kann die Eröffnung des Muttermundes schon ziemlich weit vorgeschritten sein, die Blase in ziemlicher Ausdehnung zu fühlen sein, ohne daß deßhalb das Ei bereits gelöst ist, und es kann selbst in solchen Fällen bei zweckmäßigem Verhalten die begonnene Fehlgeburt wieder rückgängig werden. Die Hebamme hat auch in diesen Fällen, auch wo Blutung fehlt, dieselbe ruhige Lage, dasselbe säuerliche Getränk zu verordnen, sie hat außerdem für gehörige Entleerung der Blase und des Mastdarms zu sorgen und die **Herbeirufung eines Geburtshelfers**

zu veranlassen, welcher entweder durch Anwendung zweckmäßiger Arzeneien den Stillstand der Fehlgeburt begünstigen, oder im andern Fall bei den am Ende selten ausbleibenden Blutungen (vergleiche §. 314) die entsprechende Hülfe leisten wird.

§. 322.

Die Frau, welche eine Fehlgeburt erlitten hat, ist als Wöchnerin zu betrachten, gleich als hätte sie eine rechtzeitige Geburt bestanden. Die Frauen sind geneigt, eine Fehlgeburt als ein unbedeutendes Ereigniß anzusehen, welches am besten verschwiegen und weiter nicht beachtet wird. Die Hebamme soll das besser wissen. Die Gebärmutter und der ganze Körper einer solchen Frau hat ganz ähnliche Veränderungen durchzumachen wie nach einer rechtzeitigen Geburt, wenn vollständige Gesundheit wieder eintreten soll. Dazu kommt, daß der Fehlgeburt meist eine Erkrankung der Gebärmutter zum Grunde liegt, welche, wenn nichts dagegen geschieht, fortbesteht, ja sich verschlimmert und oft die Gesundheit der Frau untergräbt. Wenn die Frau auch vielleicht nachher sich wieder ganz wohl fühlt, so hat jene Krankheit doch die Folge, daß bei der nächsten Schwangerschaft wiederum große Gefahr ist, daß dieselbe durch Fehlgeburt unterbrochen wird. Die gewissenhafte Hebamme wird daher jeder Frau, die eine Fehlgeburt erlitt, auch wenn sie erst dazu kommt, nachdem Alles vorüber ist, bringend rathen, daß sie den Geburtshelfer entweder kommen lasse oder doch nach Ablauf des Wochenbettes seinen Rath erbitte.

§. 323.

Frühgeburten (Unterbrechung der regelmäßigen Schwangerschaftsdauer nach der 28sten Woche) verlaufen ganz ähnlich rechtzeitigen Geburten. Die Wehen spielen dabei von Anfang an die Hauptrolle. Blutungen sind vor und während derselben selten, sie haben dieselbe Bedeutung wie Blutungen bei rechtzeitigen Geburten. Davon im §. 466 bis 468. Nur ein seltener Umstand, der auch den Beginn einer Frühgeburt mit Blutungen begleiten und mit heftigen Blutungen schon vor dem Beginn ankündigen kann, muß hier schon erwähnt werden; das ist das **Vorliegen des Mutterkuchens**.

Gewöhnlich sitzt der Mutterkuchen bekanntlich an einer der Wände der Gebärmutter nahe an deren Grunde, und wenn er noch so groß ist, bleibt er doch immer einige Finger breit vom inneren Muttermund entfernt. Auch bei diesem regelmäßigen Sitz können durch **frühzeitige Lösung des Mutterkuchens** Blutungen entstehen. In seltenen Fällen aber sitzt der Mutterkuchen so tief, daß er mit einem kleineren oder größeren Abschnitt über den Muttermund ragt, das heißt er liegt vor. Da nun in den letzten Wochen der Schwangerschaft, oft erst kurz vor dem rechtzeitigen Eintritt der Geburt, der Halskanal der Gebärmutter vom inneren Muttermunde an zur Vergrößerung der Gebärmutterhöhle ausgedehnt wird, so kann es bei tiefem Sitz des Mutterkuchens nicht ausbleiben, daß zu dieser Zeit der vorliegende Mutterkuchen an einzelnen Stellen losgerissen wird und also eine Blutung entsteht. Diese Blutungen können natürlich ohne alle äußere Veranlassung entstehen und sind meist sehr reichlich. Wenn eine solche Blutung auch bei zweckmäßigem Verhalten nach einiger Zeit manchmal wieder aufhört, ohne daß die Geburt eintritt, so wiederholt sie sich doch stets wieder, weil ihre Ursache nicht eher aufhört, als bis die Geburt erfolgt ist. Es wird hiervon bei den Blutungen während der Geburt wieder die Rede sein.

§. 324.

Frühgeburten werden überhaupt, wenn sie einmal in vollem Gang sind, ganz nach den im dritten und sechsten Theil dieses Lehrbuchs gegebenen Regeln wie rechtzeitige Geburten behandelt. Genaue Befolgung der im §. 138 bis 144 gegebenen Regeln wird manche Frühgeburt verhüten. Auch wenn die Frühgeburt schon im Beginn ist und ein Geburtshelfer bald herbeigerufen werden kann, gelingt es nicht selten, die verfrühte Geburtsthätigkeit zu beschwichtigen und die Schwangerschaft ihrem regelmäßigen Ende zuzuführen.

Ist aber die Frühgeburt bereits erfolgt, so wird um der Mutter und um des Kindes willen auch jetzt der Rath des Geburtshelfers von großem Werth sein.

Neuntes Kapitel.
Vom Tod der Frucht während der Schwangerschaft.

§. 325.

Der Tod der Frucht im Mutterleibe kann bewirkt werden

1) durch ursprüngliche Fehler in der Entwicklung der Frucht oder des Eies. Abgestorbene Früchte sind daher häufig mißgebildet.

2) Alle fieberhaften Erkrankungen der Mutter bewirken leicht den Tod der Frucht, also Pocken, Masern, Scharlach, Cholera, Nervenfieber u. s. w.

3) Ansteckende Krankheiten der Mutter, z. B. venerische Krankheit, können sich auf das Kind fortsetzen und dasselbe tödten.

4) Mangelhafte Ernährung der Mutter, wegen Siechthum oder wegen Hungersnoth, kann das Kind tödten.

5) Auch Krankheit oder Blutungen der Gebärmutter können der Grund für das Absterben des Kindes werden.

6) In seltenen Fällen stirbt die Frucht durch heftige Gemüths=bewegung der Mutter.

7) Auch durch unbekannte Veranlassungen kann die Frucht krank werden und sterben.

Wenn die Frucht abgestorben ist, tritt in der Regel bald Fehl=geburt oder Frühgeburt ein. Es vergehen aber oft Wochen, manchmal Monate bis das geschieht.

§. 326.

Wenn die Frucht in den ersten Wochen der Schwangerschaft stirbt, kann das Ei sich krankhaft weiter entwickeln; auch die Gebärmutter wächst, als wenn die Schwangerschaft regelmäßig weiter ginge. Ein solches nach dem Tod der Frucht sich krankhaft weiter entwickelndes Ei nennt man eine **Mole**. Es giebt **Traubenmolen** und **Blutmolen**; letztere werden auch **Fleischmolen** genannt. Traubenmolen be=stehen aus zahlreichen grieskorn= bis erbsengroßen wasserhellen oder bräunlichen Bläschen, bis viele Tausend an der Zahl, welche nach Art

der Beeren einer Weintraube an einander hängen, das sind die krank=
haft entarteten Zotten der Lederhaut. Traubenmolen erreichen die Größe
eines Kindskopfs und darüber. Die Traubenmole wächst oft schneller
als das gesunde Ei, so daß eine Frau, die erst vier Monate schwanger
ist, eine Gebärmutter von der Größe, wie bei sechsmonatlicher Schwan=
gerschaft haben kann. Blutmolen stellen eine festere Masse dar und
sind selten größer als eine Faust. Sie bestehen aus rothen, braunen,
öfters auch weißlichen Massen, etwa so hart wie trockner Schinken,
manchmal sind auch mit trüber Flüssigkeit gefüllte Räume dabei. Blut=
molen wachsen langsamer als ein gesundes Ei. Sie können auch lange
in der Gebärmutter liegen, ohne überhaupt zu wachsen. Die Eihäute
kann man in beiden Arten von Molen meist noch auffinden. Manch=
mal findet man auch im Innern der Mole die kleine Frucht, in anderen
Fällen ist sie nicht mehr vorhanden.

Die Hebamme kann eine **Molenschwangerschaft** nicht erkennen.
Die Molenschwangerschaft dauert kürzer als eine regelmäßige Schwan=
gerschaft. **Die Geburt der Mole** beginnt meist mit heftigen Blu=
tungen, welche das Leben der Frau gefährden können und welche
schleunige Herbeirufung des Geburtshelfers unbedingt er=
fordern.

§. 327.

Wenn von Zwillingen die eine Frucht stirbt, kann die andere am
Leben bleiben und ausgetragen werden. Man findet dann nach der
Geburt an den Eihüllen des ausgetragenen Kindes den kleinen, zu=
sammengepreßten Zwilling.

§. 328.

In den ersten Wochen der Schwangerschaft kann die abge=
storbene Frucht im Ei sich auflösen, so daß man sie gar nicht in dem=
selben findet. Früchte, die vor der 17ten Woche der Schwangerschaft
absterben, sind, wenn sie einige Wochen später geboren werden, oft
dürr, wie vertrocknet, obgleich sie im Fruchtwasser liegen. Aeltere
Früchte, wenn sie todt längere Zeit im Mutterleibe verweilen, werden
weich, aufgedunsen, die Haut löst sich ab. Wirklich verwesen kann die

todte Frucht im Mutterleibe nur, nachdem das Fruchtwasser abgeflossen ist.

§. 329.

Die Zeichen, an denen man den Tod der Frucht im Mutterleibe erkennt, sind nicht immer deutlich. Die Veränderungen im Befinden, welche durch die Schwangerschaft hervorgerufen waren (§. 111), schwinden oft plötzlich wieder, nachdem die Frucht abstarb. Das ist aber nicht immer der Fall, z. B. die Brüste schwellen manchmal gerade nach dem Tode der Frucht stark an. Ein tüchtiger Frost ohne entsprechende äußere Veranlassung, ein fauliger Geschmack im Munde stellen sich manchmal nach dem Tode der Frucht ein. War die Frucht schon ziemlich groß, so empfindet die Mutter nach dem Tode derselben ein Gefühl von Kälte im Leib, die ausgedehnte Gebärmutter macht ihr bei Veränderung der Lage die Empfindung, als wenn ein fremder Körper im Leib hin und her fiele. Wurden die Bewegungen der Frucht schon empfunden, so hören dieselben nach deren Tode natürlich auf; oft waren sie die letzte Zeit gerade sehr stark, wenn das Kind nämlich unter Krämpfen abstarb. Der Herzschlag ist nicht mehr zu hören. Hatte die Frucht schon ihre regelmäßige Haltung und Lage angenommen, so verläßt sie dieselbe nach dem Tode nicht selten wieder, also der früher vorliegende Schädel weicht vom Beckeneingang zur Seite.

Jedes dieser aufgezählten Zeichen kann auch durch andere Ursachen bei Lebzeiten des Kindes zu Stande kommen, und alle die angeführten Zeichen des Todes geben zusammen der Hebamme doch noch keine Gewißheit, sondern nur die mehr oder minder starke Vermuthung vom Tode der Frucht.

Wenn die Hebamme nicht aus früherer Untersuchung wußte, daß die Frau schwanger ist, so kann es schwierig sein, bei todter Frucht mit Bestimmtheit zu erkennen, ob die Frau überhaupt schwanger ist. Das deutliche Fühlen von Kindestheilen durch die äußere oder innere Untersuchung giebt darüber Gewißheit.

§. 330.

Vermuthet die Hebamme, daß einer schwangeren Frau die Frucht abgestorben sei, so darf sie dieselbe nicht durch Mittheilung dieser Vermuthung erschrecken. Wohl aber kann sie auf die Möglichkeit einer Fehl- oder Frühgeburt aufmerksam machen. Den Geburtshelfer, der zu der letzteren doch gerufen werden muß, wird die Hebamme passend von den Umständen zeitig in Kenntniß setzen.

Zehntes Kapitel.

Ohnmacht, Scheintod und Tod der Schwangeren.

§. 331.

Ohnmacht ist der Zustand, wo ein Mensch das Bewußtsein verliert und bewegungslos, schlaff zusammensinkt. Dabei wird der Puls klein, verschwindet auch ganz, und das Athemholen wird gering. Tiefe Ohnmacht und Scheintod stehen sich sehr nahe; wenn Puls und Athemholen ganz aufhören, so heißt der Zustand Scheintod. Hat der Pulsschlag und das Athmen für immer aufgehört, so ist das der Tod.

Die Ursachen, welche diese Zustände bei Schwangeren herbeiführen, sind, wie bei andern Leuten, so mannichfaltig, daß sie hier einzeln nicht aufgeführt werden können. Eine der häufigsten kennt die Hebamme in der Blutung.

§. 332.

Das Erste, was die Hebamme bei Ohnmacht und Scheintod unternehmen muß, ist die Beseitigung etwa fortwirkender Ursachen, also die Behandlung der Blutung, das Herbeilassen frischer Luft, das Entfernen drückender Kleidung u. s. w.

Bei leichten Ohnmachten, und wo das Bewußtsein noch nicht ganz geschwunden ist, kehrt dasselbe oft durch einen Schluck frischen Wassers, durch einen Löffel guten Weines, durch Besprengen mit kaltem Wasser oder mit Schwefeläther, durch Riechen an Salmiakgeist zurück. Die erkaltenden Glieder der Frau erwärme die Hebamme durch Reiben mit wollenen Tüchern, durch Bürsten; sie lege heiße Senfteige auf die Magengrube, zwischen die Brüste, auf die Arme, ja nicht Wärmflaschen an die Füße, das würde eine bestehende Blutung vermehren; der Kopf darf nicht höher liegen als der übrige Körper. Das Herbeirufen des nächsten Arztes, Wundarztes oder Geburtshelfers muß stets sofort angeordnet werden. Gelang es inzwischen der Hebamme, durch die genannten Mittel den Zufall zu beseitigen, so wird der Arzt eine Behandlung anordnen, um dessen Wiederkehr zu verhüten; gelang es ihr nicht, so hat der Arzt wirksamere Mittel.

§. 333.

Schien aber der Hebamme selbst der wirkliche Tod bereits eingetreten, und kann auch der Arzt zur Wiederbelebung der Mutter nichts unternehmen, so ist dessen Anwesenheit der Frucht wegen erforderlich. Wenn die Schwangerschaft über 28 Wochen gedauert hatte, kann die Frucht vielleicht am Leben erhalten werden. In allen Fällen, wo die Gebärmutter der schwangeren Frau die Höhe des Nabels beinahe erreicht oder bereits überschritten hat, ist daher, auch wenn der Tod der Frau außer allem Zweifel ist, schleunige Herbeirufung des nächsten Arztes, Wundarztes oder Geburtshelfers geboten. Hier fordert das Gesetz ärztliche Hülfe, und wenn deren Zuziehung von den Angehörigen verweigert werden sollte, hat die Hebamme der Ortsbehörde sofort von dem Fall Anzeige zu machen. Keine Hochschwangere darf ungeöffnet beerdigt werden.

Sechster Theil.

Abweichungen von der Regel im Verlauf der Geburt.

Erstes Kapitel.
Die Geburt bei regelwidriger Stellung des mit dem Kopf vorliegenden Kindes.

1. **Zweite Unterart der Schädelgeburt, die kleine Fontanelle hinten.**

§. 334.

Bei erster und noch häufiger bei zweiter Schädelstellung steht zuweilen der Rücken des Kindes und also die kleine Fontanelle nach hinten. Früher hat man diese Lage als vierte und dritte Schädellage bezeichnet.

Die Hebamme fühlt bei dieser Stellung die große Fontanelle näher der vorderen Beckenwand und, weil im Anfang der Austreibung immer der vorn liegende Theil tiefer tritt als der hintere, auch tiefer als die kleine Fontanelle und leichter zu erreichen.

Der gewöhnliche Hergang bei dieser unregelmäßigen Stellung ist, wie im §. 178 beschrieben und in Figur 47 dargestellt wurde, der, daß im Becken der Kindskopf sich mit der kleinen Fontanelle nach vorn dreht und im Weiteren also eine regelmäßige Schädelgeburt erfolgt. Erfolgt aber die Drehung in die regelmäßige Stellung nicht, dreht sich vielmehr die kleine Fontanelle bei tieferem Herabtreten des Kopfes immer mehr nach hinten, von *a* nach *b*, wie die nachstehende Figur 65 zeigt, so wird der Kopf mit nach vorn gewendeter Stirn in der Art geboren, daß die Stirn sich gegen die Schamfuge stemmt, und nun der

Kopf mit dem Scheitel und Hinterhaupt über den Damm sich hervor=
wälzt. Darauf tritt das Gesicht unter dem Schambogen hervor.
Anstatt des kleinen schrägen Kopfdurchmessers bei der regelmäßigen
Schädelgeburt, ist hier der gerade Kopfdurchmesser derjenige, der durch
die Schamspalte tritt, die Schamspalte wird daher weiter ausgedehnt,
der Damm mehr gezerrt, als wenn derselbe Kopf in erster Unterart
der Schädelgeburt geboren würde. Die Hebamme wisse übrigens, daß
gerade die kleinen Köpfe mehr Neigung haben, in zweiter Unterart
geboren zu werden, als die großen.

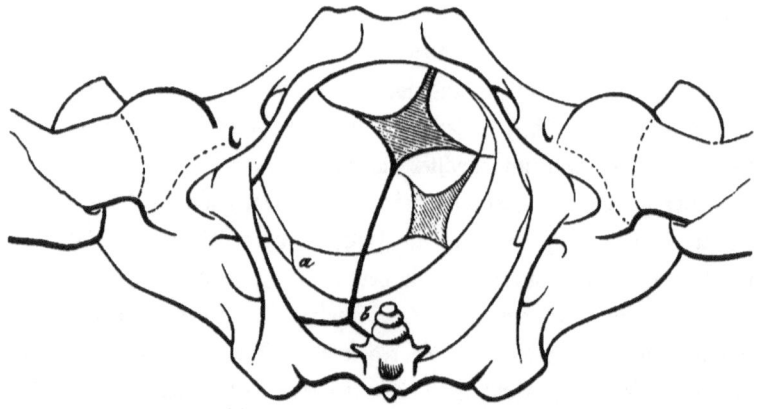

Figur 65. ⅓ der natürl. Größe.

Die Kopfgeschwulst entsteht bei zweiter Unterart der Schädelgeburten
auf dem vorderen Winkel des Scheitelbeins, welches vorn lag, also
nicht neben der kleinen, sondern neben der großen Fontanelle.

Die nebenstehende Figur 66 veranschaulicht den Hergang dieser
Schädelgeburt. Der Rücken des Kindes liegt hinten rechts, es ist
also die 2te Unterart der 2ten Schädelgeburt. Die Zeichnung ist ge=
macht, als wäre die linke Hälfte der gebärenden Frau weggenommen.
Mastdarm, Harnblase, Harnröhre und die übrigen mütterlichen Theile
sieht die Hebamme daher im Durchschnitt, ähnlich wie auf Fig. 28 u. 45.

Bei zweiter Unterart der Schädelgeburt soll schon im Anfang der
Austreibungsperiode die Gebärende auf diejenige Seite gelagert werden,
in welcher der Rücken des Kindes gelegen ist, also bei erster Schädel=
lage in linke, bei zweiter in rechte Seitenlage. Der Kindeskörper sinkt

Erstes Kapitel. Regelwidrige Stellung des Kindes. 209

dann etwas nach dieser Seite über und dadurch tritt oft das Hinterhaupt ein wenig tiefer ins Becken. Wenn aber das Hinterhaupt früher den Beckenboden erreicht als der Scheitel, ereignet es sich leichter, daß

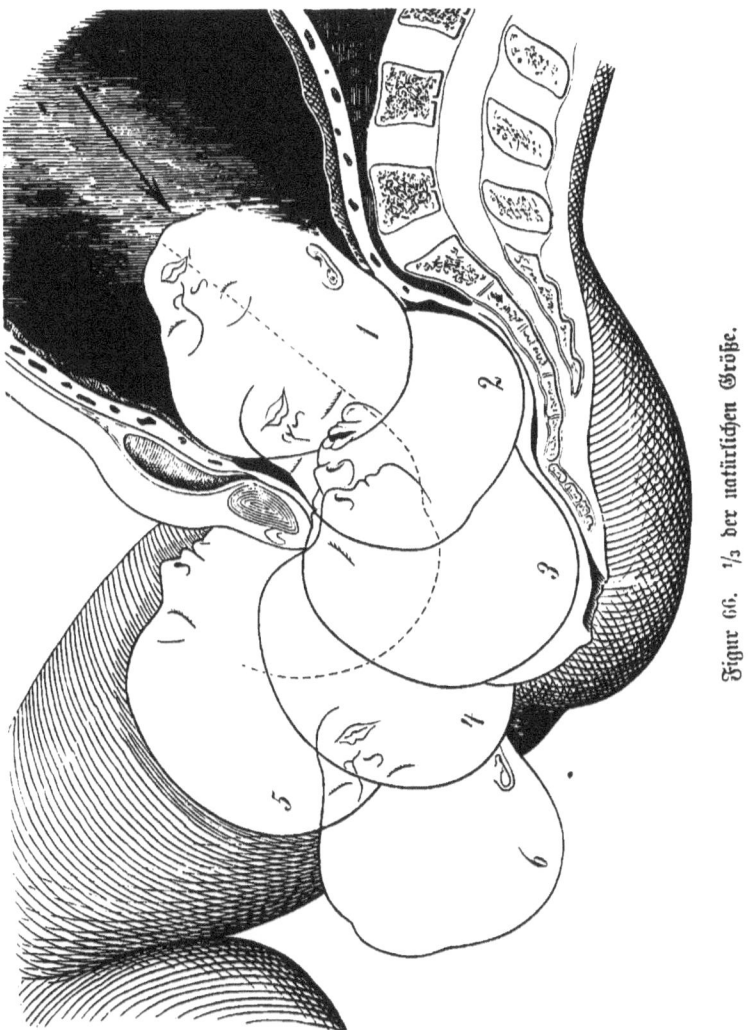

Figur 66. 1/3 der natürlichen Größe.

dasselbe genöthigt wird, sich in regelmäßiger Weise nach vorn zu drehen. So kann die Seitenlagerung der Frau die Umwandlung der zweiten Unterart der Schädelgeburt in die erste begünstigen.

Schultze, Hebammenkunst. 6. Aufl. 14

210 Sechster Theil. Von der regelwidrigen Geburt.

Kommt aber der Kopf mit vorn stehender großer Fontanelle zum Einschneiden, so hat die Hebamme mit Berücksichtigung des soeben geschilderten Geburtsmechanismus auf Erhaltung des Dammes mit besonderer Sorgfalt zu achten.

2. Tiefer Querstand des Kopfes.

§. 335.

Im Beckeneingang steht der Schädel der Regel nach mit seinem geraden Durchmesser näher dem queren als dem geraden Durchmesser des Beckens; auf der Beckenenge dreht er die Pfeilnaht nach dem geraden Durchmesser des Beckens hin, siehe Fig. 44, 45, 46, 47. Wenn diese Drehung ausbleibt, so entsteht dadurch meistens ein Geburtshinderniß, weil der gerade Durchmesser des Kopfes für den Querburchmesser und für den schrägen Durchmesser der Beckenenge zu

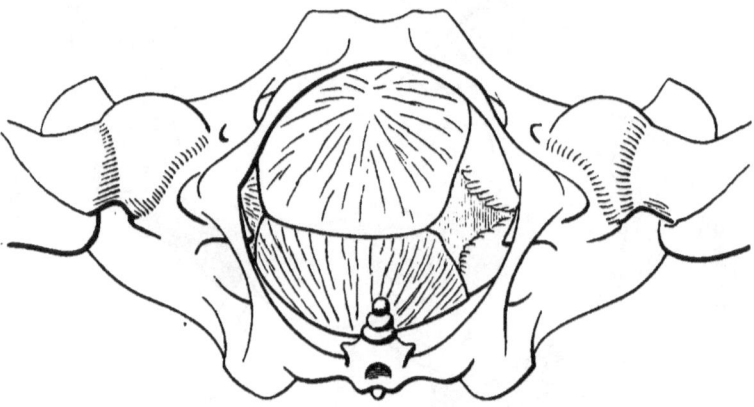

Figur 67. ⅓ der natürl. Größe.

groß ist. Sehr kräftige Wehen können das Hinderniß manchmal überwinden; manchmal dreht sich der Kopf noch spät im Beckenausgang, manchmal geht er, nachdem er stark zusammengepreßt worden, und eine bedeutende Kopfgeschwulst entstanden ist, in querer Stellung durch die Geschlechtstheile hindurch. Bei letzterem Vorgang entsteht leicht ein bedeutender Dammriß. Wenn auf Ueberwindung des Hindernisses lange Zeit verging, so ist vielleicht das Kind schon abgestorben. In anderen Fällen aber kann die Geburt gar nicht durch die mütterliche Kraft zu Ende gebracht werden.

Wenn der Kopf in der Beckenenge oder im Beckenausgang den Stand im queren Durchmesser beibehält, was manchmal wegen der bedeutenden Kopfgeschwulst nicht ganz leicht zu erkennen ist, so muß die gebärende Frau, wie bei zweiter Unterart der Schädelgeburt, auf diejenige Seite gelagert werden, in welcher das Hinterhaupt steht. Das Mitpressen muß verboten werden. Verläßt trotzdem der Schädel bei den nächsten kräftigen Wehen seine quere Stellung nicht, so muß der Geburtshelfer herbeigerufen werden, damit er den Kopf geschickt herausbefördere.

Zweites Kapitel.

Die Geburt bei regelwidriger Haltung des mit dem Kopf vorliegenden Kindes.

1. Scheitellage.

§. 336.

Im Eingang des Beckens ist die Scheitellage die regelmäßige Lage des Kopfs, das heißt die kleine und die große Fontanelle stehen gleich tief, erst später tritt das Hinterhaupt, bei zweiter Unterart das Vorderhaupt, tiefer herab. Als Unregelmäßigkeit ist die Scheitellage daher nur dann zu betrachten, wenn in den tieferen Räumen des Beckens, auf der Beckenenge, die vorn stehende Fontanelle nicht, wie regelmäßig, tiefer herabtritt. Oft bleibt dabei auch die Drehung der mehr vorn stehenden Fontanelle gegen die Schamfuge hin aus, so daß der Schädel fast quer stehen bleibt. Es kann dadurch die Geburt bedeutend verzögert und erschwert werden. Auch hier muß die Hebamme wie beim tiefen Querstand des Kopfes anordnen, daß alles Mitpressen unterbleibt und daß die Kreißende ruhig auf derjenigen Seite liegt, in welcher das Hinterhaupt steht.

14*

2. Stirnlage.

§. 337.

Sehr viel bedenklicher wird die Sache, wenn der Vorderkopf um so viel tiefer herabtritt, daß die Stirn der am tiefsten stehende Theil ist. In dieser Lage wird die Geburt nur wenn der Schädel sehr klein ist und überhaupt selten durch die Kraft der Wehen zum Heil des Kindes beendet. Entweder wird aus der Stirnlage noch im Eingang des Beckens eine Schädellage, manchmal gelingt es der Hebamme durch die eben angegebene Lagerung der Kreißenden, das Eintreten der regel=

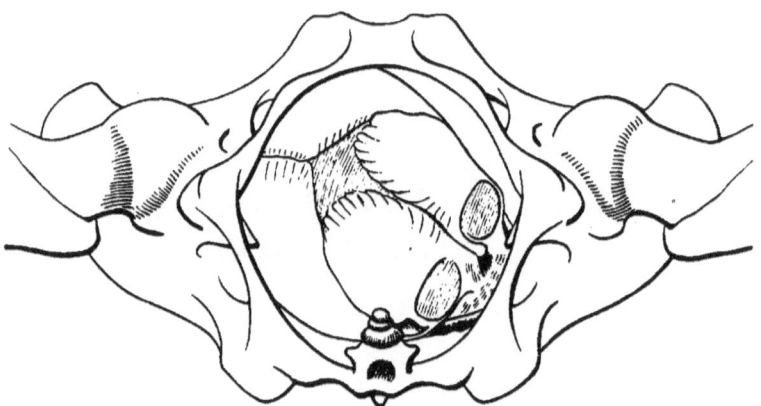

Figur 68. ⅓ natürl. Größe.

mäßigen Schädelhaltung zu begünstigen, oder es wird aus der Stirn= lage eine Gesichtslage, oder, und das ist der ungünstigste Fall, der Schädel verharrt in seiner unregelmäßigen Haltung und tritt in der= selben tiefer ins Becken, wie Figur 68 vom Beckenausgang gesehen dar= stellt. Im letzteren Fall muß der Geburtshelfer herbeigerufen werden.

3. Gesichtslage und Gesichtsgeburt.

§. 338.

Wenn die Haltung des mit dem Kopf vorliegenden Kindes in der Art verändert wird, daß das Hinterhaupt gegen den Nacken sich stemmt, so wird das Gesicht der vorliegende Theil. (Siehe Fig. 52, 53.) Liegt

Zweites Kapitel. Regelwidrige Haltung des Kindes. 213

der Rücken des Kindes links, so steht das Kinn rechts, — erste Ge=
sichtslage; liegt der Rücken rechts, so steht das Kinn links, —
zweite Gesichtslage. Da der Rücken des Kindes bei allen Lagen

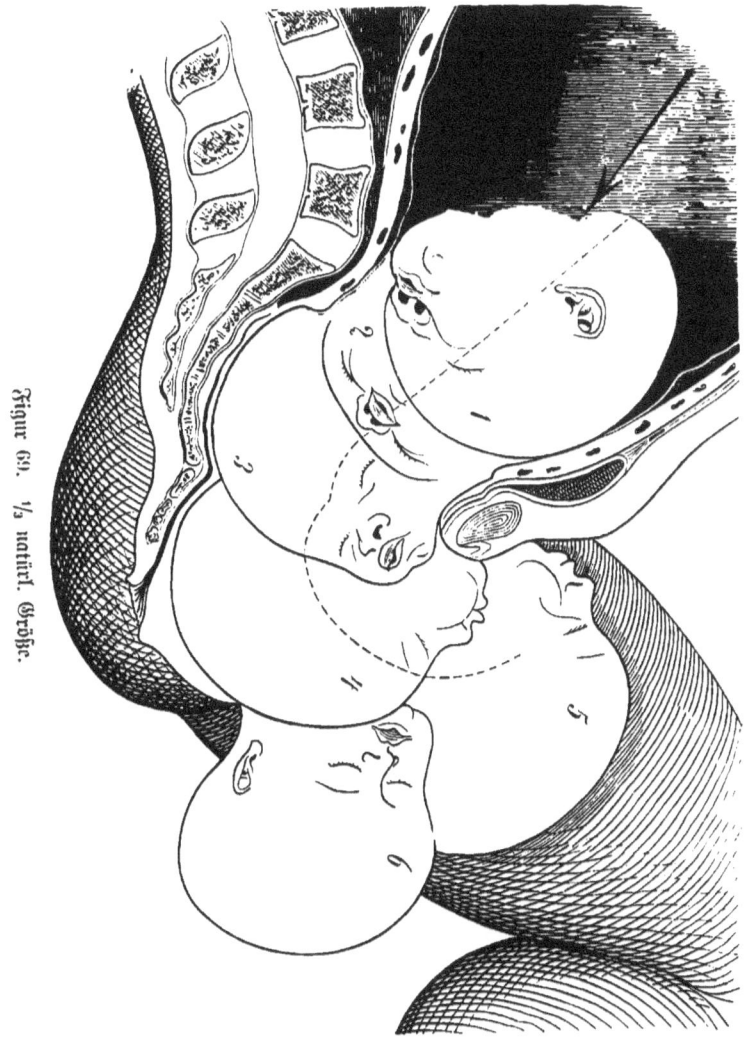

Figur 69. ⅓ natürl. Größe.

meistens etwas mehr nach dem Bauch der Mutter zu liegt, so steht das
Kinn meist im Anfang etwas mehr nach hinten. Mit nach hinten
stehendem Kinn kann aber das Kind in Gesichtslage nicht durch das

Becken gehen, es müßte denn sehr klein oder todt sein, weil der Hals eines reifen lebenden Kindes nicht so lang gestreckt werden kann, daß er an der ganzen hinteren Beckenwand bis auf den Damm herab reichen könnte; daher muß das Kind, wie das Gesicht tiefer in das Becken herabgetrieben wird, sich drehen. Das Kinn rückt also im Herabtreten bei erster Gesichtslage von hinten rechts nach vorn rechts, bei zweiter von hinten links nach vorn links, und kommt in beiden Fällen seitlich unter dem Schambogen hervor. Sichtbar werden dabei zuerst die angeschwollenen Lippen, dann die in den geschwollenen Backen fast versteckte Nase, dann die Augen, dann die Stirn. Während der Kopf so hervorrückt, tritt das Kinn immer mehr nach der Mitte zu unter die Schamfuge. Scheitel und Hinterhaupt drücken nun stark auf den Damm und während sie über denselben hervorgewälzt werden, erleidet er eine noch viel größere Ausdehnung als bei der zweiten Unterart der Schädelgeburt, denn beinahe der große schiefe Durchmesser des Kopfes kommt bei der Gesichtsgeburt in die Schamspalte zu stehen.

Die Figur 69 stellt die Geburt aus erster Gesichtslage dar, der Rücken des Kindes liegt links und etwas nach vorn; die rechte Hälfte der gebärenden Frau ist weggenommen. An den auf einander folgenden Stellungen des Kopfes ist seine Drehung ersichtlich. Bei erster Gesichts= geburt kommt ins Einschneiden zuerst der rechte Mundwinkel, dann die rechte Backe, dann die in den geschwollenen Backen versteckte Nase, dann das rechte Auge. Die genannten Theile sind auch, weil sie voraus= gehen, der Sitz der Geburtsgeschwulst, siehe §. 273.

Der mit dem Gesicht nach der Bauchseite der Mutter, also in der Rückenlage derselben mit dem Gesicht nach oben geborne Kopf wendet sich zur Seite, wenn die Schultern eintreten; bei erster Gesichtsgeburt mit dem Gesicht nach dem rechten, bei zweiter nach dem linken Schenkel der Mutter. Die Schultern und der übrige Körper werden ganz wie bei der Schädelgeburt geboren.

§. 339.

Es giebt also für das reife lebende Kind zwei Arten Gesichts= geburt: Rücken links, also Kinn rechts — erste, Rücken rechts, also Kinn links zweite Gesichtsgeburt. Will man wie bei den übrigen

Zweites Kapitel. Regelwidrige Haltung des Kindes. 215

Lagen auch bei den Gesichtslagen Unterarten unterscheiden, so kann man sagen: das beim Beginn der Gesichtsgeburt meist in erster Unterart liegende Kind dreht sich im Verlauf der Gesichtsgeburt in die zweite Unterart der Gesichtsstellung, es dreht den anfangs mehr nach vorn liegenden Rücken später nach hinten.

§. 340.

Die Hebamme erkennt die Gesichtslage durch die äußere und innere Untersuchung. Vor Beginn der Geburt kann sie dieselbe schon darum nicht erkennen, weil die Gesichtslage meist erst im Beginn der Geburt entsteht. Wenn die Hebamme die Gebärende äußerlich untersucht, so erkennt sie an der Form der Gebärmutter, daß das Kind eine Längen=
lage hat, sie fühlt auch im Gebärmuttergrund die Füße und über der Schamfuge den Kopf; wenn sie nun innerlich untersucht, so findet sie in der Eröffnungszeit meist keinen vorliegenden Theil, weil der Kopf meist noch sehr hoch steht, und die Hebamme muß ja in allen Fällen, wo der Schädel den Beckeneingang nicht ausfüllt, ganz besonders schonend untersuchen, damit sie die Blase nicht vor der Zeit sprenge. Die Herztöne findet die Hebamme in derselben Mutterseite, in welcher die Füße am Gebärmuttergrund zu fühlen sind, denn das Kind liegt mit der Brust, nicht wie sonst mit dem Rücken, der Gebärmutterwand an, siehe Fig. 52, 53. Das Alles kann die Vermuthung einer Gesichtslage begründen. Gleich nach dem Blasensprung muß in allen Fällen, wie §. 200 gelehrt wurde, die Lage erkannt werden. Die Hebamme fühlt die Augenlidspalte und ringsum den harten Knochenrand der Augen=
höhle, weiter hinten ebenso das andere Auge; dann die Nase, dann die quer verlaufende Mundspalte, dahinter die harten Kieferränder, viel=
leicht auch die Zunge, dann das Kinn. Die Hebamme hüte sich, daß sie die Nase nicht für das Steißbein und den Mund für den After halte; die Kieferränder und das Kinn und oberhalb der Nase die Augenhöhlen=
ränder geben die Entscheidung; bei vorliegendem Steiß würde der unter=
suchende Finger vom After aus, anstatt hier auf das Kinn, zwischen die Schenkel und an die Geschlechtstheile kommen, anstatt über die Nase hinauf zu den Augenhöhlen und zur Stirn — auf das Kreuzbein mit seinen Dornfortsätzen. Namentlich wenn die Hebamme erst später

hinzukommt, nachdem die Backen stark angeschwollen sind und wie die Hinterbacken sich anfühlen, findet jene Verwechselung manchmal statt. Auch die sorgfältige äußere Untersuchung hilft entscheiden, ob das Kind mit dem Beckenende oder mit dem Kopfende vorausgeht.

§. 341.

Jede Verzögerung der Geburt in der Austreibungsperiode bringt dem mit dem Gesicht vorangehenden Kinde leichter und schneller Nachtheil, als dem mit dem Schädel vorangehenden. Weil daher das Leben des Kindes und der Damm der Mutter bei Gesichts= geburten mehr gefährdet sind als bei der regelmäßigen Schädelgeburt, soll die Hebamme, wenn das Kind einer Erstgebärenden in Ge= sichtslage zur Geburt kommt, den Geburtshelfer rufen lassen, denn bei Erstgebärenden setzen die äußeren Theile immer größeren Widerstand entgegen. Bei Mehrgebärenden soll die Hebamme bei jeder, sonst weniger bedeutungsvollen Zögerung im Verlaufe der Geburt, namentlich aber, wenn das Gesicht nicht bald mit dem Kinn der vorderen Beckenwand sich nähert, den Beistand des Geburtshelfers verlangen.

§. 342.

In der Eröffnungsperiode muß bei der Gesichtsgeburt, wie über= haupt in allen Fällen, wo der Schädel nicht vorliegt, besondere Sorg= falt auf die Erhaltung der Blase verwendet werden. Außer der schon gebotenen Schonung beim Untersuchen dient dazu, daß man alles un= nöthige Umhergehen, alles Hin= und Herwerfen auf dem Bett streng untersagt und namentlich, sobald die Blase während der Wehe sich stellt, eine ruhige Lage, am besten auf der Seite, anordnet. Liegt die Gebär= mutter mehr nach rechts über, so muß die Kreissende auf der linken, liegt sie mehr nach links, so muß die Kreissende auf der rechten Seite liegen, damit die Gebärmutter in möglichst gerader Stellung über dem Becken verharrt. Auch nach dem Blasensprung muß die Seitenlage nach denselben Grundsätzen angeordnet werden.

Nach dem Blasensprung muß der untersuchende Finger sich hüten, die Augen oder den Mund, und, wenn die Gesichtsgeschwulst bedeutend geworden ist, die an allen Stellen leicht verletzbare Haut unsanft zu berühren.

§. 343.

Wenn das Gesicht zum Einschneiden kommt, erfordert die Erhaltung des Dammes nach den früher gegebenen Regeln besondere Sorgfalt. Die Hebamme weiß, daß bei Gesichtsgeburten der Damm eine besonders große Ausdehnung erleiden muß. Sie erwäge auch, daß eine Verzögerung des Austritts dem Kinde 'hier früher Schaden bringt' als bei Schädelgeburten, daß ein starkes Andrücken der Hand gegen den Damm den Hals des Kindes gegen den Schambogen anpressen und also dem Kinde Schaden bringen kann.

Für die Geburt der Schultern und des übrigen Rumpfes gelten dieselben Regeln, wie für die Geburt dieser Theile bei der Schädelgeburt.

Das durch die Gesichtsgeschwulst oft bedeutend entstellte Kind zeige die Hebamme nicht sogleich der Entbundenen, damit sie nicht erschrickt, und beruhige dieselbe über die Bedeutung der Entstellung.

4. Schiefstehen des Kopfes.

§. 344.

Das regelmäßige Eintreten des Kindskopfes ist zwar immer ein wenig schief, weil das vorn liegende Scheitelbein früher herabtritt als das hinten liegende, siehe Figur 45, Figur 66; in manchen Fällen aber tritt der Kopf so unregelmäßig schief auf den Beckeneingang, daß der untersuchende Finger das Ohr der unten liegenden Seite erreichen kann. In den meisten Fällen ist eine Schieflagerung der Gebärmutter nach links oder nach rechts oder nach vorn die Ursache dieser Schiefstellung des Kopfes. Im Anfange steht der Kopf auf dem einen Rande des Beckeneingangs auf und wird durch die Wirkung der Wehen dann immer schiefer über den Beckeneingang herabgetrieben. In dieser Stellung kann der Kopf nicht durch das Becken gehen. Die Hebamme muß, damit der Kopf nicht in dieser Stellung in das Becken hineingetrieben wird, alles Mitpressen verbieten und muß die Kreißende auf die Seite lagern, in welcher der Gebärmuttergrund nicht liegt, das ist meistens dieselbe, in welcher die Seitenfläche des Kopfes und das Ohr nicht zu fühlen ist. Je früher diese Seitenlage angeordnet wird, desto leichter wird der Kopf seine schiefe Stellung verlassen können. Wenn dann der Kopf sich gerade stellt, ist der weitere Verlauf der Geburt abzuwarten; verharrt er aber in seiner regelwidrigen Stellung, so muß der Geburtshelfer gerufen werden.

5. Vorfall eines Armes oder Fußes neben dem Kopf.

§. 345.

Schon in der Eröffnungsperiode fühlt die Hebamme zuweilen, daß neben dem Kopf ein kleiner Theil, eine Hand oder ein Fuß vorliegt. Sie muß dann wo möglich dafür sorgen, daß derselbe beim Abfluß des Wassers nicht vorfällt. Zum dem Ende ist es vor Allem nothwendig, daß die Kreissende in ruhiger Lage verharre. Wenn die Hebamme erkennen kann, von welcher Seite her die Hand oder der Fuß herabgekommen ist, so lasse sie die Gebärende die Seitenlage auf der entgegengesetzten Seite einnehmen; liegt also ein Aermchen oder ein Fuß in der rechten Mutterseite neben dem Kopf, so lege die Kreissende sich auf die linke Seite; dann sinkt die Gebärmutter nach dieser Seite über und der vorliegende kleine Theil verschwindet vielleicht, auch tritt der Kopf selber dann mehr in die Mitte und hindert so den vorliegenden Theil am Vorfallen.

§. 346.

Findet die Hebamme bei der Untersuchung gleich nach dem Blasensprung, daß ein Arm neben dem Kopf vorgefallen ist, so muß sie denselben während der nächsten Wehen zurückzuhalten suchen, damit wo möglich der Kopf vorbeigehe. Gelingt das nicht, so warte die Hebamme ruhig den weiteren Verlauf ab. Oft bleibt der Arm von selbst später zurück, oder wenn Raum genug im Becken ist, tritt er mit herab und bewirkt vielleicht nur, daß der Kopf eine andere Drehung macht, als gewöhnlich. Ist aber der Raum im Becken nicht hinreichend, so kann der vorgefallene Arm ein Geburtshinderniß machen; es treten dann die Zeichen ein, die jedem bedeutenden Geburtshinderniß zukommen und die im §. 394 und 409 betrachtet werden sollen. In diesem Fall muß der Geburtshelfer gerufen werden. Fiel neben dem Kopf ein Fuß vor, so muß immer sogleich der Geburtshelfer gerufen werden.

Drittes Kapitel.

Die Geburt bei regelwidriger Lage des Kindes.
1. Beckenlagen; Fußgeburt, Kniegeburt, Steißgeburt.

§. 347.

Die Beckenlage kann schon vor der Geburt erkannt werden. Die Gebärmutter ist im Grunde meist weniger breit als bei Kopflage, man fühlt daselbst statt des Steißes und der Beine den harten runden Kopf. Der untere Theil der Gebärmutter ist breiter und hier fühlt die Mutter das Antreten des Kindes, welches sonst im Grunde wahrgenommen wird. Die Herztöne sind rechts oder links oberhalb des Nabels zu hören. Bei der inneren Untersuchung fühlt man nicht den harten Schädel, sondern entweder gar keinen Kindestheil oder kleine Theile, oder einen breiten weichen Theil, den Steiß. Vergl. Fig. 54. 55.

In der Eröffnungsperiode der Geburt fühlt die Hebamme durch die Blase die Theile schon deutlicher und kann sie meist mit Bestimmtheit erkennen. Nachdem die Blase gesprungen ist, muß durch die innere Untersuchung jeder Zweifel gehoben werden; es tritt nun am häufigsten der Steiß, seltener treten die Füße, ganz selten die Kniee in den Muttermund.

§. 348.

Treten beide Hinterbacken allein in das Becken, so ist das eine einfache Steißlage, es erfolgt eine **einfache Steißgeburt**; treten die Füße des Kindes in der ursprünglichen Haltung derselben, die Fersen an die Oberschenkel herangezogen, mit in das Becken herab, so nennt man das eine gedoppelte Steißlage, **gedoppelte Steiß-**

geburt. Ist das eine Bein ganz herabgestreckt, so ist das eine **halbe Steißlage**, **halbe Steißgeburt**, auch **unvollkommene Fußlage**, **unvollkommene Fußgeburt** genannt, während man es als **vollkommene Fußgeburt** bezeichnet, wenn beide Füße herabgestreckt voraus durch das Becken gehen. Ebenso unterscheidet man vollkommene und unvollkommene Kniegeburten.

Bei allen diesen Geburten mit vorausgehendem Beckenende unterscheidet man nach der Stellung des Kindes zwei Arten und bei jeder derselben zwei Unterarten. Rücken links ist **erste Fuß=, Knie=, Steißgeburt**, Rücken rechts ist **zweite Fuß=, Knie=, Steißgeburt**. Bei der ersten Art ist die linke Hüfte, bei der zweiten die rechte Hüfte die vorn liegende. Wie bei allen Lagen liegt der Rücken am häufigsten mehr nach vorn, das ist erste, seltener nach hinten, das ist zweite Unterart. Vergleiche dazu die Figuren 54 und 55.

§. 349.

Für den **Mechanismus** der **Steiß=** und **Fußgeburten** gelten die in §. 167, 168, 169 mitgetheilten allgemeinen Regeln des Geburtsmechanismus. **Bei der ersten Unterart der ersten Steißgeburt**, der häufigsten von allen Steißstellungen des Kindes, tritt der Querdurchmesser der Hüften im linken schrägen Durchmesser durch den oberen Raum des Beckens; dabei steht die vornliegende linke Hinterbacke tiefer. Auf der Beckenenge dreht der Hüftendurchmesser sich gegen den geraden Durchmesser des Beckens hin, im Ausgange stemmt sich dann die linke Hüfte unterm Schambogen gegen den rechten absteigenden Schambeinast, während die rechte Hüfte über den Damm hervorgetrieben wird. Der Steiß, nachdem er hervorgetreten ist, macht eine äußere Drehung in seine frühere schräge Stellung zurück, weil jetzt der Oberleib mit den Armen und die Schultern ebenfalls im linken schrägen Durchmesser durch den oberen Beckenraum treten. Am Oberleib anliegend treten die Ellbogen und mit der Brust die Unterarme aus den Geschlechtstheilen hervor, und die Füße, welche im Herabtreten am Bauche hinaufgestreckt wurden, werden frei, so daß die Beine in ihre gewöhnliche Stellung zurückkehren. Jetzt drehen sich auch die Schultern und mit ihnen der ganze geborene Theil des

Drittes Kapitel. Die Geburt bei regelwidriger Lage des Kindes.

Kindes wieder näher zu dem geraden Durchmesser des Beckens, die linke Schulter stemmt sich unter dem Schambogen an, während die rechte über den Damm hervorkommt. Dann dreht der ganze Rumpf des Kindes sich wieder in seine schräge Stellung zurück, weil nun der Kopf des Kindes mit seinem geraden Durchmesser im rechten schrägen Durchmesser des Beckens steht. Wie derselbe weiter ins Becken herabgetrieben wird, dreht auch er sich in den geraden Durchmesser, so daß nun das Kind den Rücken fast ganz nach vorn kehrt. Das Hinterhaupt liegt jetzt hinter der Schamfuge, und während es sich daselbst anstemmt, kommt zuerst das Kinn, dann das Gesicht, die Stirn und der Scheitel über den Damm heraus.

§. 350.

Bei der zweiten Steißlage ist der Vorgang derselbe, nur daß die rechte Hüfte vorn steht, daß Steiß und Schultern im rechten schrägen Durchmesser, der Kopf mit seinem geraden Durchmesser im linken schrägen Durchmesser des mütterlichen Beckens eintreten und daß also auch äußerlich die Drehungen in entgegengesetzter Richtung erfolgen.

§. 351.

Bei den zweiten Unterarten beider Steißstellungen, wo der Bauch des Kindes nach der vorderen Beckenwand sieht, ist der Vorgang meist der, daß das Kind, entweder beim Eintritt der Schultern oder beim Eintritt des Kopfes ins Becken, den Rücken nach vorn kehrt, es treten also entweder schon die Schultern in dem anderen schrägen Durchmesser ins Becken als in welchem der Steiß eintrat, oder doch der Kopf mit seinem geraden Durchmesser in demselben schrägen des Beckens, in welchem der Steiß eintrat; dann tritt der Kopf in derselben Weise wie bei den ersten Unterarten zu Tage.

§. 352.

Seltener bleibt bei den zweiten Unterarten die Bauchseite vorn, so daß das Gesicht gegen die Schamfuge sieht. Dann kann der Kopf auf viererlei Art das Becken verlassen:

1) er dreht sich noch im Becken mit dem Gesicht nach hinten und tritt auf die beschriebene Art nach außen, daß ist umgekehrt wie bei der regelmäßigen Schädelgeburt;

2) er tritt mit dem Kinn voraus bis an die Stirn unter der Schamfuge hervor und die Wehen treiben das Hinterhaupt und den Scheitel über den Damm, das ist umgekehrt wie bei der zweiten Unterart der Schädelgeburten;

3) er bleibt mit dem Kinn hinter der Schamfuge hängen, die Wehen treiben den Hinterkopf gegen den Nacken und so wird mit heftigem Drängen Hinterhaupt, Scheitel, Stirn und Gesicht über den Damm hervorgetrieben. Das ist umgekehrt wie bei der Gesichtsgeburt;

4) die Wehen treiben gleich hinter dem Gesicht aus der unter 2 genannten Stellung auch die Stirn hinter der Schamfuge hervor, so daß der Hinterkopf ohne Mühe nun über den Damm hervorgleiten kann. Das geschieht nur, wenn die Wehen sehr kräftig, das Becken weit und der Kopf klein ist.

§. 353.

Bei der gedoppelten Steißgeburt geschieht das Herabtreten des Steißes durch das Becken langsamer, und das ist, wie nachher gezeigt werden wird, gerade sehr günstig besonders für das Kind. Im Uebrigen ist der Vorgang derselbe wie bei der einfachen Steißgeburt.

§. 354.

Bei der halben Steiß- oder unvollkommenen Fußgeburt wendet sich immer das aufgeschlagene Bein, auch wenn die Lage ursprünglich anders war, an die hintere Beckenseite, denn es hat nur in der Kreuzbeinhöhlung Raum zum Hinabtreten.

§. 355.

Bei den vollkommenen Fuß- und bei Kniegeburten fangen, wie bei Steißgeburten, die Drehungen des Kindskörpers erst an, wenn die Hüften ins Becken eintreten, denn die Beine können in jeder Stellung durch dasselbe gehen. Von da an ist der ganze Mechanismus derselbe wie bei den Steißgeburten.

Drittes Kapitel. Die Geburt bei regelwidriger Lage des Kindes. 223

§. 356.

Bei Fuß- und Steißgeburten gehen verhältnißmäßig viel mehr Kinder zu Grunde als bei Kopfgeburten. **Die großen Gefahren der Fuß- und Steißgeburt sind in Folgendem begründet:**

So lange das ganze Kind noch im Mutterleib ist, lebt es unter ähnlichen Bedingungen, wie es die ganze Schwangerschaft hindurch gelebt hat; es erhält aus der Gebärmutter durch die Nabelschnur, was es zu seinem Leben bedarf. Daher kann, so lange das ganze Kind im Mutterleib ist, die Geburt viele Stunden dauern, ohne daß das Kind Schaden leidet. Darum ist es günstig, wenn der größte Kindestheil, der Kopf, vorausgeht; sobald der geboren ist, ist auch bald die ganze Geburt vollendet.

Um leben zu können, muß das Kind entweder durch die Nabelschnur mit der Mutter verkehren, oder es muß Luft athmen können; zum Athmen aber muß Mund und Brust frei sein. Geht nun das Kind mit dem schmalen Steißende voraus, so wird dieses ohne große Mühe geboren, aber nun können die übrigen Theile nicht schnell nachfolgen; die gebornen Theile drücken noch dazu auf die Nabelschnur, so daß dem Kinde die Zufuhr neuen Blutes verschlossen ist, während es doch zum Athemholen noch keine Luft hat. Man kann die Versuche zum Athemholen, die das halbgeborne Kind macht, oft an seinen Bewegungen wahrnehmen. Vor Mund und Nase liegen nur Schleim, Blut und Fruchtwasser, die zieht das Kind statt der Luft in die Lungen.

Das Kind stirbt unter diesen Verhältnissen bei einer kleinen Zögerung der Geburt. Diese Zögerung wird aber nicht allein durch die bedeutendere Größe der nachfolgenden Theile, sondern noch mehr durch ihre Gestalt begünstigt. Sobald das Kind seine regelmäßige Haltung verliert, schlagen sich die Arme neben den Kopf in die Höhe und der Hals wird gestreckt. Kopf und beide Arme können nicht gut zugleich durch das Becken und dazu stemmt sich das Kinn auf den Beckenrand. Wenn das Kind nicht schnell und geschickt aus dieser Lage befreit wird, stirbt es in wenigen Minuten. Das geschieht vielen Kindern, die in Beckenlage zur Geburt kommen.

§. 357.

Je vollständiger die Weichtheile der Mutter für die Geburt des Kindes vorbereitet sind, je kräftiger die Wehen gegen das Ende der Austreibung werden, je mehr der vorangehende Kindestheil die mütterlichen Theile auszudehnen vermochte, desto weniger leicht treten jene Gefahren auf. Darum ist es bei Geburten mit dem Beckenende voraus besonders wichtig, daß die Eröffnungsperiode bis zu Ende ohne Störung verlaufe, daß der Beginn der Austreibung langsam und nur durch die Zusammenziehung der Gebärmutter geschehe; so gewinnt die Gebärmutter gegen Ende mehr Kraft. Darum ferner sind Beckengeburten desto günstiger, je dicker der vorangehende Theil ist, am günstigsten die gedoppelte Steißgeburt, nächst ihr die einfache Steißgeburt, weniger günstig die halbe Steißgeburt, und am ungünstigsten die vollkommene Fußgeburt

§. 358.

Sobald die Hebamme bei einer Kreissenden ein Beckenlage des Kindes erkennt, muß sie vor allen Dingen die Hinzuziehung des Geburtshelfers veranlassen, denn wenn die bezeichneten gefahrvollen Umstände eingetreten sind, würde der jetzt erst gerufene Geburtshelfer viel zu spät kommen, als daß er das Kind retten könnte.

Damit die Hebamme den Eintritt von Gefahr wo möglich verhüte, oder doch hinausschiebe, bis der Arzt zur Stelle ist, muß sie zunächst in der Eröffnungsperiode durch das bei Behandlung der Gesichtsgeburten angegebene Verfahren die Blase so lange wie möglich zu erhalten suchen. Fühlt sie in der Blase nur kleine Theile, die Füße, fühlt sie vielleicht auch bei der äußeren Untersuchung über der einen Leistengegend rechts oder links den Steiß des Kindes anstehen, wobei dann der Grund der Gebärmutter mit dem Kopf nach der entgegengesetzten Seite des Bauches hinüberliegt, so lagere sie die Kreissende auf diejenige Seite, in welcher der Gebärmuttergrund nicht liegt. Dadurch sinkt der Gebärmuttergrund hinüber und es gelingt vielleicht auf diese Weise, den Steiß über das Becken treten zu lassen, das wäre ja günstiger, als wenn die Füße allein sich zur Geburt stellen (siehe den vorigen Paragraph).

§. 359.

Sobald der **Muttermund vollständig eröffnet** ist, entweder vor oder nach dem Abfluß des Fruchtwassers, muß die Kreissende in übrigens bequemer Rückenlage so gebettet werden, daß die Geschlechtstheile ganz frei auch von unten her zugänglich sind, das geschieht entweder dadurch, daß man die Steißgegend durch ein untergelegtes Kissen mehr als handhoch über die Stelle, wo die Schenkel liegen, erhöht, oder durch Herrichtung des sogenannten **Querbettes**. Die Lagerung auf das Querbett wird so ausgeführt, daß, nachdem das Bett auf beiden Seiten frei zugänglich gemacht worden ist, der eine Bettrand durch feste Kissen erhöht wird. Gegen diese Erhöhung lehnt die Kreissende mit dem Rücken, während sie quer über das Bett mit dem Steiß auf den gegenüberliegenden freien Rand des Bettes gelegt wird. Der Steiß wird dabei durch zweckmäßige Kissen, am besten durch ein **vorn hohes Kissen mit scharfer oberer Kante** unterstützt, siehe §. 229; hinter den Rücken müssen so viel Federbetten gepackt werden, daß der Oberkörper bequem ruht, die Füße werden auf 2 Stühle oder Schemel, welche an den Bettrand gestellt werden, aufgesetzt. Durch gehörige Bedeckung muß auch in dieser Lage die Gebärende vor Erkältung gesichert werden. Tritt der Steiß überraschend schnell in die äußeren Theile, so genügt es auch, die Frau nur schräg im Bett zu lagern, die Geschlechtstheile auf den Rand des Bettes, so daß der eine Schenkel im Bett bleibt, der andere neben dem Bett auf einen Schemel gestützt wird. Die Hebamme nimmt jedenfalls zwischen den Schenkeln der Frau ihren Platz.

Die Hebamme sei übrigens stets bei Lagerung der Frau dessen eingedenk, daß durch verschiedene Biegung der Lendenwirbelsäule die Richtung der austreibenden Kraft zum Becken verändert wird. Beugung der Lendenwirbelsäule, also Erhöhung des Steißes, vermehrt die am Boden des Beckens gegebenen Widerstände, Streckung der Lendenwirbelsäule vermindert sie. Siehe Figur 48. Das Eine wie das Andere kann im Plan der Hebamme liegen: soll der Austritt des Steißes erleichtert werden, wird vermehrte Streckung der Lendengegend nützlich sein; verläuft aber die Austreibung, wie zu Anfang gewöhnlich, an sich schnell, so wird, je mehr der Steiß am Beckenboden Widerstand findet, die Kraft der Wehen sich steigern. Auch ohne diesen Erfolg, wenn die Ankunft des Geburtshelfers noch erwartet wird, ist es ja viel vortheilhafter, daß **die Geburt einen Aufenthalt finde, bevor der Steiß ausgetreten ist,** als bei halbgebornem Kinde; der erstere Aufenthalt bringt erst nach Stunden die gleiche Gefahr, welche bei halbgebornem Kinde in gleich viel Minuten eintritt.

Es sei an dieser Stelle erwähnt, daß der **Ausfluß von Kindespech,** welcher bei Kopfgeburten stets hohe Gefahr für das Kind anzeigt, bei Steißgeburten fast stets erfolgt, sobald der Steiß in das Becken getreten ist, und daß er hier Gefahr **nicht** anzeigt.

§. 360.

Auch nachdem die Austreibung begonnen, muß **alles Mitpressen streng unterbleiben.** So lange das Kind im Becken steht, ist selbst eine längere Verzögerung der Geburt ohne Gefahr für dasselbe, und je mehr die Austreibung der Gebärmutter allein überlassen wird, desto regelmäßiger bleiben und desto kräftiger werden ihre Zusammenziehungen gegen das Ende der Geburt, wo sie so sehr nöthig sind.

§. 361.

Alles Ziehen oder Drehen an den jetzt in das Becken und durch dasselbe herabtretenden Theilen, Steiß oder Füßen, hat die Hebamme durchaus zu unterlassen. Früher wurde das für nöthig gehalten. Wenn man sich dessen vollständig enthält, ist die Wahrscheinlichkeit größer, daß das Kind mit Armen und Kopf seine regelmäßige Haltung beibehält und das ist ja so überaus wichtig.

§. 362.

Wenn der Steiß oder bei Fußlage die Hüften durch die äußeren Geschlechtstheile kommen, muß die Hebamme durch einen sanften Druck gegen den Damm die obere Hüfte am Schambogen andrücken, damit der Damm ganz bleibt. Die herausgetretenen Theile muß sie mit ihrer Hand empfangen und unterstützen, damit sie nicht herabsinken. Weil die nackten schlüpfrigen Theile ihrer Hand entgleiten würden, schlage sie um dieselben ein erwärmtes Leintuch. Die bei Steißlage hinaufgeschlagenen Füße fallen von selbst herab, wenn das Kind bis an die Brust geboren ist. Sollte das zu dieser Zeit nicht der Fall sein, so entferne die Hebamme die Füße nie anders aus den Geschlechtstheilen, als indem sie zuerst das eine, dann das andere Knie gegen den Bauch und etwas zur Seite hin beugt.

§. 363.

Wenn der **Nabel** geboren ist, lockere die Hebamme die Nabelschnur, indem sie zwischen dieselbe und den Bauch des Kindes den Zeigefinger schiebt, dann den Daumen vorn auf die Nabelschnur legt und dieselbe sachte aus den Geschlechtstheilen ein wenig hervorzieht, damit beim weiteren Vorrücken des Kindes der Nabel desselben nicht gezerrt wird. Sie hüte sich dabei, den Nabel des Kindes selbst zu zerren oder die Nabelschnur stark zu drücken. Sollte die Nabelschnur zwischen den Beinen des Kindes hindurchgehen, das sogenannte **Reiten auf der Nabelschnur**, so mußte die Hebamme schon früher das über die Rückenseite des Kindes gehende Ende derselben soweit lockern, daß sie es über den nach hinten liegenden Hinterbacken, bei Fußlage über den hinten liegenden, im Knie gebeugten Fuß streifen konnte. Vergleiche darüber auch §. 453.

Nachdem das Kind bis über den Nabel geboren ist, soll die Kreissende bei jeder Wehe mitpressen.

Beim Durchtritt der **Ellbogen**, der **Schultern** und des **Kopfes** muß die Hebamme wieder auf den Damm achten, damit derselbe nicht mehr als nöthig gespannt werde. Beim Durchtritt des Kopfes, wenn er in gewöhnlicher Weise erfolgt, muß sie den Rumpf des Kindes gegen den Bauch der Mutter hin erheben, damit der Kopf frei über den Damm hervortreten kann.

§. 364.

Je gewissenhafter die Hebamme das in den vorausgehenden Paragraphen Gelehrte befolgt, desto mehr Steiß- und Fußgeburten wird sie ohne Kunsthülfe und ohne Nachtheil für Mutter und Kind verlaufen sehen.

Bevor der Steiß oder bei Fußgeburten die Hüftgegend zum Durchschneiden gekommen ist, enthalte sie sich jedes Eingreifens. Zögert hiernach die weitere Austreibung, so suche sie durch Reiben der Gebärmutter Wehen zu erregen und die eintretende Wehe durch mäßigen Druck auf die Gebärmutter zu verstärken.

Wenn der Oberleib des Kindes bis zur Schulterblattgegend geboren ist, **ohne daß die Arme mit hervorgetreten sind**, muß die Hebamme nachfühlen, ob etwa einer derselben oder beide an der Brustseite des Kindes in der Scheide liegen. Indem sie den gebornen Leib mit der einen Hand unterstützt oder an den Oberschenkeln etwas emporhebt, fühlt sie mit der anderen Hand, mit derjenigen deren Hohlhand dem Bauch des Kindes zugekehrt ist, an der Brust des Kindes hinauf; findet sie hier einen Ellbogen oder ein Händchen oder beide, so erfasse sie den einen nach dem andern mit den eingeführten zwei Fingern und führe, hart am Körper des Kindes sich haltend, das Aermchen aus den mütterlichen Theilen hervor; **sie ziehe das Aermchen dreist so kräftig an, daß auch die Schulter die mütterlichen Theile verläßt**, das erleichtert sehr die Lösung des zweiten Armes.

Liegen aber an der Brustseite des Kindes weder Händchen noch Ellbogen, so sind die Arme aufwärts geschlagen und müssen „gelöst" werden.

§. 365.

Zur Lösung der Arme schickt sich die Hebamme folgendermaßen an. Der rechte Arm des Kindes kann nur mit der rechten, der linke nur mit der linken Hand der Hebamme gelöst werden, und beide nur von der Rückenseite des Kindes her. Die Hebamme muß, wenn beide Arme in die Höhe geschlagen sind, den hinten gelegenen, das heißt den an der Kreuzbeinseite des mütterlichen Beckens gelegenen zuerst lösen, das ist bei erster Lage der rechte, bei zweiter der linke des Kindes. Die Lösung des Armes wird mit dem Zeige- und Mittelfinger der entsprechenden Hand vom Rücken des Kindes her ausgeführt. Wollte die Hebamme zunächst den Zeigefinger allein einführen, so würde sie meist nicht hoch genug reichen, auch nicht Kraft genug entwickeln können, es würde also nachtheiliger Zeitverlust entstehen; wollte sie sogleich vier Finger, die sogenannte halbe Hand, einführen, so würde dadurch in den meisten Fällen unnützer Weise die Operation erschwert werden. Zuweilen wird die Einführung der halben Hand, Figur 70, nothwendig, zuweilen wird es auch nothwendig vor Lösung des ersten Armes die hinten gelegene Schulter herabzuziehen, ebenfalls in Figur 70 dargestellt.

Das Verfahren der Hebamme zur Lösung der Arme des in erster Steiß- oder Fußlage halb gebornen Kindes ist das folgende. Fand die Geburt in erster Unterart der ersten Steißlage statt, so liegt der rechte Arm des Kindes, welcher zuerst gelöst werden soll, links hinten in der Mutter, die Hebamme wird ihn mit den Fingern ihrer rechten Hand lösen. Um den Zugang in die linke Mutterseite zu erleichtern, faßt sie in ihre linke Hand den Steiß des Kindes, wie Figur 70 darstellt, und erhebt ihn gegen den rechten Schenkel der Mutter. Darauf geht die Hebamme mit dem Zeige- und Mittelfinger der rechten Hand über die Rückenseite der rechten Schulter des Kindes in die Scheide ein bis zu dem Ellbogen des Kindes, legt hier die Fingerspitzen fest an und schiebt mit kräftigem Druck den Oberarm vor dem Gesicht und der Brust des Kindes herab bis aus den Geschlechtstheilen heraus. Dabei muß der Ellbogen des Kindes an den Körper des Kindes angedrückt gehalten werden, damit der Damm nicht zerrissen wird; sobald der Ellbogen an den äußeren Theilen erscheint, kann der Daumen der rechten Hand denselben fassen helfen, um das ganze Aermchen hervorzuziehen. Langt die Hebamme mit den genannten zwei Fingern den Ellbogen des Kindes nicht ab, so glaube sie ja nicht, durch Herabziehen des Rumpfes sich den Arm näher bringen zu können; durch Anziehen des Rumpfes klemmt sie den Arm zwischen Kopf und Beckenwand nur fester ein. Sie glaube auch ja nicht, durch Drücken am Oberarm den Arm lösen zu können, dadurch würde sie den Arm des Kindes brechen. Sie lege, wenn sie den Ellbogen nicht erreichen kann, die zwei eingeführten Finger zwischen Kopf und Arm vom Rücken her über die Schulter des Kindes und

230 Sechster Theil. Von der regelwidrigen Geburt.

bewege die Schulter durch einen gelinden Zug nach abwärts. Der übrige Rumpf bleibt dabei unverrückt liegen, der Arm folgt natürlich dem Zuge und tritt weiter abwärts ins Becken. Selbst zu diesem

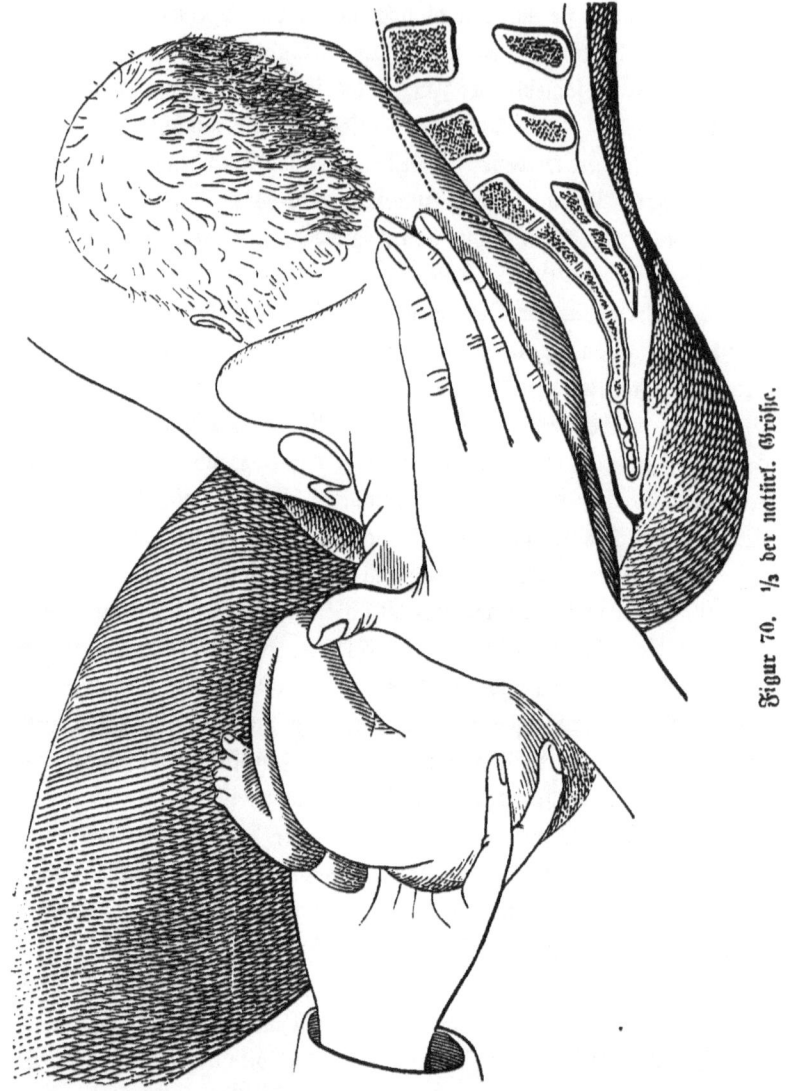

Figur 70. ⅓ der natürl. Größe.

Handgriff reichen, wenn die Schultern hoch am Beckeneingang stehen, Zeige- und Mittelfinger manchmal nicht aus. Die Hebamme muß dann die sogenannte halbe Hand, schlank zusammengelegt, zwischen dem

Drittes Kapitel. Die Geburt bei regelwidriger Lage des Kindes. 231

Rücken des Kindes und der Beckenwand in die Geschlechtstheile hinauf=
führen, wie Figur 70 zeigt. Nun reicht sie mit Zeige= und Mittel=
finger entweder bequem zum Ellbogen und löst den Arm in oben be=

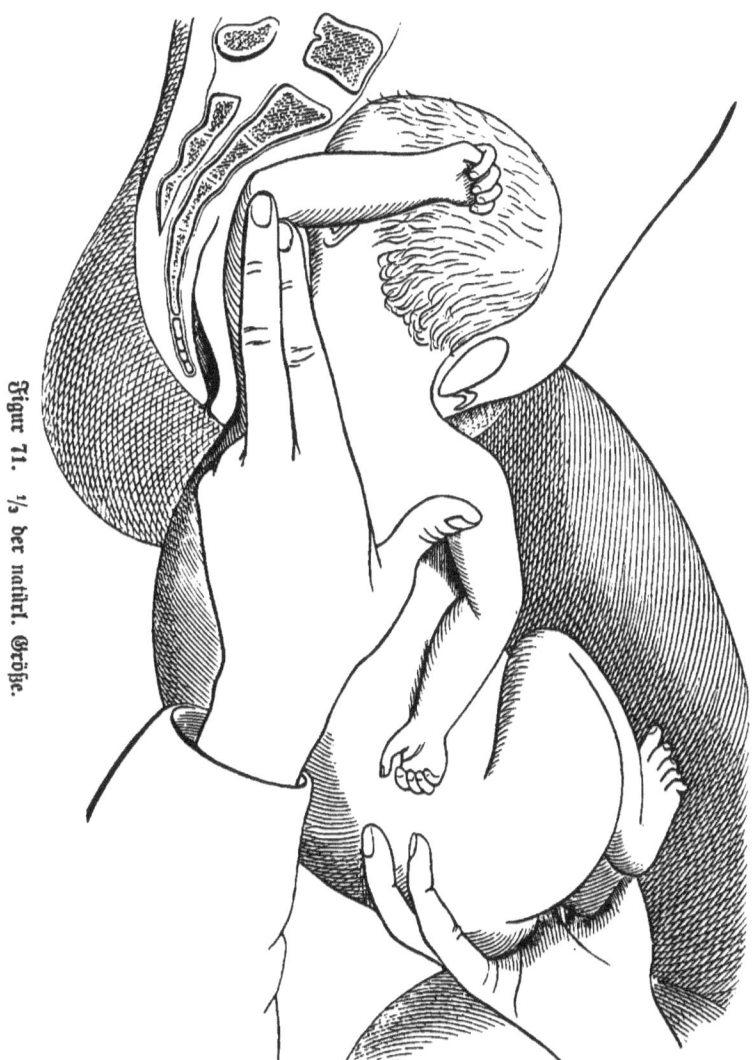

Figur 71. 1/3 der natürl. Größe.

schriebener Weise, wie Figur 71 am leichter zu lösenden zweiten Arm
darstellt, oder sie zieht auch jetzt erst die Schulter ein wenig am Rumpf
herab, Fig. 70, um danach die Finger an den Ellbogen zu führen.

Sobald der hinten gelegene Arm, im hier gedachten Fall der rechte, kunstgerecht gelöst worden ist, pflegt der Kopf nebst dem andern Arme tiefer zu treten und dabei eine solche Drehung zu machen, daß die vorher mehr vorn gelegene Schulter nun gegen den hinteren Beckenumfang zu stehen kommt. Die Hebamme ziehe dann den gelösten jetzt nach vorn tretenden Arm ein wenig an, damit die zu ihm gehörige Schulter das Becken und die Geschlechtstheile vollständig verlasse, dadurch wird bequemer Raum für Lösung des zweiten Arms gewonnen.

Sollte aber jene Drehung nicht von selbst erfolgen, so fasse die Hebamme den Oberleib des Kindes ganz dicht vor den Geschlechtstheilen der Mutter so in beide Hände, daß beide Daumen auf den Schulterblättern liegen, drücke ihn gegen das Becken hinauf und drehe ihn um einen Viertelkreis so herum, daß jetzt die linke Schulter näher dem Kreuzbein der Mutter zu liegen kommt. Dann wird der linke Arm mit den zwei Fingern der linken Hand ebenso gelöst wie vorher der rechte. Figur 71 zeigt die Lösung des zweiten, des linken, jetzt in der Kreuzbeinhöhlung liegenden Armes.

§. 366.

Manchmal treibt, nachdem die Arme gelöst worden, sogleich eine Wehe den Kopf hervor; in anderen Fällen, selbst nachdem die Arme ohne Kunsthülfe geboren wurden, zögert der Austritt des Kopfes.

Sogleich nach geborenen Schultern, wenn nicht etwa eine Wehe bereits den Kopf in die Schamspalte treibt, hat die Hebamme nach der Stellung des Kopfes zu fühlen. Fast immer findet sie das Gesicht ganz oder fast ganz gegen die Aushöhlung des Kreuzbeins gerichtet. Manchmal steht der Kopf mehr quer, ganz selten steht er noch über dem Becken, ganz selten ist die Gesichtsfläche gegen den Bauch der Mutter gerichtet. Die Hebamme schreitet zur Entfernung des Kopfes.

Zur Herausbeförderung des nachfolgenden Kopfes gehe die Hebamme mit Zeige- und Mittelfinger oder mit den vier Fingern derjenigen Hand, deren Hohlhandfläche dem Gesicht zugewendet ist, an dem letzteren vorsichtig in die Höhe und lege die Finger zu beiden Seiten der Nase fest an. Der Daumen umfaßt die eine, die beiden letzten Finger, wenn ihre Einführung nicht nöthig war, die andere Schulter

Drittes Kapitel. Die Geburt bei regelwidriger Lage des Kindes 233

nebst Oberarmen des Kindes. Den Körper des Kindes legt die Hebamme so auf den Vorderarm der eingeführten Hand, daß das Kind auf dem= selben reitet. Zeige= und Mittelfinger der anderen Hand führt sie dann unter dem Schambogen gegen das Hinterhaupt des Kindes. Figur 72.

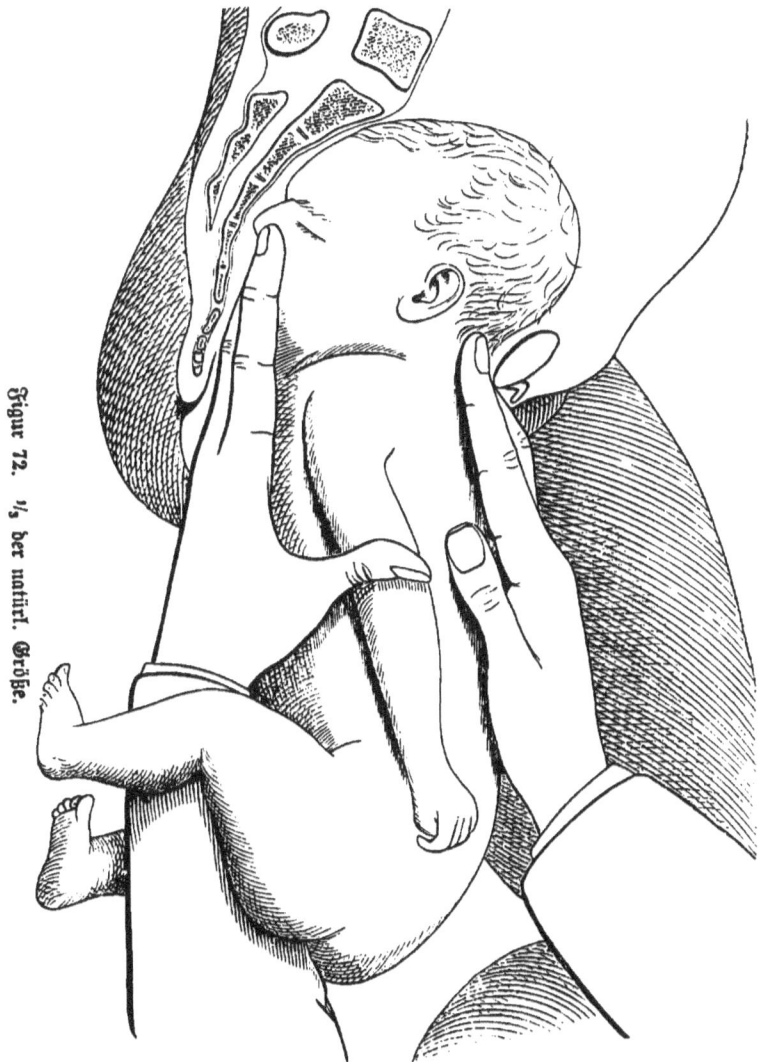

Figur 72. ⅕ der natürl. Größe.

Die Hebamme weiß aus §. 352, daß der nachfolgende Kopf auf viererlei Art das mütterliche Becken verlassen kann. Wenn der Kopf nicht durch die Kräfte der Frau geboren wird, darf die Hebamme denselben nie anders als auf die unter 1) im genannten Paragraphen beschriebene Weise entfernen. Hat also der Kopf die Stellung mit dem Gesicht gegen die Kreuzbeinhöhlung nicht von selbst bereits eingenommen, so darf die Hebamme ihn nicht früher ausziehen wollen, als bis sie ihm diese Stellung gegeben hat. Mit den zwei oder vier am Gesicht liegenden Fingern der einen und den am Hinterhaupt angestemmten Fingern der andern Hand kann der Kopf meist ohne Mühe in die genannte Stellung gedreht werden; wollte aber die Hebamme den un=günstig stehenden Kopf anziehen, so kann sie ihn später nicht mehr drehen. Die Hebamme weiß, weßhalb der Kopf ins Becken hinein am besten im schrägen oder queren, aus dem Becken hinaus am besten im geraden Durchmesser geht; in anderer, besonders in querer Stellung angezogen klemmt er sich nur fester ins Becken. Hat nun der nach=folgende Kopf entweder von selbst oder durch Hülfe der Hebamme die in Figur 72 abgebildete Stellung eingenommen und hat die Hebamme ihre Finger so, wie ebendaselbst abgebildet, angelegt, so schiebt sie das Hinterhaupt mit den daselbst angestemmten Fingern ein wenig in das Becken hinauf und zieht gleichzeitig mittelst der am Gesicht liegenden Finger der anderen Hand den Kopf kräftig abwärts und hebt ihn sachte über den Damm hervor.

In den Mund zu fassen, um den Kopf hervorziehen, ist der Hebamme am lebenden Kinde nie gestattet, dabei würde sie zu leicht den Unterkiefer zerbrechen oder verrenken.

Haben die in oben genannter Art angesetzten Finger nicht Kraft genug, den Kopf hervorzuheben, so lasse die Hebamme sogleich die zwei am Hinterkopf liegenden Finger, den einen rechts, den anderen links, am Nacken vorbei über je eine Schulter gleiten und indem sie die zwei oder vier Finger der anderen Hand am Gesicht liegen läßt, hebe sie, nun meist ohne Schwierigkeit, den Kopf über den Damm hervor. Der beschriebene Griff über die Schulter des Kindes kann namentlich auch dann sehr hülfreich sein, wenn der Kopf noch ziemlich hoch im Becken steht. In diesem Fall muß natürlich der Zug anfangs mehr abwärts gegen den Damm gerichtet sein.

Drittes Kapitel. Die Geburt bei regelwidriger Lage des Kindes. 235

Die Hebamme leite überhaupt den Kopf genau in der Führungs=
linie des Beckens, dadurch bewegt sie mit geringeren Kraftaufwande
den Kopf vorwärts und vermeidet Quetschung und Zerreißung der
mütterlichen Theile.

Der Damm ist bei der Ausziehung des nachfolgenden Kopfes stets
besonders gefährdet. Die Gefahr, in welcher das Kind sich befindet,
läßt auch nicht zu, das Durchschneiden des Kopfes lange zu verzögern.
Trotz dem daß Eile geboten ist, verfahre die Hebamme ohne Hast,
sie berechne genau die aufgewendete Kraft und vermindere sogleich die
Kraft des Zuges, wenn der Kopf demselben leicht folgt. Indem sie
den Kopf über den Damm hebt, achte sie, daß die Nackenbeuge den
unteren Rand der Schamfuge nicht verläßt, bevor die Stirn über den
Damm getreten ist.

§. 367.

Alles weitere Ziehen am Rumpf des Kindes, um die Arme
oder den Kopf herauszubefördern, ist der Hebamme streng untersagt,
dadurch könnte sie beide nur fester in das Becken herabziehen. Wenn
mit den soeben gelehrten Handgriffen der Hebamme die Vollendung der
Geburt nicht gelingt, bleibt ihr gar nichts übrig, als die Ankunft des
Geburtshelfers abzuwarten und einstweilen für die Mutter zu sorgen.
Das Kind stirbt dann. Natürlich ist auch der Zustand, in welchem
die halbentbundene Mutter sich befindet, gefahrvoll. Um so wichtiger,
daß die Hebamme, wie im §. 358 vorgeschrieben, bei jeder
Geburt mit Steiß oder Füßen voraus von vorn herein die
Hinzuziehung des Geburtshelfers veranlasse.

Viertes Kapitel.

Die Geburt bei regelwidriger Lage des Kindes.
2. Schief- und Querlagen.

§. 368.

Die Erkennung der Querlage ist schon während der Schwangerschaft durch die äußere Untersuchung leicht möglich, besonders dann, wenn die Bauchdecken ziemlich dünn und schlaff sind und die Menge des Fruchtwassers nicht übermäßig groß ist. Die Gebärmutter hat nicht ihre regelmäßige Eiform, sondern ist mehr in die Quere ausgedehnt, sie steigt nicht bis in die Herzgrube hinauf, sondern hier fehlt die sonst am meisten hervorragende Wölbung des Gebärmuttergrundes. Dagegen fühlt man in den Seiten die Gebärmutter breiter als bei regelmäßiger Lage des Kindes. Rechts und links am Bauch der Mutter, meist in der einen Seite höher, in der anderen tiefer gegen das Becken, fühlt man große Theile, von denen man den einen als Kopf, den andern als Steiß deutlich erkennen kann. Die Bewegungen der Frucht werden meist nicht an einer bestimmten Stelle, sondern bald hier, bald dort an beiden Seiten von der Schwangeren gefühlt. Bei der inneren Untersuchung fühlt man gar keinen größeren Theil im Scheidengewölbe, den man für Kopf oder Steiß halten könnte, man fühlt hier entweder gar nichts oder nur kleine Theile. Auch tritt der untere Abschnitt der Gebärmutter gar nicht so tief in das Becken herab, wie bei regelmäßiger Lage. Vergleiche dazu Figur 56 und 57. Während der Eröffnungsperiode ist der Befund derselbe. Die Eröffnung geschieht meist sehr langsam, der Muttermund steht hoch und hat oft eine auffallend quere Gestalt und die Blase tritt nur mangelhaft in ihn hinein.

§. 369.

Da diese bei der inneren Untersuchung zu ermittelnden Erscheinungen der Querlage nicht der Querlage allein zukommen, haben sie allein wenig Werth, und die Hebamme hat daher vor der Geburt und während der Eröffnung sich hauptsächlich auf die äußere Untersuchung zu verlassen, wo es sich um Erkennung einer Querlage handelt. Die Querlage früh zu erkennen, ist für die zu leistende Hülfe aber von großer Bedeutung, das Leben der Mutter und des Kindes kann davon abhängen. Daher ist es **unerläßlich für eine gute Hebamme, daß sie die äußere Untersuchung mit Umsicht und Urtheil anstellen könne.**

§. 370.

Nachdem die **Blase** gesprungen und das Fruchtwasser abgeflossen ist, zieht sich die Gebärmutter fester um das Kind zusammen. Es wird nun aus der Quer- oder Schieflage fast immer eine **Schulterlage**, das heißt die eine Schulter kommt über den Eingang des Beckens zu stehen. Dabei kann der vorliegende Arm in der Gebärmutter noch liegen bleiben, früher oder später tritt er aus dem Muttermunde hervor und kommt dann meist mit der Hand bis vor die Geschlechtstheile zu liegen.

§. 371.

Nach Abfluß des Fruchtwassers wird die Erkennung der Querlage durch die äußere Untersuchung noch leichter; auch bei der inneren Untersuchung erkennt jetzt die Hebamme meist mit Bestimmtheit den vorliegenden Theil. Die Schulter erkennt sie als schmalen runden Theil, von dem nach der einen Seite der Oberarm abgeht, nach der anderen Seite durch die Haut hindurch das schmale Schlüsselbein und das breite Schulterblatt mit der Schulterblattgräte gefühlt werden kann. Unterm Schlüsselbein und am deutlichsten unterhalb der Achselhöhle fühlt man die Rippen durch die Haut. Durch diese Zeichen wird die Schulter vom Steiß unterschieden, mit dem sie bei oberflächlicher Untersuchung verwechselt werden könnte. Ist Arm und Hand im Muttermund oder in der Scheide zu fühlen, so muß die Verwechselung mit einem Fuß vermieden werden. Nur durch Uebung im Befühlen dieser Theile kann die Hebamme sich vor Irrthum sicher stellen.

Ganz selten und nur bei todten Kindern kommt statt der Schulter der Rücken oder der Bauch über den Muttermund zu stehen. Der Rücken wird an den Wirbeln, der Bauch am Nabel erkannt.

§. 372.

Manchmal stellt sich bei Querlage auch nach dem Blasensprung **gar kein Theil in den Muttermund**. Da wisse die Hebamme, daß wenn gar kein Theil nach Abfluß des Wassers vorliegt, sie immer eine Quer- oder Schieflage annehmen und danach handeln muß (§. 374).

§. 373.

Der natürliche Verlauf der Geburt bei Quer- und Schieflagen ist dreierlei Art:

1) Die Zusammenziehungen der Gebärmutter können das Kind gerade stellen, so daß der Kopf oder der Steiß über den Muttermund zu stehen kommt; das nennt man **Selbstwendung**. Dieser Vorgang ist der günstigste, aber er ist selten und die Hebamme darf nie **darauf rechnen, daß er eintritt**.

2) Nachdem das Fruchtwasser abgeflossen und die Schulter immer tiefer in das Becken herabgepreßt ist, wird das Kind durch die Kraft der Gebärmutter förmlich zusammengeknickt, so daß **neben der Schulter der Oberleib, der Bauch und der Steiß mit den Beinen durch das Becken getrieben werden**, zuletzt kommen die Schultern selbst und der Kopf; das nennt man **Selbstentwickelung**. Die Selbstentwickelung des Kindes ist noch viel seltener als die Selbstwendung, sie kann nur bei sehr kleinem oder bei todtem Kinde sich ereignen und bringt der Mutter unsägliche Qualen und große Gefahren. Auch auf sie darf daher nie gerechnet werden.

3) In den allermeisten Fällen würde aus einer Querlage das Kind, sich selbst überlassen, **überhaupt nicht geboren werden**, es würde im Mutterleib sterben und später würde auch die Mutter **unentbunden** sterben an Entzündung oder Zerreißung der Gebärmutter oder an allgemeiner Erschöpfung.

Viertes Kapitel. Die Geburt bei regelwidriger Lage des Kindes.

§. 374.

Das Kind muß in eine bessere Lage gebracht, es muß gewendet werden. Das kann entweder von den Bauchdecken aus durch äußere Handgriffe und Lagerung der Frau, oder durch innere Handgriffe geschehen. Die Wendung durch äußere Handgriffe ist nur möglich, so lange das Ei noch unverletzt ist. Nach Abfluß des Fruchtwassers kann die Wendung nur mittelst der hoch in die Gebärmutter eingeführten Hand geschehen und das kann nur der Geburtshelfer ausführen.

Findet die Hebamme eine Querlage des Kindes bei noch stehendem Fruchtwasser, so prüfe sie in bequemer Rückenlage der Frau außer der Wehe die Beweglichkeit des Kindes. Findet sie, daß das Kind leicht beweglich ist, so suche sie das Kopfende desselben allmälig über den Beckeneingang zu stellen, indem sie die eine Hand oberhalb des Kopfes, die andere unterhalb des Steißes gegen die Bauchdecken mit langsam gesteigertem Drucke andrückt. Dem ausweichenden Kindestheil folgt die mit dem Rand eingedrückte Hand in drehenden Bewegungen, so daß das Steißende der Frucht immer höher gegen den Gebärmuttergrund, das Kopfende immer tiefer gegen den Beckeneingang sich stellt.

Gelingt es der Hebamme auf diese Weise, **den Kopf zum vorliegenden Theil zu machen,** so lagere sie nun die Frau auf diejenige Seite, in welcher zuvor der Kopf lag, also bei vorher bestandener erster Querlage auf die linke, bei zweiter auf die rechte Seite. Sie überwache jedesmal während der Wehe die Kindeslage durch die aufgelegte Hand und wenn der Kopf vom Beckeneingange abwich, stelle sie nach Ablauf der Wehe die Kopflage auf die vorhin genannte Weise wieder her. Wenn der Muttermund vollständig oder doch beinahe vollständig eröffnet ist, **sprenge sie die Blase,** nachdem sie unmittelbar vorher sich ganz fest davon überzeugt hat, daß der Kopf voll über dem Becken steht. Die Geburt wird dann wie eine ursprüngliche Schädelgeburt verlaufen.

Findet aber die Hebamme das Kind von vorn herein wenig beweglich, so daß die Herstellung der Kopflage nicht gelingt, oder weicht auch nur jedesmal während der Wehe der Kopf vom Beckeneingang wieder ab, oder ist gar bei bestehender Querlage das Fruchtwasser schon abgeflossen, so veranlasse die Hebamme die sofortige Herbeirufung des Geburtshelfers. Die günstigste Zeit für seine Ankunft ist die, wo bei geöffnetem Muttermund das Fruchtwasser noch steht.

§. 375.

Weil der Abfluß des Fruchtwassers bei bestehender Querlage, ganz besonders wenn er vor vollendeter Eröffnung stattfindet, die innere Wendung des Kindes erschwert, dem Kind und der Mutter größere Gefahren bereitet, so muß die Hebamme, so viel an ihr liegt, ihn verzögern bis der Geburtshelfer zur Stelle ist. Die Gebärende muß während der ganzen Eröffnungszeit still auf dem Rücken oder auf derjenigen Seite liegen, in welcher der Gebärmuttergrund nicht steht; das Verarbeiten der Wehen, überhaupt nutzlos in der Eröffnungszeit, ist hier ganz besonders schädlich.

Die innere Untersuchung muß nicht öfter als nöthig und mit größter Schonung vorgenommen werden. Sobald die Hebamme die Querlage erkannt hat, und erkannt hat, daß sie die Wendung durch äußere Handgriffe nicht zu Stande bringt, kommt gar nichts darauf an, ob sie ein Händchen oder sonst einen Theil in der Blase fühlt. Die Hebamme könnte durch häufiges Untersuchen den Blasensprung zum Nachtheil für den weiteren Verlauf der Geburt herbeiführen.

Ist das Fruchtwasser schon abgeflossen, so hat auch jetzt die Hebamme, bis der Geburtshelfer zur Stelle ist, für ungestörte, ruhige Lage der Frau zu sorgen, und auch jetzt das Verarbeiten der Wehen so viel irgend möglich zu verhindern. Sie enthalte sich auch aller Versuche, jetzt noch die Lage des Kindes zu verbessern. Die äußere Wendung gelingt ihr nach abgeflossenem Fruchtwasser nicht und sie kann durch viele Betastung der Gebärmutter dieselbe nur zu festerer Zusammenziehung anregen und dadurch die spätere Wendung für den Geburtshelfer schwieriger und für Mutter und Kind gefahrvoller machen.

Fünftes Kapitel.
Die Geburt mehrerer Kinder.

§. 376.

Für alle mehrfachen Geburten hat die Hebamme zunächst zu merken, daß, wie die Eröffnungs-, so auch die Nachgeburts-periode einfach ist; die Mehrfältigkeit bezieht sich nur auf die zweite, auf die Austreibungsperiode.

§. 377.

Die Eröffnungsperiode verläuft bei mehrfacher Geburt häufig langsamer als bei einfacher, weil wegen der bedeutenden Ausdehnung der Gebärmutter die Wirkung der Wehen weniger kräftig ist. Auch Unregelmäßigkeiten der Wehen treten bei mehrfachen Geburten häufiger ein und vermehren die Verzögerung.

Die Regeln für das Verfahren der Hebamme in dieser Periode sind übrigens, auch wenn sie weiß, das mehrere Kinder vorhanden sind, genau dieselben wie bei einfacher Geburt.

§. 378.

Die Austreibung des ersten Kindes bei mehrfacher Geburt erfolgt ebenfalls oft langsamer als einfache Geburt. Zwar sind Zwillingskinder im Allgemeinen kleiner als einzelne und finden also in gleichem Becken weniger Widerstand, aber die Kraft der Wehen kann ja nur zur Hälfte auf das eine Kind unmittelbar wirken, so lange das andere daneben liegt.

Am häufigsten werden beide Kinder mit dem Kopfe voraus geboren. Nicht viel seltener ist es, daß das eine Kind mit dem Kopf, das andere mit dem Steiß oder den Füßen vorausgeht. Selten stellen sich beide Kinder mit dem unteren Körperende zur Geburt. Häufiger als bei einfacher Geburt kommt es beim zweiten Zwillingskinde vor, daß es sich in Querlage zur Geburt stellt.

242 Sechster Theil. Von der regelwidrigen Geburt.

Auch in Betreff der Austreibungsperiode sind die Regeln für das Verfahren der Hebamme genau dieselben wie bei einfacher Geburt.

§. 379.

Es kommt der eigenthümliche Fall vor, daß, nachdem die eine Blase oder beide Blasen gesprungen sind, Theile beider Kinder sich gleichzeitig zur Geburt stellen, Fig. 73. Es kann dadurch die Geburt erheblich erschwert werden. Sobald die Hebamme ein solches Verhalten

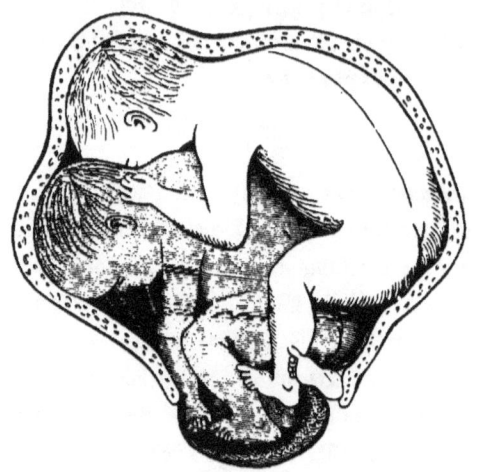

Figur 73. ⅕ natürl. Größe.

wahrnimmt, auch wenn die Lage jedes Kindes an und für sich es nicht erfordern würde, muß der Geburtshelfer ungesäumt gerufen werden.

§. 380.

Hat die Hebamme nach der Geburt des einen Kindes sich überzeugt, daß ein zweites in der Gebärmutter ist, so muß sie die Abnabelung des ersten Kindes in der Weise vornehmen, daß sie die Nabelschnur zweimal unterbindet und zwischen beiden Unterbindungen durchschneidet, weil sich sonst das zweite Kind aus dem offenen Nabelstrang des ersten verbluten könnte. Die Nachgeburt des schon gebornen Kindes bleibt in der Gebärmutter bis das zweite Kind geboren ist.

Der Gebärenden darf die Hebamme nur schonend die Anwesenheit eines zweiten Kindes mittheilen.

Fünftes Kapitel. Die Geburt mehrerer Kinder.

§. 381.

Dann hat die Hebamme, weil jetzt eine zweite **Austreibungs=
periode** bevorsteht, eine **genaue innere und äußere Untersuchung** vor=
zunehmen, um zu ermitteln, wie das zweite Kind liegt. Meistens
findet sie im Muttermund eine zweite Fruchtblase und erst über der=
selben das Kind.

Liegt das Kind mit dem Kopfe vor und sind auch im Befinden
der Gebärenden keine Störungen zugegen, so wartet die Hebamme jetzt
ruhig den weiteren Verlauf ab. Es vergehen oft Stunden, selbst Tage
ohne Nachtheil, bis von Neuem kräftige Wehen eintreten, die Blase
stellen, das Fruchtwasser und dann das Kind austreiben. Die Aus=
treibung des zweiten Kindes erfolgt meist weit schneller als die des
ersten, weil auf dasselbe die ganze Kraft der Gebärmutter wirkt und
weil durch das erste Kind der Widerstand der weichen Theile bereits
überwunden worden ist. Es gelten auch hierbei für die Hebamme
dieselben Verhaltungsregeln wie bei einfacher Geburt.

Findet die Hebamme, daß das zweite Kind eine **unregelmäßige
Lage hat, oder kann sie die Lage überhaupt nicht erkennen,** oder
tritt eine Störung im Befinden der Gebärenden ein, so muß so=
gleich der Geburtshelfer gerufen und unterdeß nach den be=
sonderen Regeln, wie für die einfachen unregelmäßigen Geburten in
den früheren und in den späteren Kapiteln gelehrt wird, verfahren
werden.

§. 382.

Die **Nachgeburtsperiode** ist wie bei der einfachen Geburt und wird
ebenso behandelt. Die beiden Mutterkuchen hängen meist zusammen.
Der Mutterkuchen des **ersten** Kindes (also der mit der unterbundenen
Nabelschnur) tritt meist früher in die Scheide, doch muß die Hebamme
die Herausnahme desselben verschieben, bis auch die Einsenkungsstelle
des zweiten Nabelstranges zu fühlen ist.

16*

§. 383.

Die Zusammenziehung der Gebärmutter erfordert dieselbe sorgfältige Beobachtung wie nach jeder einfachen Geburt und die Hebamme wisse, daß gerade nach mehrfachen Geburten dieselbe häufiger gestört ist und also **Blutungen in der Nachgeburtszeit und Nachblutungen** häufiger stattfinden.

§. 384.

Zeigt sich nach der Geburt des zweiten Kindes, daß **noch ein drittes** vorhanden ist, und so weiter, so ist das Verfahren der Hebamme genau dasselbe, wie für das zweite gelehrt wurde.

§. 385.

Die Hebamme merke genau, welches das erste, welches das zweite Kind ist. In Fällen, wo an der Erstgeburt besondere Rechte haften, wird von der Hebamme mit Recht Auskunft darüber verlangt.

Sechstes Kapitel.

Die Geburt bei regelwidriger Größe und Gestalt des Kindes.

§. 386.

Uebermäßige Größe des Kopfs, wenn derselbe sonst wohlgeformt ist, ist v o r und w ä h r e n d der Geburt nicht leicht zu erkennen. Die äußere Untersuchung lehrt, ob das Kind überhaupt ein großes ist; große Kinder haben große Köpfe. Während der Geburt kann man durch die innere Untersuchung, indem man die Entfernung der großen von der kleinen Fontanelle schätzt, ein ungefähres Bild von der Größe des Kopfes erlangen. Uebermäßige Größe des Kopfs erschwert

Sechstes Kapitel. Regelwidrige Größe und Gestalt des Kindes. 245

die Geburt gerade so, wie zu geringe Weite des Beckens. Die Regeln für Behandlung der Geburt sind auch dieselben. Davon im folgenden Kapitel.

§. 387.

Auch ungewöhnliche Festigkeit des Kopfs bei regelmäßiger Größe kann die Geburt bedeutend erschweren. Man erkennt sie daran, daß die Fontanellen ungewöhnlich klein sind und daß, während kräftige Wehen den Kopf nicht weiter treiben können, die einzelnen Knochen desselben in den Nähten sich nicht übereinanderschieben, entweder weil die Nähte zu schmal, oder weil sie gar verknöchert sind. Auch hier gelten die Regeln des folgenden Kapitels.

§. 388.

Ganz entgegengesetzt sind die Schädelknochen beschaffen beim **Wasser=kopf**. Die einzelnen Schädelknochen stehen breit aus einander und die Fontanellen sind sehr groß, so daß sie sich fast wie die Blase des Eies anfühlen. Manchmal berstet der Wasserkopf, wird dadurch schlaff, und geht dann durch das Becken hindurch. Bei abgestorbenen Kindern ist er oft, ohne daß er berstet, schlaff und macht dann trotz seiner Größe kein Geburtshinderniß. Meist aber bleibt er über dem Becken stehen und kann wegen seiner Größe in dasselbe nicht eintreten.

Wenn die Hebamme den vorliegenden Schädel als Wasserkopf erkennt, muß sie alles Mitpressen verbieten und den Geburtshelfer rufen lassen. Durch die vergeblichen Geburtsanstrengungen kann die Gebär=mutter zerreißen.

Wasserköpfige Kinder kommen häufiger als gesunde mit dem Steiß oder mit den Füßen zur Geburt. Dann bleibt der zuletzt kommende Kopf stecken, bis der Geburtshelfer ihn zu Tage fördert. Die Hebamme rief den Geburtshelfer schon wegen der Beckengeburt.

§. 389.

Bedeutende Breite der Schultern kann nach geborenem Kopf die Geburt verzögern. In allen Fällen, wo die Schultern dem gebornen Kopf nicht bald folgen, muß die Hebamme, nachdem sie am Halse nach

246   Sechster Theil. Von der regelwidrigen Geburt.

der Nabelschnur gefühlt und, wenn sie eine Schlinge derselben fand, sie gelockert hat, mit der Hand den Gebärmuttergrund kräftig reiben, um eine kräftige Wehe hervorzurufen. Erfolgt eine ausreichende Wehe nicht, oder verzieht das Kind, wie bei längerer Zögerung gewöhnlich, das Gesicht, oder macht es eine schnappende Athem=

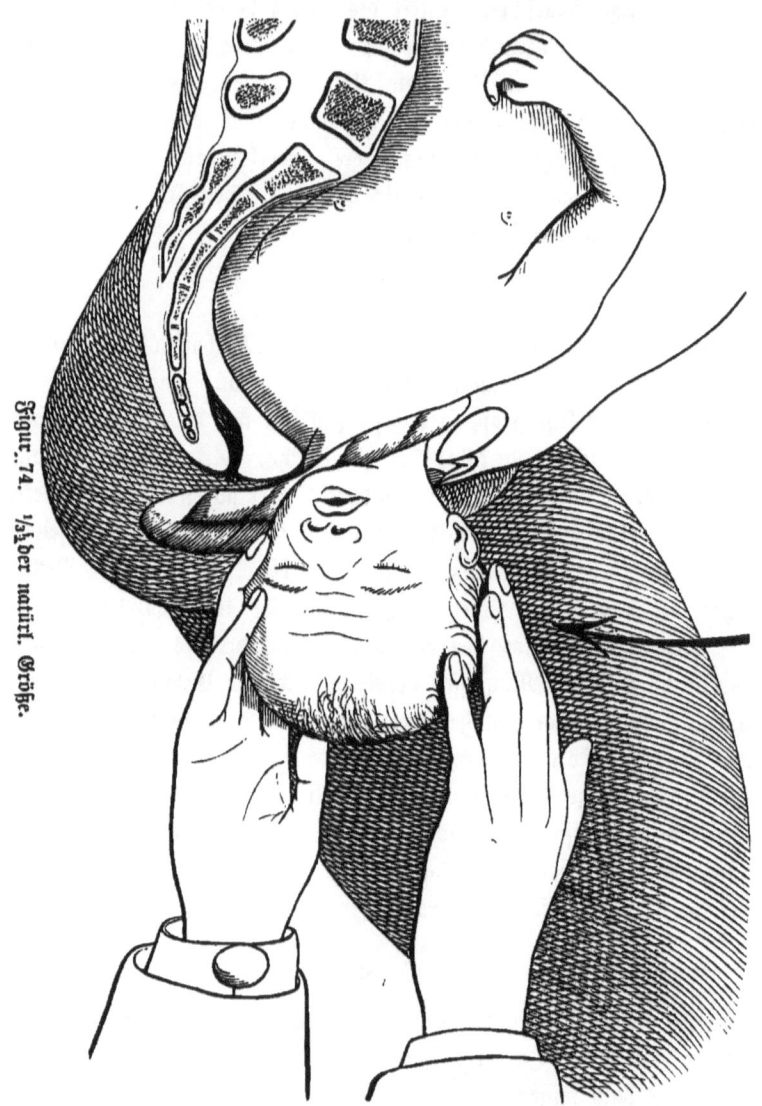

Figur. 74. ½ber natürl. Größe.

bewegung, oder wird der Kopf blauroth, oder auch ohne das Alles wenn nach mehreren Minuten die Schultern nicht geboren werden, muß die Hebamme Hand anlegen, den Fortgang der Geburt zu befördern. Die häufigste Ursache der Zögerung der Geburt nach gebornem Kopfe ist die, daß die vornliegende Schulter noch gar nicht in das Becken herabgetreten ist. Um das zu bewirken, fasse die Hebamme den gebornen Kopf ganz leicht zwischen die beiden flachen Hände, wie Fig. 74 zeigt, und bewege ihn gegen die Rückenseite der Mutter hin, das ist, wenn dieselbe in Rückenlage liegt, einfach abwärts gegen das Lager, ohne an ihm zu ziehen oder zu drehen. Durch diese Bewegung rückt die oberhalb der Schamfuge stehende Schulter in das Becken herab und meist tritt dann auch sogleich eine hinreichend kräftige Wehe ein, welche die Geburt vollendet. Zögert aber jetzt noch der Durchtritt der Schultern, so soll die Hebamme mit dem Zeigefinger in die dem Damm näher gelegene Achselhöhle eingehen und das Kind daran hervorziehen. Sie kann hierzu von der Rücken= oder Brustseite des Kindes her eingehen. Standen die Schultern noch schräg oder quer im Becken, so müssen sie durch den an der Achselhöhle ausgeübten Zug gleichzeitig in den geraden Durchmesser des Beckenausganges geleitet werden. Selbstverständlich ist, daß der Zug in der Richtung der Führungslinie ausgeübt werden muß, daß durch sanftes Erheben der Schultern gegen den Schambogen hin der Damm vor Zerreißung gewahrt werde. Es sei schließlich noch wiederholt, daß am Kopf zu ziehen oder zu drehen durchaus nicht gestattet ist.

§. 390.

Die übrigen Theile des Kindes können nur durch krankhafte Geschwulst, durch Doppelbildung oder andere Mißgestalt ein Geburtshinderniß abgeben. Sobald die Hebamme das Geburtshinderniß wahrnimmt (den Grund davon kann sie meist nicht erkennen) lasse sie den Geburtshelfer herbeikommen, enthalte sich aber inzwischen alles Ziehens an den bereits gebornen Theilen und verbiete das Mitpressen.

Siebentes Kapitel.

Die Geburt bei regelwidriger Beschaffenheit des Beckens.

§. 391.

Nicht bei jeder Abweichung des Beckens vom regelmäßigen Bau muß nothwendig der Geburtsmechanismus abweichend sein. Ein etwas kleiner und weicher Kopf kann durch ein mäßig verengtes Becken ohne Hinderniß hindurchgehen. Kräftige Wehen können selbst einen vollkommen großen Kopf durch ein enges Becken treiben. Es hängt also die Störung, die von fehlerhafter Beckenbeschaffenheit ausgeht, zum Theil von Umständen ab, die im Voraus nicht berechnet werden können, weil wir, auch wenn uns das Becken genau bekannt ist, nicht genau wissen können, wie groß der Kopf ist und wie stark die Wehen sein werden. Es giebt aber Arten und Grade von Beckenfehlern, wo wir genau vorher wissen können, daß der Geburtsmechanismus gestört sein wird, ja wo wir bestimmt wissen können, daß die Geburt eines reifen Kindes für die mütterlichen Kräfte unmöglich sein wird.

§. 392.

Die Fehler des Beckens entstehen zum Theil durch ursprüngliche Bildung, zum Theil durch Krankheit, zum Theil durch Verletzungen, zum Theil sogar durch Erziehung und Gewohnheit (manche Fehler der Neigung des Beckens). Die einzelnen Arten der Beckenfehler und ihr Einfluß auf die Geburt sind folgende:

§. 393.

1) **Das überall zu weite Becken.** Bei gewöhnlicher Größe des Kopfs begünstigt dasselbe übereilte Geburten. Sobald der Muttermund erweitert und die Blase gesprungen ist, bringen wenige Treibwehen das Kind zu Tage. Dabei reißt leicht der Damm ein, weil die Weichtheile nicht vorbereitet sind. Immer, wenn die Gebärmutter schnell

ihren ganzen Inhalt verloren hat, verzögert sich leicht die Ausstoßung der Nachgeburt, und auch hinterher fehlt oft der Gebärmutter die nöthige Kraft, um zusammengezogen zu bleiben. Es entstehen dadurch leicht Nachblutungen und Erkrankungen im Wochenbett. Die Gefahren, denen das Kind bei übereilten Geburten ausgesetzt ist, werden im §. 419 besprochen.

§. 394.

2) **Das gleichmäßig zu enge Becken** vermehrt den Widerstand, den der Kopf überwinden muß, um in das Becken und durch dasselbe zu treten. Durch diesen Widerstand wird die Kraft der Wehen im Anfang der Austreibungsperiode meist bedeutend verstärkt. Der Kopf wird mit großer Gewalt auf und in das Becken gepreßt, dabei schieben sich die Knochen des Schädels stark über einander, die Kopfhaut bildet bedeutende Falten und in denselben entsteht durch den anhaltenden Druck eine bedeutende Kopfgeschwulst. Ist das Hinderniß nicht allzugroß für die Kraft der Wehen, so wird dasselbe nach längerer oder kürzerer Zeit überwunden, der Kopf wird tiefer herabgetrieben und die Geburt noch ohne bleibenden Schaden für Mutter und Kind beendigt. Ist aber das Hinderniß zu groß für die Wehen, steht der Kopf Stunden lang fest, ohne hindurchzukommen, so stirbt das Kind. Werden die Wehen immer noch heftiger, so werden die Weichtheile im Becken stark gequetscht, sie entzünden sich; die Scheide wird heiß, trocken und geschwollen und gegen Berührung sehr schmerzhaft. Wenn der Rand des Muttermundes sich noch nicht ganz zurückgezogen hatte, wird derselbe zwischen Kopf und Becken eingeklemmt, auch er entzündet sich, schwillt an, und kann, wenn der Kopf endlich weiter rückt, abgerissen werden. Wird das Kind geboren und kommt die Frau mit dem Leben davon, so folgen doch oft schwere Erkrankungen, und traurige schwer zu heilende Verstümmelungen; so besonders Blasenscheidenfisteln. Das sind Löcher in der Scheidewand zwischen Harnblase und Scheide, aus denen der Urin fortwährend abläuft. In anderen Fällen zerreißt endlich der Körper der Gebärmutter durch die übermäßige Anstrengung, oder die Wehen erlahmen und hören zuletzt ganz auf. Wenn nicht Hülfe gebracht wird, stirbt die Frau unentbunden.

§. 395.

3) Wenn das Becken **zu niedrig**, also der Beckenkanal zu kurz und meist auch die **Führungslinie zu wenig gekrümmt** ist, so geht die Geburt wie in dem zu weiten Becken vor sich. **Die Gefahr für den Damm ist hier namentlich groß.**

§. 396.

4) Wenn das Becken **zu hoch**, namentlich an der vorderen Wand, also der Beckenkanal zu lang ist, so ist die Geburt **wie in dem überall zu engen Becken**. Ist dabei das Kreuzbein sehr stark ausgehöhlt, also die **Führungslinie zu stark gekrümmt**, so ist die **Geburtserschwerung noch bedeutender**.

§. 397.

Während bei diesen 4 Arten der Beckenfehler eine gewisse **Gleichmäßigkeit** im Verhältniß der Durchmesser zu einander besteht, so giebt es dagegen eine große Zahl fehlerhafter Becken, welche **ungleichmäßig** gestaltet sind, das sind **die ungleichmäßig verengten Becken**. Dabei können einzelne Durchmesser auch **größer** sein als regelmäßig. Der letztere Umstand ist für die Geburt zwar nicht gleichgültig, aber die Hauptsache ist es immer, wenn das Becken **irgendwo zu eng** ist.

§. 398.

5) Solche Becken, welche, im Eingang regelmäßig weit, oder auch weiter als regelmäßig, nach dem Ausgang hin mehr als regelmäßige Becken sich verengen, heißen **Trichterbecken**. In solche Becken tritt der Kopf bei der Geburt leicht ein und die Geburt **scheint** schnell zu Ende zu gehen. Auf der Beckenenge bleibt der Kopf aber stehen, er kann nicht weiter, **kann sich meist auch nicht drehen**, und es kann selbst zu jenen schlimmen, im §. 394 beschriebenen Zufällen kommen.

§. 399.

6) Andere Becken sind besonders im **geraden** Durchmesser verengt also **zu flach**, Fig. 75. Diese Becken entstehen besonders durch die Knochenerweichung der Kinder, die englische Krankheit.

Siebentes Kapitel. Regelwidrige Beschaffenheit des Beckens. 251

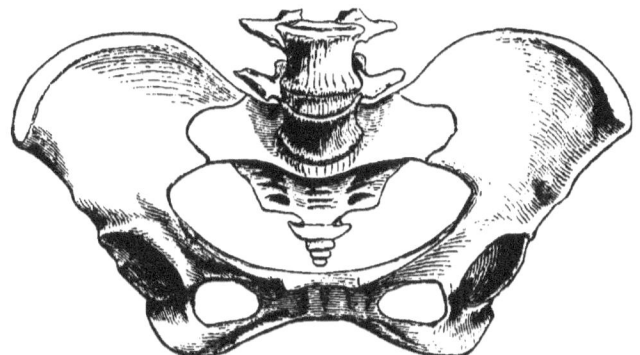

Figur 75. ⅓ natürl. Größe.

§. 400.

7) Noch andere Becken sind hauptsächlich im queren Durchmesser verengt, Fig. 76, also zu schmal; solche Becken entstehen durch ursprüngliche Bildung oder durch Erkrankung der Hüftkreuzbeinverbindungen. Aehnliche Verengerung kann auch durch Knochenerweichung der Erwachsenen entstehen. Auch bei buckeligen Frauen ist nicht selten das Becken quer verengt.

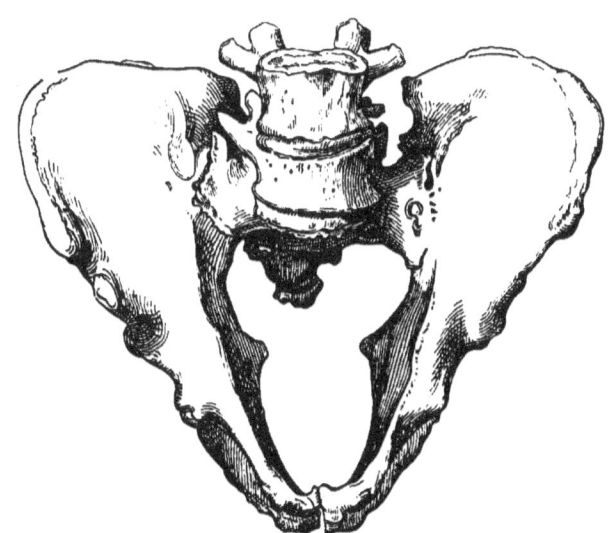

Figur 76. ⅓ natürl. Größe.

§. 401.

8) Oder ein schräger Durchmesser ist besonders verengt, Fig. 77, und also das ganze Becken schräg. Auch solche Beckenformen entstehen durch ursprüngliche Bildung; es können auch ähnliche Formen durch Krankheit entstehen.

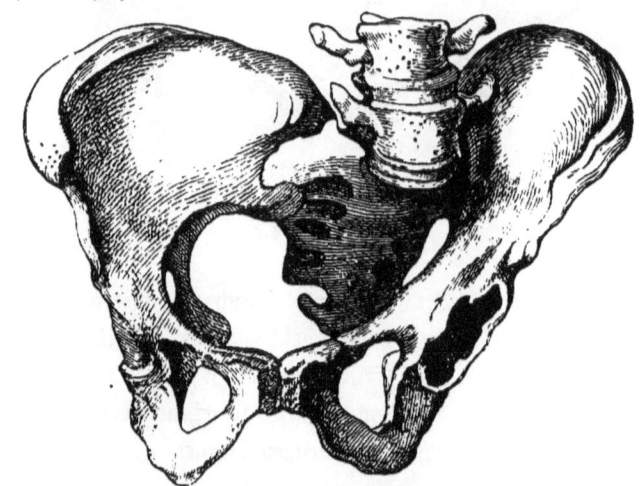

Figur 77. 1/3 natürl. Größe.

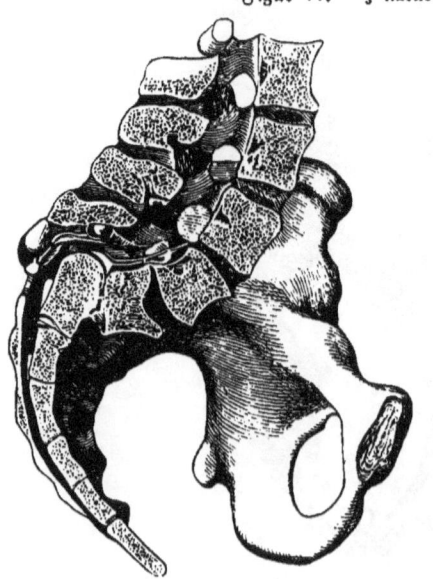

§. 402.

9) Sehr vielfältig verunstaltet und verengt wird das Becken durch Zerbrechung oder Verschiebung der Knochen, Figur 78, oder durch hohe Grade der Knochenerweichung Figur 79, oder durch Geschwülste an den Knochen, Fig. 80.

Fig. 78. 1/3 natürl. Größe.

Siebentes Kapitel. Regelwidrige Beschaffenheit des Beckens. 253

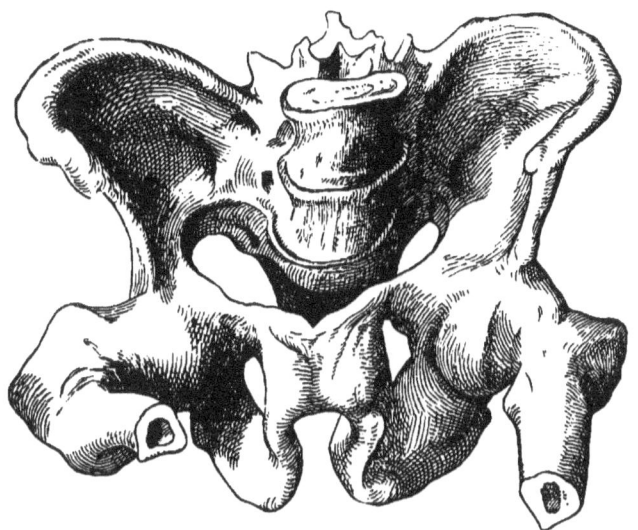

Figur 79. ⅓ natürl. Größe.

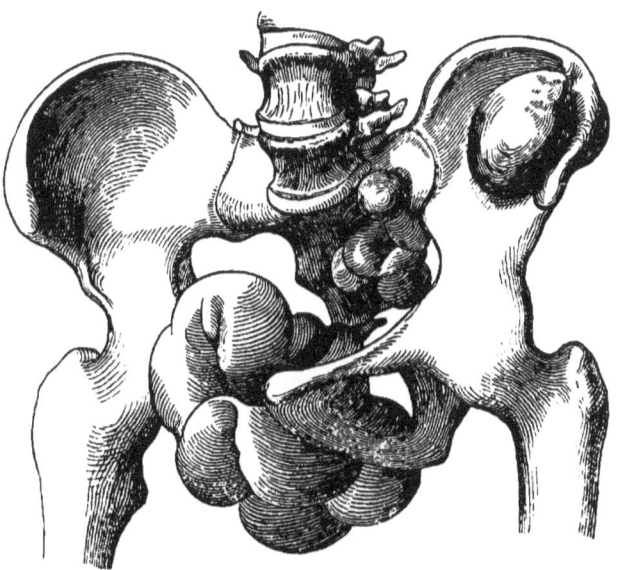

Figur 80. ⅓ natürl. Größe.

§. 403.

Bei allen diesen beschriebenen Verunstaltungen des Beckens findet an der zuerst dem Kopf entgegenstehenden Stelle, bald im Eingang, bald im Ausgang, ein Hinderniß der Geburt statt, welches dieselbe in der §. 394 beschriebenen Weise entweder sehr schwer oder ganz unmöglich macht. An Becken, die durch Knochenerweichung der Erwachsenen verengt sind (Figur 79), sind die Knochen manchmal noch biegsam, manchmal auch sehr zerbrechlich.

Am Becken, die durch englische Krankheit hauptsächlich im geraden Durchmesser des Beckeneingangs verengt sind (Figur 75) ist die Höhe meist sehr gering, die Führungslinie sehr gestreckt. Wenn also hier das Hinderniß im Beckeneingang überwunden worden ist, geht die übrige Geburt oft sehr schnell vor sich.

§. 404.

10) Bei regelmäßig geformten und bei mißgestalteten Becken kann die **Neigung des Beckens** entweder **zu stark** oder **zu gering** sein (vgl. Fig. 12 und 13). Der wichtigste Nachtheil, den die Fehler der Neigung des Beckens verursachen, besteht darin, daß die Richtung der Gebärmutter zur Richtung der Führungslinie eine fehlerhafte wird. Ist die Neigung zu stark, so wird der Eintritt des Kopfes ins Becken erschwert, ist die Neigung zu gering, so tritt zwar der Kopf leicht und schneller in das Becken hinein, aber beim Ausgang aus demselben ist das Hinderniß größer und dazu der Damm in besonders großer Gefahr. Vergleiche dazu Fig. 48 und 49.

§. 405.

Bei jeder Schwangeren, welche den Rath der Hebamme verlangt, soll diese auf die Gestalt des Beckens achten.

Vermuthen muß die Hebamme, daß das Becken eine für die Geburt nachtheilige Gestalt habe:

1) Wenn bei gutem, meist großem Wuchs, die Hüftgegend auffallend breit ist (zu weites Becken.)

2) Wenn eine Person zwerghaft gebaut ist (gleichmäßig zu enges Becken).

Siebentes Kapitel. Regelwidrige Beschaffenheit des Beckens. 255

3) Wenn, auch bei sonst regelmäßigem Bau, die Hüftgegend un= verhältnißmäßig schmal ist (zu hohes Becken, seltener querverengtes oder allgemeinverengtes).

4) Wenn die Hüftbeinstacheln weiter von einander abstehen, als die weiter rückwärts gelegenen Punkte der Hüftbeinkämme. (Fig. 75.)

5) Wenn die Lendengegend über dem Kreuzbein ungewöhnlich stark eingebogen ist und die Geschlechtsöffnung ungewöhnlich weit nach hinten zwischen den Schenkeln liegt (zu stark geneigtes Becken).

6) Wenn die Hebamme erfährt, daß die Frau als Kind das Gehen ungewöhnlich spät gelernt, oder später wieder verlernt hatte, wenn sie sieht, daß die Gliedmaßen verkrümmt, oder die Knöchel und Hand= gelenke ungewöhnlich dick sind. (Die Zeichen 4, 5 und 6 deuten auf englische Krankheit, Fig. 75 und 81.)

7) Wenn die Hüftbeinstacheln auffallend weit nach innen gerichtet, die Schamfugengegend stark hervortretend, dabei der Schambogen eng, die Geschlechtsöffnung auffallend weit nach vorn gelegen ist (zu geringe Neigung); wenn die Hebamme erfährt, daß die Frau an einer Krank= heit gelitten hat, die ihr, ohne äußere Verletzung, das Gehen und Stehen schmerzhaft oder unmöglich machte; wenn die Frau, früher wohlgestaltet, durch solche Krankheit bucklig und krüppelhaft geworden ist. (Alle diese Zeichen deuten auf Knochenerweichung, Fig. 79.)

8) Wenn eine Frau seit der Kindheit am sogenannten freiwilligen Hinken oder an einer Verkrümmung der Wirbelsäule gelitten hat.

9) Wenn eine Frau in Folge eines Falles, Schlages oder Stoßes, der die Beckenwand traf, lange Zeit bettlägerig gewesen ist.

10) Wenn die Hebamme weiß, oder von der Frau erfährt, daß bei früheren Geburten bedeutende Hindernisse überwunden werden mußten (vergleiche §. 183).

§. 406.

Die Gewißheit, daß das Becken eine für die Geburt nachtheilige Gestalt hat, erlangt die Hebamme nur durch die innere Untersuchung. Die genaue Ausmessung des Beckens ist Sache des Geburtshelfers. Da aber die frühe Erkennung bedeutender Beckenfehler sehr wichtig ist und die Hebamme die meisten schwangeren

256 Sechster Theil. Von der regelwidrigen Geburt.

Frauen früher untersucht als der Geburtshelfer, so muß sie bedeutende Verengerungen des Beckens erkennen können. Mit einem oder zwei eingeführten Fingern kann sie erkennen, ob der Beckenausgang, namentlich der Schambogen sehr eng ist, ob Geschwülste in das Becken hereinragen, und namentlich ob der Vorberg sehr weit nach vorn steht, das Becken also im Eingang zu flach ist. In den meisten Gegenden ist unter den bedeutenderen Beckenverengerungen die soeben genannte Form die häufigste. Die Hebamme lerne daher, den geraden Durchmesser des Beckens zu beurtheilen und mache bei einer jeden von ihr untersuchten Schwangeren von der erlangten Kenntniß Gebrauch. Bei Schwangeren in den letzten Monaten, wenn nicht etwa der Kopf in das Becken hinabgetreten ist, steht das hintere Scheidengewölbe hoch, es ist zugleich schlaff, so daß es ohne Beschwerde für die Untersuchte gegen den Vorberg angedrückt werden kann. Der gerade Durchmesser des Beckeneinganges, vom Vorberg zum oberen Rand der Schamfuge mißt regelmäßiger Weise 11 Centimeter, derjenige gerade Durchmesser, welcher gemessen werden kann (Fig. 81), vom Vorberg zum unteren Rand der Schamfuge, mißt 12 bis 13 Centimeter. Dieses Maaß kann die Hebamme meist nicht mit dem Zeigefinger, wohl aber mit

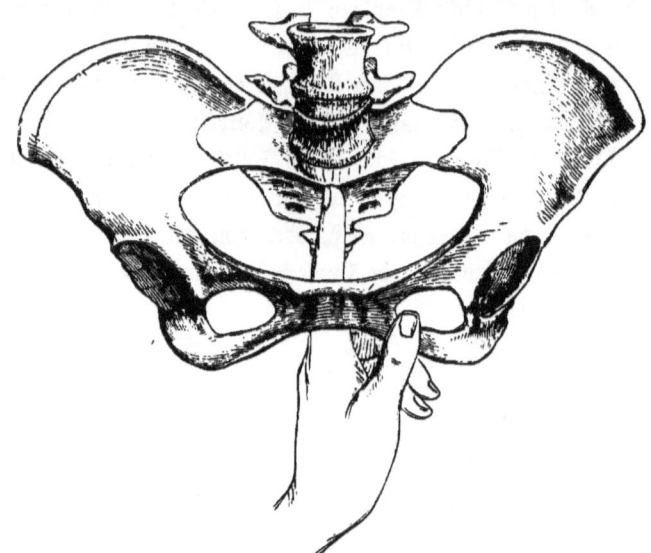

Figur 81. ⅓ natürl. Größe.

Siebentes Kapitel. Regelwidrige Beschaffenheit des Beckens. 257

eingeführtem Zeige- und Mittelfinger ablangen. Wenn es der Hebamme gelungen sein wird, den Vorberg bei regelmäßiger Entfernung von der vorderen Beckenwand in den meisten Fällen zu erreichen, so wird sie Verengerungen im geraden Durchmesser leicht erkennen. Erreicht sie den Vorberg in kurzer Entfernung von der vorderen Beckenwand oder findet sie sonst irgend eine bedeutende Verengerung des Beckens, so muß sie darauf bringen, daß der Geburtshelfer um Rath gefragt werde, und zwar nicht erst zur Zeit der Geburt, sondern je früher in der Schwangerschaft, desto besser für Mutter und Kind.

§. 407.

Findet die Hebamme keines der im §. 405 aufgeführten Zeichen von Fehlerhaftigkeit und findet sie auch bei der Untersuchung nichts Regelwidriges, so darf sie mit Wahrscheinlichkeit annehmen, daß das Becken gut gebaut sei.

Hat dazu früher die Frau ein ausgetragenes Kind regelmäßig geboren und sich seitdem einer guten Gesundheit erfreut, so schließt die Hebamme beinahe mit Sicherheit auf ein gut gebautes Becken.

§. 408.

Während der Geburt hat die Hebamme bei Fehlern des Beckens sich folgendermaßen zu verhalten:

1) Erkennt die Hebamme durch die Untersuchung, oder weiß sie von früheren Geburten her, daß das Becken einer Frau sehr weit ist, so muß sie schon in der Eröffnungsperiode die Frau auf das Gebärbett bringen, damit sie von der Geburt des Kindes nicht an ungünstigem Ort und in ungünstiger Stellung überrascht werde, denn dadurch könnten Mutter und Kind Schaden nehmen (siehe §. 393. 419). Die Frau muß wagerecht liegen, mit dem Steiß nicht tiefer als mit dem Oberkörper. Alles Mitpreßen muß unterbleiben. Der Damm muß mit besonderer Aufmerksamkeit geschützt werden.

Nach der Geburt muß mäßig fest eine Binde um den Leib gelegt, dabei aber häufig nach der Zusammenziehung der Gebärmutter gefühlt, auf das Allgemeinbefinden der Frau geachtet, und die Unterlagen von Zeit zu Zeit besichtigt werden, damit eine eintretende Blutung sogleich erkannt werde.

§. 409.

2) In Bezug auf das zu enge Becken hat die Hebamme außer dem schon im §. 406 Gesagten kurz zu merken, daß, wenn sie durch wiederholtes Untersuchen in und außer der Wehe die Ueberzeugung gewinnt, **daß der Kopf nicht weiter rückt**, der Geburtshelfer gerufen werden muß. Es ist dabei jetzt einerlei, ob die Hebamme von vornherein den Verdacht hatte, das Becken sei zu eng; es ist auch einerlei, ob sie der Ansicht ist, das Hinderniß liege am Becken, oder am Kopf, oder an den Wehen. Nach der Zeit läßt sich die Nothwendigkeit, den Geburtshelfer zu rufen, nicht bestimmen. Die Hebamme weiß, wie lange die mittlere Dauer der regelmäßigen Austreibungsperiode ist, sie weiß auch, daß diese Dauer um etwas überschritten werden kann, ohne für Mutter oder Kind nachtheilig zu werden. Die Hebamme wird aber deßhalb nicht abwarten, bis jene Zeichen eintreten, aus denen hervorgeht, daß Mutter oder Kind bereits Schaden gelitten haben. Bei Beurtheilung des Vorrückens des Kopfes darf die Hebamme sich nicht durch die Kopfgeschwulst täuschen lassen. Wenn nämlich der Kopf wegen eines Geburtshindernisses ganz fest steht, wird, so lange das Kind lebt, die Kopfgeschwulst immer größer, und da sie vor dem Kopfe liegt, wächst sie also immer tiefer in das Becken hinab; das könnte die Meinung hervorrufen, der Kopf selbst rücke weiter. Hat die Hebamme die Ueberzeugung gewonnen, daß die Kräfte der Gebärmutter den Kopf nicht austreiben, so verbiete sie jetzt alles Mitpressen, damit die Kreißende nicht unnütz ihre Kräfte verbraucht. Schwellen, bevor der Geburtshelfer herbeikommt, die Geburtstheile an, wird die Scheide heiß, trocken, schmerzhaft, so mache die Hebamme Einspritzungen von lauwarmem Haferschleim, von Wasser mit etwas Oel oder von Milch.

Die Hebamme sorge dafür, daß alle Vorkehrungen zum Querbett vorhanden sind, damit, wenn der Geburtshelfer kommt und ein solches nöthig findet, keine Zeit verloren geht. Sie sorge, daß warmes und kaltes Wasser und was sonst zur Besorgung des Kindes erforderlich ist, bereit stehe.

§. 410.

3) Bei **regelwidriger Neigung** des Beckens kann die Hebamme durch die Art, wie sie die Gebärende lagert, viel nützen. Durch Betrachtung von Fig. 48 und 49 leuchtet ein, daß bei zu starker Neigung die Wirbelsäule **gebeugt** werden muß, um die Richtung der Gebärmutter der Richtung der Führungslinie des Beckeneinganges näher zu bringen, und so den Eintritt des Kopfes ins Becken zu begünstigen. Das geschieht in der Seitenlage durch gekrümmte Lage mit angezogenen Schenkeln, in der Rückenlage durch Erhöhung des Oberleibes und des Steißes. **In allen Fällen, wo der Kopf in das Becken einzutreten zögert** und gegen die Schamfuge sich stemmt, ganz besonders aber dann, wenn das vorn liegende Scheitelbein nicht tiefer tritt, wenn also die Bewegung des Kopfes 1 auf 2 in Fig. 45 ausbleibt, **ordne die Hebamme diese Lagerung mit gebeugter Lendengegend an.**

Durch ein Becken mit zu geringer Neigung geht, wenn nicht Verengerung gleichzeitig besteht, wie z. B. durch Knochenerweichung der Erwachsenen, Fig. 79, der Kopf oft nur zu schnell. Für Erleichterung der letzten Zeiten der Austreibung und ganz besonders für Erhaltung des Dammes ist es bei geringer Beckenneigung nothwendig, daß, sobald der Kopf am Beckenboden angelangt ist, die Frau **mit stark gestreckter Lendengegend** (die Frauen sagen „mit eingebogenem Kreuz") gelagert werde. Vergleiche das im §. 204 Gesagte.

Achtes Kapitel.

Regelwidrige Wehen.

§. 411.

Die Wehen können auf dreierlei Art von der Regel abweichen: sie sind entweder zu schwach, **Wehenschwäche**, oder sie sind zu heftig, **Ueberstürzung der Wehen**, oder ihre Richtung und Ausbreitung ist fehlerhaft, das sind die verschiedenen Arten von **Krampfwehen**.

Die kreissenden Frauen geberden sich sehr verschieden; zu den verschiedenen Zeiten der Geburt sind die Wehen selber verschieden; bei gleich starken Wehen kann der Schmerz bei der einen Frau heftig, bei der andern gering sein; auch bei gleich heftigem Schmerz klagt die eine Frau laut, während die andere kaum merken läßt, daß sie Schmerz empfindet daher muß die Hebamme stets genau im Kopf haben, woran sie jederzeit durch die **Untersuchung** eine **regelmäßige Wehe** erkennt (siehe das erste Kapitel des dritten Theils), sonst kann sie auch eine **Unregelmäßigkeit** nicht mit Sicherheit erkennen. **Niemals beurtheile die Hebamme die Stärke der Wehe nach dem Schmerz, den die Frau äußert, sondern nur nach der Stärke und Dauer der Zusammenziehung der Gebärmutter und nach dem Erfolg derselben.**

1. Von der Wehenschwäche.

§. 412.

Zu schwache Wehen erkennt man daran, daß sie zu selten kommen und zu kurz dauern, daß die Gebärmutter nicht gehörig hart und rund wird, und daß aus diesen Gründen die Wirkung der Wehen auf den Muttermund in der ersten, auf den Kindestheil in der zweiten Geburtszeit unbedeutend ist oder ganz fehlt. Auch der Schmerz solcher Wehen ist nur schwach und hört schnell, meist plötzlich, wieder auf wie die Zusammenziehung. **Dabei hat der Schmerz seine regelmäßige Richtung vom Kreuz nach dem Schooße herab.**

§. 413.

Die Bedeutung der Wehenschwäche ist sehr verschieden nach der Zeit der Geburt und danach, ob die Wehen von Anfang an schwach sind, oder ob sie erst schwach werden, nachdem sie vorher kräftig waren.

§. 414.

1) Wenn die Wehen von Anfang an lange Zeit schwach bleiben, und sonst nur von der Regel nicht abweichen, so bringt das in der Eröffnungsperiode keinen Nachtheil, **so lange das Fruchtwasser noch steht.** Wenn da die Wehen so schwach und so selten kommen,

daß die Eröffnungsperiode selbst mehrere Tage dauert, oder wenn die Wehen auch auf ein paar Stunden wieder ganz aufhören, so muß die Hebamme, vorausgesetzt, daß die Frau sich sonst wohl befindet, um die Geburt nicht besorgt sein. Sie muß auch die Kreißende beruhigen und auffordern, durch Speise und Schlaf sich bei Kräften zu erhalten. Vorzeitiges Handeln schadet hier viel mehr, als es nützen kann. Wenn die Verzögerung lange dauert, so wiederhole die Hebamme das Klystir, wiederhole es auch mehrmals, wenn die Frau hartleibig ist oder Wind im Bauche hat; auch achte sie darauf, daß nicht die Harnblase von Urin übermäßig ausgedehnt werde (vergleiche §. 191). Außerdem ist nur Geduld und oft viel Geduld nöthig.

§. 415.

Ist aber das **Fruchtwasser vor vollendeter Eröffnung abgeflossen**, dann darf ohne Nachtheil die Eröffnungsperiode so lange nicht dauern. Wenn jetzt die Wehenschwäche fortdauert, muß die Hebamme durch Einspritzungen von 30 Grad warmem Wasser, die sie alle halbe oder viertel Stunden wiederhole, die Wehen zu verstärken suchen. Viel besser noch als die Einspritzungen mit der Spritze wirkt ein dauernder Wasserstrahl, den die Hebamme mittelst langen Gummischlauchs aus einem hochgestellten Eimer in die Scheide der Frau leitet. Wenn nach Anwendung des warmen Wasserstrahls die Eröffnung nicht gute Fortschritte macht, muß der Geburtshelfer gerufen werden.

§. 416.

In anderen Fällen dagegen **springt die Blase nicht, nachdem der Muttermund vollständig erweitert ist.** Die schwachen Wehen kommen immer seltener und hören zuletzt auf. Dann muß die Hebamme mit dem Finger **die Blase sprengen**, vorausgesetzt, daß das Kind in regelmäßiger Schädellage liegt.

§. 417.

Ist die Blase zur rechten Zeit gesprungen oder gesprengt worden, das ist nachdem der Muttermund vollständig eröffnet war, dann treten meist kräftige Wehen von selbst ein, auch wenn sie vorher sehr schwach waren. Sollten aber auch jetzt noch die Wehen schwach bleiben oder gar aufhören, so daß nach Verlauf von einer oder selbst zwei Stunden der Kopf nicht kräftig in's Becken herabrückt, dann muß **der Geburtshelfer gerufen werden.**

§. 418.

2) Von größerer Bedeutung als die **ursprüngliche** Wehen= schwäche ist diejenige, welche in der **Austreibungsperiode erst auftritt.** Da ist fast immer ein **Geburtshinderniß** der Grund. Denn wenn die Gebärmutter ein Hinderniß zu überwinden lange vergeblich ge= arbeitet hat, so erlahmt ihre Kraft. Der Kopf ist für das Becken zu groß oder das Becken für den Kopf zu klein oder die Stellung des Kopfes ungünstig: die Wehen können ihn nicht wohl durchtreiben. Oft ist auch **übermäßiges Mitpressen** Schuld an der frühzeitigen Ermüdung der Gebärmutter. Bei dieser Art der Wehenschwäche muß die Hebamme sich wohl hüten, mit Theekochen und allerhand Mit= telchen die kostbare Zeit zu verlieren: **Der Geburtshelfer muß gerufen werden.**

Von der Wehenschwäche in der Nachgeburtszeit ist später die Rede.

2. Von den zu heftigen Wehen.

§. 419.

Manchmal treten gleich im Beginn der Geburt die Wehen mit solcher Heftigkeit auf, daß zwischen ihnen fast gar keine Pausen sind. Solche Wehen sind von einem heftigen Drängen gleich Anfangs be= gleitet, der eigentliche Wehenschmerz ist dabei manchmal gering. Solche Wehen führen zu einer **Ueberstürzung der Geburt,** durch welche das Kind zwar schnell zu Tage gefördert, aber Mutter und Kind in große Gefahr gebracht werden. Je kleiner das Kind und je weiter das Becken, desto größer ist die Ueberstürzung der Geburt. Der Mutter= mund eröffnet sich schnell, und oft ehe er vollständig erweitert ist, springt die Blase, das Fruchtwasser und das Kind werden fast gleich=

zeitig herausgetrieben. Dabei bekommt der Muttermund große Einrisse, auch der Damm zerreißt oft bis in den After; wenn die Frau im Stehen oder Gehen von der Geburt überrascht wird, kann die Nabelschnur abreißen und das Kind zu Boden fallen oder selbst die ganze Gebärmutter sich umstülpen. Geschieht das auch nicht, so kann die Gebärmutter, die so schnell ihren ganzen Inhalt ausgestoßen hat, nach der Geburt nicht gehörig zusammengezogen bleiben, und es entstehen heftige Blutungen.

§. 420.

Alle diese Gefahren machen es nothwendig, daß die Gebärende sich sogleich ruhig hinlege, daß alles willkürliche Drängen streng unterbleibe, daß der Durchtritt des Kopfes so viel wie möglich verlangsamt und der Damm mit Sorgfalt unterstützt werde. Nach der Geburt muß um den Leib eine Binde mäßig fest angelegt und die Gebärmutter mehrere Stunden sorgfältig überwacht werden, damit eine Blutung in ihrem ersten Beginn erkannt werde. Wenn irgend Zeit dazu ist, muß der Geburtshelfer hinzugezogen werden; auch wenn er erst nach der Geburt kommt, wird seine Anwesenheit nützlich sein. Hat eine Frau früher in dieser Weise schnell geboren, so muß bei einer künftigen Geburt der Geburtshelfer bei Zeiten gerufen werden, damit durch die ihm zu Gebote stehenden Mittel jenen Gefahren wo möglich vorgebeugt werde.

3. Von den Krampfwehen.

§. 421.

Die häufigste Art der Krampfwehen besteht darin, daß sich die Gebärmutter bald hier, bald dort mit großem Schmerz unordentlich zusammenzieht, ohne daß es zu einer regelmäßigen Zusammenziehung der ganzen Gebärmutter kommt. Die Frau liegt in fortwährendem Schmerz, der gar keine oder nur sehr kurze Zwischenzeiten hat, sie wird sehr unruhig und aufgeregt und wehklagt fortwährend, häufig stellt sich Erbrechen ein. Die Gebärmutter wird nicht rund und hart und tritt nicht am Bauch nach vorn empor, wie bei der regelmäßigen Wehe, sie ist gegen Berührung von der Scheide aus und vom Bauch aus oft empfindlich. Dabei zeigt die innere Untersuchung, daß die Wehen **keine Wirkung** haben, in der Eröffnungszeit nicht auf die Eröffnung des Muttermundes, in der Austreibungszeit nicht auf das Vorrücken des Kopfes. Oft zieht sich sogar während der Wehe der Muttermund erst recht zusammen, so daß die Blase nicht hervortreten kann, oder wenn die Blase schon gesprungen war, der vorliegende Kindestheil wieder hinaufgeschoben wird.

§. 422.

Diese Krampfwehen entstehen oft von frühzeitigem Abfluß des Fruchtwassers, von allzuhäufigem und ungeschicktem Untersuchen, von thörichtem Zerren am Muttermund, von Erkältung der Kreißenden, vom Genuß erhitzender Getränke während der Geburt. Alle diese Veranlassungen müssen daher streng vermieden werden, und wenn Krampfwehen schon da sind, **muß der Geburtshelfer gerufen werden.**

Wenn bis zu dessen Ankunft längere Zeit vergeht, gebe die Hebamme inzwischen ein Klystir aus Kamillenthee, gebe eine Tasse Kamillenthee zu trinken, mache warme Einspritzungen gegen den Muttermund, lege auch wohl ein Senfpflaster in die Kreuzgegend und einen feuchten warmen Umschlag auf den Bauch. Vor Allem aber empfehle sie der Kreißenden, möglichst ruhig zu liegen, und verbiete ihr streng alles Mitpressen. Von großer Wichtigkeit ist es auch, daß die Hebamme am Bauch nach der **Harnblase** fühle, ob dieselbe leer oder voll ist; im letzteren Fall muß sie dieselbe mit dem Katheter entleeren.

§. 423.

Die zweite Art der Krampfwehen ist die **ringförmige Zusammenschnürung** der Gebärmutter. Diese Zusammenschnürung kann am äußeren Muttermund oder an der Stelle, wo der innere Muttermund lag, oder ganz hoch oben in der Gebärmutter stattfinden, das letztere nur in der Nachgeburtsperiode. Wenn der äußere Muttermund vor dem Kopf sich dauernd zusammenschnürt, so kann das heftige Pressen

Achtes Kapitel. Regelwidrige Wehen.

und Drängen den Kopf und vor ihm den Gebärmuttermund bis vor die äußeren Geschlechtstheile herabtreiben. Schnürt sich höher oben die Gebärmutter um das Kind ringförmig zusammen, so steht die Geburt still bei **dauernd heftigem Schmerz** der Gebärenden. Der vorliegende Kopf wird manchmal durch den Krampf wieder höher in das Becken hinaufgeschoben.

Auch bei dieser Art Krampfwehen ist der Geburtshelfer nöthig und das Verfahren der Hebamme, bis derselbe kommt, dasselbe, welches vorhin angegeben wurde. Wenn die ringförmige Zusammenschnürung der Gebärmutter nicht am Muttermund sitzt, kann die Hebamme diese Art Krampfwehen von den vorhin beschriebenen ohnehin gar nicht unterscheiden.

§. 424.

Die dritte Art Krampfwehen ist von allen die schlimmste; da ist die ganze Gebärmutter dauernd fest zusammengezogen, sie schmerzt sehr und ist gegen Berührung empfindlich. Dabei ist die Scheide heiß und trocken und die Gebärende verfällt in **heftiges Fieber mit Hitze und Frost.** Solcher **allgemeine Krampf der Gebärmutter** kommt durch ein großes Geburtshinderniß, durch enges Becken oder falsche Lage des Kindes zu Stande, oder er entwickelt sich aus den anderen Arten der Krampfwehen, wenn die Hebamme nicht bei Zeiten verfuhr, wie ihr gelehrt worden, wenn sie nicht bei Zeiten den Geburtshelfer herbeirief. Wenn es zum allgemeinen Krampf der Gebärmutter kommt, **ist schon viel versäumt** und wenn es nicht schon früher geschah, muß jetzt **eilig zum Geburtshelfer geschickt werden.** Die Hebamme mache warme feuchte Umschläge über den ganzen Leib, sorge für Entleerung der Harnblase und treffe inzwischen, wo es möglich ist, die Vorrichtung zu einem warmen Bad für die Kreißende, damit, wenn der Arzt ein solches verordnet, nicht Zeit verloren geht.

§. 425.

Außer den hier besprochenen Arten von regelwidrigen Wehen hört die Hebamme vielleicht von „**falschen Wehen**" reden. Es giebt wie bei anderen Leuten so auch bei kreissenden Frauen vielerlei Schmerzen im Bauch. Wer die von Wehen nicht recht unterscheiden kann, nennt sie **falsche Wehen**.

Hat eine gebärende Frau andere Schmerzen im Bauch als Wehen, so ist sie krank und die Hebamme muß den Geburtshelfer rufen lassen.

Neuntes Kapitel.

Fehler der Weichtheile am und im Becken, Zerreißungen der Geburtswege.

§. 426.

Der **Muttermund** kann durch abweichende Gestalt oder Lage der Gebärmutter einen so **abweichenden Stand** haben, daß selbst seine Auffindung schwierig ist. Er kann ganz an der rechten oder linken Beckenwand liegen wegen schiefer Gestalt oder Schieflage der Gebärmutter, er kann ganz hinten nach dem Kreuzbein hin gerichtet sein bei bedeutendem Hängebauch, er kann endlich ganz vorn an der Schamfuge liegen, wenn in früher Zeit der Schwangerschaft Rückwärtsbeugung der Gebärmutter stattgefunden hat, die nicht ganz gehoben worden ist.

§. 427.

Liegt der Muttermund seitwärts am Beckenrand, so muß die Frau auf der Seite liegen, in welcher der Muttermund seinen Sitz hat, damit der Gebärmuttergrund so viel wie möglich nach dieser Seite übersinke. Liegt der Muttermund zu weit hinten, so ist die Rückenlage mit starker Erhöhung der Lendengegend durch untergeschobene Rollkissen nützlich. Liegt aber der Muttermund ganz vorn, so muß die Frau im Gegentheil mit gebeugter Wirbelsäule in Seitenlage oder halbsitzender Stellung verweilen. Eine wiederholte Betrachtung der Figuren 48 und 49 wird diesen Rath erläutern. Natürlich gilt derselbe nur für die Eröffnungsperiode.

Wie der Muttermund sich eröffnet, rückt er dann in die Mitte. Sitzbäder und Einspritzungen, beide 30 Grad warm, befördern die Eröffnung. Sollte aber trotz der zweckmäßigen Lagerung und dieser Mittel die Geraderichtung und Eröffnung des Muttermundes nicht erfolgen, so muß bei Zeiten der Geburtshelfer gerufen werden, sonst können die nun entstehenden Regelwidrigkeiten der Wehen selbst zur **Zerreißung der Gebärmutter führen**.

§. 428.

Kann die Hebamme, wenn sie zu einer Kreißenden kommt, den **Muttermund gar nicht auffinden**, weil er entweder an der Wand des Beckens ganz versteckt, oder vielleicht gar verschlossen ist, so muß **ohne Aufschub der Geburtshelfer gerufen werden**.

§. 429.

Manchmal ist der Muttermund trotz kräftiger regelmäßiger Wehen **nicht nachgiebig**, so daß seine Eröffnung nicht zu Stande kommt; dabei sind die Ränder des Muttermundes entweder dünn und scharf und glatt, dann muß die Hebamme durch Klystire von Kamillenthee, durch warme Sitzbäder und Dampfbäder, durch Einspritzungen die Eröffnung zu begünstigen suchen; oder die Ränder sind ungleich und verdickt durch Narben oder Geschwülste; in diesem Fall muß der Geburtshelfer ohne Weiteres gerufen werden.

Alles Pressen und Verarbeiten der Wehen, das ja in der Eröffnungsperiode stets unterbleiben soll, ist ganz besonders schädlich, wenn der Muttermund aus irgend einem Grunde der Eröffnung widerstrebt. **Die Erhaltung der Blase ist in allen diesen Fällen ganz besonders nützlich.** Sprang die Blase bei nicht ganz eröffnetem Muttermund, oder wurde sie gar von der unklugen Hebamme gesprengt, preßt dann die Frau noch bei jeder Wehe, so tritt der Kopf zwar in das Becken herab, er nimmt aber den uneröffneten Muttermundsrand mit sich. Vergleiche §. 423. Dadurch entstehen sehr gefährliche Quetschungen des unteren Gebärmutterabschnittes zwischen

Kopf und Becken, oder gar Vorfall des unteren Gebärmutterab=
schnittes vor die äußeren Geschlechtstheile, oder Zerreißung der
Gebärmutter.

§. 430.

Die Zerreißungen der Gebärmutter gehen entweder vom Mutter=
mund aus, oder sie geschehen höher oben, nach der Bauchhöhle zu.
Die Zerreißung der ersteren Art zeigen sich oft nur durch heftige
Blutungen, die auch nach beendigter Geburt nicht aufhören. Die Zer=
reißungen des Gebärmutterkörpers machen meist einen plötzlichen hef=
tigen Schmerz, oft fühlt die Kreissende selbst, daß ihr etwas im Leibe
zerrissen sei, und schreit laut auf. Dann wird das Gesicht blaß, die
Augen matt, der Körper bedeckt sich mit kaltem klebrigem Schweiß, die
Glieder fangen an zu zittern und Ohnmachten stellen sich ein. Tritt
durch den Riß das ganze Kind in die Bauchhöhle hinaus,
so fühlt die Hebamme jetzt die Kindestheile viel deutlicher wie zuvor
dicht hinter der Bauchwand, der vorliegende Theil dagegen tritt wieder
höher hinauf oder weicht ganz aus dem Becken zurück. Dann hören
die Wehen ganz auf und nun fließt auch Blut nach außen ab.

Das Zustandekommen dieser Zustände muß und kann die Hebamme
in vielen Fällen verhüten, findet sie dieselben aber vor, so muß sie die
schleunige Herbeirufung des Geburtshelfers veranlassen.

§. 431.

Die Scheide ist nicht selten, namentlich bei bejahrten Erstgebären=
den, noch im Beginn der Geburt so eng und straff, daß es kaum
möglich scheint, daß der große Kindskopf hindurch gehen könne. Sie
erweitert sich aber bald ohne das Zuthun der Hebamme von selbst zu
der nöthigen Ausdehnung. Nur wenn die Scheide gleichzeitig wenig
Schleimabsonderung zeigt, ist es nützlich und daher nothwendig,
sie durch warme schleimige Einspritzungen zu erweichen. Sollte sie aber
heiß und schmerzhaft sein, so müßte der Geburtshelfer gerufen werden;
ebenso muß auch dann der Geburtshelfer hinzugezogen werden, wenn
die Verengerung der Scheide ungleichmäßig und **narbig** oder durch
knotige Anschwellungen ihrer Wand bedingt ist, oder wenn gar die

Neuntes Kapitel. Fehler der Weichtheile.

Scheide verschlossen wäre, wie es in seltenen Fällen durch Vernarbung von Geschwüren während der Schwangerschaft geschieht.

In allen solchen Fällen würde, wenn nichts geschieht, die Scheide zerreißen; um das zu verhüten, ist frühzeitige Hülfe nöthig. Sollte aber die Hebamme erst nach der Geburt finden, daß die Scheide zerrissen ist, so muß auch jetzt der Geburtshelfer hinzugezogen werden.

§. 432.

Der Raum der Scheide kann auch durch **Geschwülste** verengt werden, welche aus dem Muttermund hervorragen, das sind **Gebärmutterpolypen**, oder durch Geschwülste, die das Scheidengewölbe herabdrängen, das sind meist **Eierstocksgeschwülste**. Auch in diesen Fällen muß der Geburtshelfer so schnell wie möglich herbeigeholt werden.

§. 433.

Während der Geburt entsteht manchmal in der Scheide eine heiße, feste, blaurothe Geschwulst, **Blutgeschwulst**. Das Bersten einer Ader unter der Schleimhaut ist der Grund davon. Der Geburtshelfer muß gerufen werden und bis derselbe da ist, muß die Hebamme ein in kaltes Wasser getauchtes zusammengelegtes Leinwandläppchen kräftig mit zwei Fingern gegen die Geschwulst andrücken.

§. 434.

Vorfall eines Theils der Scheide, namentlich der vorderen Wand, kann von früher her bestanden haben oder während der Schwangerschaft entstanden sein. Der Vorfall wird während der Geburt oft größer und schwillt an. Er kann die Geburt des Kindes verzögern, er kann auch durch Quetschung der vorderen Scheidenwand und der daranliegenden hinteren Blasenwand zu sehr üblen Zuständen, zu **Blasenscheidenfisteln** Veranlassung werden. Die Hebamme muß den Urin mit dem Katheter vorsichtig entleeren und während der Kopf im Becken herabrückt, mit zwei Fingern den Vorfall zurückhalten, damit er vom durchtretenden Kopf nicht gegen den Schambogen geklemmt werde. Gelingt das Zurückbringen und Zurückhalten nicht und verzögert sich die Geburt, so muß der Geburtshelfer gerufen werden.

§. 435.

Die **äußeren Geschlechtstheile** sind, wie die Scheide, namentlich bei Erstgebärenden in vorgerücktem Alter, manchmal sehr eng und straff. Die Hebamme verfahre, um den Austritt des Kopfes zu erleichtern und den Damm vor dem Einreißen zu behüten, nach den ihr bekannten Regeln. Fürchtet sie aber, daß sie einen Dammriß nicht verhüten könne, oder entsteht durch die Straffheit und Enge der Geburtstheile eine Verzögerung des Austritts des Kindes, so lasse sie den Geburtshelfer rufen.

§. 436.

Besteht **wässrige Anschwellung** an den äußeren Geschlechtstheilen, so muß, wenn es nicht während der Schwangerschaft schon geschah (siehe §. 304. 305), jedenfalls jetzt der Geburtshelfer zugezogen werden.

Auch an den äußeren Geschlechtstheilen kann, wie in der Scheide, eine **Blutgeschwulst** während der Geburt entstehen. Das Verfahren der Hebamme ist dasselbe wie dort.

Andere Geschwülste an den äußeren Geschlechtstheilen erfordern, wenn sie der Geburt nicht hinderlich sind, doch die Zuziehung des Arztes im Wochenbett.

§. 437.

Geschwüre an den äußeren Geschlechtstheilen machen nur, wenn die Umgebung hart und geschwollen ist, ein Hinderniß der Geburt, erfordern aber stets mehrfache Rücksicht. Dieselben sind nämlich meistens ansteckend, weil sie von der Lustseuche oder sogenannten venerischen Krankheit herrühren. Die Hebamme hat die Pflicht, das Kind, sich selbst und die anderen Menschen vor Ansteckung zu bewahren. Das Kind ist freilich oft schon im Mutterleib angesteckt.

Die Hebamme mache während der Geburt von Zeit zu Zeit Einspritzungen von übermangansaurem Kali (§. 230) gegen die Geschwüre und schleimige Einspritzungen in die Scheide und wenn das Kind zum Durchtreten kommt, bestreiche sie die Geschwüre mit Oel. Die Hebamme darf die Geschwüre mit Fingern, an denen irgend eine offene Verletzung ist, nicht berühren und muß wunde Stellen, die sich

etwa an einer ihrer Hände befinden, sorgfältig mit Heftpflaster um=
wickeln. Die Einölung der Finger vor jeder Untersuchung und das
Waschen der Hände nach einer jeden nehme sie mit besonderer Sorg=
falt vor. Mit diesen Vorsichtsmaßregeln ist sie vor An=
steckung sicher und sie unterfange sich nicht, einer solchen
Unglücklichen ihren Beistand zu verweigern. Was die Heb=
amme von Instrumenten bei einer mit Geschwüren behafteten Gebärenden
gebraucht hat, Klystirspritze, Mutterrohr, Katheter, muß sie nach dem
Gebrauch in kochendem Wasser abbrühen, sonst könnte sie andere
Frauen damit anstecken, Schwämme und dergleichen, die sie gebraucht
hat, muß sie verbrennen.

Wenn die Frau sich nicht schon in Behandlung eines Arztes befindet,
muß sie jedenfalls im Wochenbett sich von einem Arzt behandeln lassen.

§. 438.

Die Hebamme muß in allen Fällen, wo sie bei der Unter=
suchung auch einer nicht gebärenden Frau **Geschwüre an den Geschlechts=
theilen** findet, mit Strenge darauf bringen, daß die Frau einen Arzt
um Rath frage; sie muß ihr vorstellen, daß ohne Behandlung das
Uebel immer weiter greift, und wenn die Frau sich hartnäckig weigert,
muß sie den Fall dem Amtsphysikus mittheilen.

§. 439.

Zerreißungen an den äußeren Geschlechtstheilen kommen am
allerhäufigsten nach hinten, also in den Damm hinein, vor. Solche
Dammrisse entstehen nicht allein durch die eben beschriebenen regel=
widrigen Verhältnisse der äußeren Theile selbst, sondern auch durch
Fehler des Beckens, siehe §. 393. 395 und 404, und durch mannichfach
abweichendes Verhalten des Kindskopfes, siehe §. 334. 335 und 339,
häufig aber auch durch **Unachtsamkeit der Hebamme**. Die in den
Paragraphen 204 bis 210 und §. 213 gegebenen Regeln kann die
Hebamme nicht oft genug durchlesen, bei allen Geburten das Ver=
halten des Dammes nicht aufmerksam genug beobachten, um sich die
nöthige Geschicklichkeit zu erwerben, **einen drohenden Dammriß zu
verhüten.**

§. 440.

Dammrisse machen nicht nur im Wochenbett Schmerzen und andere Beschwerden, selbst Gefahren, bis sie geheilt sind; sondern wenn sie, sich selbst überlassen, heilen, behält auch die Frau davon bleibenden Schaden. Ein geringes Einreißen des Schamlippenbändchens schadet freilich nicht viel. Findet aber die Hebamme einen Dammriß, der bis gegen die Mitte des Dammes geht, also über einen halben Zoll lang ist, oder einen noch größeren, so muß sie für baldige Herbeirufung eines Arztes sorgen, damit derselbe durch Vereinigung des Risses jenen bleibenden Schaden verhüte. Auch noch am folgenden Tage kann durch kunstgemäße Vereinigung der Riß zu vollständiger Heilung gebracht werden.

Zehntes Kapitel.

Regelwidriges Verhalten des Fruchtwassers und der Eihäute.

§. 441.

1) **Zu viel Fruchtwasser** dehnt die Gebärmutter übermäßig aus, das hat den Erfolg:

    a) daß leichter zur Zeit der Geburt regelwidrige Kindeslage besteht;

    b) daß die Eröffnungsperiode langsamer verläuft;

    c) daß in der Nachgeburtsperiode und nach der Geburt häufig der Gebärmutter die nöthige Kraft zur Zusammenziehung fehlt.

Die Hebamme weiß, was sie bei a, b und c zu thun und zu lassen hat, an sich giebt das zu viele Fruchtwasser der Hebamme **gar keine Veranlassung zum Handeln.** Sie denke ja nicht, daß sie durch Ablassen des zu vielen Fruchtwassers einen dieser drei Nachtheile verringern könne, im Gegentheil werden durch den manch=

mal von selbst eintretenden vorzeitigen Abfluß des zu vielen Fruchtwassers alle diese Nachtheile nur vermehrt.

§. 442.

2) Zu wenig Fruchtwasser macht der Frau die Kindesbewegungen empfindlicher. Dagegen ist nichts zu thun als Ruhe und Geduld. Zu wenig Fruchtwasser macht es ferner möglich, daß nach vollständiger Eröffnung des Muttermundes die Blase, anstatt im Muttermund zu springen, wurstförmig durch denselben hervorgetrieben wird bis in die äußeren Geschlechtstheile. Wenn eine solche Geburt weiter verläuft, ohne daß die Blase springt, wird der Mutterkuchen, wenn er nicht weit vom Muttermund ansitzt, vorzeitig gelöst, ja es kann kommen, daß das **ganze Ei geboren wird.** Dadurch würde die **Mutter** Schaden leiden, weil auf diese Weise der Mutterkuchen gewaltsam von der inneren Gebärmutterwand abreißen müßte; das Kind würde Schaden leiden, weil es, bereits von der Mutter getrennt, keine Luft athmen könnte. Daher muß die Hebamme, wenn die Fruchtblase aus den äußeren Schamtheilen hervortritt, **dieselbe mit den Fingern fassen und einreißen.**

§. 443.

Die Sprengung der Blase im Muttermund ist der Hebamme in drei Fällen, die Sprengung der Blase überhaupt also in vier Fällen geboten, dieselben sind in den Paragraphen 374. 416. 442 und 467 besprochen. In allen übrigen Fällen ist die Sprengung der Blase der Hebamme verboten.

§. 444.

3) **Grünliche Färbung des Fruchtwassers** (durch beigemengtes Kindspech) oder gar stinkende Beschaffenheit desselben zeigen an, daß das Kind entweder schon todt oder in großer Gefahr ist. Wenn also entweder gleich beim Blasensprung oder später neben dem Kopf Fruchtwasser von dieser Beschaffenheit ausfließt, muß **ungesäumt der Geburtshelfer gerufen werden.**

§. 445.

4) Zu dünne Eihäute geben zu frühzeitigem Abfluß des Fruchtwassers Veranlassung, das führt zu Verzögerungen der Eröffnungsperiode und zu Unregelmäßigkeiten der Wehen. Siehe darüber §. 422. Manchmal erfolgt der frühzeitige Blasensprung nicht im Muttermund, sondern höher oben in der Gebärmutter, dann fließt das Fruchtwasser sehr allmälig, wie man sich ausdrückt „schleichend" ab. Auch hier stellt sich die Blase nicht oder nur unvollkommen, weil das Fruchtwasser sie nicht spannt, aber der untersuchende Finger fühlt dicht über den Kopf gespannt die glatten Eihäute. Wenn der Kopf, wie manchmal geschieht, mit diesem Ueberzug der Eihäute geboren wird, führt derselbe den Namen „**Glückshaube**". Die „Glückshaube" hat weder etwas Gutes, noch etwas Nachtheiliges zu bedeuten.

§. 446.

5) **Zu feste Eihäute** verhindern das Springen der Blase zur rechten Zeit, das heißt nachdem der Muttermund vollständig eröffnet ist. Ist dabei zu wenig Fruchtwasser, so wird die ganze Blase hervorgetrieben, §. 442; ist genug oder zu viel Fruchtwasser, so steht die Geburt still, §. 416. In beiden Fällen weiß die Hebamme, was sie zu thun hat.

§. 447.

6) Sehr selten bei ausgetragenen Eiern ist zwischen Lederhaut und Wasserhaut noch Flüssigkeit vorhanden. Dann springt, meist frühzeitig, zuerst die Lederhaut und einiges Wasser fließt ab. Später stellt die Wasserhaut eine zweite Blase und erst wenn diese springt, fließt das eigentliche Fruchtwasser ab. Die zuerst abgeflossene Flüssigkeit nennt man **falsches Fruchtwasser**. Es ist manchmal schwer, zu unterscheiden zwischen dem soeben genannten Vorgang und dem im §. 307 geschilderten, namentlich dann, wenn der Berechnung nach die Schwangerschaft ihr regelmäßiges Ende noch nicht erreicht hatte. In solchem Zweifel rathe die Hebamme, daß der Geburtshelfer um Rath gefragt werde.

Elftes Kapitel.
Regelwidriges Verhalten der Nabelschnur.

§. 448.

1) Das schlimmste Ereigniß, welches die Nabelschnur treffen kann, ist der Vorfall derselben aus dem Muttermund vor der Geburt des Kindes. Die Nabelschnur kann auch, ehe die Blase springt, schon vorliegen. Das Vorliegen der Nabelschnur zu erkennen, erfordert große Sorgfalt. Der Gestalt nach könnte die hinter den Eihäuten gelegene Nabelschnur mit einer Hand oder einem Fuß verwechselt werden. Unzweifelhaft erkennt die Hebamme die Nabelschnur des lebenden Kindes an dem Klopfen der Schlagadern derselben. Die Hebamme darf sich nicht durch das Klopfen eines mütterlichen Gefäßes oder eines Gefäßes in der eignen Hand täuschen lassen. Vergleiche §. 101. Nachdem die Blase gesprungen ist, wird die Hebamme eine vorgefallene Schlinge der Nabelschnur leicht erkennen; sie muß ja nach Abfluß des Fruchtwassers stets sogleich eine genaue innere Untersuchung vornehmen §. 200.

§. 449.

Lange Nabelschnuren fallen leichter vor, als kurze. Es giebt Nabelschnuren, die zwei- und dreimal so lang sind als' das reife Kind.

Der Vorfall der Nabelschnur ereignet sich besonders leicht bei regelwidriger Lage des Kindes und bei regelwidriger Gestalt des Beckeneinganges, weil in beiden Fällen neben dem eintretenden Kindestheil Raum bleibt.

§. 450.

Die eben genannten Regelwidrigkeiten, wenn sie vorher erkannt werden konnten, forderten an sich schon die Herbeirufung des Geburtshelfers; erkennt die Hebamme auch ohne andere Regelwidrigkeit das Vorliegen oder den Vorfall der Nabelschnur, so muß sie für ungesäumte Herbeirufung des Geburtshelfers jetzt Sorge tragen, denn der

18*

beim Vorfall der Nabelschnur unausbleibliche Druck auf dieselbe tödtet das Kind in kurzer Zeit. Steht die Blase noch, so muß durch wagerechte Lage und Enthaltung alles Drängens dieselbe so lange wie möglich erhalten werden; ist sie gesprungen, so muß dasselbe Verfahren eingehalten werden, damit der Druck möglichst gering sei; fällt aber die Nabelschnur bis vor die Geschlechtstheile, so muß die Hebamme sie in die Scheide zurückschieben und mit einem warmen feuchten Schwamm daselbst zurückhalten, bis der Geburtshelfer kommt. Springt bei Beobachtung jener Vorsichtsmaßregeln dennoch die Blase und tritt der Kopf schnell und tief ins Becken, so muß die Hebamme es aufgeben, auf Verzögerung der Geburt zu wirken, schnelle Vollendung der= selben ist dann die einzige Rettung für das Kind. Die Hebamme ermahne die Frau zu kräftigem Mitpressen und gebe ihr die vortheilhafteste Lage. (Siehe §. 204.)

§. 451.

2) In ganz seltenen Fällen gehen die **Nabelgefäße zwischen den Eihäuten** einzeln zum Mutterkuchen. Dann kann ein solches Gefäß grade über den Theil der Blase, der sich im Muttermund stellt, ver= laufen. Erkennt das die Hebamme, ebenfalls an dem Klopfen des Ge= fäßes, so muß auch ungesäumt der Geburtshelfer gerufen werden, denn das Kind wird, wenn mit der Blase die Ader zerreißt, sich verbluten.

§. 452.

3) Die **Umschlingung der Nabelschnur** um das Kind ist ein sehr häufiges, und in den meisten Fällen nicht gefährliches Ereigniß; es ist sogar bei sehr langen Nabelschnuren günstig, weil durch die Umschlingung die Möglichkeit des Vorfallens der Nabelschnur verringert wird. Am häufigsten ist die Nabelschnur um den Hals des Kindes einmal oder auch mehrmals umschlungen. Die Hebamme erkennt das, wenn sie, wie im §. 212 gelehrt wurde, jedesmal nach der Geburt des Kopfes mit dem Finger genau rings um den Hals zufühlt. Fühlt nun die Hebamme hier eine Schlinge der Nabelschnur, so muß sie dieselbe durch den sanft untergeschobenen Finger soweit lockern, daß sie an den Geschlechtstheilen der Frau zurückgehalten werden kann, während die Schultern durch sie

hindurchtreten. In Figur 74 ist eine um den Hals gelegene, zum Durchtritt der Schultern ausreichend gelockerte Schlinge der Nabelschnur dargestellt worden. Das Lockern der Schlinge hat den Zweck, die sonst leicht mögliche Zerrung am Nabel des Kindes und am Mutterkuchen zu verhüten. Nun warte die Hebamme ab, daß die Wehen die Schultern hervortreiben, und nur, wenn es nach den daselbst gegebenen Regeln nöthig wird, verfahre sie nach §. 389. Das Verfahren der Hebamme, wenn bei Beckengeburten das Kind auf der Nabelschnur reitet, wurde im §. 363 gelehrt.

§. 453.

In seltenen Fällen ist die Nabelschnur so kurz, daß sie nicht gelockert werden kann, daß, wie das Kind hervorgetrieben wird, die Nabelschnurschlinge sich auf's äußerste spannt. Um da einer Zerreißung der Nabelschnur vorzubeugen, muß die Hebamme ein Blatt der Nabelschnurscheere unter die Nabelschnur führen und dieselbe durchschneiden. Sie selbst oder eine Gehülfin muß dann beide Enden der Nabelschnur mit den Fingern zudrücken, bis das Kind geboren ist. Zum Unterbinden vor der Durchschneidung ist meist keine Zeit.

§. 454.

4) Die Zerreißung der Nabelschnur kommt, wie eben beschrieben, durch Kürze derselben zu Stande. Die Nabelschnur kann an sich zu kurz sein, oder ihr freies Ende kann durch Umschlingung zu kurz geworden sein. Erkennen kann die Hebamme die Kürze der Nabelschnur natürlich nicht eher, als bis sie dieselbe sieht oder fühlt; eher kann sie auch gegen die Gefahr der Zerreißung nichts thun. Es giebt Fälle, wo die Nabelschnur so kurz ist, daß sie schon im Mutterleibe abreißt. Bei übereilten Geburten in ungünstiger Stellung kann auch die Nabelschnur des gebornen Kindes abreißen (§. 393, 419).

§. 455.

Sobald die Hebamme die abgerissene Nabelschnur wahrnimmt, muß sie das am Kinde befindliche Ende zuhalten und dann unterbinden, damit das Kind nicht zu viel Blut verliert. Ist die Nabelschnur dicht am

Nabel abgerissen, so kann die Hebamme nichts thun, als mit den Fingern oder mit einem Stück Feuerschwamm oder einem mehrmals zusammen= gelegten, in kaltes Wasser oder Essig getauchten Leinwandläppchen den Nabel so lange zuhalten, bis der schleunig herbeigerufene Geburtshelfer zur Stelle ist.

§. 456.

Bevor es zur Zerreißung der Nabelschnur kommt, findet natürlich eine bedeutende Zerrung am Mutterkuchen statt. Dadurch werden meist gleichzeitig bedeutende Blutungen, oder wenn die Nabelschnur zu stark ist, um zu zerreißen, und auch der Mutterkuchen zu fest sitzt, um von der Gebärmutterwand abgelöst zu werden, selbst Umstülpungen der Ge= bärmutter hervorgebracht.

§. 457.

Die Nabelschnur kann übrigens so kurz sein, daß das Kind auf dem Mutterkuchen fast unmittelbar aufsitzt. In diesen äußerst seltenen Fällen zerreißt die Nabelschnur immer im Mutterleibe, oder der Mutter= kuchen trennt sich vor der Geburt von der Gebärmutterwand. Auf beide Art stirbt das Kind. Solche Kinder sind übrigens meist auch durch andere Mißbildungen lebensunfähig.

§. 458.

5) **Knoten in der Nabelschnur** findet man manchmal nach der Geburt. Meist schaden sie dem Kinde nichts, sie können aber Ursache werden, daß das Kind vor der Geburt oder in der Geburt abstirbt. Gegen den Knoten der Nabelschnur ist gar nichts zu machen; man findet ihn erst, wenn er nichts mehr schaden kann.

Verdickungen an der Nabelschnur ohne Verschlingung derselben führen den Namen „falsche Knoten".

Zwölftes Kapitel.
Schwäche und Krankheit der Gebärenden, Erbrechen, Ohnmachten, Krämpfe.

§. 459.

Wird die Hebamme zu einer Gebärenden gerufen, die an einer hitzigen Krankheit darniederliegt, oder durch langes Siechthum geschwächt ist, so muß die Hebamme darauf bringen, daß der Arzt, der die Frau behandelt, oder, falls die Frau noch keinen Arzt um Rath gefragt hat, der nächste Geburtshelfer herbeigerufen wird. Bei kranken Frauen sind oft andere Maßregeln geboten, als bei gesunden Gebärenden, sowohl des Kindes als der Mutter wegen. Nur der Arzt und Geburtshelfer kann das beurtheilen und das Nöthige anordnen oder selbst ausführen.

§. 460.

Erbrechen tritt bei Gebärenden nicht selten ein. Wenn im Uebermaß genossene Speisen dadurch entleert werden, so ist es wohlthätig. Die Hebamme befördere es durch Darreichung von lauwarmem Kamillenthee und wiederhole das Klystir, damit auch nach unten die nöthige Entleerung stattfinde. Fühlt sich aber die Gebärende nach dem Erbrechen nicht erleichtert, sondern im Gegentheil kränker, oder sind bei dem Erbrechen die Wehen unregelmäßig und ohne Wirkung, oder wiederholt das Erbrechen sich immer von Neuem, so muß der Geburtshelfer gerufen werden.

§. 461.

Ohnmachten treten bei Gebärenden fast nur durch Blutung ein; wenn also eine äußere Blutung nicht da ist, so muß die Hebamme fürchten, daß eine innere Blutung da sei. Sie lasse den Geburtshelfer rufen und verfahre einstweilen nach §. 310 und 332.

§. 462.

Krämpfe gehören zu den übelsten Zufällen, welche bei Gebärenden eintreten können. Das Zittern der Glieder gegen Ende der Austreibung des Kindes, den ziehenden Schmerz, den Gebärende um diese Zeit in den Beinen bis in die Waden hinab empfinden, darf die Hebamme nicht für Krämpfe halten. Es sei bei dieser Gelegenheit erwähnt, daß im Munde des Volkes fast jeder heftige Schmerz „Krampf" genannt wird, daß der Arzt dagegen unter „Krampf" unregelmäßige Zusammenziehung fleischiger Theile versteht, ganz einerlei ob Schmerz dabei ist oder nicht. Die Krämpfe, von denen hier die Rede ist, sind **heftige unwillkürliche Zuckungen** oder auch anhaltende Verzerrungen des Gesichts und der Gliedmaßen oder des ganzen Körpers.

Gebärende, die von diesen Krämpfen befallen werden, haben manchmal schon in der letztvorhergegangenen Zeit an wässrigen Anschwellungen der Gliedmaßen oder des Gesichts, an anhaltendem Kopfschmerz, an Verdunkelung der Augen, an Ohrensausen, an Unsicherheit der Bewegungen der Arme und Beine gelitten. Andere hatten in der letzten Zeit einen drückenden Schmerz in der Lendengegend und ließen nur spärlich trüben Urin. Auf alle diese Zeichen muß die Hebamme aufmerksam sein. Vergl. §. 304.

§. 463.

Oft treten aber die Krämpfe **ohne diese vorangegangenen Zeichen** ein. Sie können zu jeder Zeit der Geburt, sie können auch schon vor der Geburt, sie können auch im Wochenbett eintreten. Meist fangen die Krämpfe im Gesicht an. Die Gebärende schließt die Augen und reißt sie wieder auf, rollt die Augen umher und der Blick wird stier. Dann zuckt der Mund nach rechts und links, auch die Zunge wird wohl abwechselnd herausgestreckt. Dann wird der Kopf heftig nach einer Seite gezogen oder hin und her geworfen. Die Brust hebt sich krampfhaft auf und nieder, die Arme werden gestreckt und gebeugt, die Fäuste geballt, zuletzt zuckt auch wohl der ganze Körper oder wird krampfhaft gestreckt und rückwärts gebogen. Dabei wird das Gesicht blauroth, gedunsen, vor den Mund tritt Schaum, oft blutig, weil die Zunge gebissen wird, und **das Bewußtsein ist gänzlich geschwunden.**

Nach einigen Minuten läßt meist der Krampf nach, aber das Bewußtsein kehrt noch nicht wieder, die Kranke liegt mit schnar-

Zwölftes Kapitel. Schwäche und Krankheit der Gebärenden ꝛc.

chendem Athem wie in tiefem Schlafe da. Entweder erwacht sie dann wieder oder es treten sogleich von Neuem die Krämpfe ein.

§. 464.

Mutter und Kind sind bei diesen Krämpfen in höchster Gefahr, es muß daher sogleich zum Geburtshelfer geschickt werden. Bis derselbe herbeikommt, schütze die Hebamme die Kreissende, daß sie sich selbst nicht verletze, lasse derselben aber keinerlei Gewalt anthun, denn das vermehrt nur die Krämpfe. Die Zunge schiebe sie, wenn es geht, hinter die Zähne, damit sie nicht zerbissen wird. Läßt sich der Kranken Getränk beibringen, so gebe die Hebamme Wasser mit etwas Essig oder mit Citronensaft; wenn der Anfall vorüber ist, mache sie kalte Umschläge auf den Kopf und lasse mit dem Katheter den Urin ab; den Urin hebe sie für den Geburtshelfer auf. Ist die Geburt noch in der Eröffnungsperiode, so mache die Hebamme warme Einspritzungen gegen den Muttermund; übrigens behandle sie die Geburt ganz nach den ihr bekannten Regeln. Für reine Luft im Zimmer muß die Hebamme vor allen Dingen sorgen; sie entferne riechende Gegenstände, und öffne nach Umständen ein Fenster; auch Besprengen des Fußbodens mit Essig dient zur Reinigung der Luft. Die Hebamme mache ja nicht etwa Räucherungen oder gar Gestank mit angebrannten Federn, wie ihr vielleicht gerathen wird.

§. 465.

Krämpfe, bei denen das Bewußtsein nicht völlig verschwindet, sind nicht ganz so gefährlich, erfordern aber von Seite der Hebamme dasselbe Verfahren.

Krämpfe bei Frauen, die an der Fallsucht schon länger gelitten haben, erfordern auch dasselbe Verfahren.

Krämpfe, die durch großen Blutverlust hervorgerufen werden, gehen dem Tode kurz vorher.

In allen diesen Fällen ist die Herbeirufung des Geburtshelfers unbedingt erforderlich.

Dreizehntes Kapitel.

Blutungen während der Eröffnungsperiode und während der Austreibung des Kindes.

§. 466.

Die **Eröffnung** des **Muttermundes** ist von einer ganz geringen Blutung begleitet, welche der Hebamme unter dem Namen „es zeichnet" aus §. 154 bekannt ist.

Jede größere Gebärmutterblutung um diese Zeit rührt von einer **frühzeitigen Lostrennung des Mutterkuchens.** Als häufigste Ursache derselben kennt die Hebamme aus §. 323 das **Vorliegen des Mutterkuchens.** Auch, daß solche Blutungen schon vor dem regelmäßigen Ende der Schwangerschaft auftreten können, wurde besprochen.

Den vorliegenden Mutterkuchen erkennt die Hebamme durch das Gefühl, sie weiß aus Erfahrung, wie der Mutterkuchen sich anfühlt. Manchmal bedeckt der vorliegende Mutterkuchen die ganze Muttermundsöffnung, manchmal ist er nur an einer Seite zu fühlen, und im übrigen Raum liegen die glatten Eihäute.

§. 467.

Bei jeder regelwidrigen Blutung in der Eröffnungsperiode muß die Hebamme, ob sie den Mutterkuchen fühlt oder nicht, auf **Herbeirufung des Geburtshelfers bringen, denn Mutter und Kind sind in großer Gefahr.**

Bis der Geburtshelfer herbeikommt, muß sie die Frau ruhig gerade ausgestreckt auf dem Rücken liegen lassen, muß alles Pressen auf das Strengste untersagen und kühles, säuerliches Getränk reichen. Ist die Blutung nicht heftig oder steht dieselbe bald, so genügt dies. Ist aber die Blutung bedeutend, oder nimmt dieselbe noch zu, bevor der Geburtshelfer ankommt, so mache die Hebamme Einspritzungen von kalten Wasser

Dreizehntes Kapitel. Blutungen während der Eröffnungsperiode.

gegen den Muttermund und kalte Umschläge auf den Unterleib. Wird die Blutung so heftig, daß sie fürchten muß, die Frau könne sich verbluten, so muß die Hebamme die Scheide mit Kugeln von Charpie oder Watte oder Flachs, die sie vorher in Essig taucht oder, wenn Essig nicht sogleich zur Hand ist, trocken ausstopfen (vergleiche §. 320).

Ist die Eröffnung des Muttermundes schon fast vollendet, liegt dabei das Kind mit dem Kopfe vor und sind im Muttermund neben dem Mutterkuchen die glatten Eihäute mit dem Finger zu erreichen, so sprenge die Hebamme die Blase.

§. 468.

In der Austreibungsperiode treten Blutungen aus der Gebärmutter sehr viel seltener auf. Auch hier ist Gefahr für Mutter und Kind. Die Herbeirufung des Geburtshelfers ist nothwendig. Die Ursachen dieser Blutungen sind ebenfalls Lostrennungen des Mutterkuchens, seltener die in §. 330. 451. 454. angegebenen Umstände.

Tritt die Blutung erst auf, nachdem der Kopf schon geboren ist, so muß die Hebamme den Durchtritt der Schultern nach §. 389 beschleunigen und abwarten, ob nach Geburt des ganzen Kindes die Blutung steht. Ist das nicht der Fall, so gelten die Regeln, welche im 16ten Kapitel dieses Theiles gegeben werden.

Blutungen aus geborstenen Aderknoten werden nach §. 302 u. 433 behandelt, bis der herbeizurufende Arzt anlangt.

Vierzehntes Kapitel.
Scheintod und Tod der Gebärenden.

§. 469.

In den meisten Fällen machten schon die Umstände, die dem Tod oder Scheintod vorhergingen, die **Herbeirufung des Arztes oder Geburtshelfers** nöthig und legten der Hebamme die Pflicht auf, nach den durch den Zustand gebotenen Regeln zu handeln. Tritt aber der Tod oder Scheintod plötzlich ein, so verfahre die Hebamme ganz nach den im §. 332 gegebenen Anordnungen. Das vielleicht zum Theil schon geborene Kind entwickle sie nach den im §. 389 oder nach den in §. 365 und 366 gegebenen Regeln. In jedem Fall aber veranlasse sie auch nun noch die sofortige Herbeiholung des nächsten Geburtshelfers, Arztes oder Wundarztes und mache im Fall der Weigerung sogleich der Behörde Anzeige davon.

Fünfzehntes Kapitel.
Tod des Kindes in der Geburt. Scheintod des Neugebornen.

§. 470.

Gingen, bei Abwesenheit jedes Zeichens vom Leben des Kindes, der Geburt jene im §. 329 beschriebenen Zeichen voraus, so vermuthet die Hebamme, daß das Kind **todt zur Geburt kommt**. Geht dann das Fruchtwasser grün oder blutig oder stinkend ab, so bestärkt das jene Vermuthung. Fühlt bei der spätern Untersuchung die Hebamme, daß die Kopfhaut welk und schlaff und die Kopfknochen hinter derselben nur locker mit einander verbunden sind, oder steht bei vorliegendem Steiß der After weit offen, entsteht bei langem Einstehen des Kindes-

Fünfzehntes Kapitel. Tod des Kindes in der Geburt.

theils keine Geschwulst an demselben, oder nur eine unbedeutende, **schlaff sich anfühlende**, so gewinnt die Vermuthung, daß das Kind todt sei, **Wahrscheinlichkeit**.

Da die Hebamme nicht bestimmt weiß, ob nicht das Kind noch zu retten ist, da ferner gerade der Tod des Kindes für die Mutter Gefahr bringen kann, veranlasse die Hebamme, wenn sie vermuthet, das Kind komme todt zur Geburt, stets die **Herbeirufung des Geburtshelfers**.

§. 471.

Die **Gefahren**, welche das Leben des Kindes **während der Geburt** bedrohen, kennt die Hebamme.

Wenn das Kind in Lebensgefahr ist, wird sein **Herzschlag langsamer und unregelmäßig**, dann wird er schwächer und hört endlich ganz auf; das kann die Hebamme hören. Die Bewegungen des Kindes werden oft plötzlich viel lebhafter, förmlich krampfhaft, und hören dann auf; das kann die Hebamme fühlen. Dabei giebt das Kind sein Kindspech von sich, und wenn überhaupt aus der Gebärmutter neben dem vorausgehenden Kopf vorbei etwas ausfließen kann, so fließt das Kindspech, vielleicht nur in kleiner Menge und mit Fruchtwasser gemischt, hervor; das kann die Hebamme sehen, an den Unterlagen, an den Geschlechtstheilen und namentlich am Finger, mit dem sie eben untersucht hat.

Wenn nun die Hebamme eines dieser Zeichen wahrnimmt, aus denen sie auf Gefahr für das Kind schließen muß, auch wenn sie von allen den früher besprochenen, Gefahr bringenden Umständen keinen einzigen wahrnimmt, so muß sie den **nächsten Geburtshelfer herbeirufen**, damit er das Kind wo möglich noch rette.

§. 472.

Wenn auf das Kind vor oder in der Geburt eine Gefahr eingewirkt hat, so starb dasselbe entweder und kommt dann **todt**, oder es kommt nur **scheintodt** zur Welt.

Für **todt** hat die Hebamme das auf natürliche Weise soeben geborne Kind nur dann zu halten, wenn es Spuren der Fäulniß zeigt;

davon ist das Erste, daß die Oberhaut bei leiser Berührung in Fetzen abgeht. Wird ein Kind ohne Zeichen der Fäulniß, und doch ohne die bekannten Lebenszeichen von sich zu geben, geboren, so ist dasselbe zunächst für scheintobt zu halten. Die Hebamme muß in all solchen Fällen den Versuch machen, ob das Leben nicht wieder angefacht werden kann. Erst durch die Erfolglosigkeit der Wiederbelebungsversuche gewinnt die Hebamme die Ueberzeugung, daß der Tod wirklich eingetreten sei. Die Hebamme mache es sich zur Regel, in allen Fällen, bevor sie ein Kind als tobt bei Seite legt, demselben den Nabelschnurrest zu unterbinden, ausgenommen offenbar faul geborne Früchte. Das aus der offenen Nabelschnur auch des tobten Kindes aussickernde Blut könnte irgend einmal Zweifel daran aufkommen lassen, daß das Kind bereits wirklich tobt gewesen sei.

§. 473.

Scheintobte Kinder sind entweder ohne alle Bewegung oder die einzigen Bewegungen sind der Herzschlag und eine seltene schnappende Athembewegung. Scheintobte Kinder sehen entweder blauroth oder bleich aus.

Die blaurothen Kinder sehen etwas gedunsen, gleichsam geschwollen aus, ihre Gliedmaßen sind zwar ohne Bewegung, aber sie haben eine gewisse Festigkeit und hängen nicht ganz schlaff herab. In der Nabelschnur ist fast immer der Pulsschlag noch zu fühlen, oft ist derselbe zwar langsam aber voll.

Die bleichen Kinder zeigen welke Haut, schlaffe, herabhängende Gliedmaßen, auch der Unterkiefer hängt schlaff herab, der Mund steht offen, ebenso der After. In der Nabelschnur ist meist kein Puls zu fühlen, oder wenn das noch der Fall ist, so ist derselbe klein und leer anzufühlen.

Der blaue Scheintodt ist der geringere, der bleiche der höhere Grad des Scheintodes. Der Scheintob wird um so tiefer, je länger das Kind außer Verkehr mit dem Blute der Mutter ist und doch nicht athmet. Vom blauen Scheintod erholen sich viele Kinder von selbst, wenn auch anfangs unvollkommen und mit nachbleibender Krankheit. Kinder, die vom blauen Scheintod sich nicht erholen, verfallen zunächst

Fünfzehntes Kapitel. Tod des Kindes in der Geburt.

in bleichen Scheintod, bevor sie sterben. Auch vom bleichen Scheintod ist Wiederbelebung möglich, aber fast nur durch sehr umsichtige Behandlung.

§. 474.

Die Bedingungen, unter denen das Kind im Mutterleib lebte, können nicht wieder hergestellt werden. Der Zusammenhang des gebornen Kindes mit dem Mutterkuchen, auch wenn derselbe sich noch in der Gebärmutter befindet, hat für das Kind gar keine Bedeutung, die Hebamme weiß warum. Außer Mutterleib kann das Leben nur mittelst der Athmung fortbestehen. Die Athmung möglich zu machen, sie in Gang zu bringen, oder sie einstweilen künstlich nachzuahmen, ist daher die Hauptaufgabe jeder **Behandlung des Scheintodes**.

Das nächstliegende Athemhinderniß, welches bei der Mehrzahl der scheintodten Kinder vorhanden ist, ist der Schleim, häufig mit Kindspech gemischt, welcher ihnen im Mund und Rachen liegt. Die Hebamme gehe vorsichtig mit dem Zeige- oder kleinen Finger in den Mund des Kindes tief bis über die Zunge hinweg, krümme den Finger ein wenig und hole den hier gelegenen Schleim hervor.

§. 475.

War das Kind nur im blaurothem Scheintod, so macht es häufig schon jetzt Athemversuche. Die Hebamme klopfe nun dem Kinde mit mäßig kräftigen, langsam wiederholten Schlägen der flachen Hand den Hintern und Rücken, streiche auch dem Kinde mit der in kaltes Wasser getauchte Hand ein paarmal über Gesicht und Brust und spritze mit der Hand kräftig kaltes Wasser auf die Haut des Kindes. Fängt das Kind nun an, regelmäßig zu athmen, öffnet es die Augen und verzieht das Gesicht wie zum Weinen, zieht es Arme und Beine an sich und weicht die blaurothe Farbe der Haut einer lebhaft rothen, so fahre die Hebamme mit den genannten Mitteln fort, bis das Kind anhaltend und laut schreit. Wenn dann der Puls in der Nabelschnur geschwunden ist, nable sie es ab.

Treten aber die genannten Lebensäußerungen nicht alsbald ein, so verliere die Hebamme nicht viel Zeit. Sie nable das Kind ab, um kräftigere Reize anwenden zu können. Beim Abnabeln lasse sie so viel wie einen Eßlöffel voll Blut aus dem Nabelende ausfließen. Das abgenabelte Kind werde zuerst auf kurze Zeit in das warme Bad gelegt und im Wasser hin und her bewegt. Dann fasse die Hebamme es bei den Schultern und tauche es schnell bis an den Hals in einen Eimer voll ganz kalten Wassers und ziehe es sofort wieder heraus. Dann lege sie es wieder in das Bad und wiederhole nach kurzer Zeit das Eintauchen.

Der Herzschlag des Kindes pflegt nun schnell sehr viel lebhafter zu werden. Die Hautfarbe wird schön roth, die Glieder gewinnen an Festigkeit, und das Kind fängt an zu athmen. Oft zieht das Kind im kalten Wasser sogleich die Beine kräftig an, schlägt die Augen auf und fängt laut an zu schreien. Kommt aber das Kind auch jetzt nicht bald zum Leben, sondern wird immer schlaffer und bleicher, so wird mit ihm verfahren wie mit Kindern, die in bleichem Scheintod geboren wurden.

§. 476.

Das in bleichem Scheintod geborene Kind werde ohne Aufschub abgenabelt. Auch ihm muß im Munde etwa befindlicher Schleim entfernt werden. Blut aus der Nabelschnur zu lassen, wäre auch hier nützlich, denn das leichenblasse Kind ist nicht etwa blutarm; aber es fließt aus der durchschnittenen Nabelschnur meist kein Blut, weil das mit Blut überfüllte Herz kaum noch schlägt.

Das Kind im bleichen Scheintod zum Selbstathmen anzureizen, ist meist unnützer und schädlicher Zeitverlust. Die Athmung muß künstlich nachgeahmt werden. Mit Lufteinblasen richtet die Hebamme gar nichts aus, wohl aber kann sie Alles dadurch verderben. Wenn sie das englische Verfahren, Ertrunkene wieder zu beleben, oder die künstliche Athmung durch Schwingen des Kindes in der Hebammenschule gelernt hat, so wende sie das Eine oder das Andere sogleich nach der Abnabelung an.

Das englische Verfahren zur Wiederbelebung Ertrunkener wird im § 557 gelehrt.

Fünfzehntes Kapitel. Scheintod des Neugebornen.

Die künstliche Athmung durch Schwingen wird in folgender Weise ausgeführt. Die Hebamme faßt das auf dem Rücken darliegende Kind in der Art bei den Schultern, daß sie vom Kopfende her die flachen Hände unter den Rücken schiebt. Die drei letzten Finger bleiben am Rücken ausgestreckt, der Zeigefinger greift vom Rücken her in die Axelhöhle, der Daumen wird vorn über die Schulter gelegt. So angefaßt hält die Hebamme das Kind abwärts, indem sie etwas vornübergeneigt mit auseinander gestellten Füßen dasteht, wie aus Figur 82 ersichtlich ist. Das ganze Gewicht des Kindes muß auf den in den Axelhöhlen liegenden Zeigefingern ruhen, die Daumen liegen ganz lose auf der Vorderseite der Brust. Aus dieser Stellung schwinge nun die Hebamme das Kind vorwärts und aufwärts und halte bei halb erhobenen Armen vorsichtig an, so daß das Kind langsam der Hebamme entgegen zu der Stellung übersinkt, die Figur 83 darstellt. Durch hohen Schwung und langsames Anhalten muß das Kind in diese Stellung übersinken, ein kurzes Herumschleudern verfehlt den Zweck. Die Biegung des Kindeskörpers muß, wie in Figur 83 ersichtlich ist, hauptsächlich in der Lendengegend erfolgen durch das eigene Gewicht des langsam übersinkenden unteren Körperendes; würde die Biegung hauptsächlich in der Rückenwirbelsäule stattfinden, so wäre das falsch. Das ganze Gewicht des Kindes ruht in dieser Stellung auf den beiden Daumen, die an der

Fig. 82.

Vorderseite der Brust liegen. Wenn die Hebamme an Kindesleichen sich einübt, strecke sie bei hocherhobenem Kinde (Fig. 83) die 4 Finger beider Hände frei in die Luft; bleibt das Kind in unveränderter Lage auf den Daumen ruhen, so war die Haltung richtig.

Fig. 83.

Aus der Stellung Figur 83 werde nun das scheintodte Kind mit kräftigem Schwung in die Stellung Figur 82 abwärts bewegt. Das ganze Gewicht des Kindes ruht dabei wieder allein auf den in den Axelhöhlen liegenden Zeigefingern, die Daumen liegen nur ganz lose auf der Brust. Der Schwung sei so kräftig, daß nur das Kleid der Hebamme das Kind hindert, weiter rückwärts zu schwingen. Darauf wird das Kind wieder aufwärts, darauf wieder abwärts in gleicher Weise geschwungen 8 bis 10 mal in der Minute.

Nach acht bis zehn Schwingungen wird das Kind in das warme Bad gelegt, um es zu beobachten und damit es nicht zu stark abgekühlt wird. Kommt selbstständiges Athmen noch nicht zu Stande, so wird nach einigen Minuten das Schwingen wiederholt.

Das Aufwärtsschwingen, Figur 83, ist die Ausathmung. Das übersinkende Beckenende des Kindes und ihr eigenes Gewicht drückt die

Fünfzehntes Kapitel. Scheintod des Neugebornen.

Baucheingeweide gegen das Zwerchfell, das Gewicht des ganzen Kindes ruht mit der vorderen Brustwand auf den Daumen der Hebamme; dadurch erfahren die Eingeweide der Brust einen Druck wie bei der natürlichen Ausathmung: aus dem überfüllten Herzen tritt das Blut in die großen Schlagadern, aus den Lungen wird das eingeathmete Fruchtwasser, später die künstlich eingeathmete Luft kräftig ausgetrieben; Schleim und Fruchtwasser, oft mit Blut, oft mit Kindspech vermischt, die das Kind im Mutterleib eingeathmet hat, treten vor die Athemöffnungen. Die Hebamme entferne die ausfließenden Massen, nehme auch aus Mund und Rachen den Schleim, den die künstliche Athmung heraufbefördert hat, mit tief über die Zunge eingeführtem Finger dann und wann von Neuem heraus. Dabei ist jedesmal die Zungenwurzel etwas nach vorn zu drücken; dadurch wird der Weg freier für das Einstreichen der Luft.

Das Abwärtsschwingen ist die Einathmung. Weil das ganze Gewicht des Kindes in den Axelhöhlen auf den Zeigefingern der Hebamme ruht, wird durch die Schlüsselbeine das Brustbein, werden durch das Brustbein die Rippen gehoben, der Brustkorb also stark erweitert; dabei schwingen die Baucheingeweide abwärts und ihnen muß das Zwerchfell folgen, dadurch wird auch nach unten der Raum der Brust erweitert: in den Blutadern muß nun das Blut wieder freier zum Herzen zurückfließen und in die Lungen tritt durch Nase und Mund die Luft ein wie bei einer natürlichen tiefen Einathmung.

Wenn das Schwingen gut ausgeführt wird, tritt beim Abwärtsschwingen nicht selten die Luft mit hörbarem Laut ein. Beim Aufwärtsschwingen (Ausathmung) pflegt das Kind die ersten selbstständigen Töne von sich zu geben. Ist das der Fall, dann wird die künstliche Athmung sofort unterbrochen und das Kind wieder ins warme Bad gelegt. Macht das Kind nun regelmäßige, wenn auch schwache, Athembewegungen, so wird zunächst im warmen Bade ruhig abgewartet, ob dieselben nicht allmälig kräftiger werden. Ist das nicht der Fall, so sind Hautreize anzuwenden wie im blaurothen Scheintod. Noch während das Kind im warmen Bade liegt, spritze die Hebamme ihm kaltes Wasser ins Gesicht, richte einen starken Strahl kalten Wassers auf die Herzgrube, träufle Aether auf die Herzgrube und reibe dann mit der Hand, oder gieße dem Kinde von hoch herab kaltes Wasser über Hinterkopf und Nacken. Auch ein kleines ganz kaltes Klystir oder Einträufeln von wenig ganz starkem Wein auf die Zunge, Kitzeln in der Nase mit einem Federbart, ganz flüchtiges Riechen= lassen an Salmiakgeist ist manchmal im Stande, die oberflächliche Athmung tiefer werden zu lassen. Reiben der Haut des Kindes mit Schnee, sanftes Peitschen mit einem beblätterten Zweige sind Hautreize, die ebenfalls in dem genannten Zustand öfters sich hilfreich erwiesen haben. Der kräftigste Athemreiz ist aber auch hier das Eintauchen des Kindes in kaltes Wasser abwechselnd mit dem Verweilen im warmen Bad; nie verliere die Hebamme mit den anderen Mitteln viel Zeit, und sobald sie wahrnimmt, daß die Athmung seltener oder der Herzschlag schwächer wird, ist unverweilt wieder zur künstlichen Athmung durch Schwingen zu schreiten.

In vielen Fällen kommt durch die künstliche Athmung und das Eintauchen selbst das ganz tief scheintobte Kind schnell zum Leben. In anderen Fällen dauert es länger und die Hebamme darf nicht ermüden. Manchmal erst durch stundenlanges Bemühen gelingt es, das Kind zu regelmäßiger und ausreichend tiefer Athmung zu bringen.

Wenn die Wiederbelebungsversuche lange Zeit fortgesetzt werden müssen, vergesse die Hebamme auch nicht, daß das Kind nicht erkalten darf. Dasselbe muß dann zwischendurch im warmen Bade verweilen, und das Bad soll für das scheintodte Kind 29° warm sein. Wenn über die Wiederbelebungsversuche lange Zeit vergeht, wenn das Kind im Bade kalt bespritzt und begossen wurde, muß natürlich wieder heiß Wasser zugegossen werden, damit das Bad 29° warm bleibt.

So lange die Hebamme den Herzschlag des Kindes in der Herz= grube sieht oder mit dem angelegten Ohr hört, muß sie die Belebungs= versuche fortsetzen; erst wenn der Herzschlag ganz aufgehört hat, darf sie das Kind für **wirklich todt** halten. Als **vollständig wiederbelebt** darf das Kind erst betrachtet werden, **wenn es mit lauter Stimme anhaltend schreit**. Wird das scheintodt gewesene Kind früher sich selbst überlassen, so verfällt es oft bald wieder in den früheren Zustand und stirbt dann meist. Man sagt von solchen Kindern, die nach unvoll= kommener Wiederbelebung an ihrem Scheintod zu Grunde gehen, sie seien an „Lebensschwäche" gestorben.

§. 478.

Die dem Kinde drohende Gefahr ist in den meisten Fällen von der aufmerksamen Hebamme schon während der Geburt erkannt worden. Oft ist daher, wenn scheintodte Kinder geboren werden, der Geburtshelfer zugegen, und die Hebamme hat dann nach dessen Anordnungen zu handeln. Sollte aber wider Erwarten, und das kommt gerade bei schnellen und selbst bei leichten Geburten vor, das Kind tief scheintodt zur Welt kommen, so muß die Hebamme stets, wenn ein Geburtshelfer nahebei zu haben ist, die Herbeirufung desselben veranlassen. Während dessen handle sie nach den in den vorangegangenen Paragraphen gegebenen Regeln.

Kinder, die in tiefem Scheintod waren und nur mit Mühe wiederbelebt werden konnten, sind, auch nachdem die Wiederbelebung gelang, krank, und sterben manchmal ganz schnell nach einigen Stunden. Daher hat die Hebamme stets, wenn sie ein scheintodt geborenes Kind wieder zum Leben brachte, auch nun noch, wenn nicht ohnehin die Wöchnerin den Besuch des Hausarztes erwartet, die Zuziehung des Geburtshelfers anzurathen, sonst würde der schöne Erfolg, den ihre Mühe hatte, oft nur von kurzer Dauer sein.

Sechzehntes Kapitel.
Störungen der Nachgeburtszeit.

§. 479.

Die Ausscheidung der Nachgeburt kann auf dreierlei Weise behindert sein.

1) Die Zusammenziehungen der Gebärmutter, die Nachgeburtswehen, sind zu schwach, oder sie fehlen ganz. Solche schwache Wehen sind entweder überhaupt nicht im Stande, die Nachgeburt vollständig von der Gebärmutterwand zu lösen, oder sie genügen doch nicht, die gelöste Nachgeburt auszustoßen. Dabei fühlt sich die Gebärmutter durch die Bauchdecken groß und weich an und die Hebamme nimmt keine oder nur seltene, schwache Zusammenziehungen an derselben wahr.

294 Sechster Theil. Von der regelwidrigen Geburt.

2) Die Nachgeburt ist überall oder zum Theil zu fest ange= wachsen. Auf diesen Zustand muß die Hebamme schließen, wenn trotz guter kräftiger Nachgeburtswehen die Nachgeburt nicht in die Scheide tritt.

3) Einschnürung der Gebärmutter (vergleiche §. 423) hindert die Ausstoßung der Nachgeburt; das ist die sogenannte Einsperrung der Nachgeburt. Dabei fühlt sich die Gebärmutter entweder schief oder sehr höckerig, manchmal semmelförmig eingeschnürt, abwechselnd sehr hart nnd wieder weich, an, sie reicht meist wieder hoch in den Bauch hinauf. Diese krampfhaften Wehen machen oft ununterbrochenen hef= tigen Schmerz.

§. 480.

Von diesen drei regelwidrigen Zuständen kann je einer allein be= stehen, es können auch mehrere derselben gleichzeitig bestehen oder einer aus dem anderen hervorgehen. So entsteht zum Beispiel nicht selten aus dem Angewachsensein des Mutterkuchens Einsperrung desselben und nachher Erschlaffung der Gebärmutter.

§. 481.

Wenn bei diesen Zuständen die ganze Nachgeburt noch an der Gebärmutterwand sitzt, so fehlt selbst die regelmäßige Blutung der Nachgeburtszeit. Das ist sehr selten. Die häufigste und wichtigste, weil gefährlichste Erscheinung bei jenen drei Zuständen ist über= mäßige Blutung. Die Blutung kann eine verborgene, innere oder eine äußere, offenbare sein, es kann auch äußere und innere Blutung gleichzeitig oder abwechselnd bestehen.

§. 482.

Die Zeichen der inneren Blutung kennt die Hebamme schon aus §. 308 u. folg. Die Gebärmutter wird dabei groß und weich, ja selbst so weich, daß die Hebamme dieselbe bei der Untersuchung des Bauches gar nicht finden kann. Sobald die Hebamme fürchtet, daß eine innere Blutung da sei, muß sie sofort den Geburtshelfer rufen lassen, muß, bis derselbe da ist, durch Reiben der Gebärmuttergegend mit

Sechzehntes Kapitel. Störungen der Nachgeburtszeit. 295

der flachen Hand, durch möglichst kalte Umschläge auf den Bauch, durch möglichst kalte Einspritzungen gegen den Muttermund die Gebärmutter zur Zusammenziehung zu bringen suchen. Gelingt das, so unterstütze die Hebamme durch kräftigen Druck vom Bauche aus die eintretende Wehe; das Blut geht nun meist in großen Klumpen ab. Das ist günstig und muß die Hebamme ermuntern, bis der Arzt kommt oder bis alles angesammelte Blut und auch die Nachgeburt ausgeschieden ist und bis die Gebärmutter gut zusammengezogen bleibt, mit den genannten Mitteln fortzufahren.

§. 483.

Sobald in der Nachgeburtszeit ungewöhnlich viel **Blut nach außen abfließt**, muß die Hebamme innerlich untersuchen, und wenn sie die Nachgeburt in der Scheide findet, dieselbe entfernen, wie im §. 219 gelehrt wurde. Findet sie aber, daß die Nachgeburt noch nicht in der Scheide liegt, so muß sie die Gebärmuttergegend sanft reiben. Darauf entsteht meist bald eine Wehe; dieselbe wird auf die in §. 218 gelehrte Weise durch den Druck der Hand unterstützt und die Nachgeburt wird meist herabtreten. Geschieht das aber nicht und dauert die Blutung fort oder wiederholt sie sich immer von Neuem, ohne daß die Nachgeburt in die Scheide tritt, so muß die Hebamme schleunigst den Geburtshelfer rufen lassen. Währenddeß wiederhole sie die Reibungen der Gebärmutter, unterstütze jede eintretende Nachgeburtswehe durch kräftigen Druck von außen und mache, wie vorhin gelehrt, kalte Umschläge und Einspritzungen. Die Einspritzungen macht sie hier am besten nicht bloß gegen den Muttermund, sondern in denselben hinein. Zu dem Zweck nimmt sie das einmal durchbohrte Mutterrohr, führt dasselbe auf zwei Fingern vorsichtig bis an die Muttermundsöffnung heran und spritzt dann ein; noch besser, sie hält das Mutterrohr auf den eingeführten Fingern genau in der Lage, daß die Mündung desselben gegen den Muttermund sieht, und läßt durch eine andere Person die zuvor gefüllte Spritze einsetzen und entleeren. Bei diesen Einspritzungen ist es von besonderer Wichtigkeit, daß ja keine Luft eingespritzt werde. Sicherer als beim Gebrauch der Spritze wird diese letztgenannte Gefahr vermieden, wenn die Einspritzung mit dem langen Gummischlauch (§. 415, §. 542) gemacht wird, auch ist ein ununterbrochener Wasserstrahl von mehreren Litern viel wirksamer als das wiederholte Einspritzen geringerer Mengen. Sollte die Blutung sehr heftig werden, ehe der Geburtshelfer da ist, so daß die Hebamme für das Leben der Frau fürchtet, und ist Schnee oder Eis nicht zu haben, so mische sie dem einzuspritzenden Wasser gleiche Theile guten Essigs zu.

Was bei eintretenden Ohnmachten zu thun sei, wurde schon §. 332 gelehrt. Die kalt werdenden Glieder reibe die Hebamme mit wollenen Tüchern. Sie lege ja nicht Wärmflaschen oder heiße Steine an die Füße, denn das vermehrt die Blutung.

§. 484.

Sobald aber nun die Blutung steht, enthalte sich die Hebamme alles innerlichen Untersuchens, damit sie nicht etwa die Blutung wieder hervorrufe, und warte ruhig den Geburtshelfer ab, während sie die Gebärmutter mit der außen aufgelegten Hand überwacht und öfters am Stopftuch nachsieht, ob etwa von Neuem Blutung auftritt.

Wenn die Nachgeburtswehen sehr schmerzhaft sind und nicht etwa die Blutung die ganze Thätigkeit der Hebamme in Anspruch nimmt, so gebe sie der Gebärenden ein Klystir aus einer Tasse voll starken Kamillenthees.

Auch die Harnblase erfordert die Aufmerksamkeit der Hebamme; ist sie mit Urin gefüllt, so muß derselbe mit dem Katheter abgelassen werden.

§. 485.

Manchmal dauert **nach Ausstoßung der Nachgeburt** die Blutung noch in starkem Grade fort, oder sie tritt erst jetzt auf. Dann muß immer **sogleich zum Geburtshelfer** geschickt werden, und inzwischen verfahre die Hebamme ganz so, wie eben gelehrt worden. Die **Ausstopfung der Scheide**, welche der Hebamme für andere Fälle im §. 320 und §. 467 gelehrt wurde, darf die Hebamme in der Nachgeburtszeit und nach Ausstoßung der Nachgeburt **nie** ausführen, sie würde dadurch aus der äußeren Blutung eine innere machen und dadurch den Zustand verschlimmern.

§. 486.

Das vortrefflichste Mittel dagegen, nach Beendigung der ganzen Geburt fortdauernde Gebärmutterblutungen zu stillen, wenn Reibungen am Gebärmuttergrund und kalte Einspritzungen nicht schnell zum Ziele führen, ist das Auflegen des **Sandsackes.** Die Hebamme nimmt ein breites Handtuch oder kleines Betttuch, breitet dasselbe aus und legt auf die Mitte desselben 8 bis 12 Pfund feinen Sand, knetet denselben mit kaltem Wasser, im Winter besser mit Schnee, gehörig durch, schlägt das Tuch über ihm zusammen und dreht die freien Enden desselben so, daß der Sand nirgends herauskann. Dieser „Sandsack" wird nun der auf dem Rücken liegenden Frau in der Gebärmuttergegend über den Bauch gelegt. Durch seine Schwere drückt er die vordere Gebärmutter= wand gegen die hintere, stillt dadurch die Blutung und regt zugleich die Gebärmutter zu Zusammenziehungen an, so daß die Blutung dauernd steht. Die Gebärmutter kriecht förmlich, indem sie sich zusammenzieht, unter dem Sandsack hervor. Auch nun noch ist es sehr vortheilhaft, wenn der Sandsack oberhalb der Gebärmutter 24 bis 36 Stunden liegen bleibt; er verhindert, daß die Gebärmutter von Neuem erschlafft. Zu dem Behuf müssen die zusammengedrehten Enden an den Seiten des Bettes befestigt werden.

§. 487.

Manchmal ist bei fortdauernder Nachblutung die Gebärmutter gut zusammengezogen am Bauch zu fühlen, dann kommt die Blutung aus einem Einriß im **Gebärmutterhals** oder aus der **Scheide** oder aus den **äußeren Geschlechtstheilen.**

Die Hebamme hat daher eine genaue Besichtigung der Geschlechts= theile vorzunehmen. Findet sie an den **äußeren Geschlechtstheilen** die blutende Stelle, so muß sie dieselbe mit den Fingern oder mit einem in kalten Essig getauchten Leinwand= oder Flachsbausch zusammendrücken, bis der eilig herbeizurufende Geburtshelfer kommt. Dergleichen Nach= blutungen kommen am häufigsten vorn aus der **Umgegend der Harnröhrenmündung.** Bei selbst bedeutenden Eintrissen nach hinten zu in den Damm ist die Blutung meist das geringste Uebel. Auch der untere Theil der Scheide ist dem Auge der Hebamme zugänglich.

Findet sie hier die Quelle der Blutung, so verfahre sie in gleicher Weise. Kommt aber das Blut von höher oben herab, so mache die Hebamme Einspritzungen von Eiswasser, von Wasser mit Essig, lege einen kalten Umschlag auf den Bauch, bis der Geburtshelfer kommt.

§. 488.

Im §. 481 wurde schon erwähnt, daß auch ohne Eintritt von Blutung die Ausscheidung der Nachgeburt sich verzögern kann. Sind dabei krampfhafte Nachgeburtswehen da, siehe §. 479, so muß sogleich der Geburtshelfer gerufen werden. Bei heftigen Schmerzen gebe die Hebamme einstweilen ein Kamillenklystir. Ist aber im Uebrigen gar keine Störung im Befinden der Frau zugegen, so kann die Hebamme ruhig zwei Stunden abwarten, indem sie während dieser Zeit die Gebärmutter mit der Hand sorgfältig überwacht und jede eintretende Wehe durch angemessenen Druck unterstützt. Trat nach diesen zwei Stunden die Nachgeburt noch nicht in die Scheide herab, so muß jetzt der Geburtshelfer gerufen werden. Das längere Verbleiben der Nachgeburt in der Gebärmutter würde zu gefährlichen Erkrankungen im Wochenbett führen.

§. 489.

Noch ist ein übler Zufall zu erwähnen, der in der Nachgeburtszeit, jedoch zum Glück sehr selten, sich ereignet. Das ist die **Umstülpung der Gebärmutter**, der Zustand, wo die Gebärmutter mit der Innenseite voraus durch den Muttermund herabtritt. Die so umgestülpte Gebärmutter kann nun auch noch aus den äußeren Geschlechtstheilen hervorgetrieben werden, das ist: **Vorfall der umgestülpten Gebärmutter.** Die Nachgeburt sitzt dabei entweder an der Gebärmutterwand noch fest, oder sie ist zum Theil oder ganz abgetrennt; in den letzteren Fällen finden meist tödtliche Blutungen statt. Heftigste Schmerzen, Ohnmachten, Zittern u. s. w. begleiten die Umstülpung der Gebärmutter. Die hervortretende Nachgeburt kann die Hebamme mit Umstülpung der Gebärmutter nicht verwechseln, wenn sie durch Nachfühlen am Bauch der Frau sich überzeugt, daß der Gebärmuttergrund an seiner richtigen Stelle steht.

§. 490.

Umstülpung der Gebärmutter kommt zu Stande durch Ziehen am Nabelstrang, während der Mutterkuchen noch an der Gebärmutter sitzt, und durch unpassendes Pressen von Seiten der halb entbundenen Frau. Vergleiche darüber das im §. 228 Gesagte, vergleiche auch §. 456 und Fig. 41 u. 42.

Die nebenstehende Fig. 84 zeigt eine umgestülpte und vorgefallene Gebärmutter von vorn, auf einem von rechts nach links geführten Schnitt. Die Innenfläche derselben ist nach außen gekehrt, es sitzt an derselben der Mutterkuchen mit der Nabelschnur. Die rechts und links in der Gegend des Scheidengewölbes befindliche Leiste ist der Saum des Muttermundes. Der oberste Theil der Scheide ist eingestülpt und die umgestülpte Gebärmutter zum größeren Theil schon vorgefallen; die äußeren Schamlippen rechts und links sind an den Haaren kenntlich. An der früheren Außenseite der Gebärmutter, in der Figur die Innenseite, sieht man die Eierstöcke und Muttertrompeten.

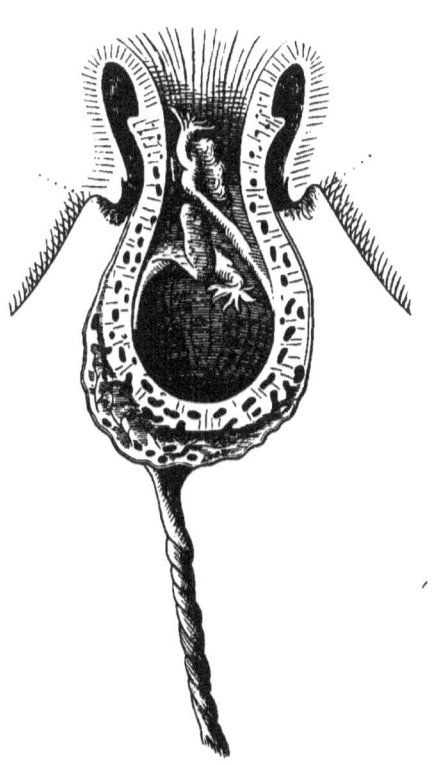

Figur 84. ⅕ natürl. Größe.

Die Hebamme muß bei Umstülpung der Gebärmutter sogleich den Geburtshelfer rufen lassen. Bis derselbe kommt, soll sie alles Pressen der Frau auf das Strengste verbieten und durch Gegendrücken von in kaltes Wasser getauchten Tüchern verhindern, daß die Gebärmutter nicht weiter hervorkommt. Durch dies Verfahren wird auch die Blutung gemäßigt.

Siebenter Theil.

Von der Störung der Wochenzeit und des Säugens.

Erstes Kapitel.

Erkrankungen an den Geschlechtstheilen und Allgemein-Erkrankungen der Wöchnerin.

§. 491.

Entzündung an den äußeren Geschlechtstheilen kommt namentlich als unmittelbare Folge der Geburt vor. Ist am zweiten Tage nach der Geburt die Anschwellung und Empfindlichkeit der äußeren Geschlechtstheile noch nicht geschwunden oder tritt eine Anschwellung der einen oder anderen Schamlippe später von Neuem auf, so rührt das meist daher, daß eine jener an sich unbedeutenden Verletzungen der Schleimhaut zu heilen zögert, vielleicht sich zu einem Geschwür umbildet. Die Hebamme muß daher in all solchen Fällen die äußeren Geschlechtstheile genau besichtigen.

Durch Beobachtung größter Reinlichkeit mittelst Einspritzungen, Waschungen mit übermangansaurem Kali oder schwacher Carbolsäurelösung, und häufigen Wechsels der Unterlagen, durch Ueberschlagen eines mehrfach zusammengelegten Leintuches, welches in eine warme Abkochung von Kamillenblumen oder wohlriechenden Kräutern getaucht ist, verliert sich die Anschwellung und Empfindlichkeit oft bald, indem die wunden Stellen verheilen.

Verliert sich aber die Anschwellung nicht, oder nimmt sie gar zu, oder bildet sich ein Geschwür mit harten Rändern, oder wird die Absonderung stinkend, oder gesellt sich Fieber dazu, so ist die Herbeirufung des Geburtshelfers erforderlich.

304   Siebenter Theil. Störungen der Wochenzeit und des Säugens.

§. 492.

Entzündung der Scheide kann schon von der Schwangerschaft her bestanden haben, oder durch die Geburt hervorgerufen worden, oder erst im Wochenbett entstanden sein. Die Hebamme erkennt dieselbe an der Schmerzhaftigkeit der Scheide, welche sich bei der Einführung des Rohrs zu der Einspritzung zeigt. Untersucht sie nun mit dem Finger, so findet sie die Scheide heiß, empfindlich, manchmal rauh und weniger feucht als sie sein soll. Meist fühlt sich dabei die Frau auch anderweit krank. Der Geburtshelfer muß gerufen werden.

Auf einem der Entzündung ähnlichen Zustand beruht es auch, wenn nach der eigentlichen Wochenzeit ein bedeutender Ausfluß aus der Scheide fortdauert. Die Hebamme muß der Frau Beobachtung größter Reinlichkeit durch Einspritzungen und Waschungen empfehlen, und wenn dabei der Ausfluß nicht bald aufhört, sie an einen Geburtshelfer weisen. Ohne sorgfältige ärztliche Behandlung trägt die Frau dauernde Leiden davon.

§. 493.

Gebärmutterblutungen im Wochenbett wird die Hebamme durch pünktliche Befolgung aller in den Paragraphen 219 bis 222, 226 bis 228, 253, 254, 260, 264 gegebenen Regeln meist verhüten. Bei übrigens gesunden Frauen wird durch zu frühes Aufstehen durch Aufsitzen im Bett, durch Pressen zum Stuhl, durch Hinkauern zum Urinlassen, durch Harnverhaltung zu Blutungen im Wochenbett Veranlassung gegeben.

Bleibt bei einer Wöchnerin der Wochenfluß länger als vier Tage blutig, so muß die Frau länger als sieben Tage ruhig liegen bleiben; tritt aber bei einer Wöchnerin, die schon aufgestanden war, von Neuem blutiger Ausfluß ein, so muß sie, auch wenn sie sich sonst ganz wohl fühlt, sich sogleich wieder hinlegen, zu ihrer schmalen Wöchnerinnenkost zurückkehren und kühles, säuerliches Getränk trinken. Die Hebamme hat dabei für regelmäßige Entleerung der Harnblase ganz besonders Sorge zu tragen. Hat die Wöchnerin Schmerz beim Harnlassen, oder Stuhlbeschwerden, oder fühlt sie sich matter als zuvor oder überhaupt krank, oder findet die Hebamme bei der sogleich anzustellenden Untersuchung außer der Blutung irgend etwas Abweichendes, so muß der Geburtshelfer gerufen werden, ebenso in dem Falle, daß die Blutung heftig wäre; in diesem Fall verfahre die Hebamme, bis der Geburtshelfer zur Stelle ist, gerade so, wie bei heftigen Blutungen gleich nach beendigter Geburt.

§. 494.

Entzündungen und Lageveränderungen der Gebärmutter, namentlich Rückwärtsbeugung und Vorfall derselben, entstehen fast noch häufiger als Blutungen in Folge der im vorigen Paragraphen genannten Veranlassungen. Es können auch Blutungen neben diesen Leiden und gerade durch dieselben bestehen. Beim Eintritt einer Entzündung der Gebärmutter wird meist im Anfang der Wochenfluß gering, oder hört ganz auf, um erst nach einigen Tagen reichlich, vielleicht übelriechend, wiederzukehren. Die genannten Leiden treten oft plötzlich und mit Schmerzen auf; die Hebamme nehme sich da in Acht, daß sie den Schmerz nicht für Nachwehen halte. Nachwehen sind kurz und machen lange Pausen, die Gebärmutter ist dabei gegen Druck nicht empfindlich; der entzündliche Schmerz dagegen ist anhaltend und die Gebärmutter schmerzt bei Druck durch die äußere oder innere Untersuchung. Die Unterscheidung ist nicht immer leicht, denn in der entzündeten Gebärmutter sind die Nachwehen oft besonders schmerzhaft. Darum merke die Hebamme, daß bloßen Nachwehen, auch wenn sie sehr stark und schmerzhaft sind, kein Fieber machen, daß aber eine im Wochenbett auftretende Entzündung fast immer Fieber macht. Das Fieber dauert manchmal nur einen Tag oder einen halben, und doch besteht auch danach die Entzündung an der Gebärmutter fort. Die Frauen haben dabei manchmal gar keine örtlichen Beschwerden, oder sie empfinden nur etwas Druck im Kreuz, vielleicht etwas Beschwerden beim Harnlassen. Erst nach Wochen, wenn die Frauen ihren gewohnten Geschäften nachgehen wollen, werden die Beschwerden empfindlich, weil die **groß gebliebene vielleicht auch aus ihrer Lage gewichene Gebärmutter** bei jeder Anstrengung auf den Mastdarm oder auf die Blase oder nach abwärts gedrängt wird.

Wenn in der späteren Zeit des Wochenbettes die genannten Beschwerden eintreten, oder wenn zu unregelmäßiger Zeit Blutung eintritt, auch wenn ohne sonstige Beschwerden bei der stillenden Frau nach wenigen Monaten die Regel sich wieder einstellt, versäume die Hebamme nicht, eine Untersuchung vorzunehmen; Lageveränderungen der Gebärmutter, namentlich Rückwärtsbeugung, sind da oft Schuld.

Sobald die Hebamme bei der Untersuchung eine Senkung oder Rückwärtsbeugung der Gebärmutter (siehe §. 295) oder eine Empfindlichkeit der Gebärmutter gegen Druck, oder eine ungewöhnliche Größe derselben findet, so weise sie die Frau an den Geburtshelfer. Je näher der Entstehung, desto eher kann das Uebel noch gehoben werden. Sich selbst überlassen führt es zu jahrelangen Leiden, zu Unfruchtbarkeit und selbst zu tödtlichen Krankheiten.

Früher bestandene Lageveränderungen, deren Beschwerden während der Schwangerschaft aufgehört hatten, kehren im Wochenbett meist wieder zurück. Es giebt kaum eine günstigere Zeit, selbst ganz veraltete Leiden der Gebärmutter noch zu heilen, als die Zeit der Rückbildung der Gebärmutter in und nach dem Wochenbett.

§. 495.

Die Harnbeschwerden, die bei Wöchnerinnen auftreten, sind Harnzwang, Harnverhaltung und unwillkürlicher Harnabfluß. Vergl. §. 292.

Harnzwang bei Wöchnerinnen beurtheile und behandle die Hebamme nach dem im §. 293 Gelehrten, nur sei sie dazu eingedenk, daß die im vorigen Paragraphen beschriebenen Zustände bei Wöchnerinnen oft Ursache des Harnzwanges sind; sie achte daher ganz besonders bei der Untersuchung auf Größe, Lage, Beweglichkeit und Empfindlichkeit der Gebärmutter und handle, wenn sie hier etwas Abweichendes findet, nach den gegebenen Regeln.

In Betreff der Harnverhaltung beherzige die Hebamme das im §. 263 Gesagte: sie fordere ja nicht die Wöchnerin auf, in hockender Stellung zu versuchen, ob sie den Urin selbst lassen kann, das begünstigt die Entstehung von Vorfällen, sie nehme vielmehr den Urin mit dem Katheter ab. Die Hebamme, die ihren Katheter geschickt zu führen versteht, weiß, daß sie damit in der gesunden Harnröhre und Blase niemals Schmerz macht. Kann auch nach einmaligem Ablassen der Urin später nicht willkürlich gelassen werden, so muß er wenigstens alle 6 Stunden mit dem Katheter entleert werden. Die Hebamme mache warme Kamillenumschläge über die Blasengegend. Findet sie Quetschung oder Schwellung in der Harnröhrengegend, macht die Einführung des Katheters Schmerz, oder gelingt sie nicht, oder kann auch am zweiten Tage der Urin nicht willkürlich gelassen werden, so muß die Hebamme auf Zuziehung des Geburtshelfers dringen.

Unwillkürlicher Harnabgang, den die Hebamme am Geruch der Unterlagen wahrnimmt, ist entweder Folge von Lähmung des Blasenhalses oder von Blasenscheidenfisteln und erfordert stets die Zuziehung des Geburtshelfers.

§. 496.

Diarrhoe entsteht bei Wöchnerinnen durch Fehler im Essen und Trinken und durch Erkältung. Wiederholt sich die Diarrhoe, so liegt dem stets eine Krankheit zu Grunde, welche die Hülfe des Arztes erfordert. Bis der Arzt seine Verordnungen trifft, sorge die Hebamme, daß jene Schädlichkeiten streng vermieden werden, und gebe der Frau nur warmen Haferschleim als Getränk.

§. 497.

Fieber befällt die Wöchnerinnen nicht selten und aus den mannichfaltigsten Ursachen. Fieber zeigt sich durch das Gefühl vermehrter **Hitze**, oft nach vorausgegangenem **Frost**, durch **heiße**, manchmal **trockne**, manchmal stark **schwitzende Haut**, durch beschleunigten **Takt des Pulsschlages**. Dazu kommt meist allgemeines Unbehagen, unruhiger Schlaf, Kopfschmerz, Appetitlosigkeit.

Die Empfindung, welche die Wöchnerin selbst von ihrer Wärme hat, giebt keinen richtigen Maßstab über das Fieber. Die Wöchnerin kann sich sehr heiß vorkommen und hat doch kein Fieber, und wenn sie starken Frost hat, ist ihr Körper vielleicht um mehrere Grade wärmer als regelmäßig. Die Hand der Hebamme erkennt schon richtiger, wie warm die Haut der Wöchnerin ist. Aus der Zeit ihres Unterrichts weiß die Hebamme, daß ein sicheres Urtheil über die Körperwärme nur durch Messung mit dem Thermometer gewonnen wird.

Um die Zeit, wo der Ausfluß aufhört blutig zu sein, §. 242, also um den dritten Tag des Wochenbettes, stellt sich bei manchen Wöchnerinnen ein leichter kurzer Fieberschauer ein, der im günstigen Fall nach wenigen Stunden mit reichlichem Schweiß wieder vergeht. Dieser Fieberschauer, der von den Veränderungen in der Gebärmutter herrührt, wurde früher fälschlich mit der Milchabsonderung in Zusammenhang gebracht und hat davon den schlechten Namen „Milchfieber" erhalten. Die Milchdrüsen geben zur Entstehung von Fieber bei Wöchnerinnen nur dann Veranlassung, wenn sie sich entzünden.

§. 498.

Man glaubte, und manche Frauen glauben es noch, das sogenannte „Milchfieber" gehöre zum regelmäßigen Wochenbett. Wenn man den Wöchnerinnen viel Thee zu trinken giebt und sie in Betten einpackt, tritt zur genannten Zeit in der That Fieber meist ein. Gesunde Wöchnerinnen haben gar kein Fieber, jedes Fieber ist krankhaft. Gerade jenes am dritten Tage des Wochenbetts auftretende sogenannte Milchfieber ist häufig der Anfang einer schweren Krankheit.

§. 499.

Nicht ganz selten bei Wöchnerinnen bricht auf der Haut ein Ausschlag von zahlreichen stecknadelkopfgroßen hellen, später weißlichen Bläschen hervor, das nennt man **Friesel.** Die Haut in der nächsten Umgebung jedes Bläschens ist entweder geröthet oder unverändert, danach unterscheidet man **rothes** und **weißes Friesel.** Das Friesel entsteht bei Wöchnerinnen, die sonst gesund sind, und bei solchen, die schwer krank sind. Das Friesel hat an sich keine Bedeutung, als die, daß mehr Schweiß gebildet wird, als zu den kleinen Löchelchen in der Haut heraus kann. Meist ist das Einpacken in schwere Betten und der Genuß von zu viel warmem Getränk daran Schuld. Das Friesel macht kein Fieber, darum ist es unrecht, von Frieselfieber zu reden. Hat das Friesel wenig Bedeutung, so hat um so größere das Fieber, eben weil es andere tiefer liegende Ursachen hat.

§. 500.

Die fieberhaften Erkrankungen der Wöchnerinnen werden sehr leicht gefährlich und führen nicht selten, oft schnell, zum Tode. Diese gefährlichen Erkrankungen der Wöchnerinnen heißen Kindbettfieber. Außer den obengenannten Kennzeichen des Fiebers ist dabei oft, aber durchaus nicht immer, heftiger, anhaltender Schmerz im Leibe, große Empfindlichkeit bei Druck oder selbst bei leiser Berührung des Bauches. Die Wochenreinigung kann dabei unverändert bleiben, in manchen Fällen hört sie ganz auf, in anderen wird sie sehr reichlich und stinkend. Erbrechen, Durchfall, Irrereden und viele andere krankhafte Erscheinungen können im weiteren Verlauf dazu treten.

Kindbettfieber kann von selbst entstehen, veranlaßt durch die Vorgänge bei der Geburt; sehr häufig aber entsteht es durch Unreinlichkeit und ganz besonders durch Uebertragung. **Die Hebamme befolge auf das Strengste, was im §. 108, im §. 230 und §. 258 in dieser Beziehung gelehrt wurde.** Hat die Hebamme eine kranke Wöchnerin in Pflege, so würde sie das Kindbettfieber auf ihre gesunden Wöchnerinnen fast unfehlbar übertragen, wenn sie die für alle Fälle vorgeschriebenen Reinlichkeitsregeln vernachlässigen wollte.

§. 501.

Bei allen fieberhaften Erkrankungen einer Wöchnerin rathe die Hebamme, daß der Geburtshelfer gefragt werde. Hält das Fieber mehr als einige Stunden an, oder wiederholen sich Frost und Hitze, oder gesellen sich gar dazu die letztgenannten dem Kindbettfieber zukommenden Erscheinungen, **so bringe die Hebamme mit Bestimmtheit auf Herbeirufung des Geburtshelfers.** Inzwischen gebe sie, wenn kein Durchfall da ist, der Wöchnerin kühles, säuerliches Getränk und befolge auf's Pünktlichste alle im vorigen Kapitel gegebenen Regeln. Alles Uebrige wird von der Verordnung des Geburtshelfers abhängen.

§. 502.

Auch ohne Fieber kann die Wöchnerin gefährlich erkranken, entweder an Krämpfen, welche ganz so auftreten, wie im §. 463 beschrieben wurde; oder an **Wahnsinn**. In beiden Fällen ist sofortige Herbeirufung des Geburtshelfers nothwendig, in allen Fällen hat die Hebamme bis dahin vor allen Dingen dafür Sorge zu tragen, daß die Wöchnerin sich selbst und dem Kinde keinen Schaden zufüge.

§. 503.

In seltenen Fällen kommt es vor, namentlich nach langdauernden anstrengenden Geburten, ohne daß die Hebamme Krankheitserscheinungen wahrnehmen konnte, daß die Kräfte der Wöchnerin sinken und daß der Tod durch Erschöpfung erfolgt.

Ebenfalls ganz selten tritt nach ganz regelmäßigem Verlauf der Geburt und des Wochenbettes, manchmal nach der ersten lebhafteren Körperbewegung, beim ersten Verlassen des Wochenbettes oder dergleichen ein ganz **plötzlicher Tod** ein. Das hat Ursachen, welche von der Hebamme vorher nicht erkannt, also auch nicht bekämpft werden können.

In beiden Fällen hat die Hebamme wie bei Ohnmachten und wie bei plötzlichen Todesfällen jeder Art zu verfahren, und die Herbeirufung des nächsten Arztes zu veranlassen.

Zweites Kapitel.

Störungen des Säugegeschäfts, Ammenhalten, künstliche Ernährung des Kindes und Störungen der Verdauung bei demselben.

§. 504.

Die Störungen des Säugegeschäfts sind von ganz besonderer Wichtigkeit für die Hebamme, weil gerade sie durch Umsicht und ausdauernde Sorgfalt bei denselben sehr viel Nutzen stiften, sehr viel Unheil abwenden kann.

Eine der ersten Schwierigkeiten, die sich dem Säugen entgegenstellen, ist die, daß das Kind, wenn es mit dem ersten Nahrungsbedürfniß erwacht, an der Mutterbrust **noch keine Milch** findet. In diesem Fall ist es am besten, wenn eine andere säugende Mutter da ist, daß das Kind zuerst dieser an die Brust gelegt wird; ist eine andere Mutter nicht da, so muß dem Kinde aus einem Saugfläschchen frische Kuhmilch mit gleichen Theilen heißen Wassers und mit Zusatz von wenig Zucker, genau von der Wärme der Mutter, also 30 Grad warm, gereicht werden; jedesmal aber, bevor dem Kinde an fremder Brust oder mit dem Saugfläschchen Nahrung gereicht wird, muß dasselbe an die Mutterbrust gelegt und mit Ausdauer zum Saugen bewogen werden, erstens, weil es sich sonst später zum Saugen nicht leicht bequemt, zweitens weil gerade durch das Saugen die Milchabsonderung in der Mutterbrust hervorgelockt wird. Sollte das Kind zum Saugen, weil es noch gar keine Nahrung findet, nicht zu bewegen sein, so muß auf andere Weise das Saugen an der Mutterbrust bewerkstelligt werden, damit die Milchabsonderung in Gang kommt, entweder durch ein älteres kräftiges Kind, oder durch ein neugeborenes Thier (Hund, Lamm, Ziege), oder durch erwärmte Flaschen (siehe §. 143); es giebt auch ganz zweckmäßige Sauginstrumente aus Gummi, oder aus Gummi und Glas, und weniger zweckmäßige, sogenannte Milchpumpen aus Metall.

§. 505.

In anderen Fällen ist gerade **zuviel Milch** in der Brust Schuld, daß das Kind die dadurch tiefliegende Warze nicht fassen kann. Auch dann muß auf die eben genannte Weise die Brust zuvor ein wenig entleert werden, damit das Kind nun die Warze fassen kann.

§. 506.

Fehlerhafte Form der Warzen ist nicht selten Schuld, daß das Säugen Schwierigkeiten findet. Die Warzen können zu breit oder zu kurz sein, oder sie ragen gar nicht über die Oberfläche der Brust hervor.

Schon während der Schwangerschaft konnte dem meist vorgebeugt werden (§. 143). Findet aber im Wochenbett dieses Verhalten statt, so müssen auch jetzt die Warzen mit Saugflaschen hervorgezogen und jedesmal gleich darauf das Kind angelegt werden. Sehr zweckmäßig ist es auch, ein gut geformtes Warzenhütchen aus Horn, oder Holz, oder Hartgummi genau über der tiefliegenden Warze aufzusetzen, auf dieses Warzenhütchen dann den vorhin genannten Gummisauger anzulegen. Noch besser, man läßt ein Warzenhütchen aus Glas, dessen Höhlung der Gestalt einer guten Brustwarze entspricht, mit einen Ballon aus sehr starkem elastischen Gummi fest verbinden, wie nebenstehende Figur 85 zeigt. Ein solcher Milchsauger saugt die schlechtest gestaltete Warze ganz in die Form des Warzenhütchens hinein, so daß das Kind sie nun bequem fassen kann. Die Hebamme muß nicht er‑ müden und auch die Wöchnerin zur Geduld ermahnen. Wenn durch ihre Bemühungen, trotz aller Hindernisse das Säugegeschäft zum Heil für Mutter und Kind in Gang kommt, erwirbt sie sich viel Dank.

Fig. 85.
⅓ natürl. Größe.

§. 507.

Wundsein der Brustwarzen und Schrunden in denselben sind ein sehr schmerzhaftes und dadurch dem Säugen oft hinderliches Leiden der Wöchnerin. Durch Beobachtung der gegebenen Reinlichkeitsregeln wird dem Auftreten dieses Leidens meist vorgebeugt; wenn aber die Warzen erst mit Mühe hervorgesogen werden müssen, ist deren Wundwerden bei aller Sorgfalt oft nicht zu vermeiden. Sind die Warzen einmal wund, so muß wenigstens nun, wenn es vorher nicht geschah, jedesmal nach dem Säugen die Warze mit frischem Wasser abgewaschen werden und in der ganzen Zwischenzeit zwischen dem Säugen muß ein mit Wasser stets feucht gehaltenes Stückchen feiner Leinwand oder Wundwatte über der Warze liegen. Sollte dasselbe einmal trocken geworden sein, so darf es ja nicht trocken abgerissen, sondern muß vorsichtig abgeweicht werden. Beim Säugen selbst lindert den Schmerz am besten ein Warzen‑ hütchen aus schwarzem ungeschwefelten Gummi. Ein oder mehrere solche muß die Hebamme stets vorräthig halten. Die Hebamme gießt warme Milch in das Warzenhütchen, deckt dasselbe dann geschickt über die

Warze und legt nun das Kind an; auf diese Weise saugt das Kind meist ganz gut, der Wöchnerin werden die Schmerzen wenigstens zum Theil erspart und die wunden Warzen heilen.

Die Hebamme lasse sich nicht bereden, die wunde Brustwarze mit Bleiwasser oder mit Salben zu behandeln, all dergleichen Dinge sind nur im Stande, das Säugegeschäft erst recht zu stören. Wollen die Brustwarzen auf oben beschriebene Weise nicht heilen, so muß der Geburtshelfer um Rath gefragt werden. Auch sehe die Hebamme darauf, daß nie wegen Unterlassung des Säugens schädliche Milchanhäufung in der Brust stattfinde. Dieselbe giebt sich durch drückenden spannenden Schmerz, durch Anschwellung der ganzen Brust mit Empfindlichkeit gegen die Berührung, oder durch Hartwerden einzelner Stellen, sogenannte Milchknoten, zu erkennen. Durch wiederholte Milchanhäufung versiecht nicht allein die Absonderung, sondern es wird dadurch auch zu langwierigen, schmerzhaften und selbst gefährlichen Entzündungen der Brüste Veranlassung gegeben.

§. 508.

Die Entzündung und Vereiterung der Brüste ist meistens die Folge von Vernachlässigung im Säugegeschäft. Seltener sind andere Fehler im Verhalten der Wöchnerin Schuld.

Unter meist heftigen Schmerzen bildet sich eine harte Stelle in der Brust. Später röthet sich über derselben die Haut und oft erst nach wochenlangen Qualen kommt endlich der Eiter zum Durchbruch. Seltener wird gleich Anfangs die ganze Brust hart, roth, geschwollen und heiß. Sobald die Hebamme eine Entzündung der Brust erkennt, bringe sie auf Hinzuziehung des Geburtshelfers und enthalte sich durchaus jeder Anwendung von Pflastern, Salben oder inneren Mitteln. Sie sorge inzwischen für gehörigen Stuhlgang durch Klystire, lasse die Wöchnerin eine knappe Kost beobachten, unterstütze die Brust durch eine über die entgegengesetzte Schulter geführte Binde und wache darüber, daß die Milch in der Brust sich nicht anhäufe. Da das Saugen die Entzündung der Brust nur steigern, auch die Milch der entzündeten Brust dem Kinde nicht dienlich sein würde, so muß das Ausfließen der Milch durch wiederholtes Auflegen trockener warmer Tücher befördert werden.

Die Schmerzen kann die Hebamme dadurch lindern, daß sie die Brust mit feinem warmen Oel sanft einreibt und eine dünne Lage weicher Watte oder Flachs über dieselbe legt.

Das letztgenannte Verfahren ist in allen Fällen hülfreich, wenn die angeschwollenen Brüste schmerzen; so z. B. auch wenn die Frau nicht säugen soll, weil der Arzt es untersagt hat, oder weil das Kind todt ist.

§. 509.

Manchmal will das Säugen nicht gehen, weil das Kind entweder zu schwach ist zum Saugen, oder weil es die Zunge, wegen zu kurzen **Zungenbändchens**, nicht bis vorn an den Rand der Lippen bringen kann. In beiden Fällen ist der Rath des Geburtshelfers unbedingt erforderlich. Die Befolgung der vorher gegebenen Regeln und die Anwendung eines mit längerem Mundstück versehenen Warzenhütchens, das dem Kinde weiter in den Mund reicht, erleichtert oft das Saugen inzwischen.

§. 510.

Die bisher besprochenen Fälle haben das Gemeinsame, daß trotz bestehender Hindernisse die Hebamme bestrebt sein muß, das Säugen in Gang zu bringen und im Gang zu erhalten. Es giebt eine Reihe anderer Fälle, wo entweder von vornherein oder im Laufe der Säugezeit **das Säugen verboten werden muß**, weil daraus entweder für die Mutter oder für das Kind, oder für Beide Nachtheil entstehen würde. Die Beurtheilung solcher Fälle und daher die Bestimmung, ob eine Frau nicht säugen soll, kann lediglich Sache des Arztes sein. Die Hebamme wisse aber, daß bei vorausgegangenen schweren Krankheiten oder Blutverlusten die Mutter, daß bei Schwindsucht und anderen erblichen Krankheiten das Kind, daß bei großer Schwäche der Mutter und bei manchen Erkrankungen Kind und Mutter durch das Säugen in Gefahr kommen würden. Auch bei Frauen, die bei einem früheren Kinde aus irgend einem Grunde das Säugen auf einer oder auf beiden Brüsten unterbrechen mußten, muß im neuen Wochenbett der Arzt gefragt werden, ob die Frau jetzt säugen soll oder nicht säugen soll.

Zweites Kapitel. Störungen des Säugegeschäfts ꝛc.

Gleichgültig ist es nie, ob die Frau ihr Kind säugt, entweder soll sie es säugen, oder sie darf es **nicht** säugen.

§. 511.

Endlich kommt der Fall vor, daß die Mutter ihr Kind nicht **säugen will**. Glücklicherweise ist das selten und muß durch gute Hebammen und Aerzte immer seltener werden. Es sind meist äußere Rücksichten, die manchen Frauen das Säugen unzweckmäßig erscheinen lassen. Die Hebamme muß solche falsche Rücksichten bekämpfen und die Nützlichkeit und Nothwendigkeit des Selbststillens für Mutter und Kind vorstellen. Frauen allerdings, die, sobald sie vom Wochenbett genesen sind, ihren Broderwerb außer dem Hause suchen müssen, können oft ihre Kinder so lange nicht an der Brust behalten, wie eigentlich nothwendig wäre. Darum soll aber eine solche Frau nie von vornherein das Stillen aufgeben. Für sie selbst und für den Säugling ist es von hoher Wichtigkeit, daß sie demselben, wenn auch nur **die ersten Wochen**, die Brust reiche. In den meisten Fällen läßt es sich auch bewerkstelligen, daß Monate lang die Mutter wenigstens einige Male den Tag das Kind säuge, während nur zwischendurch demselben andere Nahrung gegeben wird. Beides ist für das Kind von unersetzlichem Vortheil, und die Mutter fürchte sich nicht, daß ihre Brüste dadurch schlimm werden; bei zweckmäßigem Verhalten bleiben die Brüste gesund.

§. 512.

Bei einer Frau, die ihr Kind nicht säugt, oder die das Säugen nach wenig Tagen wieder aufgeben muß, schwellen oft die Brüste bedeutend an und werden schmerzhaft. Um die Schmerzen zu lindern und eine Entzündung zu verhüten, wende die Hebamme das im §. 508 empfohlene Verfahren an, und sorge dabei durch Klystire für täglichen reichlichen Stuhlgang. Bei einer nicht stillenden Wöchnerin pflegt die Rückbildung der Gebärmutter langsamer vor sich zu gehen, dieselbe bleibt daher länger groß und schwer und der Wochenfluß ist reichlicher und oft längere Zeit als sonst blutig. Eine solche Wöchnerin soll daher, auch wenn sie sich wohl fühlt, einige Tage über die sonst nöthigen 7 Tage das Lager hüten. Was etwa noch sonst der Zustand der Frau erfordert, wird der Arzt anordnen.

§. 513.

Erhält nun das Kind aus irgend einem der besprochenen Gründe an der Mutterbrust keine, oder keine ausreichende Nahrung, so muß in anderer möglichst zweckmäßiger Weise für **Ernährung des Kindes** gesorgt werden. Das geschieht entweder durch die Milch einer andern Mutter, durch eine Amme, oder durch künstliche Ernährung, das sogenannte **Auffüttern** des Kindes.

§. 514.[1]

Wenn die Mutter selbst, oder eine andere sorgsame Person die künstliche Ernährung des Kindes in der später zu beschreibenden Weise ausführt, so gedeihen von Geburt kräftige Kinder bei der künstlichen Ernährung vortrefflich. Ist aber das Kind zu früh geboren oder sonst schwächlich, klein und von Geburt an schlecht genährt, oder steht in Aussicht, daß nicht die **pünktlichste Sorgfalt und sehr viel mehr Zeit, als die Ernährung an der Brust erfordert**, auf das Kind gewendet werden kann, so ist eine Amme vorzuziehen.

Ein aus richtigen Empfindungen entsprungenes Vorurtheil gegen das Ammenhalten gründet sich darauf, daß, wenn eine fremde Mutter angenommen wird, um ein Kind zu säugen, das Kind dieser Mutter die von Natur ihm zukommende Nahrung entbehren muß. Das Vorurtheil schwindet, sobald man bedenkt, daß diejenigen Mütter, welche Ammendienste annehmen, durch ihre äußere Lage ohnehin genöthigt sind, nach Ablauf des Wochenbettes ihr Kind zu entwöhnen. Wenn sie keinen Ammendienst finden, müssen sie einen anderen Dienst antreten, sobald ihre Kräfte dazu ausreichen. Ein Ammendienst ist für die junge Mutter weit angemessener als ein Dienst in schwerer Arbeit, und dem Kinde erwächst durch den besseren Lohn der Mutter ein Gewinn; auch fällt ihm wohl die Theilnahme der Eltern des fremden Säuglings zu.

§. 515.

Die Auswahl einer passenden Amme trifft am besten der Arzt. Nur er kann durch genaue Untersuchung ermitteln, ob eine Person ganz gesund ist. Die Hebamme veranlasse daher die Personen, die sich bei

Zweites Kapitel. Störungen des Säugegeschäfts ꝛc.

ihr als Amme melden, daß sie sich auch vom Arzt untersuchen lassen; sie gebe denjenigen Ammen, die ein Zeugniß vom Arzt über ihre Tauglichkeit beibringen, den Vorzug; sie rathe den Eltern, die eine Amme für ihr Kind angenommen haben, daß sie dieselbe auch vom Arzt untersuchen lassen. Eine Person kann ganz gesund aussehen und doch eine Krankheit haben, die sie auf das Kind überträgt. Von vornherein wisse die Hebamme, daß eine Person, von der sie weiß, daß sie krank ist, oder daß sie die Regel wieder gehabt hat, eine Person, deren eigenes Kind an der Mutterbrust nicht gedeiht, zur Amme nicht taugt.

Für die Lebensweise der Amme gilt Alles, was für die säugende Mutter gesagt worden ist.

§. 516.

Die künstliche Ernährung der Kinder ist eine Verrichtung, bei der durch das Vorurtheil der Leute die schlimmsten Mißbräuche eingeführt worden sind, Mißbräuche, welche vielen Kindern den Tod bringen.

Es giebt Thiere, die sich ausschließlich von Holz nähren, andere Thiere, welche feste Knochen verdauen und vortrefflichen Nahrungsstoff aus denselben gewinnen. Der Mensch kann Beides nicht, er würde bei solcher Kost verhungern, weil seine Verdauungswerkzeuge anders beschaffen sind als die jener Thiere. Der Unterschied zwischen den Verdauungswerkzeugen des Säuglings und des erwachsenen Menschen ist fast ebenso groß. Milch, nur Milch ist das angemessene Nahrungsmittel für den Säugling; wenn er Muttermilch nicht haben kann, muß ihm andere Milch gereicht werden. Alles, was aus Mehl besteht, welchen Namen es führen mag und wie oft es gebacken oder gekocht sein mag, kann der Säugling gar nicht verdauen, viel weniger davon sich nähren.

§. 517.

Der Frauenmilch am ähnlichsten ist Eselmilch, die ist aber selten zu haben. Kuhmilch wird der Frauenmilch ähnlich, wenn sie mit gleichen Theilen Wasser verdünnt und mit ein wenig Zucker versüßt wird. Milch vom Lande ist besser als Milch aus der Stadt; jedenfalls soll man sich davon überzeugen, daß die Kühe, von denen sie genommen wird, reinlich gehalten und gut gefüttert werden. Die Milch muß dem Kinde wo möglich von ein und derselben Kuh, jedesmal frisch gemolken, unabgerahmt und ungekocht gegeben werden. Weiß man aber nicht, ob die Milch von einer gesunden Kuh und ob sie ganz frisch ist, so thut man besser, sie aufzukochen. Die Milch wird dem Kinde in einem Fläschchen mit einem Mundstück zum Saugen von Knochen oder von Gummi oder manchen anderen zweckmäßigen Stoffen gereicht, denn das Saugen ist dem Kinde nützlich. Die Milch muß die Wärme der Muttermilch haben, darf eher kühler als heißer sein. Man erwärmt die Milch, indem man das zur Verdünnung bestimmte abgekochte Wasser heiß hinzugießt, oder indem man das Saugfläschchen in heißes Wasser hält, bis die darin enthaltene, schon vorher verdünnte Milch gegen 30 Grad warm ist. Kauft man, wie sehr häufig, die Milch schon in reichlich verdünntem Zustande, so genügt der Zuckerzusatz und die Erwärmung, um sie für das Kind zuzubereiten. Zur Versüßung der Milch wird am besten Milchzucker, der in jeder Apotheke zu haben ist, ein Theelöffel voll auf eine Tasse Getränk, verwendet.

Ist tadellose frische Milch nicht zu haben, so bedient man sich am besten der „condensirten Milch", welche in der Schweiz und auch in Dresden aus vorzüglicher Milch bereitet wird. Ein gestrichener Löffel voll dieser condensirten Milch in fünfzehn Löffeln heißen Wassers aufgelöst, für ältere Kinder in etwas weniger Wasser, giebt ein vortreffliches Getränk für den Säugling. Zuckerzusatz bleibt dabei weg. Die condensirte Milch enthält gerade so viel Zucker, um bei der genannten Verdünnung auszureichen.

Ein ganz guter Ersatz für die Muttermilch ist noch die „Liebig'sche Suppe", zu deren Bereitung die Hebamme, wenn sie dieselbe nicht in der Hebammenschule gelernt hat, genaue Anleitung vom Arzt empfangen wird. Einfacher als die etwas umständliche Selbstbereitung ist die Anwendung eines Erzeugnisses des Apotheker Liebe, Liebe-Liebig's Nahrungsmittel für Säuglinge in flüssiger Form. Dasselbe ist in den meisten Apotheken zu haben. Zu der oben genannten Auflösung condensirter Milch setze man einen halben Eßlöffel voll von Liebe-Liebig's Nahrungsmittel, das giebt die richtige Mischung.

Zweites Kapitel. Störungen des Säugegeschäfts ꝛc.

§. 518.

Man gebe dem Kinde gerade so oft zu trinken, wie es eigentlich an die Brust gelegt werden sollte. Die jedesmalige Menge richtet sich nach dem Bedürfniß des Kindes; sobald man dem Kinde anmerkt, daß das Bedürfniß gestillt ist, nehme man die Flasche weg. Gesunde Kinder brechen zwar mit Leichtigkeit das wieder von sich, was sie über das Maß getrunken haben, aber nach und nach gewöhnt sich der Magen an das Uebermaß und dadurch wird die Verdauung geschwächt. Die Leute sagen „Speikinder — Gedeihkinder"; allerdings, so lange der Magen des Kindes sich gegen das Uebermaß wehrt, kann die Verdauung noch nicht ganz heruntergekommen sein; aber besser ist es, daß man dem Magen diese Nothwehr erspart.

§. 519.

Was in der Flasche übrig bleibt, wird weggegossen, die Flasche selbst sogleich gereinigt und das Mundstück in frisches Wasser gelegt. Das Getränk muß jedesmal frisch bereitet werden. Auch der Mund des Kindes muß nach jeder Mahlzeit mit einem feinen Leinwandläppchen und frischem Wasser sorgfältig gereinigt werden.

§. 520.

Im dritten und vierten Lebensmonat verdünnt man die Kuhmilch nach und nach weniger, so daß man nur $1/3$, dann nur $1/4$ Wasser hinzusetzt; nach Ablauf des vierten Lebensmonats unterbleibt die Verdünnung ganz. Vom siebenten Lebensmonat an darf man dem Kinde neben der Flasche ein- oder zweimal täglich geringe Mengen einer mehlhaltigen Speise reichen. Am besten eignet sich dazu ein dünner Brei aus Zwieback oder trockner Semmel mit Milch und etwas Zucker bereitet, oder Reis, in Milch ganz zerkocht.

Erst um die Zeit des Entwöhnens, also wenn die Schneidezähne durchgebrochen sind, ist es dem Kinde zuträglich, es allmählich an mannichfaltige Nahrung zu gewöhnen.

§. 521.

Für frühgeborene oder sonst von Geburt schwächliche Kinder ist es immer ein sehr trauriger Fall, wenn sie der Muttermilch entbehren sollen. Kuhmilch sind solche Kinder oft gar nicht im Stande zu verdauen. Dann müssen andere künstliche Ernährungsmittel ausfindig gemacht und die Verdauungswerkzeuge oft auch durch Wein oder Arzneien gekräftigt werden. Auch durch häufigere und mit Zusätzen von Arzneimitteln versetzte Bäder, durch künstliche Erwärmung muß die schwache Lebensthätigkeit solcher Kinder unterstützt werden. Die Hebamme soll stets für solche Fälle den Rath des Arztes verlangen.

§. 522.

Die Verdauungsstörungen des Säuglings zeigen sich zunächst als Erbrechen, als Durchfall, als Verstopfung, als Schwämmchen im Munde. Sie können entweder schnell oder durch langes Siechthum zum Tode führen. Die Ursachen sind in den allermeisten Fällen Fehler in der Ernährung: zu viel Nahrungsaufnahme, zu wenig Nahrung oder auf die mannichfaltigste Weise unpassende Nahrung.

Die Ursachen alle einzeln aufzuführen wäre überflüssig, denn durch strenge Befolgung der im vierten Theile dieses Lehrbuches und der in diesem Kapitel gegebenen Regeln wird die Hebamme die große Mehrzahl derselben abwenden. Zu erwähnen ist noch ein ziemlich weit verbreiteter Mißbrauch, die sogenannten Zulpe, Lutschbeutel oder Schnuller. Dieselben sind im Stande, dem gesundesten Kinde die Verdauung vollständig zu verderben, noch viel mehr einem schon kranken, dem sie oft zur Beruhigung in den Mund gesteckt werden. Die Hebamme muß daher mit äußerster Strenge diesen Mißbrauch, wo sie ihn antrifft, auszurotten bestrebt sein. Außer dem schon besprochenen schlimmsten Nachtheil des Zulp, macht er auch schlechte Zähne und einen häßlichen Mund.

§. 523.

Das Erbrechen tritt bei Säuglingen, die nur mit Milch genährt wurden, meist ohne vorausgehendes Unbehagen, ohne das schmerzhafte Würgen und ohne die heftige Körpererschütterung auf, die es beim Erwachsenen begleiten; man nennt es daher auch beim Kinde meist Speien. Uebrigens gesunde Kinder speien die Milch gekäst und schwach säuerlich riechend. Die Hebamme forsche genau, wo der Fehler in der

Ernährung liegt, und stelle denselben ab. Bei künstlich genährten Kindern untersuche sie namentlich die Milch, ob dieselbe nicht etwa schon sauer ist, wenn sie dem Kinde gereicht wird. Saure Milch muß sofort verworfen werden. Bricht das Kind noch nach beseitigter Ursache, oder ist eine solche nicht aufzufinden, so ist es oft hülfreich, wenn man der Milch statt des Wassers dünnen Fenchel- oder Kamillenthee zusetzt. Fährt aber das Kind trotzdem fort, das Genossene auszuspeien, oder zeigt das Kind dabei Schmerz oder Unruhe, so muß sogleich der Arzt gerufen werden.

§. 524.

Durchfall beim Säugling erkennt die Hebamme daran, daß derselbe häufiger als viermal des Tages ausleert. Dabei ist die Ausleerung meist grün gefärbt, oder wässrig, oder schleimig, oder gehackten Eiern ähnlich, oder gar mit Blut gemischt. Oft riecht solche Ausleerung sauer, oft zeigen die Kinder Schmerz bei der Ausleerung. Durchfall bei Säuglingen ist stets von großer Bedeutung und erfordert sogleich den Rath des Arztes. Um dem Kinde einstweilen die Schmerzen zu lindern, gebe die Hebamme demselben ein Klystir aus warmem Leinsamenthee und lege ihm Flanell um den Leib, forsche auch sogleich, ob in der Ernährung ein Fehler begangen worden ist, und verhüte dessen Fortdauer oder Wiederholung.

Befällt den Säugling **Erbrechen** und **Durchfall** zugleich, so ist meist große Gefahr, und ärztlicher Rath deßhalb dringend erforderlich.

§. 525.

Verstopfung ist namentlich bei Kindern, die mit Kuhmilch genährt werden, häufig. Die Ausleerungen sind bei solchen Kindern trockener und seltener, weil die Kuhmilch langsamer verdaut wird. Wenn ein so genährtes Kind einmal täglich ausleert und sich dabei wohl befindet, so genügt das. Auf eine tägliche Ausleerung muß aber streng gehalten werden. Bei Kindern, denen von Anfang an die Mutterbrust entzogen wird, fehlt das natürliche Abführungsmittel des Kindspechs. Wenn ein Kind am ersten Tage noch kein Kindspech von sich giebt, oder wenn später bei einem Kinde bis zum Abend keine Ausleerung erfolgt ist, oder wenn die Ausleerung so trocken und hart ist, daß das Kind Schmerz dabei hat, so gebe die Hebamme dem Kinde ein lauwarmes Klystir aus Wasser mit Milch, mit etwas Syrup oder mit Honig. Der Anwendung innerer Mittel hat die Hebamme sich vollständig zu enthalten.

Zeigt aber das Kind bei der Hartleibigkeit Hitze oder Unruhe, oder leerte das Kind vielleicht in den ersten 24 Stunden noch gar nicht aus, so muß der Arzt gefragt werden. Den letzteren Umstand betreffend merke die Hebamme, daß, wenn sie auch pflichtmäßig von der regelmäßigen Beschaffenheit des Afters sich gleich nach der Geburt überzeugt hat, es nun noch möglich ist, daß der Mastdarm höher oben verschlossen ist; ein Zustand, der eben so dringend wie Afterverschluß ärztliche Hülfe erfordert.

§. 526.

Schwämmchen im Munde des Säuglings sind eine Art Schimmel, der sich namentlich dann bildet, wenn die vorgeschriebene Reinlichkeit nicht beobachtet wird. Unpassende Nahrung von mehlhaltigen Speisen und der besprochene Zulp begünstigen die Entstehung von Schwämmchen. Größte Reinlichkeit des Mundes muß nun wenigstens beobachtet werden, dann vergehen die Schwämmchen oft wieder nach einigen Tagen. Breiten sich dieselben aber über den ganzen Mund weiter aus, oder zeigt gleich bei ihrem Auftreten das Kind andere Krankheitserscheinungen, zum Beispiel Durchfall, so muß sogleich der Arzt gefragt werden. Die Hebamme enthalte sich streng aller Anwendung innerer oder äußerer Arzneimittel, zu der sie wohl von den Müttern selbst aufgefordert wird.

Drittes Kapitel.
Von einigen anderen Erkrankungen der Neugebornen und Säuglinge.

§. 527.

Viele Neugeborne kommen in den ersten Stunden und Tagen des Lebens in große Gefahr durch die sogenannte Lebensschwäche (Vergleiche §. 477) und die meisten davon gehen zu Grunde ohne weitere Krankheit einfach dadurch, daß sie versäumen gehörig Athem zu holen.

Diese Lebensschwäche tritt ein bei Kindern, die bei der Geburt scheintodt gewesen waren, dann bei Kindern, die vor vollendeter Reife geboren wurden, sie tritt aber auch ein bei Kindern, die reif und kräftig und allem Anschein nach zur Zeit der Geburt vollständig munter waren.

Die Kinder in diesem Zustande der Lebensschwäche schlafen viel, äußern wenig Bedürfniß nach Nahrung, schreien selten oder gar nicht und werden aus diesen Gründen für besonders artig gehalten. Gesicht und Gliedmaßen werden leicht kalt, die Haut oft bläulich, die Bewegungen der Kinder, auch im Bade, sind träge und unkräftig. Der Tod erfolgt entweder im ruhigen Schlaf oder es geht ihm zuletzt noch Athemnoth voraus.

Die Hebamme beugt dem Eintreten des Zustandes für viele Fälle vor, wenn sie es sich zur Regel macht, nie ein Kind nach der Geburt schlafen zu legen, bevor es nicht anhaltend geschrieen hat.

Ist der Zustand der Lebensschwäche ausgebildet, so soll ein solches Kind wie ein scheintodtes lange im warmen Bade gehalten und zwischendurch in kaltes Wasser getaucht werden; das warme Bad wird in solchen Fällen besonders warm, bis 29 Grad, gegeben, das Eintauchen so oft wiederholt, bis anhaltendes lautes Geschrei erfolgt. Ist der Zustand schon weit vorgeschritten, so ist es nothwendig, das Kind wie ein tiefscheintodtes durch Schwingen zur Athmung zu bringen.

Immer wird, auch nach Beseitigung der unmittelbaren Gefahr, die Hebamme gut thun, die Hinzuziehung des Arztes zu rathen.

§. 528.

Die gewöhnliche **Geburtsgeschwulst** Neugeborner verschwindet von selbst. Ist dieselbe nach langdauernden Geburten sehr bedeutend, so sind warme feuchte Umschläge von Kamillenblumen oder wohlriechenden Kräutern zu machen, aber stets wohl ausgedrückt, daß vom Umschlag dem Kinde keine Flüssigkeit ins Gesicht fließen könne.

Nimmt die Geschwulst am Kopf nach der Geburt noch zu, oder entsteht nach der Geburt von Neuem eine Geschwulst am Kopfe, so muß die Hebamme fürchten, daß das eine **Kopfblutgeschwulst** sei, und den Rath des Arztes verlangen.

§. 529.

Nabelblutungen können beim Neugebornen durch ungeschickte Handhabung des Nabelschnurrestes herbeigeführt werden oder durch selbständige Erkrankung dieser Theile entstehen.

Die Hebamme verfahre nach den Regeln, die bei Abreißung der Nabelschnur gegeben wurden, und lasse ungesäumt den Arzt rufen.

Die Nabelwunde kann anstatt zu heilen sich in ein **Geschwür** verwandeln. Auch hier ist die Herbeirufung des Arztes nothwendig.

Nabelbrüche entwickeln sich nicht selten bei Kindern, welche, während der Nabel im Verheilen begriffen ist, sehr viel schreien. Bemerkt die Hebamme, daß ein Nabelbruch entstanden ist, so muß sie das Kind dem Arzte zeigen, damit der Bruch gleich im Anfang durch zweckmäßige Behandlung zur Heilung gebracht werde.

§. 530.

Die häufigste und leichteste **Erkrankung der Haut** Neugeborner ist das **Wundsein**; dasselbe zeigt sich in den Falten der Haut namentlich bei sehr wohlgenährten Kindern, an den Schenkeln und Hinterbacken, an den Achselhöhlen, am Halse. Aeußerste Reinhaltung des Kindes und schonende Handhabung desselben beim Baden und Waschen genügen oft, das Wundsein zu verhüten und zu beseitigen. Genügt das nicht, so streue die Hebamme bei jedem Trockenlegen, nach vorsichtiger Waschung und Abtrocknung der wunden Stellen, mittelst eines feinen Leinwandbeutels **Bärlappsamen**, den sie in der Apotheke bekommt, in die Hautfalten. Noch wirksamer ist in den hartnäckigen Fällen eine Mischung von gleichen Gewichtstheilen **Bärlappsamen** und **Zinkblumen**, welche Mischung in der Apotheke bereitet wird. Alle anderen bei den Frauen gebräuchlichen Streupulver, wie Rosenblätter, Thon, Wurmmehl, oder gar Salben schaden mehr als sie nützen.

Sind die wunden Stellen hart und geschwollen, oder sind kleine Geschwürchen auf denselben, so muß der Arzt um Rath gefragt werden.

Die gewöhnliche **Gelbsucht** der Neugebornen, welche ohne sonstige Störungen des Befindens verläuft, ist als Krankheit überhaupt nicht anzusehen. Siehe darüber §. 249. Aber Gelbsucht tritt auch auf bei ernsten Verdauungsstörungen, bei schweren Erkrankungen am Nabel der Neugebornen und bei fieberhaften Krankheiten. Für solche Fälle gilt das im §. 534 Gesagte.

Bei Säuglingen auch der späteren Wochen und Monate sind Hautkrankheiten etwas ziemlich Häufiges. Fehler in der Ernährung, Fehler in der sonstigen Behandlung der Kinder sind oft Schuld an denselben. Darin liegt für die Hebamme die Möglichkeit, viele Hautkrankheiten zu verhüten oder im ersten Entstehen durch Auffindung und Abstellung jener Fehler zu beseitigen. Andere Hautkrankheiten haben tiefer liegende Ursachen, manche beruhen auf ererbter ansteckender Krankheit, siehe §. 437.

Tritt auf der Haut des Kindes ein **Blasenausschlag** auf, oder bilden sich **Eiterbeulen** in der Haut, entsteht der sogenannte **Milchschorf**, oder **Rothlauf** oder eine **weiße Anschwellung** der Haut, so dringe die Hebamme darauf, daß der Rath des Arztes erbeten werde, und enthalte sich selbst aller Anwendung äußerer oder innerer Mittel.

§. 531.

Anschwellung der Brüste tritt bei Neugebornen nicht selten ein, manchmal fließt auch ein wenig Milch aus denselben. Meist vergeht diese Anschwellung ganz von selbst, wenn beim Baden und Kleiden die kleinen Brüste vor Druck und plumper Berührung bewahrt werden. Thörichte Frauen aber knüpfen allerlei Aberglauben daran, daß die Milch den Kindern aus den Brüsten ausgedrückt werden müsse. Dadurch entzünden sich dieselben und die Entzündung geht dann oft in Eiterung über.

Wenn sich die Brüste entzünden, bestreiche die Hebamme sie sanft mit warmem Mandelöl und lege ein wenig Watte darüber, zertheilt sich dadurch die Entzündung nicht, wird die Anschwellung größer und **die Haut roth**, so muß das Kind dem Arzte gezeigt werden.

§. 532.

Augenentzündung ist eine sehr gefährliche Krankheit Neugeborner. Bei Vernachlässigung können die Kinder in wenigen Tagen unheilbare Blindheit davontragen. Daher ist bei dieser Krankheit sofortige Hinzuziehung des Arztes erforderlich. Bis derselbe seine Verordnungen getroffen hat, lasse die Hebamme mit kleinen sechsfach zusammengelegten Leinwandläppchen unausgesetzt kalte, wo möglich eiskalte Umschläge auf die Augen machen und dieselben sorgfältig von dem hervorquellenden Schleim und Eiter reinigen. So lange nur ein Auge befallen ist, muß das Kind stets so gelegt werden, daß die Absonderung des kranken Auges nicht an das gesunde Auge fließen kann. Größte Reinlichkeit ist auch in der Beziehung erforderlich, daß kein Anderer von dem abgesonderten Schleim oder Eiter sich etwas ans Auge bringe; dadurch würde die schlimme Entzündung übertragen werden.

§. 533.

Krämpfe treten bei Neugebornen und auch später bei Säuglingen häufig auf. Dieselben sind stets gefährlich und erfordern daher schleunige Herbeirufung des Arztes. Erkältungen und Fehler der Nahrung, also auch Fehler im Verhalten der säugenden Mutter oder Amme, sind oft die Veranlassung zu den Krämpfen.

Eine besonders gefährliche Art des Krampfes bei Neugebornen ist der **Kinnbackenkrampf**, der nur darin besteht, daß das Kind die Kiefer nicht auseinander bringen kann, und der daher im Beginn, wo gerade noch am ehesten Hülfe geleistet werden kann, leicht übersehen wird.

Bis der Arzt herbeikommt, gebe die Hebamme einstweilen ein Klystir aus Kamillenthee und richte ein warmes Bad zu, damit, wenn der Arzt ein solches anordnet, kein Aufenthalt entsteht.

§. 534.

Es giebt noch viele andere Krankheiten der Neugebornen und der Säuglinge, zu deren Verständniß ärzliches Wissen nothwendig ist. Die Hebamme wird kranke Kinder von gesunden durch die Beobachtung unterscheiden lernen. Wenn ein Kind anhaltend schreit, ohne daß Hunger, ohne daß Druck oder Verunreinigung der Kleidung die Ursache ist; wenn es die Nahrung anhaltend verweigert; wenn seine Haut heiß ist; wenn der Athem sehr schnell oder unregelmäßig geht; wenn es nicht zunimmt, oder gar abmagert, auch ohne daß eins der früher genannten Krankheitszeichen da ist: in allen diesen Fällen ist es krank; das zu wissen genügt, um die Hülfe des Arztes in Anspruch zu nehmen.

Zu der Zeit, wo die Zähne beim Kinde durchbrechen oder der Durchbruch bevorsteht, erkranken die Kinder besonders häufig. Unverständige Frauen meinen wohl, zum Zahndurchbruch gehöre nothwendig Durchfall oder andere Krankheit, und suchen die Mütter, welche ärztlichen Rath wünschen, dadurch zu beschwichtigen, daß dergleichen Unpäßlichkeiten beim „Zahnen" ganz gewöhnlich seien. Die erfahrene Hebamme weiß, daß gerade beim „Zahnen" sehr viele Kinder sterben, nicht an den Zähnen, sondern an den vielen Krankheiten, welche in der Zeit des Zahndurchbruchs auftreten, und an den vielen Fehlern, welche gerade in dieser Zeit in der Ernährung der Kinder gemacht werden.

Wenn daher ein Kind, das mit den Zähnen umgeht, irgendwie krank wird, so wird die verständige Hebamme der Mutter rathen, gerade um diese Zeit am wenigsten mit der Nachsuchung ärztlichen Rathes zu säumen.

Anhang.

Erstes Kapitel.
Wie sich die Pflichten der Hebamme zu einander verhalten.

§. 535.

Die wichtigste aller Verrichtungen der Hebamme ist der **Beistand bei der Geburt**. Niemandem darf sie diesen Beistand abschlagen, es sei denn, daß sie durch Krankheit unfähig sei, ihn zu leisten (in welchem Falle sie der Ortsobrigkeit Anzeige davon zu machen hat), oder daß sie bei einer Geburt schon beschäftigt ist, während sie zu der zweiten verlangt wird. Denn von einer gebärenden Frau darf die Hebamme **nicht weggehen**, wenn nicht etwa eine andere Hebamme inzwischen bei derselben bleibt, oder der bei der Gebärenden anwesende Arzt ihr auf einige Zeit fortzugehen erlaubt. Die Hebamme weiß, daß zu jeder Zeit der Geburt unvorhergesehene Umstände eintreten können, die ihre Anwesenheit erfordern.

§. 536.

Deßhalb darf auch **niemals** die Hebamme zwei Geburten gleichzeitig leiten wollen. Während sie zwischen beiden unterwegs ist, können beide Gebärende sammt ihren Kindern, also vier Menschen durch ihre Abwesenheit Schaden leiden. Die Frau, die ihre Hülfe später verlangte, muß also zu einer anderen Hebamme schicken. Müssen voraussichtlich Stunden vergehen, bis die andere Hebamme aus einem entfernten Orte herbeigeholt wird, so wird nothwendig **für diese Zeit** die eine Ge=

bärende der Hebammenhülfe entbehren müssen. Welche von beiden Gebärenden dieser Hülfe am nöthigsten und am schnellsten bedarf, der fällt sie zu. Ist aber eine andere Hebamme in der erforderlichen Zeit zu haben, so hat stets die Geburt, bei der die Hebamme bereits beschäftigt ist, den Vorzug vor der, zu der sie später gerufen wird, die erste Frau mag noch so arm, die andere noch so reich sein. Die Aussicht auf Lohn darf die Hebamme überhaupt nie höher stellen als ihre Pflicht.

§. 537.

Alle anderen Verrichtungen der Hebamme bei Schwangeren, bei Wöchnerinnen, bei Kindern, bei Kranken, stehen einer Geburt nach. Das Baden der Kinder, das Reinigen der Wöchnerin u. s. w. kann eine andere Frau, so lange die Hebamme bei einer Geburt beschäftigt ist, besorgen, die Abwartung der Gebärenden nicht. Alle anderen Verrichtungen der Hebamme hängen ja auch der Zeit nach zum größten Theil von der Hebamme selbst ab, und wenn die Hebamme sich ihre Zeit gut eintheilt, so wird sie es vermeiden, die eine Pflicht über Erfüllung der andern zu vernachlässigen.

§. 538.

Wo die Hebamme die Herbeirufung des Geburtshelfers veranlaßt, sende sie demselben womöglich in wenigen Worten schriftliche Mittheilung über die Umstände, die seine Anwesenheit erheischen.

An vielen Stellen des Lehrbuchs hat die Hebamme Anweisung erhalten, den Rath des „Arztes" für nothwendig zu erklären. Da wisse die Hebamme, daß jeder Geburtshelfer auch Arzt ist, daß aber nicht jeder Arzt Geburtshelfer ist, und daß in vielen Fällen, bei Krankheit der Kinder zum Beispiel, der Rath desjenigen Arztes, der sich nicht mit Geburtshülfe beschäftigt, ebenso gut ist.

§. 539.

Mit den Regeln, welche die Hebamme nach dem, was sie gelernt hat, den Frauen geben wird, stößt sie vielfach auf Widerspruch, namentlich, was die Pflege der Wöchnerin und des Kindes betrifft. Die

Hebamme lasse sich nicht zu unzeitiger Nachgiebigkeit stimmen oder gar von ihren Grundsätzen abbringen, weil vielleicht die Hälfte oder mehr von den Wöchnerinnen, die ihre Lehren nicht befolgen, ohne Schaden davonkommen. Der Schaden zeigt sich vielleicht erst nach Jahren, erst in späteren Schwangerschaften, Geburten oder Wochenbetten und wird dann von ganz anderen Dingen abgeleitet.

Die Hebamme kann natürlich eine Frau, die ihre Lehren nicht befolgen will, nicht zwingen; sie darf ihr ihren Beistand auch nicht entziehen. Sie muß fest bei ihrer Ansicht bleiben und immer von Neuem ihre alten guten Gründe vorbringen.

§. 540.

Die Kinder zur Taufe tragen und andere Verrichtungen, die sich auf die Taufe beziehen, geziemen sehr wohl der Hebamme, gehören aber nicht zu ihren Pflichten, und müssen daher allen Berufsgeschäften nachstehen. Das wäre eine sehr gewissenlose Hebamme, die um einer Taufe willen eine Schwangere oder eine Wöchnerin, ein Neugebornes oder gar eine Gebärende versäumen wollte.

Auch dränge sich die Hebamme nie zu dergleichen Verrichtungen; wo sie nicht weiß, daß ihre Dienste gewünscht werden, da bleibe sie fern. Wenn sie sich aufdrängt zu Diensten, die ihre Pflicht nicht gebietet, so setzt sie die Würde ihres Standes herab.

Zweites Kapitel.

Von der Anwendung der Heilmittel.

§. 541.

Die Hebamme hat im Lehrbuch mancherlei Mittel kennen gelernt, welche sie theils zur Verhütung, theils zur Beseitigung von Störungen der Gesundheit selbständig zu verordnen und anzuwenden hat.

In anderen Fällen weist der Arzt sie zur Anwendung dieser Mittel an. Der Arzt weist die Hebamme auch zur Anwendung einiger anderen

Mittel an, welche sie nur auf Verordnung des Arztes an=
wenden darf.

Ueber die Art, wie diese Mittel von der Hebamme angewendet
werden müssen, hat sie noch Einiges zu merken.

§. 542.

Einspritzungen in die Scheide macht
die Hebamme entweder zu dem Zweck, die
Scheide auszuspülen oder zu dem Zweck, einen
kräftigen Strahl gegen die Gebärmutter und
unter Umständen durch den geöffneten Mutter=
mund in die Gebärmutter zu leiten. Dem
ersteren Zweck dient ein Rohr, dessen Knopf
ringsum viele Löcher hat, dem letzteren ein
solches mit einem großen Loch an der Spitze.

Das beste Instrument zur Ausführung
der Einspritzung sowohl durch die Hebamme
als auch durch die Frau selbst ist der soge=
nannte Irrigator, ein Gefäß aus Porzellan
oder Blech, welches 1 oder 2 Liter faßt, von
dessen Boden ein Gummischlauch von 1½ bis
2 Meter Länge abgeht, welcher am anderen
Ende das Mutterrohr trägt. Das Gefäß
wird hoch gehalten oder an die Wand ge=
hängt. Das Wasser läuft durch seinen eigenen
Druck aus.

Figur 86 ist ein Gefäß aus Blech, welches
1 Liter faßt, mit Oese, um an der Wand zu
hängen. Das untere Ende des Gummi=
schlauchs (in der Figur aufwärts gebogen)
umfaßt einen durchbohrten Ansatz von Horn,
Hartgummi oder Metall, dessen Oeffnung
durch einen Hahn abgesperrt werden kann.
In dem kegelförmig zulaufenden Ende des
Ansatzes *b* steckt das Mutterrohr *a*, welches

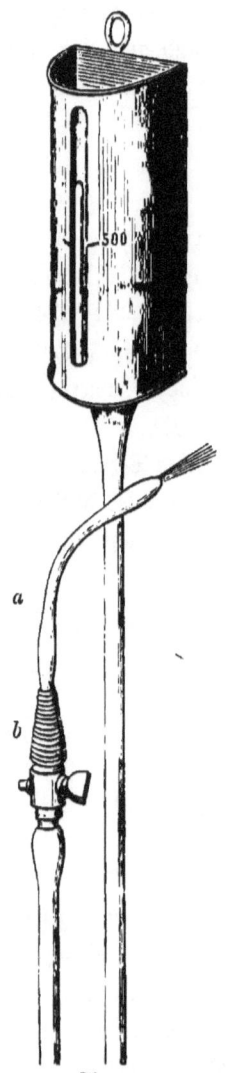

Figur 86.
⅕ natürl. Größe.

Zweites Kapitel. Von der Anwendung der Heilmittel. 335

an der Spitze einmal durchbohrt ist. Auf das quergerippte kegelförmige Ende des Ansatzes *b* kann ein Mutterrohr mit vielen Oeffnungen, wie sie überall käuflich sind, aufgesteckt werden.

In der vorderen Wand des Blechgefäßes ist ein Glasrohr eingelassen, welches am Boden mit dem Innenraum zusammenhängt. Man kann durch diese sehr zweckmäßige Vorrichtung von Außen sehen, wie viel Flüssigkeit im Gefäß noch enthalten ist, um rechtzeitig den Hahn zu schließen oder das Rohr zu entfernen oder um, wenn die Einspritzung reichlicher sein soll, rechtzeitig zuzugießen.

Ein anderes sehr zweckmäßiges Instrument, zum Gebrauch am Gebärbett fast zweckmäßiger noch als das vorhin beschriebene und leichter mit sich zu führen, besteht in einem 2 Meter langen Gummischlauch von besonders starker Wand, an dessen einem Ende ein ziemlich langes, 30 bis 35 Ctm. langes, metallenes, am besten zinnernes Mutterrohr mit einmal durchbohrtem Knopf sich befindet. Am anderen Ende endigt der Schlauch in ein durchbohrtes halbkugelförmiges Bleigewicht. Das Bleigewicht wird auf den Boden des Gefäßes gesenkt, in welchem die einzuspritzende Flüssigkeit sich befindet, siehe nebenstehende Figur 87, und dieses Gefäß wird hoch gestellt.

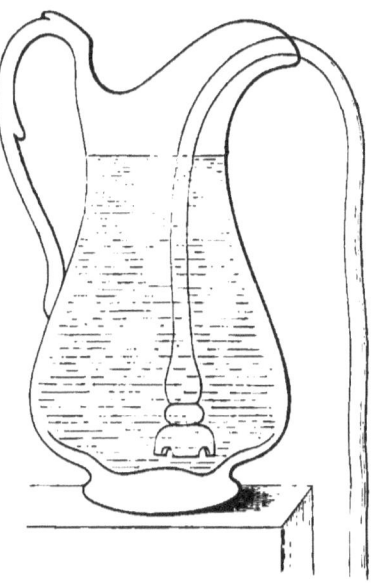

Fig. 87. ⅕ natürl. Größe.

Sobald nun durch Ansaugen an dem Mutterrohr (ein feines Leintuch darf um den Knopf gelegt werden) die Flüssigkeit bis an die Mündung getreten ist, läuft alle im Gefäß befindliche Flüssigkeit ununterbrochen aus mit um so kräftigerem Strahl, je höher das Gefäß gestellt wurde. Durch Nachfüllen von Flüssigkeit, bevor das Gefäß leer geworden, kann die Hebamme solche Einspritzung auf beliebig lange Dauer ausdehnen.

Das Mutterrohr soll von Metall sein, damit es nach und vor jedesmaligem Gebrauch in kochendem Wasser und mit starker Carbol- oder Uebermanganlößung gereinigt werden kann. Es soll lang sein, damit der Gummischlauch, der nicht in kochend Wasser abgebrüht werden kann, mit den Geschlechtstheilen und deren Absonderung überhaupt nie in Berührung komme. Ein Vortheil des einfachen Schlauches vor dem Irrigator besteht darin, das jedes beliebig große Gefäß, eine Wasserkanne, ein Eimer, zur Einspritzung verwendet werden kann, und auch das fortwährende Nachfüllen bei langdauernden Einspritzungen die Aufmerksamkeit nicht in Anspruch zu nehmen braucht.

Sehr viele Hebammen bedienen sich noch der alten zinnernen Spritzen. Gerade weil dies Instrument umständlicher zu handhaben und weniger zweckmäßig ist, ist es um so wichtiger, daß die Hebamme richtig damit umzugehen weiß. Das Füllen der Spritze geschieht entweder, indem man die Flüssigkeit durch Aufziehen des Stempels hinaufzieht, oder indem man bei herausgenommenem Stempel die Flüssigkeit in die unten zugehaltene Spritze gießt und dann den Stempel aufsetzt. In beiden Fällen muß man nun die Spitze der Spritze nach oben wenden und den Stempel nachschieben, bis Flüssigkeit hervortritt. **Versäumt die Hebamme das, so spritzt sie Luft mit ein, und das kann Nachtheil bringen.**

Nachdem die Spritze gefüllt ist, nimmt die Hebamme das beölte, für Wöchnerinnen auch erwärmte Mutterrohr, führt dasselbe auf dem gleichfalls beölten Zeigefinger fast einen Finger lang in die Scheide hinauf, faßt dann, indem sie den Zeigefinger zurückzieht, das Mutterrohr so zwischen die Finger, daß es mit seinen Haltern an der Hohlhandfläche der Finger ruht, und **setzt nun erst die Spritze in die Oeffnung des Mutterrohrs.**

Indem sie nun das Mutterrohr in der einen Hand so fest hält und gegen die Spritze andrückt, daß es nirgends gegen die Wand der Scheide drücken kann, schiebe die Hebamme mit der anderen Hand langsam den Stempel der Spritze vor. Zum Auffangen der wiederausfließenden Flüssigkeit mußte natürlich ein Gefäß zwischen die Schenkel oder unter das Gefäß gestellt worden sein.

Dann nimmt die Hebamme die Spritze wieder aus dem Mutterrohr heraus, um nun entweder zur Wiederholung der Einspritzung ganz wie eben beschrieben zu verfahren, oder um danach jetzt auch das Mutterrohr behutsam in der Richtung der Führungslinie zu entfernen.

§. 543.

Zum Klystir ist ebenfalls der Irrigator das am meisten geeignete Instrument. Anstatt des Mutterrohrs wird das Mastdarmrohr in den durch Hahn verschlossenen Ansatz gesteckt. Nachdem zuvor der Hahn geöffnet und wieder geschlossen worden, wird das Afterrohr vorsichtig in den Mastdarm geschoben. Bei Erwachsenen 5—7 Ctm., bei Kindern 2—3 Ctm. hoch, in der Richtung nach hinten und wenig links. Nach Oeffnung des Hahnes laufen aus dem hoch gehaltenen oder an der Wand hängenden Gefäß bequem ein oder mehrere Liter Flüssigkeit in den Darm. In vornübergeneigter Seitenlage oder in Knieellenbogenlage läuft die Flüssigkeit am leichtesten ein.

Bei kranken Frauen, welche Entzündungen oder Geschwülste im Becken haben, ist bei Einführung des Afterrohrs besondere Vorsicht zu beobachten. Nie überwinde die Hebamme einen der Einführung entgegenstehenden Widerstand durch starken Druck. Wenn die Hebamme auf einen Widerstand stößt, dem sie nicht ganz leicht ausweichen kann, führe sie den beölten Zeigefinger in den After, um zu ermitteln, nach welcher Richtung der Weg frei ist, oder stehe vom Klystir ab, bis der Arzt gefragt werden kann.

Von den einzuspritzenden Flüssigkeiten war im Lehrbuch mehrfach die Rede. Der Arzt verordnet oft auch andere. Soll das Klystir genommen werden, um Stuhlgang zu bewirken, und hat der Arzt es nicht anders bestimmt, so nehme die Hebamme für einen Erwachsenen 1—2 Liter, für einen Säugling einen Tassenkopf voll Flüssigkeit 27 Grad R. warm.

Zu Klystiren, die der Verordnung nach nur aus geringer Flüssigkeitsmenge bestehen, z. B. häufig wiederholten Kaltwasserklystiren oder zu Klystiren, die den Zweck haben, ein Medicament, das im Darm bleiben soll, einzuführen, eignet sich besser als der Irrigator eine kleine birnförmige Ballonspritze aus Gummi.

Auch die Klyſtire werden vielfach noch mit der zinnernen Spritze gegeben. Für Füllung der Spritze gelten dieselben Regeln, die im vorigen Paragraph gegeben wurden. Wer das Klyſtir bekommen ſoll, wird mit etwas angezogenen Schenkeln in Seitenlage, Kinder am beſten auf den Schooß der Mutter, Frauen an den Rand des Sophas oder Bettes gelegt. Dann wird in vorher genannter Richtung das After=rohr eingeführt und erſt nachher in das Afterrohr die Spritze. Beim Vorſchieben des Spritzenſtempels iſt beſondere Vorſicht erforderlich, daß die Spitze der Spritze unbewegt liegen bleibe.

§. 544.

Der Katheter der Hebamme iſt ein neuſilbernes Röhrchen, welches dazu beſtimmt iſt, den Urin, wo derſelbe von der Frau zur rechten Zeit willkürlich nicht entleert werden kann, abzulaſſen. Zu dieſem Zweck führt die Hebamme in der gewöhnlichen Rückenlage der Frau bei etwas auseinandergebreiteten Schenkeln den Zeigefinger der einen Hand ganz wie zur Unterſuchung in die Scheide, hält ſich aber mit dem Finger ganz vorn, ſo daß ſie die Harnröhre als dicken Strang zwiſchen der Taſtfläche des Fingers und der hinteren Wand der Schamfuge fühlt. Indem ſie den Finger noch weiter zurückzieht, immer gegen die Scham=fuge hin taſtend, erreicht ſie das untere Ende der Harnröhre, das iſt gleichzeitig die Grenze zwiſchen Scheide und Vorhof. Wenn die Heb=amme mit der Fingerſpitze fein fühlen kann, fühlt ſie einen halben Cen=timeter weiter vorn die Oeffnung der Harnröhre. Auf der Taſtfläche des Zeigefingers führt ſie nun mit der anderen Hand den an der Spitze beölten Katheter an die Schleimhaut heran und in die Harnröhre hinein, dann ſenkt ſie die Hand, in der ſie den Katheter führt, und gelangt in die Blaſe. Daß ſie daſelbſt angelangt iſt, merkt ſie an dem Ausfließen des Urins.

Konnte die Hebamme die Mündung der Harnröhre nicht genau taſten, ſo ereignet es ſich, daß ſie mit dem Katheter an der Harnröhre vorbei in die Scheide gleitet, oder daß der Katheter in einer der Schleim=hautgruben, die zur Seite der Harnröhrenmündung liegen, ſich fängt. Sobald der Urin nicht fließt, nachdem die Hebamme den Katheter ein=geführt zu haben meinte, oder wenn der Katheter einen Widerſtand findet, oder wenn die Theile geschwollen oder gegen die Berührung empfindlich sind, dann enthalte die Hebamme sich alles blinden Herumstocherns, nehme sogleich das Gesicht und nöthigenfalls ein Licht zu Hülfe, da kann sie die Mündung der Harnröhre nicht verfehlen. Sollte nun noch der Einführung sich irgend eine Schwierigkeit entgegenstellen, so muß der Arzt gerufen werden.

Für manche Fälle, zum Beispiel am Gebärbett bei schon tiefstehendem Kopf, ist dem festen metallenen Katheter der elastische Katheter vorzuziehen; die Hebamme hat in der Schule gelernt, ihn zu gebrauchen. Der elastische Katheter gehört aber zu denjenigen Instrumenten, welche nicht so vollständig gereinigt werden können, daß sie bei einer zweiten Gebärenden oder Wöchnerin wieder in Gebrauch genommen werden dürften. Dieser Umstand beschränkt seine Anwendbarkeit für die Hebamme.

Das Katheter muß unmittelbar nach jedem Gebrauch in reines Wasser gelegt, wiederholt mit Wasser ausgespült, abgetrocknet und dann in ein reines weißes Papier eingewickelt aufbewahrt werden. Vor jedem Gebrauch muß der Katheter in Lösung von Carbolsäure oder übermangansaurem Kali gereinigt werden. Die geringste Unreinlichkeit, nur Staub, der am Katheder haftet, macht Blasenkatarrh.

Ihren Metallkatheter reinige die Hebamme auch inwendig von Zeit zu Zeit mit langer Bürste und kochendem Wasser.

§. 545.

Warme Umschläge werden entweder trocken oder feucht gemacht. Trockne Umschläge kommen in geburtshülflichen Fällen selten zur Anwendung, vergleiche zum Beispiel §. 508, dieselben werden entweder mit erwärmten Leintüchern, mit durchräucherten Wollentüchern, oder mit von Kleie oder Kräutern gestopften Kissen oder mit einem heißen, in Leinwand geschlagenen Teller oder Topfdeckel gemacht.

Warme feuchte Umschläge werden von reinem Wasser oder von Aufgüssen aus Flieder- oder Kamillenblumen oder mancherlei Kräutern gemacht. Zu dem Zweck werden mehrfach zusammengelegte Tücher in die heiße Flüssigkeit getaucht, wieder ausgedrückt und so warm, wie es auf der Haut ohne Schmerz zu ertragen ist, oder so warm, wie es verordnet worden ist, aufgelegt. Der Umschlag wird gewechselt, bevor er erkaltet. In manchen Fällen werden Breiumschläge verordnet. Dieselben werden aus Hafergrütze, aus zerstoßenen Leinsamen, aus Mehl oder was sonst etwa der Arzt verordnet, bereitet. Der mäßig dünne heiße Brei wird auf ein Tuch, am besten alte Leinwand ausgebreitet und die freien Enden des Tuches über den Brei zurückgeschlagen. Nach sorgfältiger Prüfung der Wärme wird der Umschlag aufgelegt und ebenfalls gewechselt, bevor er erkaltet. Beim Wechseln aller feuchten warmen Umschläge muß der neue Umschlag bereit sein, bevor der alte abgenommen wird, weil sonst Erkältung stattfindet. Auch von Kamillen, Flieder oder anderen vom Arzt verordneten Blumen oder Kräutern, entweder allein oder mit Brei vermischt, werden feuchte warme Umschläge gemacht. Die Kräuter werden mit geringer Menge kochenden Wassers angebrüht, ebenso wie der Brei in ein Tuch geschlagen und so aufgelegt. Bei allen feuchten warmen Umschlägen ist es sehr zweckmäßig, unmittelbar über den Umschlag ein Stück Wachstuch, Wachstaffet oder Gummistoff zu breiten und darüber ein wollenes Tuch; auf diese Weise bleibt der Umschlag am längsten, meist stundenlang, warm.

§. 546.

Kalte Umschläge werden entweder mit in kaltes Wasser getauchten, mäßig ausgerungenen Tüchern, oder mit der Eisblase gemacht. Im letzteren Fall wird eine große Schweins- oder Rindsblase an der Oeffnung ein wenig abgeschnitten, zur Hälfte mit kleingeklopftem Eis oder mit Schnee gefüllt und dann, nachdem die Luft sorgfältig herausgestrichen ist, fest zugebunden; wenn die Eisblase so hergerichtet wird, schließt sie sich dem Körpertheil am besten an. Bevor das Eis geschmolzen ist, muß von dem Wasser herausgelassen und neues Eis hinzugethan werden. Um Eisumschläge zu machen giebt es auch sehr zweckmäßige Gummibeutel, Gummiteller und Gummikappen. Die nassen kalten Umschläge müssen mit derselben Vorsicht und Schnelligkeit wie die warmen, und zwar jedesmal bevor sie warm werden, gewechselt werden. In manchen Fällen aber wird der Arzt über das Wechseln der Umschläge besondere Vorschrift

Zweites Kapitel. Von der Anwendung der Heilmittel. 341

ertheilen, so zum Beispiel, daß die anfangs kalten Umschläge liegen bleiben und so zum warmen Umschlag werden.

§. 547.

Senfteige bereitet die Hebamme, indem sie frischgestoßene Senfsamen mit heißem Wasser oder mit Essig zu einem mäßig dünnen Brei anrührt, diesen wie zum Breiumschlag in ein Tuch einschlägt und auflegt. Nach 10 Minuten sehe die Hebamme nach, ob die Haut darunter recht roth geworden ist; ist das der Fall, so nehme sie den Teig ab. Ist die Haut noch nicht roth und auch sonst die beabsichtigte Wirkung noch nicht eingetreten, so lasse sie den Teig länger liegen. Anstatt des Senfs kann man auch zerriebenen Meerrettig nehmen. Der muß mit heißem Essig angerührt werden.

§. 548.

Blasenpflaster werden meist aus spanischen Fliegen bereitet. Die Hebamme streicht das Spanisch=Fliegen=Pflaster etwa strohhalmhoch auf Leder oder Leinwand so, daß sie einen zollbreiten Rand ringsum frei läßt. Ganz am Rand wird nun etwas Heftpflaster gestrichen und so das Ganze auf die vom Arzt bezeichnete Hautstelle geklebt. Wenn nicht andere Vorschriften gegeben sind, nimmt die Hebamme 12 Stunden später das Pflaster ab, schneidet mit einer Scheere die Blase am unteren Rande ein, läßt das Wasser auslaufen und verbindet die Stelle, ohne die Haut zu entfernen, mit einem mit frischem Talg oder ungesalzener Butter bestrichenen Läppchen täglich neu, bis Alles wieder heil ist.

§. 549.

Blutegel setzt die Hebamme auf Verordnung des Arztes bei Frauen oder Kindern. Die Blutegel saugen besser, nachdem sie kurze Zeit trocken in einer Büchse oder einem Gläschen gesessen haben. Die Hebamme hält die Mündung des Gläschens genau an die vom Arzt bezeichnete, vorher sorgfältig mit warmem Wasser abzuwaschende Stelle, bis der Blutegel angebissen hat. Will ein Blutegel an der bestimmten Stelle nicht anbeißen, so bewegt man ihn hierzu meist dadurch, daß man diese Stelle mit Milch oder Blut bestreicht. Sobald der Blutegel sich voll=

gesogen hat, fällt er ab. Soll er früher zu saugen aufhören, so bestreue man ihn mit Küchensalz.

Nun kommt es ganz auf die Verordnung des Arztes an, ob und wie lange die Hebamme die Nachblutung unterhalten soll. Es geschieht das am besten dadurch, daß sie mit einem in warmes Wasser stets von Neuem eingetauchten, wohlausgedrückten Schwamm häufig die blutenden Oeffnungen abwischt, so daß das Blut nicht vor denselben gerinnen kann. Auch das Auflegen warmer Brei= oder Wasserumschläge oder trockner warmer Umschläge unterhält die Nachblutung.

Soll keine Nachblutung stattfinden, oder hat dieselbe die angeordnete Zeit gedauert, so nehme die Hebamme kleine Stückchen Feuerschwamm und drücke dieselben so lange auf jeden einzelnen Blutegelstich auf, bis der Feuerschwamm aufgetrocknet ist.

Wenn bei einem Kinde aus dem Blutegelstich das Blut länger und heftiger ausfließt, als der Arzt angeordnet hat, und die Hebamme mit dem Feuerschwamm die Blutung nicht stillen kann, so muß, damit das Kind durch die Blutung nicht Schaden leide, der Arzt wieder gerufen werden, und bis dahin muß die Hebamme den in einer Hautfalte gefaßten Blutegelstich zusammendrücken.

Wenn Jemand einen Blutegel verschluckt hat, so lasse die Hebamme ihn ziemlich starkes Salzwasser trinken, das hindert den Blutegel am Anbeißen, und wenn der Mensch darauf nicht schon bricht, so gebe die Hebamme ihm lauwarmes Wasser mit etwas Butter zu trinken. Blutegel, die sich in den Mastdarm oder in die Scheide verlaufen haben, werden ebenfalls durch Salzwasser am besten entfernt. Sie können übrigens an diesen Stellen keinen großen Schaden anrichten und kommen von selbst wieder hervor, wenn sie sich vollgesogen haben.

Auch in die Scheide und an die Scheideportion muß die Hebamme zuweilen Blutegel setzen, das geschieht mittelst des Mutterspiegels; der Arzt wird ihr dazu jedesmal genaue Anweisung geben.

§. 550.

Schröpfköpfe setzen darf die Hebamme meistentheils nur in den Ortschaften, wo ihr ganz besonders dieses Geschäft von der Obrigkeit übertragen worden ist. Auch dann darf sie es nur auf Anordnung

Drittes Kapitel. Verfahren der Hebamme bei plötzlichen Unglücksfällen.

des Arztes. Es gehört dazu der Schröpfschnäpper, eine Handlampe und eben die Schröpfköpfe. Die Hebamme wäscht die vom Arzt bestimmte Gegend des Körpers sorgfältig mit warmem Wasser ab und setzt dann die vorgeschriebene Zahl der über der Lampe einzeln schnell erwärmten Schröpfköpfe auf. Nachdem dieselben die Haut emporgesogen haben, werden sie abgenommen und nun auf jeder dieser Stellen der zuvor gespannte Schröpfschnäpper 1, 2, 3mal, je nachdem der Arzt es vorgeschrieben, aufgesetzt und abgedrückt. Dann werden die Schröpfköpfe von Neuem aufgesetzt, und wenn sie abfallen, immer von Neuem aufgesetzt, so lange Blut aus den Einschnitten fließt. Zuletzt wird dann die Haut wieder sauber abgewaschen, mit guten reinem (ungesalzenem!) Fett bestrichen und mit einer weichen Leinwand bedeckt. Zuweilen verordnet auch der Arzt, daß ohne Anwendung des Schnäppers auf die unverwundete Haut nur die Schröpfköpfe aufgesetzt werden sollen; das nennt man „trocknes Schröpfen" oder „blindes Schröpfen" im Gegensatz zu dem „blutigen Schröpfen".

§. 551.

Aufgüsse von wohlriechenden Blüthen oder Kräutern, sogenannte Thees, als Kamillen-, Flieder-, Königskerzen-, Krausemünz-, Pfeffermünz-, Fenchelthee u. s. w., sei es, daß sie äußerlich oder innerlich angewendet werden sollen, bereitet die Hebamme, indem sie kochendes Wasser über dieselben gießt, dasselbe einige Zeit wohl zugedeckt darüber stehen läßt, und dann durch ein Tuch oder feines Sieb abgießt. Durch Kochen dieser Kräuter würden gerade die wirksamen Stoffe davongehen.

Andere Stoffe, aus denen man eine schleimige Brühe bereiten will, müssen dagegen gekocht und dann ebenfalls durchgeseiht werden, so Hafergrütze, Leinsamen, Eibischwurzel.

Alle stärkemehlartigen Stoffe, Stärke, Salep, Arrow-Root, werden mit wenig kaltem Wasser zerrieben und dann mit viel kochendem Wasser unter fortwährendem Umrühren übergossen.

§. 552.

Die zwei Mittel aus der Apotheke, welche die Hebamme bei ihren Geräthschaften stets mit sich führen soll, Salmiakgeist und Schwefeläther, sind im Lehrbuch an den betreffenden Stellen genannt worden. Die Hebamme darf weder von diesen Mitteln, noch von allen andern in diesem Kapitel besprochenen andere Anwendung machen, als die ihr gelehrt worden ist. Ebensowenig darf sie irgend andere Mittel, als die ihr hier gelehrt worden sind, aus der Apotheke selbständig verordnen. So wohlthätig alle Arzneimittel an der **passenden** Stellen sind, so schädlich sind sie an der **unpassenden**, und die Hebamme kann das nicht genau genug unterscheiden, um grobe Mißgriffe zu vermeiden.

§. 553.

Vom Arzt wird die Hebamme häufig bei Krankheiten Verordnungen treffen hören, von denen hier nicht die Rede war. Wenn ihr die Ausführung derselben übertragen wird, so erbitte sie sich stets genaue Vorschriften vom Arzt, damit sie pünktlich ausführen kann, was ihr obliegt.

Drittes Kapitel.

Von dem Verfahren der Hebamme bei plötzlichen Unglücksfällen.

§. 554.

Unglücksfälle, außer den im Lehrbuch selbst besprochenen, haben mit dem Hebammenberuf **unmittelbar** nichts zu schaffen. Aber je mehr einen Menschen sein Beruf und seine Kenntnisse zum Helfen geschickt machen, desto größer wird die Pflicht, im vorkommenden Fall zu helfen. Die Hebamme ist nun oft die nächste und darum die erste Person, die bei plötzlichen Unglücksfällen herbeigerufen wird, und sie kann Manches thun, um zu retten, wo noch zu retten ist, und um weiteren Schaden zu verhüten.

§. 555.

Die oberste Regel bei allen Verunglückungen ist, **wo möglich die Ursache der Gefahr zu entfernen**, wenn der Betroffene sich

Viertes Kapitel. Pflichten der Hebamme für das Gemeinwohl ꝛc. 345

noch unter dem Einfluß derselben befindet, denn die fortwirkende Ursache würde den Tod, der vielleicht noch abzuhalten ist, sicher herbeiführen. Ein **Ertrunkener** muß also aus dem Wasser gezogen, ein **Erhenkter** muß mit Vorsicht, damit er nicht hinstürze, abgeschnitten, ein in Dampf oder Rauch **Erstickter** muß aus dem eingeschlossenen Raum entfernt, oder es muß frische Luft reichlich hinzulassen werden. Bei einem **Verwundeten** muß wo möglich die Blutung durch Kälte und Binden gehemmt, ein **Erfrorner** muß aus der Kälte, ein durch **Verbrennung Verunglückter** von dem heißen Gegenstand entfernt werden, bei einem **Vergifteten** müssen durch Erbrechen die etwa noch im Magen befindlichen giftigen Stoffe entleert werden. Alle Vorurtheile, die etwa gegen das Eine oder Andere, zum Beispiel gegen das Abschneiden der Erhenkten, bei den abergläubischen Leuten bestehen, sind für die Hebamme viel zu klein, als daß sie sich durch dieselben von ihrer Pflicht könnte abhalten lassen.

§. 556.

Nachdem die Hebamme diese ersten vor Allem erforderlichen Anordnungen getroffen hat, sorge sie dafür, wenn es noch nicht geschah, und wenn nicht etwa deutliche Zeichen von eingetretener Fäulniß jede Hoffnung auf Lebensrettung ausschließen, daß zum nächsten Arzt geschickt werde, und demnächst in allen Fällen dafür, daß die Ortsbehörde von dem Fall Kenntniß erhalte.

§. 557.

Für einzelne Fälle sind noch einige besondere Regeln wichtig. Im **Wasser Verunglückte** müssen, nachdem namentlich am Hals und Oberleib alle möglicherweise drückende Kleidung entfernt ist, auf ebener Erde so niedergelegt werden, daß Bauch, Brust und Gesicht gegen den Boden gerichtet sind. Die Stirn muß dabei unterstützt werden, etwa durch den Arm des Verunglückten, so daß die Athemöffnungen frei sind. Nun wird auf den Rücken ein leichter Druck ausgeübt. Dann faßt man den Körper an den Schultern und am Becken rollt ihn langsam etwa 10mal in der Minute so um die Längsaxe hin und her, daß das eine mal die Brust, das andere mal der Rücken etwas mehr gegen den Boden sieht. Zur Zeit, wo der Rücken gegen den Boden sieht, werden jedesmal beide Arme gefaßt, kräftig erhoben und am Kopf entlang aufwärts gestreckt, dann wieder in ihre vorherige Lage längs des Körpers abwärts gestreckt. Durch die beschriebenen Bewegungen wird der Brustkasten abwechselnd verengt und ausgedehnt, das eingeathmete Wasser fließt aus, die frische Luft streicht wieder durch die Lungen, und wenn das Leben überhaupt noch angefacht werden kann, so kommt durch diese Art künstlicher Athmung dasselbe wieder in Gang.

Auch bei Erhenkten und Erstickten ist diese künstliche Athmung anzuwenden.

Erfrorene dürfen ja nicht aus der Kälte sogleich in geheizte Räume gebracht werden, das tödtet sicher den noch nicht ganz Todten. Erfrorene müssen vielmehr, nachdem ihnen die Kleider vorsichtig abgeschnitten worden sind, in einem kalten Raum niedergelegt und der ganze Körper mit in eiskaltes Wasser getauchten Tüchern oder mit Schnee zugedeckt und sanft gerieben werden. Erst wenn deutliche Lebenszeichen aufgetreten sind, darf die Bedeckung und Umgebung wärmer gemacht werden.

Bei Verbrennungen, sei es, daß die Haut die verbrannten Theile noch bedeckt, sei es, daß sie abgegangen ist, sei es, daß tiefere Zerstörung durch die Hitze bewirkt wurde, ist das beste Mittel, bis der Arzt weitere Verordnungen trifft, die verbrannten Theile mit Oel zu bestreichen oder zu begießen und in Watte zu hüllen.

Bei Vergifteten tritt Erbrechen oft schon durch das Gift selbst ein, dann wird es durch lauwarmes Wasser oder durch Milch befördert; war das aber nicht der Fall, so wird es durch Hineinstecken des Fingers in den Hals, durch Kitzeln am Schlunde mit einem Federbart, durch Trinken von Oel oder Wasser mit Butter hervorgerufen. Nur wer mit Phosphor (Zündhölzchen) oder mit Spanisch-Fliegen vergiftet ist, darf keinerlei Fett zu trinken bekommen.

Bei allen scheinbar Todten ist es außer der künstlichen Athmung, die immer die Hauptsache sein muß, zu empfehlen, daß die Hebamme, wenn längere Zeit bis zur Ankunft ärztlicher Hülfe verstreicht, ein kaltes Klystir gebe, die Fußsohlen bürste und das Fläschchen mit Salmiakgeist von Zeit zu Zeit unter die Nase halte.

Die Hebamme lasse sich von ihrem Gemeindevorstand unterrichten über das zur Behandlung Verunglückter öffentlich vorgeschriebene Verfahren.

Viertes Kapitel.
Von den Pflichten der Hebamme für das Gemeinwohl und ihren Beziehungen zu den Behörden.

§. 558.

Die Hebamme kann behufs Erfüllung dieser Pflichten der Behörde in viererlei Weise gegenübertreten, als Sachverständige, als Zeugin, als Anklägerin, als Angeklagte.

§. 559.

Als Sachverständige kann die Hebamme von der Behörde aufgefordert werden, über zweifelhafte Jungfrauschaft einer Person oder darüber, ob dieselbe schwanger sei oder nicht und seit wann sie schwanger sei, ihr Urtheil abzugeben. Es kann sich in anderen Fällen darum handeln, ob eine Frau überhaupt und ob sie kürzlich geboren habe. Die Hebamme kann ferner gefragt werden, ob ein Kind reif oder unreif sei, oder wie lange Zeit seit der Geburt desselben verflossen sein könne. All diese Fragen sind im Lehrbuch an den betreffenden Stellen besprochen worden und die Hebamme weiß aus dem, was sie gelernt hat, daß sie diese Fragen manchmal beantworten kann, manchmal aber nicht.

Sobald ihr das Ergebniß der Untersuchung einen Zweifel übrig läßt, oder wenn sie über Dinge gefragt wird, über welche sie nichts gelernt hat, so sage sie stets frei heraus, daß sie das nicht weiß. Daß die Hebamme bei der Untersuchung und bei der Aussage durch keinerlei Rücksichten und durch keinerlei vorgefaßte Meinungen sich leiten lasse, versteht sich bei jeder gewissenhaften Frau von selbst.

§. 560.

Als Zeugin tritt die Hebamme bei jeder Geburt mit der Behörde in Verkehr, denn sie muß jede Geburt, sobald sie von der Entbundenen nach Hause geht, ordnungsmäßig anmelden. Es kann aber vorkommen, daß sie auch vor dem Richter über die stattgehabte Geburt selbst, oder über einzelne Vorfälle bei derselben, oft nach langer Zeit, Zeugniß ablegen muß. Neben vielen anderen ist es auch aus diesem Grunde unerläßlich, daß die Hebamme über alle ihre Geburten pünktliches Tagebuch führe, wie ihr in der Hebammenschule ausführlich gelehrt worden ist.

§. 561.

Als Anklägerin muß die Hebamme bei der Behörde auftreten, wenn sie von der Verübung eines Verbrechens, also zum Beispiel von Abtreibung einer Leibesfrucht, oder von Verletzung oder Tödtung eines bereits gebornen Kindes Kunde hat.

Auch wenn ihr die Absicht zur Verübung eines solchen Verbrechens bekannt wird, und sie die Ausführung dieser Absicht ohne Beihülfe der Obrigkeit nicht verhindern kann, ist sie zur Anzeige verpflichtet. Unterläßt die Hebamme die Anzeige, so verfällt sie in Strafe, gleich als wenn sie an dem Verbrechen Theil hätte.

§. 562.

Anzeige an die Ortsbehörde hat die Hebamme ferner zu machen, wenn in Fällen, wo sie weiß, daß ärztliche Hülfe nothwendig ist, weil es sich um Rettung eines oder zweier Menschenleben handelt, die Hülfsbedürftige oder die Angehörigen sich weigern, den Geburtshelfer rufen zu lassen. Nur durch diese Anzeige entledigt sich die Hebamme der Verantwortlichkeit für den Ausgang.

§. 563.

Ihren vorgesetzten Amtsphysikus soll die Hebamme davon in Kenntniß setzen, wenn eine mit einer ansteckenden Krankheit behaftete Person sich weigert, in ärztliche Behandlung zu gehen.

§. 564.

So oft die Hebamme durch ihren Beruf in den Besitz von Geheimnissen gelangt, deren Mittheilung den Betreffenden Nachtheil bringen würde, ist sie strenge Verschwiegenheit gegen Jedermann schuldig, ausgenommen allein die in den vorigen Paragraphen genannten Fälle. Verletzung der Verschwiegenheit zieht ihr gerechte Strafe zu.

§. 565.

Als Angeklagte kommt die Hebamme vor die Obrigkeit, wenn sie eine ihrer Pflichten versäumt oder wenn sie ihre Befugnisse überschritten hat, denn durch das Eine wie das Andere kann sie leicht ihre Mitmenschen an Gesundheit und Leben beschädigen. Sollte Undank oder Mißverstand sie mit unbegründeter Anklage vor die Obrigkeit führen, so wird sie in dem Bewußtsein, ihre Pflicht gethan zu haben, sich leicht vertheidigen. Tritt aber einmal die Versuchung, ihrer Pflicht zu vergessen, stark an sie heran, so trete vor das Gewissen der Hebamme der von ihr abgeleistete Eid.

Register.

Die hier im Register vorkommenden Ziffern verweisen auf die Paragraphen.

A.

Abfallen des Nabelschnurrestes §. 250.
Abfluß des Fruchtwassers,
— frühzeitiger 228. 422. 445.
— rechtzeitiger 155. 160.
— bei Unterbrechung der Schwangerschaft 314. 319.
Abfluß des Harns, unwillkürlicher 292. 299. 495.
Abführmittel 140. 265. 525.
Abgang des ganzen Eies 314. 442.
Abgang der Nachgeburt 162.
Abgesetzte Glieder, s. Englische Krankheit.
Ablassen des Urins mit dem Katheter 263. 296. 297. 434. 495. 544.
Ablösung der Oberhaut als Todeszeichen 472.
Abmagern der Kinder 534.
Abnabeln 216. 380.
Abort, s. Fehlgeburt.
Abreißen der Nabelschnur 454.
Abschuppung der Haut bei Neugebornen 249.
Absonderung, vermehrte, der Scheide 305.
Absterben der Frucht in der Schwangerschaft 325.
Absterben der Frucht in der Geburt 471.
Abtritt darf die Gebärende nicht besuchen 186.
Achselhöhe 18.
— Eingehen in dieselbe 189.
Adern 18.
Aderhaut, gleich Lederhaut.
Aderknoten 301. 315.
Aderkröpfe 301.
Aderlaß 142.
Aether 229. 552.
Aeußere Drehung des Kopfes 176 (Fig. 41).
Aeußere Geschlechtstheile 47 (Fig. 14).
Aeußerer Muttermund 50.
Aeußere Untersuchung 98.
After 20.

Aftergegend §. 20.
Allgemeinbefinden der Wöchnerin 233.
Allgemeinerkrankungen der Wöchnerin 491.
Amme 513. 514. 515.
Anlegen des Kindes 259.
Anschwellung des Bauchs durch Krankheit 115.
— des Bauchs durch Schwangerschaft (Fig. 28. 38.)
— der Beine 303.
— der Brüste 100. 243. 245. 505. 508. 531.
— der Geschlechtstheile 236. 303. 394. 409. 436. 491.
— der Haut 303. 529.
— des vorliegenden Kindestheils 173.
Angeborene Fehler 224. 390.
Ansetzen der Blutegel 549.
— der Schröpfköpfe 550.
Ansteckung, s. Geschwüre, Augenentzündung und Kindbettfieber.
Anzeige, Verpflichtung der Hebamme zu derselben 556. 560. 561.
Arme 21.
— Lösung derselben 366.
— Vorfall derselben 292. 345. 370.
Athmen, erstes 212. 214. 356.
Athmung, künstliche 476. 557.
Aufdrücken des Kopfes 159. 203.
Auffüttern der Kinder 513. 516.
Aufhören des Regel im Alter 64.
Aufschläge, s. Umschläge.
Aufstehen der Wöchnerin, erstes 267.
Augenentzündung der Neugeborenen 532.
Ausbleiben der Regel 61. 113. 125. 245.
Ausdrücken der Brüste bei Neugeborenen 531.
Ausfluß aus den Geschlechtstheilen, wässriger 307.
— aus den Geschlechtstheilen, weißer 59. 305. 492.
— aus den Geschlechtstheilen der Wöchnerinnen 242. 258.
Ausgang des Beckens 42.

Ausgetragenes Kind §. 25. 75.
Aushöhlung des Kreuzbeins 32. 40.
Ausleerungen des Kindes 248. 525.
Ausmessung des Beckens 406. (Fig. 81).
Ausschlag beim Kinde 530.
Ausstopfung der Scheide 315. 320. 467. 485.
Austreibende Kraft der Gebärmutter 168. (Fig. 40. 43. 48. 49).
Austreibung des Kindes 159. 167.
Austreibung der Nachgeburt 162. (Fig. 42).
Austreibungsperiode 151. 157. 164.
Austritt des Kopfes 174. 204. 334. 352.
Austritt der Schultern 175. 213. 389.
Austritt des Steißes 349. 362.
Auswüchse am Becken 402 (Fig. 80).
— an den Geschlechtstheilen 436.

B.

Bad der Gebärenden 424.
— des Kindes 223. 266.
— der Schwangeren 139.
Badeschwamm 221. 223. 229.
Bähungen, s. Umschläge.
Bänder zum Unterbinden der Nabelschnur 216.
Bändchen des Kitzlers 47.
Bärlapp-Same 530.
Bauch 16. 19.
— des Kindes als Geburtshinderniß 390.
— der Schwangeren 131 (Fig. 38).
Bauchbinde bei Entbundenen 222. 408. 420.
— bei Schwangeren 300 (Fig. 62—64).
Bauchhöhle 19.
Bauchhöhlenschwangerschaft 286.
Bauchlage der Frucht 371.
Bauchpresse 148. 150. 158.
Bauchschmerzen 321. 425.
Baumwolle, gleich Watte 262. 315. 508.
Becken 29 ff.
Beckenausgang 42.
Beckenbänder 36 (Fig. 9).
Beckenboden 36.
Beckeneingang 39.
Beckenenge 41.
Beckenhöhle 20.
Beckenkanal 43.
Beckenknochen 31 (Fig. 4—7).
Beckenlage der Frucht 273. 347.
Beckenmitte 40.
Beckenneigung 44 (Fig. 12. 13).
Becken, regelwidriges 391.
Befruchtung 65. 128.
Begattung 66.
Beginn der Geburt 153.
Behandlung, s. die Zustände welche behandelt werden sollen.

Bein §. 22.
Beinkleider 139.
Beischlaf 66. 128. 141. 268.
Bekleidung, s. Kleidung.
Belebung scheintodter Kinder 473—478.
Belebung Verunglückter 555.
Beruf der Hebamme 1. 535—540.
Berechnung der Schwangerschaft 124.
Beschwerden, s. die einzelnen Zustände.
Besichtigung der Schwangeren 99.
— des Kindes 224.
— der Nachgeburt 220.
Besuche bei der Wöchnerin 254. 261.
Bewegungen der Frucht 74. 116.
Bildungsfehler 224. 325. 390.
Binde 222. 224. 300. 303. 408. 420.
Blähungen, Wind im Bauch 414.
Blase stellt sich, ist springfertig, springt 155.; siehe auch Harnblase.
Blasenausschlag 530.
Blasenmole, gleich Blutmole.
Blasenpflaster 548.
Blasenscheidenfisteln 394.
Blasensprung 155. 443.
Bleiwasser 302.
Blutabgang, siehe Blutung.
Blutader 18.
Blutaderknoten 301.
Blutansammlung, siehe innere Blutung und Blutgeschwulst.
Blutegel 549.
Blutfluß, siehe Blutung.
Blutgefäße, gleich Adern.
Blutgeschwulst 433. 436. 527.
Blutklumpen, geronnenes Blut 61. 162. 314. 316. 317. 482.
Blutmole 326.
Blutung 308.
— äußere und innere Blutung 310. 480.
— aus den äußeren Geschlechtstheilen 315. 487.
— aus Aderknoten 302. 315.
— aus der Gebärmutter: regelmäßige monatliche 58. — bei der Geburt 160.
— regelwidrige bei Gebärenden 383. 466. 481.
— bei Nichtschwangeren 61.
— bei Schwangeren 311. 323.
— bei Wöchnerinnen 493.
— aus dem Nabel 529.
— aus der Nabelschnur 224. 451. 455.
— aus der Nase 310.
— aus der Scheide 315. 487.
— aus Wunden 487. 555.
Böses Wesen, s. Krämpfe.
Bogenlinie 33. 37.
Breite des Beckens, s. Querdurchmesser.
Breite der Schultern 27. 389.
Breite der Gebärmutter 87. 279. 368.
Breiumschläge 546.
Brodwasser 263.

Bruch §. 290. 528.
Brüste 55.
Brust 18.
Brustbein 11.
Brustdrüse 55.
Brustgegend, seitliche 18.
Brusthöhle 18.
Brustkasten, Brustkorb 11.
Brustwarze 55. 143. 506.
Bürsten 557.
Busen 18.

C.

Carbolöl 108. 229.
Carbolsäurebildung 108. 229. 230. 258. 421. 437.
Catheter, s. Katheter.
Charpie 320.
Chlorkalk, Chlorwasser 230.
Cholera 325.
Citronensaft 318. 464.
Clystir, s. Klystir.
Cognak 189.
Convulsionen, s. Krämpfe.

D.

Damm 20. 46 (Fig. 14 und 17).
— Gefahren und Schutz desselben bei der Geburt 205 (Fig. 49. 50. 51).
Dammriß 439.
Dampfbäder 415.
Darm 19.
Darmbein, gleich Hüftbein 34.
Dauer der Geburt 165.
— der Schwangerschaft 67.
Daumen 21.
Dehnbarkeit der Scheide 48. 431.
Doppelbildung 390.
Doppelte Glieder, gleich engl. Krankheit.
Drängen 158. 295.
Drehung des Kopfes im Becken 172.
— des gebornen Kopfes 176.
— der Schultern 175. 349. 366.
Drillingsschwangerschaft 281.
Drillingsgeburt 384.
Druck auf die Nabelschnur tödtet das Kind 356. 450.
Druck stillt Blutungen 315. 433. 555.
Durchbruch der Zähne 251. 534.
Durchfall bei Schwangeren 289.
— bei Kindern 524.
— bei Wöchnerinnen 496.
Durchmesser des Beckens 38.
— des Kindskopfes 26.
Durchschneiden des Kopfs 159. 208.
— der Schultern 213.
— des Steißes 349.

Durchschneiden des Gesichts §. 344.
Durchschneidung der Nabelschnur 216. 380. 453.
Durst 234. 263.

E.

Ei 69 (Fig. 19, 20 und 21).
Eichel des Kitzlers 47 (Fig. 14).
Eid der Hebamme 565.
Eierstock 52 (Fig. 15, 16. und 18).
Eierstocksband 53.
Eierstocksschwangerschaft 286.
Eiförmiges Loch 33.
Eigenschaften der Hebamme 7.
Eihäute 73 (Fig. 21).
— zu dünne 445.
— zu feste 446.
Eileiter 51 (Fig. 15 und 16).
— Schwangerschaft in demselben 286.
Einführen d. Finger zum Untersuchen 102.
Eingang des Beckens 39.
— der Scheide 47. 121. 246 (Fig. 14. 17. 29. 30).
Eingeweide 12.
Eintheilung des Kindeskopfes, s. Geburtshinderniß.
Einklemmung der Brüche 290.
— der Gebärmutter 294.
Einriß des Dammes 439.
— der Gebärmutter 430.
— der Scheide 431.
Einschneiden des Kopfs 159. 204. 341.
Einschnürung der Gebärmutter 423. 479.
Einsperrung der Nachgeburt 479.
Einspritzungen 542.
Eisumschläge 546.
Eiterbeulen 530.
Eiterung in den Augen Neugeborner 532.
— in den Brüsten 508. 531.
— aus der Gebärmutter, s. Ausfluß.
— am Nabel 250. 529.
Elbogenbein 21.
Elbogengelenk 21.
Empfängniß 66.
Empfangnahme des Kindes bei der Geburt 214.
Enge des Beckens, regelwidrige 394. 409.
Englische Krankheit 399 (Fig. 75).
Entbindung 145.
Entfernung der Nachgeburt 219.
Entfaltung der Geburtstheile 152.
Entwicklung d. Arme u. d. Kopfs 305. 366.
Entwicklung des Eies und der Frucht 69.
Entwöhnen der Kinder 245. 272.
Entzündung der Augen 532.
— der Brüste 508. 531.
— der Gebärmutter 494.
— der äußeren Geschlechtstheile 491.
— der Scheide 492.

Schultze, Hebammenkunst. 6. Aufl. 23

Erbrechen der Gebärenden §. 460.
— der Säuglinge 523.
— der Schwangeren 288.
Erhaltung des Dammes 205.
Erkältung 139. 217. 252. 257. 269. 289. 313. 422.
Erkrankung der Schwangeren, Gebärenden, Wöchnerinnen und des Kindes, s. Inhaltsverzeichniß.
Erkundigung 180.
Erlahmung, Ermüdung der Gebärmutter, s. Wehenschwäche.
Ernährung, künstliche, des Kindes 516.
— mangelhafte der Mutter, kann die Frucht tödten 325.
Eröffnende Wehe 153 (Fig. 39).
Eröffnungsperiode 151. 153. 164.
Erschlaffung der Gebärmutter 480. 482.
Erstgebärende 165.
Erstgeburt 385.
Erstickte 555.
Erstschwangere 117.
Erweckung Scheintodter, s. Scheintod.
Erweichung der Knochen 399. 402. 405. (Fig. 75. 79).
Erweiterung der Gebärmutterhöhle 87.
— des Muttermundes 153 (Fig. 33 bis 36. 39).
Essen, s. Speise.
Essig 189. 315. 318. 320. 464. 467. 483.
Es zeichnet 154.

F.

Fäulniß der Frucht 328. 472.
— des Lagers durch Unreinlichkeit 258.
Falsche Schwangerschaft 115.
— Wehen 425.
Fallsucht, s. Krämpfe.
Fehlgeburt 146. 316.
Fehler, s. die fehlerhaften Theile.
Feigwarzen gleich Knötchen an den Geschlechtstheilen 306.
Fenchel 523. 525.
Ferse 22.
Fieber 497. 501.
Finger 21. Einführung derselben zur Untersuchung 102.
Flachs (Heede, Werg) 262. 320. 467. 508.
Flanell 527.
Fleisch 12.
Fleischmole 314. 326.
Flieder 546.
Flockenhaut 70.
Fluß, s. Ausfluß.
Fontanellen 26.
Form der Gebärmutter 49. 85 (Fig. 15, 16, 17, 21, 22 und 24).
— regelwidrige 278. 426.
Fortpflanzung 56.
Fraisen, gleich Krämpfe.

Freiwilliges Hinken §. 405.
Friesel, Frieselfieber 499.
Frost 233. 497.
Frucht 69. Austreibung derselben, siehe Geburt.
— Bewegungen derselben 74. 116.
— Entwicklung derselben 69.
— Herzschlag derselben 101. 116.
— Lage derselben 89 (Fig. 23—28). 273 (Fig. 58—59. Fig. 73).
— Lebensfähigkeit der 75.
— Tod derselben 325.
— Umhüllungen derselben 73. 77 (Fig. 21).
Fruchtbarer Beischlaf 128.
Fruchtblase 155.
Fruchtkuchen, gleich Mutterkuchen 72.
Fruchtwasser 79.
— falsches 447. stinkendes 444.
— zu viel 441. zu wenig 442.
— zu früher Abfluß 445. zu später 446.
Frühgeburt 146. 323.
Frühgeborne Kinder 324. 514. 521. 527.
Führungslinie 43 (Fig. 11. 43).
Fünflingsschwangerschaft 281.
Fuß 22. Vorfall desselben 346.
Fußgeburt 348.
Fußgelenk 22.
Fußlage 275.
Fütterkinder 518. 525.

G.

Galle 19.
Gebäranstalten 5. 186.
Gebärbett 187.
Gebärende 153.
Gebärmutter 49. 83. 142. 237. 239.
— Ausfluß, s. Ausfluß.
— Anschwellung 115.
— Bänder 53. 240.
— Blutung, s. Blutung.
— Entzündung 494.
— Geräusch 101.
— Größe 49. 87. 237.
— Grund 49 (Fig. 15).
— Hals 49 (Fig. 15).
— Halskanal 50 (Fig. 15).
— Höhle 50 (Fig. 16).
— Krampf, siehe Krampfwehen.
— Lähmung, siehe Wehenschwäche.
— Körper 49.
— Polyp 432.
— Rückwärtsbeugung 294 (Fig. 60. 61).
— Senkung 494.
— Schiefheit 427 und an vielen andern Orten.
— Umstülpung 489.
— Unthätigkeit, s. Wehenschwäche.
— Vorfall 494.
— Vorwärtsbeugung 239. 299.

Gebärmutter-Zerreißung §. 430.
— Zurückbeugung 294.
— Zusammenziehung 149. 313.
Gebärzimmer 166.
Geblüt, s. Blutung.
Geburt 145.
Geburtsdauer 122.
Geburtsgeschwulst 173. 528.
Geburtshelfer 10. 185.
Geburtshinderniß 335. 386. 394. 409. 418. 424.
Geburtskissen 229. 359.
Geburtslager 187.
Geburtsmechanismus 167.
Geburtsperioden 164. 166.
Geburtsschmerzen 149. 159.
Geburtstheile, gleich Geschlechtstheile.
Geburtsverlauf 148.
Geburtsverzögerung 342. 409. 418.
Geburtswege 148. 167. 426.
Geburtswehen 164.
Geburtszeiten 164. 166.
Gefäße, s. Adern.
Gehirn 15.
Gehülfinnen bei der Geburt 186.
Gelbsucht der Kinder 249. 530.
Gelenke des Beckens 32. 35.
Gemüthsbewegungen 141. 144. 254. 325.
Genick, gleich Nacken 17.
Gerablagen, gleich Längslagen.
Geräthschaften der Hebamme 229.
Gerippe 11 (Fig. 1).
Gesäß 20.
Geschlecht des Kindes 74.
Geschlechtsreife 58.
Geschlechtstheile 20. 45 (Fig. 14—18).
Geschlechtsunterscheidung der Frucht 74.
Geschwülste am Becken 402 (Fig. 80).
Geschwülste der Beckeneingeweide 432.
Geschwüre an den Geschlechtstheilen 306. 437. 438. 563.
Geschwüre am Nabel 529. 530.
Geschwulst der Füße 303.
Geschwulst der Geschlechtstheile 303. 436. 491.
Gesicht 15.
Gesichtsgeburt 338.
Gesichtsgeschwulst 341. 344.
Gesichtslage 274 (Fig. 52. 53).
Getränke für Gebärende 190.
— für Schwangere 140.
— für Wöchnerinnen 263.
Gichter, gleich Krämpfe.
Gliedmaßen 14.
— Vorfall derselben 345. 348. 370.
Glückshaube 445.
Goldaderknoten, gleich Blutaderknoten am Mastdarm.
Größe, regelwidrige des Kindes 390.
Grund der Gebärmutter 49.

H.

Haare der Frucht §. 74. 76.
Haare, Ordnen derselben bei der Gebärenden 188.
Hängebauch 299 (Fig. 62—64).
Häute des Eies 73. 79 (Fig. 21).
Hafergrütze 263. 546.
Haltung des Kindes 92.
Hals 16. 17.
Halswirbel 11.
Hand 21.
Hand der Hebamme 108.
Handgelenk 21.
Handrücken 21.
Hand, Vorliegen und Vorfall derselben 345. 371.
Handwurzel 21.
Harnabgang, unwillkürlicher 292. 299. 495.
Harnblasen mit d. Katheter, s. Katheter.
Harnausleerung 140. 191. 235. 263.
Harnblase 54. bei Gebärenden 217. 422.
Harnlassen 140. 191. 235. 263.
Harnröhre 47 (Fig. 14. 17).
Harnröhrenöffnung, gleich Mündung der Harnröhre 47.
Harnverhaltung 292. 495.
Harnzwang 292. 495.
Hartwerden der Gebärmutter bei der Wehe 149.
Haut 12.
Hautausschläge 530.
Hautfalten 118.
Hautfärbung der Schwangeren 99.
Haut der Neugebornen 76. 249. 530.
Hautschmiere, gleich Kindesschleim.
Hautstriemen der Schwangeren 99. 114. 118.
Haut der Wöchnerinnen 234.
Hebamme, ihr Beruf 1.
— ihre Geräthschaften 229.
— ihre Pflichten 230. 535—540.
Heiligbein, gleich Kreuzbein.
Herz 18.
Herzschlag des Kindes 101.
Herztöne der Mutter 101.
Hexenmehl, gleich Bärlappsame.
Hinderniß der Geburt 409. 418.
Hinfällige Haut, gleich Siebhaut (Fig.21).
Hinterhaupt 15.
Hinterhauptsbein 26 (Fig. 3).
Hinterhauptsnaht 26.
Hinterbacken 20.
Hinterkopf, gleich Hinterhaupt.
Hirn, gleich Gehirn 15.
Hoden 20. 75. 76.
Hodensack 20. 76.
Höhle der Gebärmutter 50 (Fig. 16. 17. 19. 22).
Hof der Brustwarze 55. 100.
Hohlhand 21.

23*

Hohlwarzen §. 143. 506.
Hüftausschnitte 33.
Hüftbein 34.
Hüftbeinkamm 11. 34.
Hüftbeinspitze 34.
Hüftbeinstachel 34.
Hüften 20.
Hüften des Kindes 27.
Hüftgegend 20.
Hüftgelenk 11. 33.
Hüftlöcher 36.

J.

Innere Geschlechtstheile 48 (Fig. 15—18).
Innerer Muttermund 50 (Fig. 16).
Innere Untersuchung 102.
Irrereden 500.
Irrigator 542. 543.
Jungfernhäutchen 47 (Fig. 14. 17).
Jungfrau 58.

K.

Käseschleim, gleich Kindesschleim.
Kalte Umschläge 546.
Kalender 126 (Fig. 37).
Kali übermangansaures 108. 229. 230. 258. 437. 491. 544.
Kamillen 422. 491. 523. 546. 561.
Kanal des Beckens 43.
Kanal des Mutterhalses 50.
Katheter 191. 229. 495. 544.
Kehle 17.
Kehlgrube 17.
Kehlkopf 17.
Kennzeichen, s. Zeichen.
Kind 25.
— Besorgung desselben 223.
Kindbett 231.
Kindbetterin, gleich Wöchnerin.
Kindbettfieber 500.
Kinderbettchen 255.
Kindsadern für Blutaderknoten.
Kindsbewegung 74. 98. 101. 116.
Kindsgeschwulst 173.
Kindskörper 25.
Kindskopf 26 (Fig. 2. 3).
— Herausbeförderung desselben bei Beckenlagen 365.
Kindslage, regelmäßige 89.
— regelwidrige 273. Ursachen und Häufigkeit derselben 278.
Kindspech 248.
Kindsschleim 74. 223.
Kindsschmiere, gleich Kindsschleim.
Kindstheile 98. 102. 116.
Kindswasser, gleich Fruchtwasser.
Kindswehen 157.
Kindtaufe 540.
Kinnbackenkrampf 533.
Kitzler 47.

Kleidung der Gebärenden §. 188.
— des Kindes 225.
— der Schwangeren 139.
— der Wöchnerin 222.
Klystir 140. 191. 265. 525. 543.
Klystirspritze 229. 543.
Kneiper 152.
Knie 22.
Kniegeburt 348.
Knielage 275.
Kniekehle 22.
Kniescheibe 22.
Knochenauswüchse 402 (Fig. 80).
Knochenbrüche 402.
Knochenerweichung 399. 402. (Fig. 75. 79).
Knochengerüst 11 (Fig. 1).
Knöchel 22.
Knorpel 76.
Knoten der Nabelschnur 458.
Königskerzen 551.
Körper des Erwachsenen 11.
Körper des Kindes 25.
Körperbewegung 139. 268.
Körpergegenden 13 (Fig. 1).
Kolikschmerzen 321. 425.
Kopf 14. 15. 26.
Kopfblutgeschwulst 528.
Kopfgeschwulst 173. 528.
Kopfhaut 173. 470.
Kopfknochen 26. 173.
Kopflage 273.
Kopfnähte 26.
Koth 54.
Krämpfe der Gebärenden und Schwangeren 462.
— der Kinder 533.
— der Wöchnerinnen 502.
Kräuteraufgüsse 551.
Krampfadern 301.
Krampfwehen 421.
Krankheit der Gebärenden 459.
Krankheiten der Neugebornen 527.
Krankheiten der Wöchnerin 491.
Krankheit, Unterscheidung von Schwangerschaft 119.
Kranznaht 26.
Krausemünze 551.
Kreislauf des Blutes 18 und 72.
Kreissende 153.
Kreuzbein 11. 32 (Fig. 4).
Krönung 159.
Kronennaht 26.
Künstliche Ernährung des Säuglings 513.
Kuhmilch 517. 525.

L.

Lähmung der Gebärmutter, das ist höchster Grad von Wehenschwäche 418. 482.
Länge, s. die einzelnen Theile, um deren Länge es sich handelt.

Lage der Frucht, regelmäßige §. 93.
— unregelmäßige 273.
Lage der Gebärmutter, regelmäßige 54 (Fig. 17. 18). 83. 89 (Fig. 25. 28).
— unregelmäßige 278. 292. 336. 404. 426. 489.
Lagerung der Gebärenden 187. 204. 334. u. folg. (Fig. 48 u. 50). 359. 375. 427.
Lagerung der Schwangeren zur Untersuchung 105.
Laxirmittel, gleich Abführmittel.
Lebensfähigkeit des Kindes 75.
Lebensregeln für Säugende 269.
— für Schwangere 138.
Lebensschwäche 477. 527.
Lebenszeichen der Frucht 329.
Leber 19.
Lederhaut 70. 73. 80.
Lefze, gleich Lippe.
Lehrbuch 5. 229.
Leibbinde 222. 300. 408. 420.
Leibchen 139. 269.
Leibesbewegung, s. Körperbewegung 139. 268.
Leibesfrucht, s. Frucht.
Leibesöffnung, s. Stuhlgang.
Leibesverstopfung, s. Stuhlverstopfung.
Leibschäden 290.
Leibschmerzen 321. 425.
Leibschüssel, s. Steckbecken.
Leibwäsche, s. Kleidung. Wechseln der Leibwäsche 257.
Leinsamen 293. 546. 551.
Leistenbrüche 290.
Leistengegend 19.
Lendengegend 19.
Lendenwirbel 11.
Licht, Absperrung desselben im Wochenzimmer 186. 209.
Lippen des Muttermundes 49. 83.
Loch, eiförmiges 33.
—, Hüftlöcher 36.
—, Kreuzbeinlöcher 32.
Lochienfluß, gleich Wochenfluß.
Lösen der Zunge ist Sache des Arztes 509.
Lösung der Arme 365.
Lösung des Eies bei der regelmäßigen Geburt 154.
Lösung des ganzen Eies 314. 316. 442.
Lösung der Nachgeburt 162.
—, frühzeitige 323. 466.
—, nicht erfolgende 488.
Luft, Erneuerung derselben 139. 252. 555.
Luftröhre 17.
Luftverderbniß 139.
Lungen 18.
Lustseuche 306. 437. 530. 563.
Lutschbeutel, gleich Zulp.

M.

Magen §. 19.
Magengrube, gleich Herzgrube 19.
Mandelmilch 263.
Mannbarkeit, s. Geschlechtsreife.
Masern 325.
Mastdarm 54.
Meerrettigpflaster 547.
Mehlmund, gleich Schwämmchen.
Mehlnahrung für Kinder 516. 520.
Mehrfache Geburt 376.
Mehrfache Schwangerschaft 281.
Mehrgebärende 165.
Milch 274. 516.
Milchabsonderung 231. 243. 259.
Milchanhäufung in den Brüsten 505. 508.
Milchdrüsen 18. 55.
Milchfieber 497.
Milchschorf 530.
Milchstockung 507.
Milchversetzung giebt es nicht.
Milchziehglas 143. 504.
Milchzucker 517.
Milz 19.
Mißbräuche 228. und an vielen anderen Orten.
Mißfall, gleich Fehlgeburt.
Mißgeburt 325. 390.
Mißgestalt des Beckens 391.
Mitpressen 148. 150. 158. 192. 202 und an vielen anderen Orten.
Mitte der Schwangerschaft 223.
Mittelfleisch, gleich Damm.
Mittelhand 21.
Mittellinie des Beckens, gleich Führungslinie.
Mole 326.
Molenschwangerschaft, s. Mole.
Monate 68. 126.
Monatliches 58. 71.
Monatsfluß 58. 71.
Mondkalb, gleich Mole.
Mondsmonate 68.
Mündung der Harnröhre 47.
Mundschwämme der Neugebornen 526.
Mutter für Gebärmutter.
Mutterbänder 52. 54. 240.
Mutterbeschwerden 61. 115. 194.
Mutterblutung, s. Blutung.
Mutterbrust 259.
Muttergrund 49.
Mutterhals 49.
Mutterkörper 49.
Mutterkranz darf die Hebamme nie verordnen.
Mutterkuchen 72. 79, s. auch Nachgeburt.
Mutterkugel für Gebärmutter nach der Geburt.
Muttermilch 243. 256.
Muttermund 50.

Muttermundslippen §. 50.
Mutterröhren, gleich Muttertrompeten 51.
Mutterrohr 229. 542.
Mutterschaft, Zeichen derselben 246.
Mutterscheide, gleich Scheide.
Mutterspritze 542.
Muttertrompeten 51.
— Schwangerschaft in denselben 286.

N.

Nabel 17.
— der Neugebornen 216. 529.
— der Schwangeren 98. 114. 131. 136. (Fig. 38).
Nabelbändchen 216. 229.
Nabelbinde 224.
Nabelbläschen 71.
Nabelblutung 529.
Nabelbruch 529.
Nabelentzündung 529.
Nabelgegend 19.
Nabelgeschwür 529.
Nabelläppchen 224.
Nabelschnur 71. 78.
Nabelschnurrest 250. 266.
Nabelschnurscheere 229.
Nabelschnurscheide 78.
Nabelstrang 71. 78.
Nabelstrich 228.
Nabelverband 266. 427.
Nachgeburt 161. 219.
Nachgeburtswehen 161. 164.
Nachgeburtsperiode, gleich Nachgeburtszeit 151. 161. 215. 219. 479.
Nachwehen 163. 241.
Nacken 17.
Nackengrube 17.
Nähte 26.
Nahrung der Gebärenden 190.
— des Kindes 516.
— der Säugenden 270.
— der Schwangeren 140.
— der Wöchnerin 264.
Narben am Damm 246.
Narben am Muttermund 122. 246 (Fig. 34—36).
Nasenbluten 310.
Neigung des Beckens 44 (Fig. 11, 12, 13).
— fehlerhafte 404.
Neigungswinkel des Beckens 44.
Nervenfieber 325.
Neuentbundene 233.
Neugeborenes 250.
Nichtsäugen 510.
Niederkunft 145.
Nieren 19.
Nutschbeutel, gleich Zulp.
Nymphen, gleich kleine Schamlippen.

O.

Oberarm, Oberarmbein §. 21.
Oberfläche des Körpers 13.
Oberhaut des Kindes.
— Ablösung derselben 472.
— Abschuppung derselben 229.
Oberleib 16. 18.
Oberschenkel, Oberschenkelbein 22.
Oberschlüsselbeingrube 18.
Oeffnung, s. Stuhlgang.
Oeffnung der Harnröhre 47.
Ohnmacht der Gebärenden 461.
— der Schwangeren 331.
Ohr 15.
Ohrknorpel des Kindes 76.
Ohrlage des Kindes 336.

P.

Periode 58.
Perioden der Geburt 151. 164. 166.
Pfanne 33.
Pfeffermünze 551.
Pfeilnaht 26.
Pflichten der Hebamme 535.
Plättchen, gleich Fontanellen 26.
Pocken 325.
Polypen 432.
Puls 18. 101. 149. 233. 331. 448. 476. 497.
Pulsadern 18.

Q.

Quacksalberei 142.
Querbett 229. 359.
Querdurchmesser des Beckens 38 u. folg.
— der Gebärmutter 49. 87.
— des Kopfs 26.
— der Schultern 27.
Querverengtes Becken 390 (Fig. 76).
Querlage der Frucht 273. 276. 368.
Querspalte des Muttermundes 49.
Quetschung der Weichtheile im Becken 429. 434.
Querfalten der Scheide 48. 121.
Querstand des Kopfes 335.

R.

Räucherungen 252. 464.
Regel 58.
Regelmäßige Schwangerschaft, Geburt :c., s. Inhaltsverzeichniß.
Regeln, s. die Gegenstände, welche sie betreffen sollen.
Regelwidrige Schwangerschaft, Geburt :c., s. Inhaltsverzeichniß.
Reibungen der Gebärmutter 482.
Reife des Kindes 76.

Reinigung, monatliche §. 58.
Reinlichkeit bei der Untersuchung 108.
— Schwangerer 139.
— bei der Geburt 189. 211.
— der Wöchnerin 258. 491.
Reiten auf der Nabelschnur 363.
Riechmittel, s. Salmiakgeist.
Ringförmige Zusammenschnürung der Gebärmutter 423.
Rippen 11. 18.
Rippengegend, hintere 18.
Rippenknorpelgegend 19.
Riß des Dammes 439.
— der Gebärmutter 430.
— des Muttermundes 238.
— der Scheide 431.
— des Schamlippenbändchens 236.
Rose, gleich Rothlauf.
Rothlauf 530.
Rückbildung im Alter 64.
— im Wochenbett 231. 236 und folg.
Rücken 18.
Rückenlage der Frucht 371.
Rückenwirbel 11. 18.
Rückgrat, gleich Wirbelsäule.
Rückwärtsbeugung der schwangeren Gebärmutter 294 (Fig. 60. 61).
Ruhe der Wöchnerin 253.
Rum 189.
Rumpf 16.
Rundwerden des Muttermundes 83.
Runzeln am Unterleibe 99. 118. 246.
Rupfer 152.

S.

Säugamme, s. Amme.
Säugezeit 245. 251. 269.
Säuglingsalter 251.
Salben 507. 530.
Salmiakgeist 229. 552.
Same 66.
Sandsack 486.
Saugbeutel, s. Zulp.
Saugfläschchen 504. 517.
Saugkrufe 143. 504.
Saugläppchen, s. Zulp.
Schädel 11.
Schädelgeschwulst 173.
Schädelgeburt 170.
Schädelhaut 173.
Schädelhöhle 15.
Schädelknochen 26.
Schädellage 95. 274.
Schafhaut, gleich Wasserhaut 70.
Schambein 34.
Schamberg 20. 46.
Schambogen 35.
Schamfuge 35.
Schamgegend 20.
Schamlippen 46.

Schamlippenbändchen §. 46.
Schamspalte 46.
Schamtheile, gleich äußere Geschlechtstheile 46 (Fig. 14, 29, 30).
Scharlach 325.
Charpie, s. Charpie.
Scheide 48.
Scheidenausgang, gleich Scheideneingang 47. 121. 246.
Scheidenblutung, s. Blutung.
Scheidenfluß, s. Ausfluß.
Scheidengewölbe 48.
Scheidenklappe, gleich Jungfernhäutchen 47.
Scheidentheil 48.
— Veränderung der Stellung desselben während der Schwangerschaft (Fig. 38). 131. 137.
Scheidenverschließung 431.
Scheidenvorfall, s. Vorfall.
Scheidenzerreißung 431.
Scheinbare Schwangerschaft 115.
Scheintod der Gebärenden 469.
— der Neugebornen 472—478. 527.
— der Schwangeren 331. 332.
Scheitel 15.
Scheitelbein 26.
Scheitelgeschwulst 334.
Scheitellage 336.
Scheitelnaht, gleich Pfeilnaht.
Schenkel für Oberschenkel.
Schenkelbrüche 290.
Schenkelfalte 19.
Schiefe Durchmesser:
— des Beckens 39.
— des Kopfs 26.
Schiefheit des Beckens 391 (Fig. 77).
Schieflage der Gebärmutter 426.
Schieflagen des Kindes 273.
Schiefstehen des Kopfes 344.
Schienbein 22.
Schlaf 233. 248.
Schläfen 15.
Schläfenbein 26.
Schlaffheit des Bauchs 118.
Schlagadern, gleich Pulsadern.
Schlinge, gleich Nabelschnur 448.
Schlüsselbein 11. 18.
Schlutzer, s. Zulp 522.
Schmerzen, siehe Entzündung, Krampf, Wehen.
Schmiere, gleich Kindsschleim.
Schnellgeburt 393. 419.
Schnüren der Schwangeren 139.
Schnürstrumpf 302.
Schnuller 522.
Schoßbein, gleich Schambein.
Schoßbogen, gleich Schambogen.
Schoßfuge, gleich Schamfuge.
Schoßhügel, gleich Schamberg.
Schrägverengtes Becken 401 (Fig. 77).

Schröpfen §. 550.
Schrunden der Brustwarzen 507.
Schüttelwehen 159.
Schulterblatt 11. 18.
Schulterblattgegend 18.
Schulterblattgräte 18.
Schulterbreite 27. 389.
Schulterlage 370.
Schultern 18.
Schuppennaht 26.
Schwäche der Gebärenden 459.
— des Neugeborenen 509. 521.
Schwämmchen 526.
Schwamm 229.
Schwangerschaft 65.
— außer der Gebärmutter 286.
— Berechnung derselben 124.
— der Eierstöcke 286.
— Dauer 67.
— falsche 115.
— mehrfache 281.
— regelmäßige 66—144.
— scheinbare 115.
— verheimlichte 559.
Schwangerschaftskalender 126 (Fig. 37).
Schwangerschaftsmonate 68.
Schwangerschaftswehen 152. 164.
Schwangerschaftswochen 67.
Schwangerschaftszeichen 110.
Schwanzbein, gleich Steißbein 31.
Schwefeläther, gleich Aether 229. 552.
Schweiß 233.
Schwingen des Kindes 476. 527.
Schwere der Frucht 76.
Sechslinge 281.
Seife 140. 180. 191. 211. 266.
Seitenbeckenbein 11. 33.
Seitenbeine 33.
Seitenfontanellen 26.
Seitenlage der Frau 204. 280 (Fig. 50).
Seitenwand des Beckens 43.
Selbststillen 259.
Selbstwendung 373.
Selbstentwicklung 373.
Senfpflaster 547.
Senkung der Gebärmutter 86. 279.
Siebhaut 70. 73. 82 (Fig. 21).
Sitz des Mutterkuchens 81 (Fig. 21. 23).
Sitzbein 34.
Sitzhöcker 34.
Sitzstachel 34.
Sohle des Fußes 22.
Spätgeburt 146. 147.
Speiche 21.
Speise für Schwangere 140.
— für Gebärende 190.
— für Wöchnerinnen 264.
— für Säugende 270.
— für Kinder 516.
Sprengen der Blase 443.
Springen der Blase 155.

Spritze §. 542.
Stärkemehl, davon gilt was vom Mehl gesagt worden ist.
Steckbecken 189. 265.
Steinkind 287.
Steißbein 11. 20. 32.
Steißgeburt 348.
Steißlage 275.
Stellen der Blase 155.
Stellung des Kindes 94 (Fig. 25).
Stellung der Frau zum Untersuchen 107.
Stillen, gleich Säugen.
Stirn 15.
Stirnbein 26.
Stirnlage 337.
Stirnnaht 26.
Stopftuch 222. 258.
Streupulver 530.
Stütze für die Gebärenden 192. 201.
Stuhldrang 295.
Stuhlgang 140. 189. 235. 265.
Stuhlverstopfung Schwangerer 290.
— der Säuglinge 525.
Sulze 78.
Sulzknoten der Nabelschnur, gleich falsche Knoten 458.

T.

Tagebuch S. 560.
Tamponiren, s. Ausstopfung der Scheide.
Tasten 98.
Taufe 540.
Thee 257. 259. 418. 498. 551.
Thiermilch 517.
Tiefe des Beckens 43.
Tod der Frucht 325. 470.
— der Schwangeren 331. 333.
— der Gebärenden 469.
— des gebornen Kindes 472.
— der Wöchnerin 503.
Traubenmole 326.
Treibwehen 157 (Fig. 40).
Trennung des Kindes von der Mutter, s. Unterbindung der Nabelschnur.
Trichterbecken 398.
Trockenheit der Scheide 394. 409. 431.

U.

Uebelkeit 111.
Uebereilte Geburt 393.
Uebermaß, s. die Dinge, die es betrifft.
Ueberstürzung der Wehen 419.
Ueberzeitige Geburt, gleich Spätgeburt.
Umbetten 222. 253.
Umkehrung der Gebärmutter, gleich Umstülpung.
Umkleiden 222. 257.
Umschläge 546.
Umschlag für Fehlgeburt.

Register.

Umschlingung der Nabelschnur §. 212. 452.
Umstülpung der Gebärmutter 489.
Unfruchtbarkeit 494.
Unglücksfälle, plötzliche 554.
Unregelmäßigkeiten, s. Inhaltsverzeichn.
Unterarten der Kindeslagen 277.
Unterbrechung der Schwangerschaft 313.
Unterbindung der Nabelschnur 216. 380.
Unterdrückte Wochenreinigung 258.
Unterleib, gleich Unterbauchgegend 19.
Unterscheidung, siehe was unterschieden werden soll.
Unterschenkel 22.
Unterschlüsselbeingrube 18.
Unterstützung des Dammes 208.
Untersuchung 97.
— blutender Frauen 318. 484.
— Gebärender 193.
— Schwangerer 143.
Unthätigkeit der Gebärmutter, s. Wehenschwäche.
Unvermögen den Harn zu halten 292. 299. 495.
— den Harn zu lassen 292. 495.
— zum Säugen 504 und folgende.
Urin, s. Harn.
Urinblase 54.
Urinfistel, Blasenscheidenfistel 434.
Urinverhaltung 292. 495.
Ursachen fehlerhafter Fruchtlagen 278.

V.

Venerische Krankheit 306. 325.
Veränderung, gleich Regel.
Veränderungen, s. die Theile, an denen dieselben stattfinden.
— an den Brüsten 100.
— am Bauch 98. 99.
Verarbeiten der Wehen 148. 150. 158.
Verblutung 308.
Verdünnung der Kuhmilch 520.
Verhärtung der Brüste 508.
Verhalten Schwangerer 138.
Verhütung, s. die Zustände, welche verhütet werden sollen.
Verknöcherung des Schädels 387.
Verkrümmung der Wirbelsäule 405.
Verkürzung des Scheidentheils 122 (Fig. 31—36).
Verletzungen bei der Geburt 430. 431. 439.
Verschiebung der Kopfknochen bei der regelmäßigen Geburt 173.
Verschluß der Scheide 431.
— des Muttermundes 428.
— des Afters 224.
Verschwiegenheit 8. 561.
Versehen der Schwangeren 182.
Verstopfung gleich Stuhlverstopfung.

Verstreichen der Scheidenportion §. 85.
— des Muttermundes 199.
— des Nabels (Fig. 38).
Verzögerung der Austreibung des Kindes 334 und folgende.
— der Austreibung der Nachgeburt 479 und folgende.
Vierlinge 281.
Vorbereitende Wehen 153 (Fig. 39).
Vorberg 32 (Fig. 4). 406 (Fig. 81).
Vorboten der Regel 59.
— von Krämpfen 462.
— der Geburt 152.
Vorfall eines Armes oder Fußes 345.
— der Gebärmutter 297. 429.
— der umgestülpten 489.
— der Nabelschnur 448.
— der Scheide 297. 434.
Vorhaut des Kitzlers 47.
Vorhersage beim Beginn der Geburt 238.
Vorhof 47.
Vorliegender Kindestheil 102 s. auch bei Vorfall.
Vorkopf, gleich Kopfgeschwulst.
Vorliegen eines Armes 368.
— eines Fußes 345.
— einer Hand 345.
— des Kopfes (Fig. 28).
— des Mutterkuchens 223.
— der Nabelschnur 448.
Vorwärtsbeugung der Gebärmutter 239. 299.
Vorwehen 152.

W.

Wachstuch 258. 546.
Wade 22.
Wadenbein 22.
Wände des Beckens 43.
Wärmflaschen 255.
Wärzchen, myrthenförmige 47.
Wahnsinn der Wöchnerin 502.
Warme Umschläge 546.
Warzen 18. 55.
Warzenhof 55.
Warzenhütchen 506.
Waschwasser 189. 211. 230.
Wasser als Getränk 140. 257.
— zur Wiederbelebung 332.
Wasser, gleich Fruchtwasser.
— erstes 155.
— zweites 160.
— falsches 447.
Wasserabfluß aus der Gebärmutter 307.
Wassergeschwulst, wässrige Anschwellung 303. 436.
Wasserhaut 70. 79.
Wasserkopf 388.

Wasserleißen, gleich kleine Schamlippen.
Wassersprung, gleich Blasensprung.
Wassersucht §. 119.
Wasserwehen, gleich eröffnende Wehen 153.
Watte 262. 508.
Wechseln der Wäsche 222. 257.
Wegnahme der Nachgeburt 219.
Weh-Adern, gleich Blutaderknoten.
Wehen 148.
— austreibende 157.
— eröffnende 153.
— falsche 425.
— bei Fehlgeburten 314. 321.
— regelmäßige 149. 150. 198.
— regelwidrige 411 u. folgende.
— vorhersagende 152.
Wehenmangel und Wehenschwäche 411.
Wehenpause 149.
Wehenüberstürzung 419.
Weichen 19.
Wein 189.
Weißer Fluß 61. 305. 306.
Weite der Scheide 48.
— des Beckens 39.
— des Beckens, zu große 393. 408.
Wendung des Kindes 374.
Werg (Flachs, Heede) 262. 508.
Wiederbelebung Scheintodter:
— Erwachsener 332. 555.
— Neugeborner 473.
Wiederkehren der Regel 63. 245. 271.
Wiege 255.
Windel 225. 266.
Wirbel 11.
Wirbelgegend des Halses 17.
— des Rückens 18.
Wirbelsäule 11.
Wochenbett 231.
Wochenbettbesuche 254. 261.
Wochenbettpflege 252.
Wochenbettswehen 163. 164. 241.
Wochenbinde 222. 408. 420.
Wochenfluß 242. 258.
Wochenkind 248. 255. 259. 266.
Wochenlager 222. 252.
— Verlassen desselben 267.
Wochenreinigung 242. 258.
Wochenschweiß 234. 257.
Wochenzeit 231.
Wochenzimmer 252.
Wöchnerin 164. 231. 322.
— Erkrankung 491 ff.
Wöchnerinnenfieber 497.
Wöchnerinnenfriesel 498.
Wollhaar 74.
Wundsein der Brustwarzen 507.
— des Nabels 529.
— der Neugebornen 530.

3.

Zahl der Kinder §. 281.
Zahndurchbruch 251.
Zahnen 534.
Zehen 22.
Zeichen der ersten und wiederholten Schwangerschaft 117.
Zeichen des Lebens und Todes der Frucht 329.
Zeichen der Mutterschaft 246.
Zeichen der Neugeburt des Kindes 250.
Zeichen der Reife des Kindes 76.
Zeichen der Schwangerschaft 110.
Zeichen des Wochenbetts 247.
Zeitrechnung der Schwangerschaft 124.
Zerreißung des Dammes 439.
— der Gebärmutter 430.
— der Nabelschnur 454.
— der Scheide 431.
Zeugungstheile, gleich Geschlechtstheile.
Zimmer 258.
Zollmaß 38.
Zucker 517.
Zuckungen, gleich Krämpfe.
Zugluft 252.
Zulp 522.
Zungenbändchen 509.
Zungenbein 17.
Zurückbeugung der Gebärmutter 295 (Fig. 60. 61).
Zurückbringen der vorgefallenen Gebärmutter 297.
Zurückhaltung des andrängenden Kopfes. 205.
— des vorgefallenen Armes 345.
— der vorgefallenen Nabelschnur 450.
— der umgestülpt vorgefallenen Gebärmutter 490.
Zurückweichen des Steißbeins 42. 169 (Fig. 11, 41, 43, 47).
Zusammenhang d. Eies mit d. Mutter 63.
— des Kindes mit dem Ei 71.
Zusammenschnürrung des Muttermundes 423. 479.
Zusammenziehung der Gebärmutter 149. 313.
Zuschnürung des Nabelschnurbändchens 216.
Zweites Wasser 160.
Zweiwuchs, gleich englische Krankheit.
Zwerchfell 20. 96 (Fig. 28. 38).
Zwerghafter Wuchs 405.
Zwillingsei 283.
Zwillingsgeburt 376.
Zwillingsschwangerschaft 281. 327.
Zwischenräume der Schädelknochen 26.
Zwischenzeiten der Wehen 148.

www.ingramcontent.com/pod-product-compliance
Lightning Source LLC
Chambersburg PA
CBHW031415230426
43668CB00007B/318